Digital Wave
Advanced Technology of
Industrial Internet

数 字 浪 潮
工业互联网先进技术 丛书

编 委 会

"十四五"时期国家重点出版物
出版专项规划项目

国家出版基金项目
NATIONAL PUBLICATION FOUNDATION

Digital Wave
Advanced Technology of Industrial Internet

数字浪潮
工业互联网先进技术 丛书

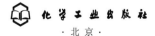

Information Fusion and Security of Industrial Network

工业互联网信息融合与安全

杨文　杨超　赵芝芸　著

化学工业出版社
·北京·

内容简介

本书重点论述了工业互联网信息融合与安全的基本理论和应用。全书共分8章，详细阐述了工业互联网的发展历史、基础技术，工业互联网与信息物理系统之间的关系，工业互联网实时感知与数据融合理论与技术，工业互联网资源优化调度理论与技术，工业互联网数据安全理论，工业互联网边缘计算技术，工业互联网企业应用案例等。本书内容深入浅出、概念清晰，注重理论和实际应用相结合。

本书可作为高等院校信息类、电子类、通信类等专业的高年级本科生及研究生的教材，也可作为相关研究领域的科研人员及工程师的参考书。

图书在版编目（CIP）数据

工业互联网信息融合与安全 / 杨文，杨超，赵芝芸著．—北京：化学工业出版社，2023.7
（“数字浪潮：工业互联网先进技术”丛书）
ISBN 978-7-122-43460-9

Ⅰ.①工… Ⅱ.①杨…②杨…③赵… Ⅲ.①计算机网络-信息融合-研究②计算机网络-网络安全-研究 Ⅳ.①TP393.08

中国国家版本馆CIP数据核字（2023）第084711号

责任编辑：宋 辉 于成成
文字编辑：毛亚囡
责任校对：宋 玮
装帧设计：王晓宇

出版发行：化学工业出版社
（北京市东城区青年湖南街13号 邮政编码100011）
印 装：中煤（北京）印务有限公司
710mm×1000mm 1/16 印张23¼ 字数383千字
2023年6月北京第1版第1次印刷

购书咨询：010-64518888
售后服务：010-64518899
网 址：http://www.cip.com.cn
凡购买本书，如有缺损质量问题，本社销售中心负责调换。

定 价：128.00元

序言 FOREWORD

当前，人类社会来到第四次工业革命的十字路口。数字化、网络化、智能化是新一轮工业革命的核心特征与必然趋势。工业互联网是新一代信息通信技术与工业经济深度融合的新型基础设施、应用模式和工业生态，通过对人、机、物、系统等的全面连接，构建起覆盖全产业链、全价值链的全新制造和服务体系，为工业乃至产业数字化、网络化、智能化发展提供了实现途径，是第四次工业革命的重要基石。目前，我国经济社会发展处于新旧动能转换的关键时期，作为在国民经济中占据绝对主体地位的工业经济同样面临着全新的挑战与机遇。在此背景下，我国将工业互联网纳入新型基础设施建设范畴，相关部门相继出台《“十四五”规划和2035年远景目标纲要》《“十四五”智能制造发展规划》《“十四五”信息化和工业化深度融合发展规划》等一系列与工业互联网紧密相关的政策，希望把握住新一轮的科技革命和产业革命，推进工业领域实体经济数字化、网络化、智能化转型，赋能中国工业经济实现高质量发展，通过全面推进工业互联网的发展和应用来进一步促进我国工业经济规模的增长。

因此，我牵头组织了“数字浪潮：工业互联网先进技术”丛书的编写。本丛书是一套全面、系统、专门研究面向工业互联网新一代信息技术的丛书，是“十四五”时期国家重点出版物出版专项规划项目和国家出版基金项目。丛书从不同的视角出发，兼顾理论、技术与应用的各方面知识需求，构建了全面的、跨层次、跨学科的工业互联网技术知识体系。本套丛书着力创新、注重发展、体现特色，既有基础知识的介绍，更有应用和探索中的新概念、新方法与新技术，可以启迪人们的创新思维，为运用新一代信息技术推动我国工业互联网发展做出重要贡献。

为了确保“数字浪潮：工业互联网先进技术”丛书的前沿性，我邀请杜文莉、侍洪波、顾幸生、牛玉刚、唐漾、严怀成、杨文、和望利、王喆等20余位专家参与编写。丛书编写人员均为工业互联网、自动化、人工智能领域的领军人物，包含多名国家级高层次人才、国家杰出青年基金获得者、国家优秀青年基金获得者，以及各类省部级人才计划入选者。多年来，这些专家对工业互联网关键理论和技术进行了系统深入的研究，取得了丰硕的理论与技术成果，并积累了丰富的实践经验，由他们编写的这套丛书，系统全面、结构严谨、条理清晰、文字流畅，具有较高的理论水平和技术水平。

这套丛书内容非常丰富，涉及工业互联网系统的平台、控制、调度、安全等。丛书不仅面向实际工业场景，如《工业互联网关键技术》《面向工业网络系统的分布式协同控制》《工业互联网信息融合与安全》《工业混杂系统智能调度》《数据驱动的工业过程在线监测与故障诊断》，也介绍了工业互联网相关前沿技术和概念，如《信息物理系统安全控制设计与分析》《网络化系统智能控制与滤波》《自主智能系统控制》和《机器学习关键技术及应用》。通过本套丛书，读者可以了解到信息物理系统、网络化系统、多智能体系统、多刚体系统等常用和新型工业互联网系统的概念表述，也可掌握网络化控制、智能控制、分布式协同控制、信息物理安全控制、安全检测技术、在线监测技术、故障诊断技术、智能调度技术、信息融合技术、机器学习技术以及工业互联网边缘技术等最新方法与技术。丛书立足于国内技术现状，突出新理论、新技术和新应用，提供了国内外最新研究进展和重要研究成果，包含工业互联网相关落地应用，使丛书与同类书籍相比具有较高的学术水平和实际应用价值。本套丛书将工业互联网相关先进技术涉及到的方方面面进行引申和总结，可作为高等院校、科研院所电子信息领域相关专业的研究生教材，也可作为工业互联网相关企业研发人员的参考学习资料。

工业互联网的全面实现是一个长期的过程，当前仅仅是开篇。“数字浪潮：工业互联网先进技术”丛书的编写是一次勇敢的探索，系统论述国内外工业互联网发展现状、工业互联网应用特点、工业互联网基础理论和关键技术，希望本套丛书能够对读者全面了解工业互联网并全面提升科学技术水平起到推进作用，促进我国工业互联网相关理论和技术的发展。也希望有更多的有志之士和一线技术人员投身到工业互联网技术和应用的创新实践中，在工业互联网技术创新和落地应用中发挥重要作用。

钱锋

前言 PREFACE

工业互联网是新一代信息通信技术与工业经济深度融合的新型基础设施、应用模式和工业生态，通过对人、机、物、系统等的全面连接，构建起覆盖全产业链、全价值链的全新制造和服务体系，为工业乃至产业数字化、网络化、智能化发展提供了实现途径，是第四次工业革命的重要基石。

工业互联网不是互联网在工业领域的简单应用，而是具有更为丰富的内涵和外延。它以网络为基础、平台为中枢、数据为要素、安全为保障，既是工业数字化、网络化、智能化转型的基础设施，也是互联网、大数据、人工智能与实体经济深度融合的应用模式，同时也是一种新业态、新产业，将重塑企业形态、供应链和产业链。

工业互联网的基础是数据采集。一方面，随着加工过程和生产线精益化、智能化水平的提高，必须从多角度、多维度、多层级来感知生产要素信息，需要广泛部署智能传感器来对生产要素进行实时感知。另一方面，人脑可以实时高效地处理相关联的多源异构数据，并迅速生成生产要素的属性信息，工业互联网平台也需要进行高效的海量、高维、多源异构数据融合，形成单一生产要素的准确描述，并进一步实现跨部门、跨层级、跨地域生产要素之间的关联和互通。因此，数据采集要以自感知技术为主，同时，需要研究多源异构数据融合技术，将多来源、多形式的数据融合，准确描述生产要素状态。另外，由于边缘层数据采集困难，如何将老旧设备联网，采集到聋哑设备的数据，如何将不同传感器采集的信息进行融合，如何对边缘层的设备及人员进行远程管理，这些问题都有待于工业互联网信息融合的相关理论和技术去解决。

随着工业互联网的发展，工业设备逐渐智能化，相关业务上云、企业协作等不断推进，互联网与工业企业中的生产组件和服务深度融合，使传统的互联网安全威胁（如病毒、高级持续性攻击等）蔓延至工业企业内部。与传统互联网的内容数据相比，工业的数据包括生产控制系统、运行、生产监测等类型。数据安全包括传输、存储、访问、迁移、跨境等环节中的数据安全，在数据传输过程中，被侦听、拦截、篡改、阻断敏感信息明文存储或者被窃取等都会给工业互联网带来安全威胁。不同于传统互联网中的信息安全防护，工业互联网安全需要有机融合信息安全和功能安全，还要叠加交织传统工控安全和互联网安全，因而更显复杂。

本书围绕工业互联网的发展方向、系统架构、基础技术、实时感知与数据融合、资源优化调度、数据安全、边缘技术、典型案例等方面进行介绍，旨在帮助读者了解工业互联网信息融合与安全领域的相关知识。

本书共分为 8 章，各章主要内容概述如下：

第 1 章介绍工业互联网的概念，包括工业互联网的现状及发展趋势，工业互联网的核心要素、总体架构和商业模式等。

第 2 章介绍工业互联网的基础技术，包括无线传感器网络技术、工业网络通信技术、工业数据处理技术和工业互联网平台安全体系架构等。

第 3 章介绍工业互联网与信息物理系统之间的关系，从 CPS 的角度分析工业互联网体系中存在的急需解决的问题。

第 4 章介绍工业互联网实时感知和数据融合技术，包括采集数据的传感器基本分类、异构传感器多源数据融合，以及对工业系统状态进行精准估计的技术等。

第 5 章介绍工业互联网资源优化调度技术，包括有限能量的传感器、有限带宽的通信信道等资源优化理论和方法。

第 6 章介绍工业互联网数据安全技术，包括拒绝服务攻击、数据篡改攻击的检测与防御，数据隐私保护加密技术等。

第 7 章介绍工业互联网边缘技术，包括基本概念、计算架构和关键技术及实际应用举例等。

第 8 章介绍几个典型的工业互联网应用案例，并给出了相应解决方案。

本书可为工业网络系统及其相关研究领域科研工作者、工程技术人员提供参考，也可作为高等院校控制科学与工程、系统科学、计算机、人工智能等学科的相关研究生教材与教学参考用书。

希望更多的读者能通过学习本书更清晰、全面地掌握工业互联网相关知识，为工业互联网技术的应用打下较为系统和扎实的基础。

工业互联网信息融合与安全是自动化、计算机科学与信息安全融合演变的新兴领域，本书在编写时虽力求全面、系统，但随着“三化”融合发展推进，工业互联网技术日新月异，加之作者能力有限，书中难免有一些不当之处，恳请读者提出宝贵意见，以期再版修订。

著者

目录 CONTENTS

Digital Wave
Advanced Technology of
Industrial Internet

Information Fusion and Security of
Industrial Network

工业互联网信息融合与安全

第1章

概述

制造业与互联网融合已成为全球产业和技术变革大趋势，通过新一代信息通信技术与制造业融合，推动制造业向高端和智能发展，已成为当前全球主要工业强国的共识，将工业互联网作为新一代信息技术与工业系统全方位深度融合的产业和应用生态，已经成为各主要工业强国抢占国际制造业竞争制高点的共同选择。对我国而言，发展工业互联网是实现中国制造转型升级、提质增效和高端发展的关键举措。

1.1 工业互联网的发展与影响

1.1.1 工业互联网的概念

工业互联网的定义为：工业互联网是连接工业全系统、全产业链、全价值链，支撑工业智能化发展的关键基础设施，是新一代信息技术与制造业深度融合所形成的新兴业态和应用模式，是互联网从消费领域向生产领域、从虚拟经济向实体经济拓展的核心载体。基础设施、新兴业态、应用模式和核心载体是对工业互联网的内容、形式、性质的高度概括。简单地讲，工业互联网就是将工业与互联网、云计算、大数据、人工智能融合起来，改变传统制造业低效的弊端，使制造业更加智能，更加高效。

工业互联网的应用不仅能为制造企业带来产品质量与生产效率的提升，有利于降低生产成本，还能使制造企业的技术原理、行业知识、基础工艺和模型工具等信息规则化、软件化、模块化，同时也能使这些信息变成可重复使用的微服务组件。第三方应用开发者还可以利用这些信息根据不同的生产场景开发不同的 App，进而构建基于工业互联网平台的产业生态。

例如，一家汽车生产企业计划将其生产的刹车片召回。传统制造企业的做法是先通过各种软件探寻问题来源，随后利用生产管理、库存管理系统查看存货，之后再通过销售和售后系统查看市面上的销售情况，最后汇总得出需要召回的总量。而如果该制造企业应用了工业互联网，这一流程将变得十分简单，只需一个搭载召回功能的 App。App 会自行按照逻辑顺序调用研发、生产、物流、库存管理、销售、售后等工业微服务组件，使所有召回信息一目了然地呈现出来。

现如今，工业互联网不仅连接人、数据、智能资产、设备等，还融合了远程控制和大数据分析等模型算法，以全面互联与定制化为共性特点形成制造范式，深刻影响着研发、生产和服务等各个环节，为产品设计、制造、管理等方面提供了关键的数据辅助服务。

1.1.2 我国工业互联网的发展

我国工业互联网产业处于发展初期，产业规模快速稳步增长，支撑体系初步形成，具有较大增长与发展空间。随着《中国制造 2025》和“互联网 +”融合发展的不断深化，工业互联网发展步入快车道，市场需求旺盛，产业将进入快速发展阶段。

目前，我国的工业控制自动化技术、生产及应用已经有了很大的发展，工业计算机系统行业已经形成，在工业自动化、控制智能化、网络化和集成化的实现等方面也有了很大进步。

传感技术的发展也带动着多种类传感器节点组织的传感网络的逐渐形成，该网络集计算机、通信、网络、智能计算、微电子、传感器、嵌入式系统等多种信息技术于一体，目的是实现对物理世界的动态感知和智能管理。

国家传感信息中心的成立是我国对传感技术，尤其是微型传感器的发展表现出热切关注的重要标志。随后，我国又成立了传感器网络标准工作组，对传感器网络标准开启了正式研究，以此争夺我国在国际标准制定中的话语权。

为了促进传感网络的发展，我国为传感网络的研究提供了良好的政策环境，例如，《国家中长期科学和技术发展规划纲要（2006—2020 年）》的制定，以及在“新一代宽带移动无线通信网”等重大专项中将传感网络列为重点研究领域。

传感网络的发展对互联网的发展而言也是一个喜讯。我国提出的“感知中国”概念标志着我国实现了从传感网络到物联网的关注点转换。

首颗物联网核心芯片——“唐芯一号”的成功研制，使人们看到了物联网即将引领的未来，于是物联网成为研究和发展的重点对象。目前，物联网在我国的发展已经由技术研究阶段过渡到了实际应用阶段，这一点无论是在广东的南方物联网信息中心、北京的中国物联网产业推广中心、无锡的物联网产业创新集群，还是四川利用物联网产业建设的全国首个智慧县城中都有所体现。

1.1.3 工业互联网的影响

从不同的维度划分，工业互联网所产生的影响主要有以下五个方面。

（1）交互智能化

信息智能化交互技术将成为未来工业互联网发展的重要模式。智能交互将带来产品和制造过程的智能化变革。智能平台以数据为核心，采用数据流、软件、硬件不同层级的智能交互技术。在设备层，应用智能设备和网络采集数据，并将分析后的反馈数据存储于设备中。在软件层，采用大数据分析技术，开展海量数据挖掘，将生产过程数据进行可视化处理和决策判断。企业可通过建设专用数据中心，形成对生产过程管理软件的数据支持，达到对底层设备资源的优化使用；产业体系可基于数据分析与趋势预测，为产业发展规划提供实时的决策依据。在人、数据、设备和软件之间，采用智能协同技术，跨时空整合不同专业背景的人员，使更多利益相关人参与到生产与管理过程中。智能化交互产品基于软件控制、嵌入式硬件技术，可实现对产品功能开启、关闭、操作过程的智能化、远程化管控。

（2）产品个性化

工业互联网时代，用户对产品的需求呈现出多样化的特征，并且在不断地发展变化，这使得创新的作用主要体现在客户共创和快速迭代两个方面。

通过采集工业系统的设备和装备信息，企业可以分析产品的运行状况、客户的使用习惯以及故障出现的频次和地点等，通过深入分析数据，企业能够从中了解和掌握客户的潜在需求，有助于企业对产品的设计改型。在互联网时代，与客户共创的重点领域是大数据和智能控制。客户共创和客户使用的结果是智能设备本身的升级和进一步的功能提升，这同时也依赖于企业对整个过程的深入了解。

（3）制造服务化

由于市场上竞争愈发激烈和同质化的出现，客户的需求已经不能仅仅靠产品本身来满足，更重要的是通过产品的最终价值来吸引客户。工业互联网和软件技术的介入，可以形成原有产品的增值服务价值，在工业产品制造过程的全生命周期中，帮助客户在他们创造价值的全过程中进行优化，并创造新的商业价值。因此，企业创造竞争优势和差异化的价值主张具有多重选择主要是由于交付结果的复杂性和多样性。最终，企业的赢利模式将不再是依靠设备和产品，而是服务，企业出售的产品和设备也将被服务所替代。

（4）组织分散化

在工业互联网时代，带有强烈的分散化和个体化行动特征的创客方式兴起，使传统工作和协同的方式发生了革命性变化。生产方式由大规模集中生产转向分布式生产，中小企业获得广阔的发展空间，个体制造正在借助互联网崛起。工业互联网积累了以往无法匹敌的产业供应链，开源硬件正在逐步形成，在质量控制和成本把控上也积累了很多经验。

（5）网络生态化

工业互联网通过系统结构的搭建和资源的汇聚，形成面向不同行业的产业整合、面向不同企业的产业链整合、跨越时空地域的产业布局、跨越行业的融合创新，最终实现社会资源的高效利用。网络生态系统的发展更依赖于雄厚的设计和开发资源，这些资源以适合的生态结构，分布在互联网上。未来这些资源分布在行业云端，就可以为其他设计者共享，设计者可以根据不同的产品、开源的模型对其进行改造，然后创造新的产品。

1.2
工业互联网的核心要素

构建一个完整的工业互联网系统需要三大要素，分别是用于数据采集的传感设备、智能化的控制系统及可实现的智能决策。

1.2.1 用于数据采集的传感设备

很多专家认为，建设工业互联网是从数据采集开始的。的确，没有数据，就无法分析需求、有效感知、科学决策。因此，在建设工业互联网时，数据采集是非常重要的环节。

一般来说，数据采集的准确性、完整性，在很大程度上可以决定需求分析、感知和决策的真实性和可靠性。AI（Artificial Intelligence，人工智能）时代，数据采集可以为工业互联网带来以下 3 个优势。

（1）提升自动化，避免人工作业的低效高耗

早前，数据采集的方法有人工录入、电话访问、调查问卷等，但随着 AI 时代的到来，这些方法已经不再适用。如今，很多制造企业都开始引入 iOS 系统或安卓系统的数据采集软件，这些软件可以采集某些基础数据，例如，用户偏好、流失比例、消费情况等。此外，在大规模采集数据时，网络爬虫也是一种比较不错的方法。

（2）实现数据多样化，改善只采集基本数据的现象

AI 时代的数据采集，除了要采集基础的结构化交易数据，还要采集一些具有潜在意义的数据，例如，网状的社交关系数据、文本或音频类型的反馈数据、半结构化的用户行为数据或周期性数据等。

（3）扩大数据采集的范围

在工业领域中，常见的数据采集装置是传感器，通常用于自动检测、控制等环节。目前，以传感器为基础的大数据应用还不成熟，但在未来，随着便携传感器和大数据平台的不断增多，数据采集的范围将会扩大，进而帮助制造企业生产出更受用户欢迎的产品。

可见，随着工业互联网的发展，无论是数据采集的方法，还是数据采集的数据类型，抑或是数据采集的广泛性，都会比之前有很大提升。当然，对工业和制造企业来说，这样的提升非常有必要，是实现转型升级的关键。

1.2.2 智能化的控制系统

在工业互联网与工业融合成为必然趋势的背景下，工业互联网需要什么样的运动控制系统，已成为研究人员认真思考的问题。

随着制造业的发展，传统的控制方式已经不能满足生产设备自动化、数字化的要求，而且由于控制系统涵盖的范围越来越广泛，集成化、智能化、自动化是当代控制系统发展的必然趋势。

集成化是网络化控制系统的发展方向之一。控制系统集成化能进一步提高控制系统的整体性能，实现不同功能硬件的融合。例如，作为上位机的 PLC（可编程逻辑控制器）与工控机，以及作为执行机构的驱动器与电机，它们之间过去是并行的关系，而在网络化控制系统中，PLC 将会实现与工控机的融合，驱动器也能和电机融合起来实现高度集成，进而充分发挥网络化控制系统的优势。

智能化是网络化控制系统区别于传统控制系统的一个重要特点，这也是网络化控制系统强于传统控制系统的一个表现。智能化与集成化密不可分，二者会分别在简化控制系统架构和降低应用难度方面给予用户更好的体验。

控制系统自动化的最终环节是电机能自动按照指令运行。与过去的设备相比，自动化设备电机的轴数有了明显的增加。因此，如何完美地控制有大量轴数的电机，并使其做出各种复杂动作是如今控制系统必须面对的难题，网络化控制系统的重要作用之一就是解决传统控制系统解决不了的硬件、软件问题。

传统的以太网（Ethernet）、以太网控制自动化技术（EtherCAT）、实时以太网（PROFINET），以及已经获得广泛应用的控制器局域网总线技术（CAN-bus），都是控制系统厂商提高系统附加值的尝试，同时，这些也是网络化控制系统市场需求的重要体现。

总之，为了提升控制系统的性能，工业控制系统向集成化、智能化与自动化方向发展是必然趋势。网络化控制系统的开发并不算一件难事，但是其中的关键问题是如何将控制方案做到稳定、容易上手，这两点的实现是控制系统厂商在市场中取得持续竞争力的关键。

1.2.3 可实现的智能决策

智能决策是工业互联网的长远愿景，也是工业互联网发展的主要目标，如果这一美好愿景能够实现，工业互联网将会使整个社会获得如同第一、第二次工业革命所带来的生产力水平的飞速提升。

随着时代的发展，目前的工业制造业已经迈向了数据时代。大数据为当代制造企业创造的价值数不胜数，对大数据、云计算等有正确认识的制造企业将更能掌握时代风向，向着正确的方向发展。

工业互联网将利用大数据、云计算及机器学习、人工智能等帮助制造企业管理者制定正确的决策。工业互联网的强大优势将在智能决策中得到完美的体现。工业互联网会在其配备的传感设备与控制系统中收集数据信息，促进机器由数据驱动产生学习行为，这样就能使操作人员将部分机器和网络的运行职能移交给更可靠的数字系统。

工业互联网的关键技术是利用大数据实现智能决策。大数据决策基于运筹学、统计学和管理学等学科，结合物联网与大数据的挖掘与分析，再加上机器深度学习等多项技术，为制造企业提供实时监控与快速决策。

当工业互联网在传感设备与控制系统中提取到充足且合适的数据时，工业互联网的智能决策就已经开始了。工业互联网的智能决策对复杂的系统，以及机器互联、设备互联、组织互联形成的庞大网络来说十分必要。简而言之，智能决策就是为了应对系统的复杂性而诞生的。

当工业互联网的三大核心要素传感设备、控制系统、组织与网络实现结合时，工业互联网就能充分发挥其全部潜能，并通过提高生产率、降低生产成本的方式实现我国工业制造业的转型升级。

1.3
工业互联网的内涵与特征

1.3.1 工业互联网的内涵

工业互联网是指互联网与工业系统、新兴信息技术深度、全方位融合、集成的产物，具体包括工业产业与应用生态，是工业领域智能化发展的体现。工业互联网既是网络也是平台，同样也是一种新模式、新生态。分析其内涵可知，工业互联网首先是网络，它能够实现机器、控制系统、物件、信息系统与人之间的连接，这是一种新兴的连接。其次它是一种平台，在这个平台上能够实现工业数据的处理、分析、集成，因为在工业互联网中处理的工业数据是极其庞杂的，所以在实际操作中“工业云”与“工业大数据”被广泛应用。最后它是一种新生态、新模式，利用工业互联网能够实现智能化的生产、个性化定制、服务化外延、网络化协作等。

综上所述，工业互联网的内涵从本质上分析是“互联网”与“制造系统”的结合。第一点，它是传统工业与信息技术和互联网的深入融合，工业互联网与传统定义上的互联网相同，都具备实体（产业）与环境（产业应用环境），科学利用工业互联网能够高效促进企业发展，促进科技创新。第二点，针对工业互联网的内涵来说，其具备“生态”的因素，生态的因素是指产能生态与应用生态，应用生态更倾向于环境因素，产能生态更倾向于结果因素。工业互联网与传统定义中的互联网是相似的，但却不完全相同，由于工业互联网的性质，在其内涵中，与传统互联网相比，是具备一定“工业特性”的，在工业互联网的终端层面，包括工业设备、物料等。在工业互联网中，终端的智能化水平较高，能够通过互联网实现信息之间的交互。在基础信息设备上，“云”和“大数据”的思想被科学应用，工业 App 是关键，工业 PaaS（平台即服务）是核心，数据采集是基础。在工业互联网的网络层，实现了工业网络互联，不仅包括工业生产内部的网络连接，还包括网络层面上的连接。总的来说，工业互联网的内涵包括从外而内的互联网视角下商业系统变革促进生产系统的智能化，和由内到外工业视角下的从生产系统到商业系统的智能化。

1.3.2 工业互联网的特征

工业互联网所连接的各种“终端”，都是工业界的各种要素，例如工业人士经常说的“人、机、物”或者“人、机、料、法、环、测”，包括并不限于各种机器、设备、产线、物料、工艺、流程、设施、技能等。从企业边界来说，工业互联网不仅连接了企业内（可以分布式）的各种资源、在研品和在制品，而且可以超出企业边界，连接各种高价值的在用品（例如汽车、工程机械、风电 / 光伏设备等）。在工业互联网平台上，可以形成各种针对工业问题的解决方案，如产品创新、产品研发改进、工艺创新、个性化定制、智能排产、精益生产、安全生产、产能检测、预测式维护、节能减排、精细化运营等。

工业互联网呈现出以下三个方面的特征：

（1）应用面向多领域拓展

工业互联网已经广泛应用于石油石化、钢铁冶金、家电服装、机械、能源等行业，网络化的协同、服务型的制造、个性化的定制等新模式、新业态在蓬勃兴起，助力企业提升质量和效益，并不断催生出新的增长点。

（2）体系建设全方位推进

窄带物联网实现了县级以上地区的全覆盖，IPv6 改造基本完成，标识解析体系、五大国家顶级节点、十大行业和区域的二级节点初步建立。国内具有一定行业和区域影响力的工业互联网平台总数超过了 50 家，重点平台平均连接的设备数量达到了 59 万台。工业的 App 创新步伐也在明显地加快，我们还建立了国家、省和企业三级的安全检测平台，正在同步地加快建设。

（3）生态构建多层次推进

工业互联网产业联盟成员数量突破了 1000 家，与欧美日国家和地区的产业组织在技术创新、标准对接等方面开展了深度合作，这些都引领着跨界行业的企业深度协同突破。

1.4 我国工业互联网发展现状

为了推进产业转型升级，不断提高生产效率，提升我国制造业的国际影响力和地位，2015 年的政府工作报告中提出了“中国制造 2025”的概念。随后发布的《国务院关于积极推进“互联网 +”行动的指导意见》为“中国制造 2025”增添了新的元素与活力。不同于美国、德国、日本等发达国家制定的国家战略和计划，我国要走适合自己国情的战略道路，借助我国移动互联网、云计算、大数据、物联网等领域发展的良好势头，与现代制造业进行有机结合。因此，推动“中国制造 2025”，一方面要积极弥补我国传统制造业的不足，主攻智能制造，基于制造业数字化、产品智能化，推进新材料和新能源的应用，另一方面也要强调互联网与工业相融合，以未来网络技术为支撑，利用互联网技术推进产业升级。

我国发展工业互联网的独特优势：

第一，我国是互联网强国，我国某些互联网企业在世界互联网企业中占据重要地位，而且实力雄厚。工业互联网也是互联网的一类，如果我国能充分发挥在互联网方面的优势，定能在工业互联网的建设中抢占先机。

第二，目前，世界上还没有一个国家将人工智能、大数据、云计算和网络安全作为国家级重大科技专项实施，这个空缺将为我国实现弯道超车提供良好机遇。

第三，我国的制造业群体十分强大，并掌握了一定的工业互联网建造核心技术，如果我国在今后能出台更多的政策，引导社会重视工业互联网的建设，并进一步加强对知识产权的保护，构建良好的制造业发展生态，我国工业互联网与制造业定能实现相辅相成的高质量发展。

工业互联网首先是实现工业联网，并根据工业与网络的连接使生产设备具有感知的能力。下一步，如果我们能将工业互联网与智能制造结合，我国工业互联网的建设将迈入一个新的高度。未来很可能会出现这样的生产情景：器件加工完成后，下一个环节自动衔接，最后通过计算为已经成型的产品提供个性化服务。这样环环相扣，会使工业生产变得具有智慧。

工业互联网的建设与应用不仅能够突破我国制造业增长的极限，推动我国制造业的飞速发展，而且工业互联网还能探索出数字经济的发展方向和今后我国产业转型的路径、方法。

我国的工业互联网产业联盟于 2016 年 2 月由中国信息通信研究院联合制造业、通信业、互联网等相关企业共同发起成立，现有会员单位 200 多家。该联盟在工业互联网重大问题研究、标准研制、技术试验验证、产业推广等方面积极开展工作，并发布了《工业互联网体系架构（版本 1.0）》白皮书。

1.5 工业互联网总体架构

工业互联网的核心是基于全面互联而形成数据驱动的智能，网络、数据、安全是工业和互联网两个视角的共性基础和支撑。

从工业智能化发展的角度出发，工业互联网将构建基于网络、数据、安全的三大优化闭环。一是面向机器设备运行优化的闭环，其核心是基于对机器操作数据、生产环境数据的实时感知和边缘计算，实现机器设备的动态优化调整，构建智能机器和柔性产线；二是面向生产运营优化的闭环，其核心是基于信息系统数据、制造执行系统数据、控制系统数据的集成处理和大数据建模分析，实现生产运营管理的动态优化调整，形成各种场景下的智能生产模式；三是面向企业协同、用户交互与产品服务优化的闭环，其核心是基于供应链数据、用户需求数据、产品服务数据的综合集成与分析，实现企业资源组织和商业活动的创新，形成网络化协同、个性化定制、服务化延伸等新模式。工业互联网体系架构如图 1-1 所示。

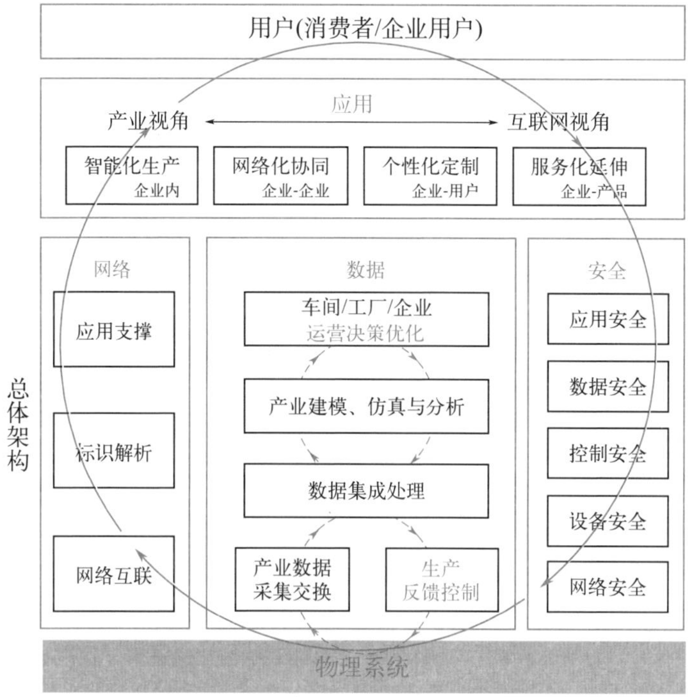

图 1-1　工业互联网体系架构

1.5.1　工业互联网网络体系架构

“网络”是工业系统互联和工业数据传输交换的支撑基础，包括网络互联体系、地址与标识解析体系和应用支撑体系，表现为通过泛在互联的网络基础设施，健全适用的标识解析体系，集中通用的应用支撑体系，实现信息数据在生产系统各单元之间、生产系统与商业系统各主体之间的无缝传递，从而构建新型的机器通信、设备有线与无线连接方式，支撑形成实时感知、协同交互的生产模式。

1.5.1.1　网络互联体系

工业互联网网络体系分为工厂内部网络和外部网络两种。工业互联网中的工厂内部网络方案主要包括 5 个环节：

第一个是工厂 IT 网络。无论是适应互联网发展，还是工厂内生产监控终端的接入，这两者都要求制造企业工厂 IT 网络应该支持 IPv6（互联网协议第六版）或 IPv4（互联网协议第四版）/IPv6 双栈。

第二个是工厂 OT（Operation Technology, 操作技术）网络。现场总线已经成为过去，工业以太网将是未来操作的新趋势，实现“e 网到底”。同时，制造企业还应在以太网的基础上延伸实现智能机器、传感器、执行器等设备的 IPv4 化或 IPv6 化。

第三个是智能机器与生产品的连接。智能机器、传感器、生产品等生产设备与产品和 IT 网络的连接将实现工业互联网对生产过程产生数据的实时采集。

第四个是泛在的无线连接。无线技术的应用将实现制造企业中智能机器、传感器、生产品及运输设备的连接。制造企业可以根据设备耗能及传输距离的需求采用多种无线技术。

第五个是基于 SON（Self-Organized Network, 自组织网络）的 IT/OT 组网方案。IT 网络和 OT 网络都是通过 SON 技术实现控制平面与转发平面的分离的，同时，SON 控制器与制造控制系统的联合应用还能对制造企业的网络资源进行调动，以支撑制造企业的制造和生产自组织。

工厂外部网络方案主要包括 2 个环节：

① 由于工业互联网的终端数量巨大，因此，工业互联网必须部署 IPv6 网络。可能有些制造企业无法马上搭载 IPv6 网络，那就要设计从 IPv4 网络过渡到 IPv6 网络的方案。如果制造企业对网络质量有更高的需求，或是需要处理一些关键性的业务，那么制造企业就需要考虑应用专网或是 VPN（Virtual Private Network，虚拟专用网络）技术。

② 工厂外部网络还包括泛在无线接入。制造企业可以通过对 NB-IoT（Narrow Band Internet of Things， 窄带物联网）、LTE（Long Term Evolution，长期演进）增强以及 5G 技术等实现多种智能产品的无线接入。工厂外部网络还应支持工业云平台的接入和数据采集。工厂外部网络应支持企业信息化系统、生产控制系统以及各种智能产品向工业云平台的数据传输。

1.5.1.2 地址与标识解析体系

建设工业互联网发展需要大量的 IP 地址。在大量智能机器、产品的接入下，过去的 IPv4 网络已经很难满足未来工业互联网的发展需求，因此，使用 IPv6 网络已经是未来工业互联网的必然要求。IPv6 不仅能解决工业互联网对地址的需求问题，还能为工业内网中的设备提供全球唯一地址，有效推进了制造企业的数据交互和信息整合。

从工业互联网中标识及标识解析体系的现状来看，标识解析体系已经在工业互联网中占据了关键的地位。

对于工业互联网中标识的理解，制造企业可以将它类比为互联网中的域名，是识别和管理物品、信息还有设备的关键基础性资源。而工业互联网中的标识解析系统就类似于互联网中的域名解析系统，是网络能够做到互联互通的保证。

为了能够适应未来工业互联网的发展，制造企业需要对当前的标识解析系统做出一些改善，具体的改善方案如下。

第一，在功能方面，未来的标识解析系统要在兼容性和扩展性上有所改进，这是因为工业互联网中的主题对象来源复杂，并且标识形式多样，所以很难做到标识的统一。

第二，未来工业互联网的标识数据将远超目前工业互联网的标识数据，导致未来的工业互联网对标识解析系统的高效性及可靠度要求更高，因此这一点应该作为制造企业对标识解析系统性能上改造的重点。

另外，工厂内的柔性制造等特定场景未来将普遍存在于制造企业之中，因此，在性能方面标识解析系统还应在低延迟解析上做好升级。

第三，标识解析系统中存有大量关系国计民生的重要数据，因此在安全方面，制造企业一定要提升标识解析系统隐私保护、真实认证、抗攻击、抗溯源的能力。

第四，标识是工业互联网的关键基础资源，能够对制造企业的制造生产状态作出反应和统计，因此，在标识解析系统的管控方面，制造企业还应秉持公正平等的治理理念。

目前，我国工业互联网的标识解析系统还在发展之中，工业互联网是否能够满足功能、性能、安全与管控方面的需求，还需要在具体应用中进行验证。

1.5.1.3 应用支撑体系

实现工业互联网应用、系统与设备间数据集成的应用使能技术、工业互联网应用服务平台及服务化封装与集成是工业互联网应用支撑体系的 3 个层面。

制造企业内部或其与互联网数据分析平台间数据集成和互操作的基础协议即工业互联网的应用、系统与设备集成的应用使能技术。应用使能技术同互联网中的 HTML（超文本标记语言）等协议相似，使不同的操作系统及硬件架构能够做到在数据层面的相互理解，简单来讲就是实现信息集成与互操作。

目前，大多数制造企业使用的应用使能技术是 OPC（OLE for Process Control，用于过程控制的 OLE），为了能够达到被其他系统获取和集成的目的，OPC 定义了一套不同系统及硬件架构都可用的数据描述方式和信息模型，使不同系统能够利用 OPC 规定的格式重新组织各自的数据信息。

能够将各类工业云平台的服务能力和资源进行统一部署是工业互联网应用服务平台的主要作用，其目的是向中小制造企业提供在线设计研发、协同开发等工业云计算服务。

在为制造企业提供设计资源和工具服务时，应用服务平台能利用在线的集成设计云服务支撑起服务的供应。如果制造企业有高效整合制造资源的需求，则制造企业也可以利用应用服务平台在云平台的基础上开展多方协作，以及设计众包等开发形式实现自身需求。

现今，一些工业云服务平台也在逐渐问世，这些平台在利用应用使能技术的前提下，对生产现场的数据进行采集和分析，制造企业将利用其输出的结果进行企业管理和企业决策。

服务化集成主要存在于工厂运营层信息系统中，很多企业会利用 ESB（Enterprise Service Bus，企业服务总线）将 CRM（Customer Relationship Management，客户关系管理）、ERP（Enterprise Resource Planning，企业

资源计划）和MES（Manufacturing Execution System，生产过程执行系统）等通过 SOA（Service-Oriented Architecture，传统服务化）重新进行组织，提供企业运营所需的基础管理。

1.5.2 工业互联网数据体系架构

“数据”是工业智能化的核心驱动，包括数据采集交换、集成处理、建模分析、决策优化和反馈控制等功能模块，表现为通过海量数据的采集交换、异构数据的集成处理、机器数据的边缘计算、经验模型的固化迭代、基于云的大数据计算分析，实现对生产现场状况、协作企业信息、市场用户需求的精确计算和复杂分析，从而形成企业运营的管理决策以及机器运转的控制指令，驱动从机器设备、运营管理到商业活动的智能化和优化。

1.5.2.1 工业互联网大数据功能架构

现今的工业大数据架构体系参考了工业互联网联盟在 2016 年发布的《工业互联网体系架构（版本 1.0）》中对工业互联网数据体系架构的描述。工业互联网的架构分为数据采集与交换、数据集成与处理、数据建模与分析和数据决策与控制四个层次。

数据采集与交换层的主要功能是从不同的数据源获取相应的信息，数据源包括设备搭载的传感器、SCADA（Supervisory Control And Data Acquisition，数据采集与监视系统）、MES 和 ERP 等内部系统，以及其他企业外部数据源。制造企业要想实现数据采集与交换层的各种功能，就需要做好采集工具、数据预处理工具和数据交换工具的建设，这些都是数据采集与交换层工作运行的必要工具。数据采集与交换层的使用旨在帮助制造企业实现不同系统数据的相互交叉。

从功能上看，数据集成与处理层的主要任务是将实体的物理系统抽象化和虚拟化，以产品、产线、供应链等为主题各自建立数据库，并建立合理的数据模型，将得到的转换数据与虚拟制造中的产品、设备、产线等实体做好关联。

从技术层次上看，数据集成与处理层的主要职能是从原始的、未经过处理的数据中抽取需要的数据，并在对数据进行转化后再将数据储存起来并进行集中管理。另外，数据集成与处理层还可以为下一步的数据计算提供引擎服务，方便数据的查找、批量计算及流式计算任务的完成，并为建模工具提供数据访问和计算端口。

总之，数据集成与处理层主要涉及的内容是对原始数据的抽取和转换、对处理后数据的储存与管理、提供数据查询与计算服务以及提供数据服务接口。

在经过数据集成与处理层的处理，以及虚拟化的实体上的仿真测试、流程分析、运营分析后，原始数据中隐藏的模式和支持被提取出来，为制造企业的决策生成提供参考，这就是数据建模与分析层的主要任务。

提供各种数据报表、形成知识库、促进机器学习、提供统计分析和规则引擎等数据分析工具是数据建模与分析层的主要职能。

数据决策与控制层是基于数据建模与分析层得出的结果，生成描述、诊断、预测、决策及控制等应用，直接生成控制指令或是对已有决策进行进一步优化，进而对整个工业系统产生影响，实现制造企业生产产品的个性化、生产过程的智能化、生产组织协同化和服务化制造的新型生产模式，最终形成从数据采集、设备、生产现场到企业运营管理优化的完美闭环。

1.5.2.2 工业互联网大数据应用场景

工业大数据的应用将会给制造企业带来巨大变革已经是一种必然趋势。在互联网、移动物联网等技术所带来的低成本感知、高速移动连接、分布式计算和高级分析的背景下，信息技术与工业制造业的融合正在逐步深化。两者的深度融合将促进制造企业的产品研发、生产、运营、营销和管理方式的极大创新，为制造企业带来了高速、高效的发展。

工业大数据在制造企业中的具体应用形式多种多样，本节将举例说明几个工业大数据在制造企业的应用场景。

（1）在产品故障诊断与预测方面的工业大数据应用

传感器与工业互联网技术的应用使制造企业实时诊断产品故障的愿

望不再是想象，预测动态性也将在工业大数据的应用下成为可能。

在马来西亚航空公司 MH370 航班失联事件中，波音公司提供的发动机运转数据在确定飞机失联路径时发挥了重大作用，可以说该数据在很大程度上影响了搜查的进度。波音公司的发动机运转数据的表现使我们看到了大数据的力量，接下来讨论波音公司的工业大数据在产品故障诊断方面发挥了怎样的作用。

波音飞机上安装的发动机、燃油系统、液压和电力系统等数以百计的设备构成了飞机的在航状态数据，飞机中各系统搭载的传感器每隔几微秒就会对系统产生的数据进行测量，并发送回地面部门。

以波音 737 为例，在飞行过程中，其发动机每 30min 产生的数据大约 10TB，这些数据不仅应用在工程师分析飞机状态时，还能应用在飞机的实时自适应控制、燃油使用、零件故障预测和飞行员通报等方面，能够有效实现故障诊断和预测。

建立在美国亚特兰大的通用电气能源监测和诊断中心，主要负责对全球 50 多个国家上千台 GE 燃气轮机数据进行收集，每天收集的数据多达 10GB。当然，该中心不只收集数据，他们还要通过对系统内的传感器振动和温度信号的数据进行分析，从而支持通用电气公司对燃气轮机故障的诊断和预警。

将天气数据与其涡轮仪表数据结合在一起，进行交叉分析是风力涡轮机制造商 Vestas 优化其风力涡轮机的重要利器。通过对数据的分析，Vestas 不仅使风力涡轮机的电力输出水平得到了提升，还在此基础上实现了服务寿命的延长。这也表明了工业大数据可以被用于产品售后服务与产品改进上。

（2）工业互联网大数据能够加速产品创新

用户与制造企业发生交互和交易行为产生的大量数据也有重要作用。制造企业可以利用这些数据挖掘并分析用户的动态数据，在此基础上做出的产品需求分析和产品设计将会更贴近用户需求，促进产品的创新。

此类数据应用的表率当属福特公司。在生产福特福克斯电动车的过程中，福特公司在电动车的创新与优化中应用了大量的大数据技术，使这款车成为一款名副其实的大数据电动车。

福特福克斯电动车无论是在驾驶中还是在停车时都会产生大量的数据。在行驶中，车辆加速、刹车、电量信息和位置信息数据的展示不仅对司机有用，还可以使福特公司的工程师更加了解客户的驾驶习惯，包括如何、何时及何处充电等，这些信息对工程师设计与优化产品有很大的参考价值。而当车辆处于停止状态时，该电动车还会将车辆胎压和电池系统的数据传送给最近的智能电话，如果数据出现变化，它也会及时提醒。

这种以用户为中心的大数据应用场景有许多好处：一是用户能够获得许多有用的数据，方便他们驾驶；二是位于底特律的工程师在接收数据后能对用户的驾驶行为进行汇总，并从中获得有效的信息，从而制定产品改进计划，并在新产品中进行创新。除了上述两个方面，电力公司和其他第三方供应商也能通过反馈回来的数据，决定新的充电站的建立地点，以及如何分散超负荷运转电网的压力。大数据成功革新了产品创新和协作方式。

1.5.3 工业互联网安全体系架构

“安全”是指网络与数据在工业中应用的安全保障，包括设备安全、网络安全、控制安全、数据安全、应用安全和综合安全管理，表现为通过涵盖整个工业系统的安全管理体系，避免网络设施和系统软件受到内部和外部攻击，降低企业数据被未经授权访问的风险，确保数据传输与存储的安全性，实现对工业生产系统和商业系统的全方位保护。

1.5.3.1 工业互联网安全体系框架

工业互联网安全体系框架是构建工业互联网安全保障体系的重要指导，是业内有关专家学者在工业互联网安全防护方面达成的共识。安全体系框架的完备将为工业互联网的制造企业提供安全保障，为制造企业部署安全防护措施提供指导，加强工业互联网整体的安全防护建设。

信息安全、功能安全和物理安全是工业安全领域的三大类别。传统的工业控制系统安全最初只注重功能与物理上的安全，即只关注工业安全相关系统或设备失灵时如何保证生产设备及系统依旧处于安全状态。

然而这种安全防护思维已经不再适用于工业控制系统信息化的时代，一旦忽视对工业控制系统信息安全的防护，信息泄露将会给制造企业带来致命的打击。

工业互联网在维护安全方面面临的挑战要明显高于传统的工业控制系统安全与传统互联网安全。在工业互联网中，过去清晰明了的责任边界将不复存在，范围的扩展、系统复杂程度的提升等意味着工业领域对安全防护有了更高的要求，因此，工业互联网的平台安全、数据安全、连接到网络上的相关智能设备安全等问题变得更加棘手。

此外，工业互联网的安全工作范围更广。工业互联网的安全建设不仅是制造企业自己的事情，还需要有国家制度、国家能力、产业支持等多面的统筹安排。

从目前形势来看，我国还有很多企业没有意识到工业互联网安全对企业发展的重要性与紧迫性，我国工业互联网的安全管理和风险防护意识仍需加强。我国的工业互联网安全架构要统筹好信息、功能和物理三方面的安全，尤其要注重信息安全。

1.5.3.2 工业互联网安全领域的普遍问题

随着网络应用在人们生活中的方方面面，互联网安全在国家安全中的地位越来越重要，而工业互联网将工业生产与网络世界进行了连接，这意味着网络世界中的风险同样也会影响整个工业生产过程，从而使制造企业产生严重的损失。

工业互联网所面临的安全风险主要有以下几个方面。

① 制造企业对安全问题不重视，网络安全防护能力弱。这主要体现在设计工业互联网的工业控制器时只重视功能的建设，而忽略安全防护性能的建设。如果制造企业对这一问题不采取有效的措施，随着今后工业制造业的网络化、智能化的逐渐深入，制造企业面临的风险将会越来越大。

② 相关安全产品与服务难以满足制造业的实际需求。在网络安全方面，目前我国发展得还不够完善，相关人才资源也比较稀缺，更不可

能了解全部行业对工业互联网安全的需求，因此，很难研发出一个能够在多领域应用的解决方案。

③ 制造业与信息化企业间的联系不足，很难实现协作双赢。由于大多数的制造企业对网络安全的重视程度不高，因此，其与信息化企业的合作意识不强，加之制造企业非常重视自身企业的隐私，这样也为与网络安全企业合作增加了难度。

目前工业互联网信息安全问题已经受到国家的重视，成为国家总体安全的重要组成部分。

1.6 工业互联网商业模式

在多种因素的合理支持下，我国具有一定行业、区域影响力的工业互联网平台已超过 50 家，其中，重点平台平均连接设备数量达 59 万台。虽然数据可观，但目前我国工业互联网依旧在进行初期的探索，还需继续探索成熟的商业模式。

从目前来看，我国主流的工业互联网商业模式有网络化协同、智能化生产、个性化定制和服务化延伸 4 种。

1.6.1 网络化协同

网络化协同的实现是通过对信息技术及网络技术的应用，将产品研发、产品产业链、企业管理三者与产品设计、产品制造管理、产品服务周期、产品供应链管理、用户关系管理有机结合起来，实现制造企业从单一的制造环节延伸到设计与研发环节的价值链转变，从上游扩展到生产制造环节的管理链转变。简而言之，将工程、生产制造、供应链和企业管理聚集起来形成的制造系统就是网络化协同模式。

各制造企业可以通过航天云网平台的 CMSS 云制造支持系统，了解工业互联网的网络化协同商业模式。

CMSS 云制造支持系统主要包括工业品营销与采购全流程服务支持系统、制造能力与生产性服务外协与协外全流程服务支持系统、企业间协同制造全流程支持系统、项目级和企业级智能制造全流程支持系统四个方面。

CMSS 云制造支持系统的“一脑一舱两室两站一淘金”，即企业大脑、企业驾驶舱、云端业务工作室、云端应用工作室、小微企业服务站、企业上云服务站和淘金产品的系统级工业。该应用所提供的服务能够满足各类企业参与云制造产业集群生态建设的需求。

网络化协同模式的应用能够使分散在各处的生产设备、智力资源和各种核心能力聚集在平台之上，该模式既能提高制造企业的生产质量，又能降低企业的生产成本，是一举两得的先进制造方式。未来，网络化协同在我国工业互联网平台的大规模应用，极有可能将我国制造行业转型升级推向一个新高度。

工业领域云平台的搭建，云制造产业集群生态的打造，将企业工作重点放在了资源配置与业务流程的优化上，逐步实现从省钱到赚钱，再到生钱的“三步走”。通过走自上而下逐步深化的路线，配合我国工业的整体转型，最终实现从云制造到协同制造，再到智能制造，这也是航天云网成立初期就定下的发展路线。

1.6.2 智能化生产

利用先进制造工具与网络信息技术推动生产流程智能化发展，使数据信息能够做到跨系统流动、采集、分析与优化，实现设备性能感知、过程优化、智能排产等智能化生产方式，这些都是智能化生产商业模式的主要特点。关于智能化生产模式的理解，制造企业可以参考富士康集团开发的工业互联网平台 BEACON。

通过整合工业互联网、大数据、云计算等软件及工业机器人、传感器、交换机等硬件，BEACON 平台实现了端到端的控制与管理。为了制造出开放、共享的工业级 App, BEACON 平台聚集了多种设备数据，集中处理生产数据，并根据这些信息对产业专业理论进行了分析。

通过对生产流程的优化和改造，推动制造企业制造流程的数字化、网络化和智能化是发展智能化生产模式的主要目的。在这种模式的带领下，我国工业制造业的未来发展将大有可期。

1.6.3 个性化定制

个性化定制商业模式主要以海尔的COSMOPlat工业互联网平台为代表。

COSMOPlat工业互联网平台主要分为四层。首先是为聚合全球资源，以分布式的方式调度各类资源，并使各类资源实现最优搭配的资源层；其次是为支持制造企业应用的快速开发、部署、运行、集成，将工业技术软件化的平台层；再次是提供互联工厂应用服务，输出全流程解决方案的应用层；最后是在互联工厂的基础上，实现资源共享的模式层。

COSMOPlat工业互联网平台的主要作用是实现制造企业大规模定制的要求。为了实现这一需求，COSMOPlat工业互联网平台聚集了系统集成商、独立软件供应商、技术合作伙伴、解决方案提供商和渠道经销商，致力于打造工业新生态。

在使用该平台时，用户只需通过智能设备，如手机或电脑等向平台提出需求，COSMOPlat工业互联网平台将在检测到该需求积累到一定程度后，通过已经与其平台建立连接的互联工厂进行需求产品的研发与生产，最后给予用户所期望的个性化产品。

由此可见，COSMOPlat工业互联网平台完全符合工业互联网商业模式中的个性定制化模式，它以用户参与产品生产流程、为用户提供定制化服务、个性化消费需求为特征，几乎完全颠覆了过去统一设计、标准化大批量生产、同质化消费的传统生产模式。在工业互联网的应用背景下，用户已经不再只有消费者这一单一身份，作为消费者的同时，用户也是产品的设计者和生产者，这样以用户需求为生产前提的生产模式将实现制造企业生产产品与消费需求的完美契合。

这种颠覆传统的个性化定制形成了以用户需求为主导的全新商业模式，实现了用户在交互、定制、设计、采购、生产、物流和服务等环节的全流程参与。可以预见的是，如果这种商业模式可以大规模复制到其他行业和领域，很可能会引发新一轮制造业的生产革命，前景可期。

1.6.4 服务化延伸

制造企业在其产品上增加智能模块，通过产品与网络的连接实现企业对产品运行数据的采集，并在进行大数据分析后为用户提供更多的智能服务，逐渐使企业从单纯地卖产品扩展到卖服务。

由树根互联打造的根云平台是服务化延伸商业模式的主要代表，其中以 MRM 平台和 IOM 平台最具代表性。MRM 平台是在机器互联及对数据的收集整理的基础上，与云端数据存储、数据分析和智能服务平台对接，为制造企业提供设备跟踪、故障预测、资产管理和保险金融研发辅助等服务。IOM 平台则是为各种设备提供包含物联监控、智能服务、能耗耗材、共享租赁和改装再造等多个环节的 360° 的全生命周期管理，其目的是帮助制造企业提高生产效率，促进商业创新。

工业互联网平台对设备数据的采集是其帮助制造企业监控设备运行情况、实施大数据分析，从而推动企业运营管理模式的转换、提高企业运营效率、实现企业运行数据可视化的手段。此外，工业互联网平台的使用还能给制造企业带来更多其他价值，促进企业工业模式创新。

目前，我国制造业已经由以提供产品为中心转向以提供服务为中心，在这样的社会发展大背景下，服务化延伸商业模式将更有利于制造企业延伸其价值链条，增加可获利空间。当制造企业将这一商业模式发展到一定程度时，该模式甚至有可能成为企业核心竞争力的来源。

网络化协同、智能化生产、个性化定制及服务化延伸 4 种工业互联网主流商业模式哪一个更具优势，这还需要各制造企业的长期试验证明。除了这 4 种主流工业互联网商业模式，各制造企业也可以发散思维采取其他模式，比如美国参数技术公司就通过委托代理商直接将工业互联网平台当作一种产品销售，以供其他企业应用及二次开发，这也是一种可行的工业互联网商业模式。

Digital Wave
Advanced Technology of
Industrial Internet

Information Fusion and Security of Industrial Network

工业互联网信息融合与安全

第2章

工业互联网基础技术

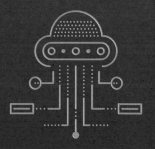

2.1
无线传感器网络技术

与传统网络不同，工业互联网不再局限于人与人之间的通信，而是在人与物、物与物实现通信的基础上，在人与物之间搭建起信息沟通的桥梁。工业互联网的实现离不开对数据信息的获取、处理、传输和应用。原始的工业数据需要通过物联网感知技术来获取，数据所提供的信息需要物联网定位技术来标识、分析、处理，而无线传感器技术可以实现信息在各节点之间的流动，保证物理世界、计算世界以及人类社会三元世界的连通。

2.1.1 物体感知技术

物体感知技术是工业互联网的基础。通过物体感知技术可以采集大量的工业数据，并将这些数据通过互联网传送到工业互联网平台上。经过平台的大数据分析工具处理，可以获取知识，实现机器智能，并反馈到工业系统中，进而提高生产效率。传感器可以探测包括热、力、光、电、声等外部环境信号，为物联网中数据的传递、加工、应用提供原始数据。它实现了对目标相关信息的动态获取，使“物”具有了感知外部世界的能力。

传感器一般由敏感元件、转换元件、转换电路和辅助电源四部分组成。敏感元件是可以直接感受被测量，并输出与被测量成确定关系的某一物理量的元件。敏感元件的输出就是转换元件的输入，转换元件可以将输入转换成电路参量。将上述电路参量接入转换电路，便可转换成电量输出。

（1）传感器的特性

传感器的特性是指传感器的输入量和输出量之间的对应关系。通常将传感器的特性分为两种：静态特性和动态特性。

① 传感器的静态特性是指对静态的输入信号，传感器的输出量与

输入量之间所具有的相互关系。因为这时输入量和输出量都和时间无关，所以二者之间的关系，即传感器的静态特性可用一个不含时间变量的代数方程，或以输入量作横坐标，其对应的输出量作纵坐标的特性曲线来描述。表征传感器静态特性的主要参数有线性度、灵敏度、迟滞、重复性、漂移、分辨力、精度等。

② 传感器的动态特性是指传感器在输入变化时的输出特性。在实际工作中，常用传感器的动态特性来表示某些标准输入信号的响应。这是因为传感器对标准输入信号的响应容易用实验方法求得，并且它对标准输入信号的响应与它对其他任意输入信号的响应之间存在一定的关系，往往知道了前者就能推定后者。最常用的标准输入信号有阶跃信号和正弦信号两种，所以传感器的动态特性也常用阶跃响应和频率响应来表示。将各种频率不同而幅值相等的正弦信号输入传感器，相应输出信号的幅值、相位与频率之间的关系称为频率响应特性。传感器的阶跃响应特性是指当给静止的传感器输入一个单位阶跃信号时传感器的输出信号。

（2）典型的传感器

① 温度传感器。温度传感器是一种能够将温度变化转换为电信号的装置。它是利用某些材料或元件的性能随温度变化而变化的特性进行测温的，如将温度变化转换为电阻、热电动势、磁导率以及热膨胀的变化等，然后再通过测量电路来达到检测温度的目的。温度传感器广泛应用于工农业生产、家用电器、医疗仪器、火灾报警以及海洋气象等诸多领域。

② 光电传感器。光电传感器就是将光信号转化成电信号的一种器件，简称光电器件。要将光信号转化成电信号，必须经过两个步骤：一是先将非电量的变化转化成光量的变化；二是通过光电器件的作用，将光量的变化转化成电量的变化，这样就实现了将非电量的变化转化成电量的变化。光电器件的物理基础是光电效应，且光电器件具有响应速度快、可靠性较高、精度高、非接触式、结构简单等特点，因此光电传感器在现代测量与控制系统中的应用非常广泛。

③ 压力传感器。晶体是各向异性的，非晶体是各向同性的。某些

晶体介质，当沿着一定方向受到机械力作用发生形变时，就产生了极化效应；当机械力撤掉之后，又会重新回到不带电的状态，也就是受到压力时，某些晶体可能产生出电效应，这就是所谓的极化效应。研究人员就是根据这个效应研制出了压力传感器。压力传感器是工业实践中最为常用的一种传感器。我们通常使用的压力传感器主要是利用压电效应制成的，这样的传感器称为压电传感器。

④ 加速度传感器。加速度传感器是一种能够测量加速度的电子设备。加速度可以是常量，比如 g，也可以是变量。加速度计主要有两种：一种是角加速度计，是由陀螺仪（角速度传感器）改进的；另一种是线加速度计。通过对物体加速度的测量，可以了解物体的运动状态。加速度传感器可以应用在控制系统、报警系统、仪器仪表、地震监测、振动分析等领域。

（3）智能传感器

智能传感器要求准确度高、可靠性高、稳定性好，而且具备一定的数据处理能力，并能够自检、自校、自补偿。近年来，随着微处理器技术、信息技术、检测技术和控制技术的迅速发展，对传感器提出了更高的要求，不仅要具有传统的检测功能，而且要具有存储、判断和信息处理功能，促使传统传感器产生了一个质的飞跃。所谓智能传感器，就是一种带有微处理器，兼有信息检测、信号处理、信息记忆、逻辑思维与判断功能的传感器，即智能传感器是由传统的传感器和微处理器及相关电路组成的一体化结构。

（4）无线传感器

无线传感器的组成模块封装在一个外壳内，在工作时它将由电池或振动发电机提供电源，构成无线传感器网络节点，由随机分布的集成传感器、数据处理单元和通信模块的微型节点通过自组织的方式构成网络。它可以采集设备的数字信号，通过无线传感器网络传输到监控中心的无线网关，直接送入计算机进行分析处理。如果需要，无线传感器也可以实时传输采集的整个时间历程信号。监控中心可以通过网关将控制、参数设置等信息无线传输给节点。数据调理采集处理模块将传感器输出的微弱信号经过放大、滤波等调理电路后，送到模数转换器，转变为数字信号，再送到主处理器进行数字信号处理，计算出传感器的有效值、位移值等。在当今信息技术呈爆炸式发展的潮流中，无线传感器以其全新的数据获取与处理技术逐渐进入人们的视野，并且在很多领域得到了广泛的应用与普及。

2.1.2 物体定位技术

物联网是通过各种智能设备之间的互联互通形成的一个包含亿万物体的巨大网络。因此，在物联网的应用过程中首先需要解决的是“物”的识别。物体的标识技术是指与物体相关联的，用来无歧义地标识物体全局唯一值的技术手段。标识的实质就是对物联网中所有的“物”进行编码，实现“物”的数字化的过程。同时随着研究的深入，快速的空间位置定位也成了一系列应用的前提。

（1）物体标识技术

物体标识主要用来给每一个物体确定一个唯一的编号，并通过一个便捷的方法来识别该编号。就像人的身份证一样，在工业互联网时代，每个智能物体都会有一个自己的唯一标识。通过这个标识，可以追踪其制造、销售、使用的全生命周期信息。常用的物体标识技术包括条形码、二维码、RFID 等。

① 条形码。条形码是人类历史上第一个大规模使用的物体标识技术。条形码是将宽度不等的多个黑条和空白，按照一定的编码规则排列，用以表达一组信息的图形标识符。条形码是迄今为止最经济实用的一种商品自动识别技术。条形码技术具有以下几个方面的优点：a. 输入速度快，通过使用条形码扫描器，可以实现即时数据输入；b. 可靠性高，采用条形码技术误码率低于百万分之一；c. 普及率高，条形码扫描器已在全世界的超市中普及。条形码技术的主要缺点如下：a. 数据容量较小，约 30 个字符，只能包含字母和数字；b. 条形码尺寸相对较大（空间利用率较低）；c. 条形码遭到损坏后便不能阅读。

② 二维码。二维码是在一维条形码的基础上扩展出了另一维具有可读性的条形码，可以解决条形码所能表示的信息比较少的问题。二维

码使用黑白矩形图案表示二进制数据，被设备扫描后可获取其中所包含的信息。一维条形码的宽度记载着数据，而其长度没有记载数据。二维码的长度、宽度均记载着数据。二维码具有条形码技术的一些共性：每种码制有其特定的字符集；每个字符占有一定的宽度。二维码有一维条形码所没有的“定位点”和“容错机制”。容错机制使得在即使没有辨识到全部的条形码或条形码有污损时，也可以正确地还原条形码上的信息。二维码还具有对不同行的信息自动识别的功能以及处理图形旋转变化等特点。

在目前几十种二维码中，常用的码制有 PDF417 二维码、DataMatrix 二维码、Maxicode 二维码、QRCode、Code49、Code16K、CodeOne 等。除了这些常见的二维码之外，还有 Vericode 条形码、CP 条形码、Codablock F 条形码、田字码、Ultracode 条形码和 Aztec 条形码。

③ 射频识别（Radio Frequency Identification, RFID）技术。射频识别技术又称无线射频识别，是一种通过无线电信号识别特定目标并读写相关数据，而无须在识别系统与特定目标之间建立机械或光学接触的通信技术。射频识别系统主要的优势是读取方便、识别速度快、数据容量大、使用寿命长、应用范围广。

射频识别系统包括 RFID 标签、阅读器和数据管理系统三个部分。无线射频辨识系统将标签附着在要辨识的物体上，射频识别阅读器发出一个加密的无线信号来询问标签。标签收到信号后用它本身的串行号和其他信息来回应。阅读器非接触地读取 RFID 标签的信息，并通过网络与数据管理系统连接，从而完成对电子标签信息的获取、解码、识别和数据管理。数据管理系统主要完成数据信息的存储和管理任务，并可以对标签进行读写控制。

（2）空间定位技术

随着物联网应用研究的不断深入，快速准确地为用户提供空间位置信息的需求变得日益迫切。利用 RFID 以及各类传感器节点的定位、感知功能，人们可以获取物理世界中各种各样的信息。通常情况下，这些信息都需要与传感器的位置信息联系起来综合分析，最终为用户提供个性化的信息服务。因此，能够快速、准确地提供位置信息的定位技术是物联网应用所要解决的关键问题之一。

空间定位通过特定的位置标识与测距技术来确定物体的空间物理位置信息（经纬度坐标）。常用的定位方法一般有基于卫星导航的定位、基于参考点的基站定位、Wi-Fi 定位技术等。

① 基于卫星导航的定位。基于卫星导航的定位方式主要是利用设备或终端上的 GPS 定位模块将自己的位置信号发送到定位后台来实现定位。GPS（Global Position System，全球定位系统）的全称是“Navigation Satellite Timing And Ranging/Global Position System, NAVSTAR/GPS”，其意为“导航卫星测时与测距 / 全球定位系统”。该系统以卫星的无线电导航技术为基础，可为全球用户提供连续、实时、高精度的三维位置、三维速度和时间的相关信息。

② 基于参考点的基站定位。基站定位是利用基站与通信设备之间的无线通信和测量技术，计算两者间的距离，并最终确定通信设备的位置信息。对比基于卫星导航的定位，基站定位不需要设备或终端具有 GPS 定位功能，但是其定位精度很大程度上依赖于基站的分布及覆盖范围的大小，误差较大。蜂窝定位一般采用基于参考点的基站定位技术，利用移动运营商的移动通信网络，通过手机与多个固定位置的收发信机之间传播信号的特征参数来计算出目标手机的几何位置，同时，结合地理信息系统 GIS 为移动用户提供位置查询等服务。

③ Wi-Fi 定位技术。GPS 卫星定位技术适合室外定位，在室外大范围定位中得到了广泛应用，而对于室内定位，由于密集建筑物对定位信号的遮挡作用，导致 GPS 卫星定位技术定位精度低、能耗高，在室内定位中无法发挥作用，而 Wi-Fi 定位技术在现有 Wi-Fi 网络的基础上，在不需要安装定位设备的情况下直接进行定位，并具有应用范围广、使用成本低、定位精度高等优势，是提高室内定位精度、提高室内定位技术水平的有力措施，具有良好的发展前景。

Wi-Fi 定位技术主要包括三边定位计算法和位置指纹识别计算法。其中，三边定位计算法又分为普通的三边定位计算法和质心定位计算法。与卫星定位原理相似，三边定位计算法是利用三个参考点与定位目标的距离来确定定位目标的具体位置。位置指纹识别计算法则是通过对定位目标设备收集到的 AP 信号的特征指纹信息进行对比和区分达到目标定位的目的。相比于位置指纹识别计算法来说，三边定位计算法定位精度较差，这是由于位置指纹识别计算法对目标进行定位的过程中不需要对 AP 信号的种类、模型和位置进行分析，在定位效率、操作以及定位精度方面都具有很大的优势。

2.1.3 无线传感器网络技术

无线传感器网络技术综合了传感器技术、嵌入式计算技术、现代网络及无线通信技术、分布式信息处理技术等，能够通过各类集成化的微型传感器协作地实时监测、感知和采集环境中的热能、红外、声呐、雷达和地震波信号，从而探测包括温度、湿度、噪声、光强度、压力、土壤成分、移动物体的速度和方向等众多信息，这些信息通过无线方式被发送，并以自组多跳的网络方式传送到用户终端，从而实现物理世界、计算世界和人类社会三元世界的连通。下面分别从典型工作方式、组织结构、网络特点三个方面介绍无线传感器网络技术。

（1）典型工作方式

无线传感器网络的典型工作方式如下：使用飞行器将大量传感器节点（数量从几百到几千个）抛撒到目标区域，节点通过自组织快速形成一个无线网络。节点既是信息的采集和发出者，也充当信息的路由者，采集的数据通过多跳路由到达网关。网关是一个特殊的节点，可以通过 Internet、移动通信网络、卫星等与监控中心通信，也可以利用无人机飞越网络上空，通过网关采集数据。

（2）组织结构

无线传感器网络主要由三大部分组成，包括节点、传感网络和用户。一般通过一定方式将节点覆盖在一定的范围，整个范围按照一定要求能够满足监测的范围；传感网络是最主要的部分，它将所有的节点信息通过固定的渠道进行收集，然后对这些节点信息进行一定的分析计算，将分析后的结果汇总到一个基站，最后通过卫星通信传输到指定的用户端，从而实现无线传感的要求。

在不同的应用中，传感器节点设计也各不相同，但是它们的基本结构是一样的。节点的典型硬件结构主要包括电池及电源管理电路、传感器、信号调理电路、AD 转换器件、存储器、微处理器和射频模块等，集数据信息测量及路由功能于一体，既要采集和处理本地数据信息，又要融合、存储接收到的数据信息，实现对数据的采集、处理和传输三大功能。节点采用电池供电，一旦电源耗尽，节点就失去了工作能力。为了最大限度地节约电源，在硬件设计方面，要尽量采用低功耗器件，在没有通信任务时，切断射频部分电源；在软件设计方面，各层通信协议都应该以节能为中心，必要时可以牺牲一些网络性能指标，以获得更高的电源效率。

无线传感器网络主要有中心式和分布式两种拓扑结构。

① 中心式无线传感器网络。中心式无线传感器网络的结构特点在于节点之间连接的层次性，有主次之分，数据信息是逐级进行传输的。一群普通的传感器和一个中心节点构成一个“簇”，普通节点只负责采集环境数据而不处理数据，且只与其所在簇中的中心节点（“簇头”）相连，中心节点收集该簇中所有普通节点的数据并初步处理后发送给基站。基站的计算与存储性能最强，远超过普通节点和中心节点，负责收集并处理整个网络的数据，且管理着安全密钥的产生和分配。此类传感器网络的可生存性较差，当中心节点失效时，其所在的簇将无法工作；而基站受到攻击或发生故障将导致整个网络的瘫痪。

② 分布式无线传感器网络。分布式无线传感器网络不包含中心节点，各个节点是没有主次之分的，都是同质的且平等的，数据信息可以在网络节点中相互传输。节点与其相邻节点相互连接，形成网络结构。分布式传感器网络中的主体是传感器节点，每个传感器节点都是一个微型嵌入式系统，除了具有数据采集和通信功能外，还具有一定的（通常较弱）运算和存储能力。从网络功能来看，传感器节点兼具传统网络的终端和路由器双重功能。这种结构的传感器网络可生存性较强，当部分节点发生故障时，整个网络仍能正常工作，但性能会降低。

（3）网络特点

目前常见的无线网络包括移动通信网、无线局域网、蓝牙网络等，与这些网络相比，无线传感器网络具有以下特点：

① 硬件资源有限。节点由于受价格、体积和功耗的限制，其计算能力、程序空间和内存空间比普通的计算机功能要弱很多。这一点决定了在节点操作系统设计中，协议层次不能太复杂。

② 电源容量有限。网络节点由电池供电，电池的容量一般不是很大。其特殊的应用领域决定了在使用过程中，不能给电池充电或更换电池，一旦电池能量用完，这个节点也就失去了作用。因此在传感器网络设计过程中，任何技术和协议的使用都要以节能为前提。

③ 无中心（分布式传感器网络）。无线传感器网络中没有严格的控制中心，所有节点地位平等，是一个对等式网络。节点可以随时加入或离开网络，任何节点的故障不会影响整个网络的运行，具有很强的鲁棒性。

④ 自组织。网络的布设和展开无须依赖任何预设的网络设施，节点通过分层协议和分布式算法协调各自的行为，节点开机后就可以快速、自动地组成一个独立的网络。

⑤ 多跳路由。网络中节点通信距离有限，一般在几百米范围内，节点只能与它的相邻节点直接通信。如果希望与其射频覆盖范围之外的节点进行通信，则需要通过中间节点进行路由。固定网络的多跳路由使用网关和路由器来实现，而无线传感器网络中的多跳路由是由普通网络节点完成的，没有专门的路由设备。这样每个节点既可以是信息的发起者，也可以是信息的转发者。

⑥ 动态拓扑。无线传感器网络是一个动态的网络，节点可以随处移动；一个节点可能会因为电池能量耗尽或其他故障，退出网络运行；一个节点也可能由于工作的需要而被添加到网络中。这些都会使网络的拓扑结构随时发生变化，因此网络应该具有动态拓扑组织功能。

⑦ 节点数量众多，分布密集。为了对一个区域执行监测任务，往往有成千上万个传感器节点空投到该区域。传感器节点分布非常密集，利用节点之间的高度连接性来保证系统的容错性和抗毁性。

2.2
工业网络通信技术

2.2.1 网络通信技术

网络通信技术主要是指通过计算机和网络通信设备对图形和文字等形式的资料进行采集、存储、处理和传输。借助网络设备，可以对各类信息进行处理，这些信息通常包含两类：一类是文字性的信息，另一类是图形性的信息。经过前期的信息搜集，接着进入处理信息的步骤以及流程，通过这样的模式，就可以实现网络信息的实时共享。

通信网是由一定数量的节点和连接这些节点的传输系统有机地组织在一起，按约定的信令或协议完成任意用户间的信息交换的通信体系。从硬件结构看，通信网由终端节点、交换节点、业务节点和传输系统构成，其功能是完成接入交换网的控制、管理、运营和维护。从软件结构看，通信网有信令、协议、控制、管理、计费等要素，其功能是完成通信协议以及网络管理来实现相互间的协调通信。

一个完整的通信网主要包括业务网、传送网和支撑网。其中，业务网负责向用户提供各种通信业务，其技术要素主要包括：网络拓扑结构、交换节点技术、编号计划、信令技术、路由选择、业务类型、计费方式、服务性能保证机制。传送网独立于具体业务网，负责按需为交换节点/业务节点之间的互联分配电路，在这些节点之间提供信息的透明传输通道，还包含相应的管理功能，其技术要素包括：传输介质、复用体制、传送网节点技术等。支撑网提供业务网正常运行所必需的信令、同步、网络管理、业务管理、运营管理等功能，以提供用户满意的服务质量，其技术要素包括同步网、信令网、管理网等。

通信网按业务类型可分为电话通信网、数据通信网和广播电视网等；按空间距离可分为广域网、城域网和局域网；按信号传输方式可分为模拟通信网和数字通信网；按运营方式可分为公用通信网和专用通信网。

计算机网络是利用通信设备和线路，将分布在不同地理位置的、功能独立的多个计算机系统连接起来，以功能完善的网络软件（网络通信协议、信息交换方式及网络操作系统等）将所要传输的数据划分成不同长度的分组进行传输处理，从而实现网络中资源共享和信息传递的系统，其主要目的是实现计算机的软硬件资源共享、数据通信、提高计算机系统的可靠性和提供综合信息服务等。

通信系统组成：所谓通信就是信号通过传输媒体进行传递的过程，而实现信息传递所需要的一切设备构成通信系统。通信系统要解决两大问题：一是如何表示信息，即信息采用什么样的符号表示，如何编码；二是如何传输信息，即如何根据通信媒体的物理特性来传输编码数据。

通信系统一般由五个部分构成。

① 信息源。按照信息源输出信号的性质划分，信息源可以分为模拟信源和数字信源。模拟信源输出连续幅度的信号，如声音的强度、温度的高低变化等都是模拟信号。数字信源输出离散的值，每个离散值代表一个符号，如计算机、电传机产生输出的数据等。

② 发送设备。发送设备的功能是将信源产生的信号变换成能够在传输媒体中便于传送的信号形式，送往传输媒体。

③ 传输媒体。传输媒体是指从发送设备到接收设备信号传递所经过的物理媒体。传输媒体可以是有线的，如轴电缆、双绞线、光纤等；也可以是无线的，如微波、通信卫星、移动通信等。无论哪种传输媒体，由于其固有的物理特性，信号在传递过程中都会产生干扰和信号的衰减。

④ 接收设备。接收设备用于信号的识别，它将接收到的信号进行解调、译码操作，还原为原来的信号，提供给接收者。

⑤ 接收者。接收者将接收设备得到的信息进行利用，从而完成一次信息的传递过程。

通信网络的最终目的就是将数据信息通过适当的传输路线从一台机器传送到另一台机器，机器可以是计算机以及其他任何设备。

2.2.2 工业网络通信技术概述

工业网络通信泛指将终端数据上传到工业互联网平台并能通过工业

互联网平台获取数据的传输通道。它通过有线、无线的数据链路将传感器和终端检测到的数据上传到工业互联网平台，接收工业互联网平台的数据并传送到各个扩展功能节点。

网络是用物理链路将各个孤立的工作站或主机连接在一起，组成数据链路，从而达到资源共享和通信的目的。网络通信是通过网络将各个孤立的设备进行连接，通过信息交换实现人与人、人与计算机、计算机与计算机之间的通信。

工业互联网包含的网络通信技术按照数据传输介质主要分为有线通信技术和无线通信技术两大类。

（1）有线通信技术

有线通信技术采用有线传输介质连接通信设备，为通信设备之间提供数据传输的物理通道。很多介质都可以作为通信中使用的传输介质，但这些介质本身有不同的属性，适用于不同的环境条件。在互联网应用中最常用的有线传输介质为双绞线和光纤。

（2）无线通信技术

无线通信技术在信号发射设备上通过调制将信息加载于无线电波之上，当电波通过空间传播到达收信端时，电波引起的电磁场变化又会在导体中产生电流，通过解调将信息从电流变化中提取出来，从而达到信息传递的目的。无线通信的终端部分使用电磁波作为传输介质，具有成本低、适应性强、扩展性好、连接便捷等优点。

2.2.3 工业有线通信技术

常见的工业有线通信技术包括现场总线、工业以太网和时间敏感网络。

（1）现场总线

现场总线是安装在生产过程区域的现场设备 / 仪表与控制室内的自动控制装置 / 系统之间的一种串行、数字式、多点通信的数据总线。其中，“生产过程”包括断续生产过程和连续生产过程两类。或者，现场总线是以单个分散的、数字化、智能化的测量和控制设备作为网络节点，用总线相连接，实现信息交换，共同完成自动控制功能的网络系统与控制系统。现场总线系统是从分布式系统发展而来的，从“分散控制”发展到了“现场控制”，数据的传输采用“总线”方式。

现场总线系统的特点包括：

① 系统的开放性。开放系统是指通信协议公开，各不同厂家的设备之间可进行互联并实现信息交换。

② 互可操作性与互用性。互可操作性与互用性是指实现互联设备间、系统间的信息传送与沟通，可实行点对点、一点对多点的数字通信。

③ 智能化与功能自治性。智能化与功能自治性是指将传感测量、补偿计算、工程量处理与控制等功能分散到现场设备中，仅靠现场设备即可完成自动控制的基本功能，并可随时诊断设备的运行状态。

④ 系统结构的高度分散性。由于现场设备本身已可完成自动控制的基本功能，使得现场总线构成一种新的全分布式控制系统的体系结构。

⑤ 现场环境适应性。工作在现场设备前端，作为工厂网络底层的现场总线，是专为在现场环境工作而设计的，具有较强的抗干扰能力，并可满足本质安全防爆要求等。

（2）工业以太网

工业以太网是基于 IEEE 802.3（Ethernet）的强大的区域和单元网络。工业以太网提供了一个无缝集成到新的多媒体世界的途径。继 10M 波特率以太网（具有交换功能）成功运行之后，全双工和自适应的 100M 波特率快速以太网（Fast Ethernet，符合 IEEE 802.3u 的标准）也已成功运行多年。采用何种性能的以太网取决于用户的需要。

工业以太网的特点如下：

① 应用广泛。以太网是应用最广泛的计算机网络技术，常用的编程语言都支持以太网的应用开发。

② 通信速率高。10Mb/s、100Mb/s 的快速以太网已开始广泛应用，1Gb/s 以太网技术也逐渐成熟，完全可以满足工业控制网络不断增长的带宽要求。

③ 资源共享能力强。以太网已渗透到各个角落，网络上的用户已

解除了资源地理位置上的束缚，在连入互联网的任何一台计算机上就能浏览工业控制现场的数据。

④ 可持续发展潜力大。以太网的引入将为控制系统的后续发展提供可能性，同时，机器人技术、智能技术的发展都要求通信网络具有更高的带宽和性能，通信协议有更高的灵活性，以太网都能很好地满足这些要求。

（3）时间敏感网络（TSN）

时间敏感网络（Time Sensitive Networking, TSN）是 IEEE 802.1 工作小组中的 TSN 工作小组开发的系列标准。该标准定义了以太网数据传输的时间敏感机制，为标准以太网增加了确定性和可靠性，以确保以太网能够为关键数据的传输提供稳定一致的服务。

通用以太网是以非同步方式工作的，网络中任何设备都可以随时发送数据，因此在数据的传输时间上既不精准也不确定；同时，广播数据或视频等大规模数据的传输，也会因网络负载的增加而导致通信的延迟甚至瘫痪。因此，通用以太网技术仅仅是解决了许多设备共享网络基础设施和数据连接的问题，却并没有很好地实现设备之间实时、确定和可靠的数据传输。

出于对设备控制性能的要求，IEEE 802.1 工作组开发了 TSN 标准，其实指的是在 IEEE 802.1 标准框架下，基于特定应用需求制定的一组“子标准”，旨在为以太网协议建立“通用”的时间敏感机制，以确保网络数据传输的时间确定性。而既然是隶属于 IEEE 802.1 下的协议标准，TSN 就仅仅是关于以太网通信协议模型中的第二层，也就是数据链路层（更确切地说是 MAC 层）的协议标准。

TSN 为以太网协议的 MAC 层提供一套通用的时间敏感机制，在确保以太网数据通信时间确定性的同时，也为不同协议网络之间的互操作提供了可能性。TSN 有着带宽、安全性和互操作性等方面的优势，能够很好满足未来万物互联的要求，其主要的工作原理是优先适用（IEEE P802.3br）机制，在传输中使关键数据包优先处理。这意味着关键数据不必等待所有的非关键数据完成传送后才开始传送，从而确保更快速的传输路径。

2.2.4 工业无线通信技术

工业无线通信技术的各种不同类型分别适用于不同距离范围的设备连接，本节将介绍几种典型的工业无线通信技术。

① 蓝牙（Bluetooth）是一个开放性的、短距离无线通信技术标准，它可以在较小的范围内通过无线连接的方式实现固定设备以及移动设备之间的网络互联，可以在各种数字设备之间实现灵活、安全、低成本、小功耗的语音和数据通信。因为蓝牙技术可以方便地嵌入到单一的 CMOS 芯片中，所以它特别适用于小型的移动通信设备。

② ZigBee，也称紫蜂，是一种短距离、低复杂度、低功耗的双向无线通信技术，是基于 IEEE 802.15.4 无线标准研制开发的有关组网、安全和应用软件方面的技术。ZigBee 在数千个微小的传感器之间相互协调，实现通信。这些传感器只需要很少的能量，以接力的方式通过无线电波将数据从一个传感器传到另一个传感器，所以它们的通信效率非常高。由于 ZigBee 技术数据速率较低、通信范围较小，主要适合于承载数据流量较小的业务。

③ Wi-Fi 是一种能够将个人计算机、手持设备（如平板电脑、手机）等终端以无线方式互相连接的技术。Wi-Fi 其实是 IEEE 802.11b 标准的别称，它是一种短程无线传输技术，能够在数十米范围内支持互联网接入的无线电信号。从 20 世纪 90 年代至今，IEEE 制定了一系列 802.11 协议，最典型的是 802.1la、802.11b、802.11g、802.11n，现在 802.11 这个系列的标准已被统称为 Wi-Fi。

④ 窄带物联网（Narrow Band Internet of Things, NB-IoT）是工业互联网领域一个新兴的技术。NB-IoT 构建于蜂窝网络，支持低功耗设备在广域网的蜂窝数据连接，也被称为低功耗广域网（LPWAN）。NB-IoT 支持待机时间长、对网络连接要求较高设备的高效连接。NB-IoT 能提供非常全面的室内蜂窝数据连接覆盖。NB-IoT 的主要特点包括广覆盖、支持低延时敏感度、超低的设备成本、低设备功耗和优化的网络架构。

⑤ Wireless HART（Highway Addressable Remote Transducer Protocol,

HART）是基于高速可寻址远程传感器协议的无线传感器网络标准。国际电工委员会于2010年4月批准发布的完全国际化的Wireless HART标准IEC 62591（Ed.1.0），是第一个过程自动化领域的无线传感器网络国际标准。该网络使用运行在2.4GHz频段上的无线电IEEE 802.15.4标准，采用直接序列扩频（DSSS）、通信安全与可靠的信道跳频、时分多址（TDMA）同步、网络上设备间延控通信等技术。Wireless HART标准协议主要应用于工厂自动化领域和过程自动化领域，弥补了高可靠、低功耗及低成本的工业无线通信市场的空缺。

⑥ ISA100.11a是第一个开放的、面向多种工业应用的标准族。ISA 100.11a标准定义的工业无线设备包括传感器、执行器、无线手持设备等现场自动化设备，主要内容包括工业无线的网络架构、共存性、鲁棒性以及与有线现场网络的互操作性等。ISA 100.11a标准可解决与其他短距离无线网络的共存性问题以及无线通信的可靠性和确定性问题，其核心技术包括精确时间同步技术、自适应跳信道技术、确定性调度技术、数据链路层子网路由技术和安全管理方案等，并具有数据传输可靠、准确、实时、低功耗等特点。

⑦ WIA（Wireless Networks for Industrial Automation，面向工业自动化的无线网络）技术是一种高可靠性、超低功耗的智能多跳无线传感网络技术，该技术提供一种自组织、自治愈的智能Mesh网络路由机制，能够针对应用条件和环境的动态变化，保持网络性能的高可靠性和强稳定性。WIA包括WIA-PA和WIA-FA两项扩展协议。

a. WIA-PA（Wireless Networks for Industrial Automation-Process Automation，面向工业过程自动化的工业无线网络标准）技术是一种经过实际应用验证的、适合于复杂工业环境应用的无线通信网络协议。它在时间上、频率上和空间上的综合灵活性，使这个相对简单但又很有效的协议具有嵌入式的自组织和自愈能力，大大降低了安装的复杂性，确保了无线网络具有长期而且可预期的性能。

b. WIA-FA（Wireless Networks for Industrial Automation-Factory Automation，面向工厂自动化的工业无线网络标准）技术是专门针对工厂自动化高实时、高可靠性要求而研发的一组工厂自动化无线数据传输的解决方案，适用于工厂自动化对速度及可靠性要求较高的工业无线局域网络，可实现高速无线数据传输。

2.3 工业数据处理技术

2.3.1 工业大数据处理技术

随着智能技术以及现代化信息技术的不断发展，我国迎来了一个全新的智能时代，曾经仅存于幻想中的场景逐渐成为现实，比如工人只需要发出口头指令就可以指挥机器人完成相应的生产工序，从生产到检测，再到市场投放全过程实现自动化。而这种自动化场景的实现，均离不开工业大数据的支持。在人与人、物与物、人与物的信息交流中逐步衍生出了工业大数据，并贯穿于产品的整个生命周期中。

（1）工业大数据概述

工业大数据是指在工业领域中，围绕典型智能制造模式，从客户需求到销售、订单、计划、研发、设计、工艺、制造、采购、供应、库存、发货和交付、售后服务、运维、报废或回收再制造等整个产品全生命周期各个环节，各类数据及相关技术和应用的总称。其以产品数据为核心，极大延展了传统工业数据范围，同时还包括工业大数据相关技术和应用。

工业大数据的主要来源有三类：

① 第一类是生产经营相关业务数据。主要来自传统企业信息化范围，被收集存储在企业信息系统内部，包括传统工业设计和制造类软件、企业资源计划（ERP）、产品生命周期管理（PLM）、供应链管理（SCM）、客户关系管理（CRM）和环境管理系统（EMS）等。通过这些企业信息系统已累积大量的产品研发数据、生产性数据、经营性数据、客户信息数据、物流供应数据及环境数据。此类数据是工业领域传统的数据资产，在移动互联网等新技术应用环境下正在逐步扩大范围。

② 第二类是设备物联数据。主要是指工业生产设备和目标产品在物联网运行模式下，实时产生收集的涵盖操作和运行情况、工况状态、环境参数等体现设备和产品运行状态的数据。此类数据是工业大数据新的、增长最快的来源。狭义的工业大数据是指该类数据，即工业设备和产品快速产生的并且存在时间序列差异的大量数据。

③ 第三类是外部数据。是指与工业企业生产活动和产品相关的企业外部互联网来源数据，例如评价企业环境绩效的环境法规、预测产品市场的宏观社会经济数据等。工业大数据技术是使工业大数据中蕴含的价值得以挖掘和展现的一系列技术与方法，包括数据规划、采集、预处理、存储、分析挖掘、可视化和智能控制等。工业大数据应用则是对特定的工业大数据集，集成应用工业大数据系列技术与方法，获得有价值信息的过程。工业大数据技术的研究与突破，其本质目标就是从复杂的数据集中发现新的模式与知识，挖掘得到有价值的新信息，从而促进制造型企业的产品创新，提升经营水平和生产运作效率以及拓展新型商业模式。

（2）工业大数据特征

工业大数据除具有一般大数据的特征（容量大、种类多、速度快和价值密度低）外，还具有高准确性、闭环性等特征。

① 容量大。数据的大小决定所考虑数据的价值和潜在的信息，工业数据体量比较大，大量机器设备的高频数据和互联网数据持续涌入，大型工业企业的数据集将达到 PB 级，甚至 EB 级别。

② 种类多。指数据类型的多样性和来源广泛。工业数据分布广泛，分布于机器设备、工业产品、管理系统、互联网等各个环节；结构复杂，既有结构化和半结构化的传感数据，也有非结构化数据。

③ 速度快。指获得和处理数据的速度快。工业数据处理速度需求多样，生产现场要求分析时限达到毫秒级，管理与决策应用需要支持交互式或批量数据分析。

④ 价值密度低。指工业大数据更加强调用户价值驱动和数据本身的可用性，包括提升创新能力和生产经营效率，以及促进个性化定制、服务化转型等智能制造新模式变革。

⑤ 准确性高。主要是指数据的真实性、完整性和可靠性，更加关注数据质量，以及处理、分析技术和方法的可靠性。对数据分析的置信度要求较高，仅依靠统计相关性分析不足以支撑故障诊断、预测预警等工业应用，需要将物理模型与数据模型结合，挖掘因果关系。

⑥ 闭环性。包括产品全生命周期横向过程中数据链条的封闭和关联，以及智能制造纵向数据采集和处理过程中，需要支撑状态感知、分析、反馈、控制等闭环场景下的动态持续调整和优化。

基于以上特征，工业大数据作为大数据的一个应用行业，在具有广阔应用前景的同时，对传统的数据管理技术与数据分析技术也提出了很大的挑战。

（3）工业大数据的处理

从大数据的整个生命周期来看，大数据从数据源经过分析挖掘到最终获得价值需要经过四个环节，包括大数据集成与清洗、存储与管理、分析与挖掘、可视化。

① 大数据集成与清洗。大数据集成是指将不同来源、格式、特点性质的数据有机集中。大数据清洗是指将平台集中的数据进行重新审查和校验，发现和纠正可识别的错误，处理无效值和缺失值，从而得到干净、一致的数据。

② 大数据存储与管理。大数据存储与管理是指采用分布式存储、云存储等技术将数据经济、安全、可靠地存储与管理，并采用高吞吐量数据库技术和非结构化访问技术支持云系统中数据的高效快速访问。

③ 大数据分析与挖掘。大数据分析与挖掘是指从海量、不完全、有噪声、模糊及随机的大型数据库中发现隐含在其中有价值的、潜在有用的信息和知识。广义的数据挖掘是指知识发现的全过程，狭义的数据挖掘是指统计分析、机器学习等发现数据模式的智能方法，即偏重于模型和算法。

④ 大数据可视化。大数据可视化是指利用包括二维综合报表、VR/AR 等计算机图形图像处理技术和可视化展示技术，将数据转换成图形、图像并显示在屏幕上，使数据变得直观且易于理解。

工业大数据数量庞大，常常在 PB 级别，而且要求快速获得分析结果，传统的数据分析方法无法满足大数据分析的要求，故工业大数据的分析需要采用崭新的分析技术。目前对大数据的处理大体分为三类：静态数据的批量处理；在线数据的实时处理；图数据的综合处理。

① 静态数据的批量处理。大数据的批量处理系统适用于先存储后计算、实时性要求不高，而数据的准确性和全面性更为重要的场合。在工业应用中，运用物体感知技术，常常会从大量的同类智能物体上收集到大量数据，这些数据常常体量巨大，从TB级别到PB级别。这些数据被收集后，常常是以静态的形式存储在硬盘中，很少进行更新，存储时间长。这些数据通常精确度相对较高，是企业的宝贵财富。

② 在线数据的实时处理。在线数据的实时处理包据对流式数据的处理和实时交互计算两种。流式数据的特点是数据连续不断、来源众多、格式复杂、物理顺序不一、数据的价值密度低。首先，流式数据是一个无穷的数据序列，序列中的每一个元素来源各异、格式复杂，序列往往包含时间标签或者其他有序标签，如IP报文中的序号。同一流式数据往往是被按序处理的，然而数据的到达顺序是不可预知的。由于时间和环境的动态变化，无法保证重放数据流与之前数据流中数据元素顺序的一致性，这就导致了数据的物理顺序与逻辑顺序不一致。而且数据源不受接收系统的控制，数据的产生是实时的、不可预知的。此外，数据的流速往往有较大的波动。因此需要系统具有很好的可伸缩性，能够动态适应不确定流入的数据流，具有很强的系统计算能力和大数据流量动态匹配能力。其次，数据流中的数据格式可以是结构化、半结构化的，甚至是无结构化的。数据流中往往含有错误元素、垃圾信息等。因此流式数据的处理系统要有很好的容错性与异构数据分析能力，能够完成数据的动态清洗、格式处理等任务。最后，流式数据是活动的，随着时间的推移不断增长。这与传统的数据处理模型的存储与查询不同，要求系统能够根据局部数据进行计算，保存数据流的动态属性。

流式计算常常应用于设备状态的监控中。当设备工作时，传感器采集系统采集传感器的信息，包括时间、位置、环境和行为等内容，并实时传递到分析平台上。当平台分析发现可能导致故障的异样特征信号时，需要进行预警，避免故障的发生。

与非交互式数据处理相比，交互式数据处理灵活、直观、便于控制。系统与操作人员以人机对话的方式一问一答——操作人员提出请求，数据以对话的方式输入，系统便提供相应的数据或提示信息，引导操作人员逐步完成所需的操作，直至获得最后的处理结果。采用这种方式，存储在系统中的数据文件能够被及时处理，同时处理结果可以立刻被使用。交互式数据处理具备的这些特征能够保证输入的信息得到及时处理，使交互方式继续进行下去。

③ 图数据的综合处理。图由于自身的结构特征，可以很好地表示事物之间的关系，近几年已成为各学科研究的热点。图中点和边的强关联性，需要图数据处理系统对图数据进行一系列的操作，包括图数据的存储、图查询、最短路径查询、关键字查询、图模式挖掘以及图数据的分类与聚类等。随着图中节点和边数的增多（达到几千万甚至上亿），图数据处理的复杂性给图数据处理系统带来了严峻的挑战。下面主要阐述图数据的特征和典型应用以及代表性的图数据处理系统。

图数据主要包括图中的节点以及连接节点的边，通常具有3个特征。

第一，节点之间的关联性。图中边的数量是节点数量的指数倍，因此，节点和关系信息同等重要。图结构的差异也是由于对边做了限制，在图中，顶点和边实例化构成各种类型的图，如标签图、属性图、语义图以及特征图等。

第二，图数据的种类繁多。在许多领域中，使用图来表示该领域的数据，如生物、化学、计算机视觉、模式识别、信息检索、社会网络、知识发现、动态网络交通、语义网、情报分析等。每个领域对图数据的处理需求不同，因此，没有一个通用的图数据处理系统满足所有领域的需求。

第三，图数据计算的强耦合性。在图中，数据之间是相互关联的，因此，对图数据的计算也是相互关联的。这种数据耦合的特性给图的规模日益增大达到上百万甚至上亿节点的大图数据计算带来了巨大的挑战。大图数据是无法使用单台机器进行处理的，但如果对大图数据进行并行处理，对于每一个顶点之间都是连通的图来讲，难以分割成若干完全独立的子图进行独立的并行处理；即使可以分割，也会面临并行机器的协同处理，以及将最后的处理结果进行合并等一系列问题。这需要图数据处理系统选取合适的图分割以及图计算模型来迎接挑战并解决问题。

（4）工业大数据安全目标和要求

在工业 4.0 中，针对外部攻击和内部操纵的保护有更高的要求，工业信息安全和信息技术安全之间的无缝结合是实现工业 4.0 的基本前提，下面介绍工业大数据的安全目标和要求：

① 一般性保护目标。工业 4.0 中，生产环境中所有已知的保护目标都应受到同样的重视，包括：可用性、一致性、保密性、真实性、跨企业价值网的时间一致性和法律确定性。其中，真实性是价值网中跨企业通信的基本特征。这些保护目标也通用于操作功能、监控功能和保护功能。

② 在设计时考虑信息安全。实施工业 4.0 场景时，尽早考虑保护信息安全的措施，如在产品开发和加工过程中采用综合的方法对设备和基础设施进行保护，而非事件发生后才集成所需的信息安全技术，首先识别出需要保护的资产，进行威胁和风险分析，采取可能有效的安全措施，并考虑其经济可行性。

③ 身份管理。工业 4.0 价值网中的参与者（机器、用户、产品）都具有独一无二的、可防篡改的身份数字证书，证书中包含用于认证的密钥及进行加密和解密的必要信息，因此需要一个基础设施来持续对参与者身份进行明确识别和分类，并提供认证和权限分配。为确保有效的身份管理，参与者的安全凭证或密钥必须与个人对应或与设备对应。身份管理必须贯穿知识产权保护的整个过程，实施的一个重要的先决条件是有用户能够接受的、适用的数字版权管理方法。

④ 价值网络的动态可配置性。设备必须能进行动态配置，这样才能使价值网络变得高效，动态性需要信息安全管理方面的支持，如用一种标准化的语言来描述工业 4.0 组件的信息安全特征，及其通信接口或通信协议。原则上，组件的信息安全功能必须能够支持不同的安全级别，以满足价值网络的实际要求，其安全协议提供了适当的保护功能，从而有效支持动态价值网络所需要的灵活性，也对工业 4.0 中异构的系统环境提出了标准化的需求。

⑤ 虚拟实物的安全性。“虚拟实物”扮演着重要的角色，必须进行信息安全保护。从逻辑角度看，工业 4.0 组件包含一个或多个物件，以及一个管理仪表盘，其中包含虚拟表示（数据）和技术功能。重点要求保护专有技术知识和数据的一致性。在功能恢复方面，“虚拟实物”有助于安全体系结构的实施，因其包含了在安全事故发生后重启物理环境所需的所有信息。

⑥ 预防和应对。攻击者使用的专业技术和设备会不断升级，攻击途径会不断变化，要求不断制定新的有效对策。除了预防性保护措施，响应机制（监控和事件处理、事故管理）也是绝对必要的。安全性是一个过程性问题，不是仅凭一个信息安全芯片就能保证的，生产商和运营商必须能够借助补丁和升级应对威胁。此外，还必须对参与价值网络的人员进行安全意识培训，工业信息安全功能必须易于操作，工业信息安全需要进行标准化和规范化。

2.3.2 云计算技术

由于互联网技术的飞速发展，信息量与数据量快速增长，导致计算机的计算能力和数据的存储能力满足不了人们的需求。在这种情况下，云计算技术应运而生。云计算作为一种新型的计算模式，利用高速互联网的传输能力将数据的处理过程从个人计算机或服务器转移到互联网上的计算机集群中，带给用户前所未有的计算能力。

（1）云计算技术概述

云计算（Cloud Computing）的出现并不是偶然的，早在 20 世纪 60 年代，就有人提出了将计算能力作为一种像水、电和天然气一样的公用事业提供给用户的理念，这是云计算的最早思想起源。云计算是一种无处不在、便捷且按需对每一个共享的可配置计算资源（包括网络、服务器、存储、应用和服务）进行网络访问的模式，它能够通过最少量的管理以及与服务提供商的互动实现计算资源的迅速供给和释放。

云计算由分布式计算、并行处理、网格计算发展而来，是一种新兴的商业计算模式。它将计算任务分布在大量计算机构成的资源池上，使各种应用系统能够按需获取计算力、存储空间和信息服务。

（2）云计算的特点

云计算将互联网上的应用服务以及在数据中心提供这些服务的软硬件设施进行统一管理和协同合作。云计算将IT相关的能力以服务的方式提供给用户，允许用户在不了解提供服务的技术、没有相关知识以及设备操作能力的情况下，通过互联网获取需要的服务，其特点如下。

① 自助式服务。消费者无须同服务提供商交互就可以得到自助的计算资源能力，如服务器的时间、网络存储等（资源的自助服务）。

② 无所不在的网络访问。消费者可借助于不同的客户端来通过标准的应用访问网络。

③ 划分独立资源池。根据消费者的需求来动态地划分或释放不同的物理和虚拟资源，这些池化的供应商计算资源以多租户的模式来提供服务。用户经常并不控制或了解这些资源池的准确划分，但可以知道这些资源池在哪个行政区域或数据中心，包括存储、计算处理、内存、网络宽带及虚拟机个数等。

④ 快速弹性。云计算系统能够快速和弹性提供资源并且快速和弹性释放资源。对消费者来讲，所提供的这种能力是无限的（就像电力供应一样，对用户来说，是随需的、大规模计算机资源的供应），并且可在任何时间以任何量化方式购买。

⑤ 服务可计量。云系统对服务类型通过计量的方法来自动控制和优化资源使用（如存储、处理、宽带及活动用户数），资源的使用可被监测、控制，以及可对供应商和用户提供透明的报告（即付即用的模式）。

（3）云计算的服务模式

云计算服务即云服务，云服务是一种商业模式，它提供了丰富的个性化产品，以满足市场上不同用户的个性化需求。云服务提供商为大、中、小型企业搭建信息化所需要的网络基础设施、硬件运作平台和软件平台。对企业而言不需要硬件、软件和维护，只需要选择所需要的服务即可。

云服务按应用方式可以分为基础设施即服务（Infrastructure as a Service, IaaS）、平台即服务（Platform as a Service, PaaS）、软件即服务

（Software as a Service, SaaS）。

① IaaS。IaaS 是指将 IT 基础设施能力（如计算、存储、网络能力等）通过互联网提供给用户使用，并根据用户对资源的实际使用量或占有量进行计费的一种服务。首先，提供给用户一个 IP 地址和一个访问服务器的密钥，使用户通过互联网直接控制或使用这台服务器。用户可以按照自己的需求来配置虚拟机，并且可以在以后动态管理虚拟机的设置。

② PaaS。PaaS 是一种将服务器平台作为一种服务提供的商业模式。通过 SaaS 提供相应的服务器平台或者开发环境作为服务，因此，PaaS 也是 SaaS 模式的一种应用。但是，PaaS 的出现加快了 SaaS 的发展，尤其是加快了 SaaS 应用的开发速度。从传统角度来看，PaaS 实际上就是云环境下的应用基础设施，也可理解成中间件即服务。PaaS 为部署和运行应用系统提供所需的应用基础设施，所以应用开发人员无须关心应用的底层硬件和应用基础设施，并且可以根据应用需求动态扩展应用系统所需的资源。

③ SaaS。SaaS 是基于互联网提供软件服务的运营模式。作为一种在 21 世纪开始兴起的创新的软件应用模式，SaaS 是软件科技发展的最新趋势。SaaS 提供商为企业搭建信息化所需要的所有网络基础设施及软件、硬件运作平台，并负责所有前期的实施、后期的维护等一系列服务，企业无须购买软硬件、建设机房、招聘 IT 人员，即可通过互联网使用信息系统。SaaS 是一种软件布局模型，其应用专为网络交付而设计，便于用户通过互联网托管、部署及接入。

2.3.3 高性能计算技术

高性能计算技术是一种综合技术和研究方法，从改善算法、软件和体系结构等多种途径提升计算机的运算性能。高性能计算机可以从深度上提升计算机的单机运算能力。通过采用更先进的半导体技术、电路工艺、新材料新工艺，形成更强大的 CPU 处理能力。基于单机运算能力的提升，可采用超级计算机技术，但该技术价格昂贵、性价比较低；或采用多核 CPU，在一定范围内提升运算速度，但能增加的 CPU 数量有限。

高性能计算机的主流方式和未来发展趋势是：从广度上提升多台计算机联网的运算能力。其体系结构主要包括：星群并行向量机系统、对称多处理器、分布共享存储 / 非一致性访问分布共享存储、大规模并行处理机工作站集群、网格计算、云计算、GPGPU 技术。目前，高性能计算技术已广泛应用于虚拟仿真、气象预测、汽车生产等不同领域，成为国家产业发展的重要支撑技术。

（1）网格计算

为了获得更强大的计算能力，网格计算技术可以将任务分解，分配给网络上空闲的计算机、存储器，通过将数据汇聚集中，形成比单独计算机更强大的虚拟计算机，满足用户对计算速度和存储容量不断增长的需求，使信息世界构成有机、统一的整体。由网格计算技术构成的网络具有无限可扩充性，计算能力不受 CPU 数量限制。

（2）云计算

云计算技术能够将数以亿计的联网计算机进行虚拟化，对其进行统一的控制和调度，构成动态、生态化的资源池，为用户提供个性化的服务。能够汇聚和提供资源的网络被称为“云”，云计算与网格计算相同，都可提供无限延伸的网络平台。云计算形成的网络较网格计算支持的网络，更具动态性，可以按照用户所需，随时调整资源的调配。

（3）GPGPU 技术

GPGPU 为通用图形处理技术，基于 CPU 进行串行测试，采用 GPU 开展大规模并行计算，运算能力可提升几倍至数十倍，将 PC 机的运算性能提升至高性能计算机水平。目前常采用 CUDA 技术和 Stream 技术。

未来，云计算、GPGPU 技术将逐渐取代网格计算技术，成为高性能计算技术发展的重点方向。

2.4 工业互联网平台安全体系架构

工业互联网平台是面向制造业数字化、网络化、智能化需求的开放式、专业化服务平台，构建基于海量数据采集、汇聚、分析的服务体系，支撑制造资源泛在连接、弹性供给、高效配置等。工业互联网平台一般由边缘层、基础设施层（IaaS 层）、平台层（PaaS 层）以及应用层（SaaS 层）组成，各层之间的工作衔接紧密，协同开展工业生产。工业互联网平台的广泛应用使其承载的业务繁多复杂，连接的设备也多种多样，因此平台在推进工业企业智能化和协同化生产的同时，所面临的安全风险不但边界模糊，受攻击面也不断扩大，导致平台各层均存在较大安全风险。基于工业互联网平台功能架构，平台的安全防护体系主要包括设备安全、网络安全、数据安全、应用安全和制度安全五个方面。

（1）设备安全

设备安全指的是工厂内单个智能器件以及成套智能终端等智能设备和智能产品的安全，也就是企业设备在接入工业互联网平台过程中的数据上传、协议转换、智能处理等一系列应用所面临的安全问题。边缘层是整个平台的基础，包括工业领域应用的设备、系统等，处在工业互联网平台的最底层，主要用来实现设备接入、协议解析、边缘数据处理等功能。随着工业互联网的发展，现场接入的设备已经转化成了暴露在网络中的高度智能化设备，这就使得工厂设备面临更大范围的安全威胁。设备安全问题应从应用软件安全与硬件安全两方面考虑，软件安全方面问题是指遭受恶意代码传播与运行、软件漏洞、数据破坏等，硬件安全方面问题是指设备遭受物理上的破坏，被实施恶意追踪、信息窃取等非法行为。

（2）网络安全

工业互联网平台数据的互联互通是依靠网络传输来实现的，随着工业领域网络化、智能化的推进，对工业互联网平台而言，网络传输的安全问题越发重要，配备信息传输过程中的安全机制成为维护网络安全的必要措施。平台的网络安全是指承载工业智能生产和应用的工厂内部网络、外部网络及标识解析系统等的安全。目前来看，在工业互联网的催化下，工厂的内网趋于全局化、灵活化，导致受攻击的门槛降低；工厂外网由原来的专网向与互联网融合的方向发展，使网络存在边界安全防护困难、设备通信内容容易泄露等安全风险；标识解析将生产过程、供应链等生命周期的各环节对象赋予唯一标识，是工业互联网的关键基础设施，它面临的安全风险包括标识解析欺骗、标识解析节点劫持、标识缺乏认证能力等。在建设工业互联网平台的过程中，只有足够重视平台网络的安全风险问题，才能构筑全面高效的网络安全防护体系。

（3）数据安全

数据是工业制造过程中的重要战略资源，具有挖掘需求、预测制造、整合产业链的价值，是发展智能制造的核心驱动力，因此工业互联网平台最核心的价值之一就是实现数据的共享与实时利用。工业互联网平台通过对数据进行系统的采集、存储、处理和利用，可以帮助决策者及时高效地明晰问题产生的原因和解决方式，以便做出正确的决策，从而使工业互联网平台中汇聚的各种数据发挥出最大的价值。然而，工业互联网平台应用广泛，产生的数据因来自不同的领域而存在较大差异，这就使得平台采集存储、分析利用的数据资源具有种类繁多且体量庞大等特点，因此工业互联网平台面临着数据信息泄露和破坏等一系列的安全风险。

（4）应用安全

工业互联网平台是支撑工业互联网业务运行的核心，平台的业务应用以多种工业应用程序的形式来完成工作内容，一般包括企业定制的 App、行业应用 App、创新应用 App 等，平台的应用安全主要是指平台上各种软件承担的业务运行过程中面对的安全问题。当前传统相对封闭的业务环境已经被打破，基于工业互联网发展而快速兴起的网络化协同、个性化定制、服务化延伸等新模式使得大范围的企业内业务逻辑被暴露于网络中，因此需要更高的安全措施来防范非法业务的破坏行为。平台面临的应用安全风险主要包括权限控制异常、账户劫持、系统漏洞利用等。

（5）制度安全

针对工业互联网平台的安全管理制度能够落实安全责任机制，使制造企业在遇到安全问题时临危有方。企业内部需要有完善的有关工业互联网平台的安全管理制度文件，要投入专职从事安全的人员，将安全责任落实到位。企业制度安全面临着工业信息安全、工业互联网安全等相关专业人才不足，专职安全人员配备制度不全面等风险。

Digital Wave
Advanced Technology of
Industrial Internet

Information Fusion and Security of
Industrial Network

工业互联网信息融合与安全

第3章

工业互联网与 CPS 的关系

当提到工业互联网时，信息物理系统（Cyber-Physical Systems, CPS）是其无法绕开的核心。早在工业互联网概念（2012 年）提出之前，由于互联网技术的进步、传感器性能的提高以及嵌入式技术的完善，信息系统与控制系统的结合越来越紧密，美国国家基金委员会于 2006 年便提出了 CPS 的概念。它旨在构建一套信息空间与物理空间之间基于数据自动流动的状态感知、实时分析、科学决策、精准执行的闭环赋能体系，解决生产制造、应用服务过程中的复杂性和不确定性问题，提高资源配置效率，实现资源优化。就像互联网改变人们互相交流、彼此连接一样，CPS 在改变着我们与周围物质世界的交互方式[1]。近年来，CPS 正呈现出快速发展的趋势，针对 CPS 的理论及应用，已有大量的研究成果。目前，已被广泛应用于航空国防、能源系统、医疗保健、智能交通运输等各个领域。

本章将对 CPS 与工业互联网的关系进行阐述。首先，对 CPS 定义、系统框架、特征、模型构建方法等方面进行简要介绍。然后，阐述 CPS 在工业互联网中的作用，并阐述 CPS 存在的挑战，进而从 CPS 的视角分析工业互联网体系中存在的急需解决的问题。

3.1 信息物理系统 CPS

3.1.1 CPS 的定义

信息物理系统是一个综合嵌入式计算、网络通信、控制和物理环境的多维复杂系统。通过 3C（Computing、Communication、Control）技术的有机融合与深度协作，使系统具有计算、通信、精确控制、远程协作和自治功能，以实现大型工程系统的实时感知、动态控制和信息服务。它能够实现计算、通信与物理系统的一体化设计，可使系统更加可靠、高效、实时协同，具有重要而广泛的应用前景。通过人机交互接口实现和物理进程的交互，使用网络化空间以远程的、可靠的、实时的、安全的、协作的方式操控一个物理实体。

3.1.2 CPS 的系统框架

CPS 由物理对象、用于信息采集的传感器、用于实施命令的执行器、用于反馈调节的控制器，以及连接这四者的无线通信网络组成。CPS 通过这五部分的相互协调，来实现复杂过程的有效控制。整体的简要框架如图 3-1 所示 [1]。

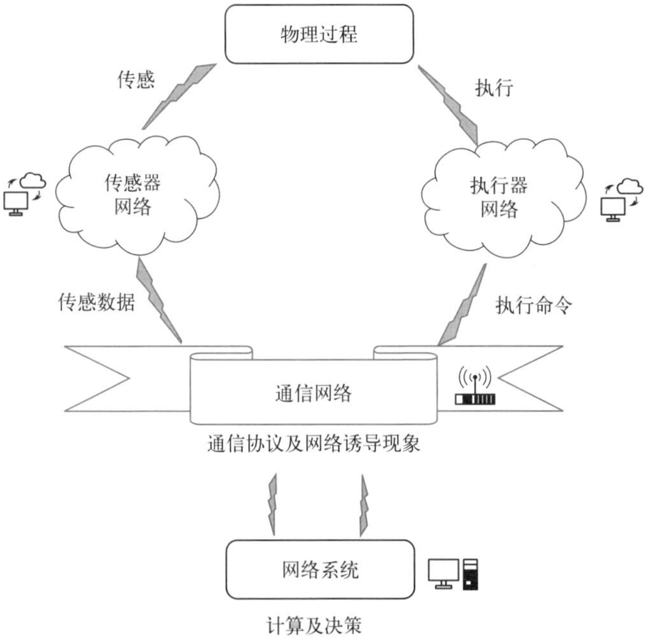

图 3-1 CPS 的整体框架

从逻辑上来说，CPS 可以分为物理层、网络层和控制层三个部分。物理层是 CPS 中的最底层，同时也是系统与物理世界进行交互的部分。该层具有多个终端设备，例如传感器、执行器、照相机、全球定位系统、激光扫描仪以及 RFID 等设备。该层的设备可以执行来自控制层实时的命令，并且从物理世界收集信号数据，收集的数据可以包括声音、光、力学、化学、热能、电能等，这些数据将在控制层进行汇总和分析。

网络层负责物理层和控制层之间的数据交换。该层中的数据交互是通过局域网、通信网络、Internet 或其他现有通信技术，例如蓝牙、4G、5G、Wi-Fi、红外、ZigBee 等来实现的，具体取决于设计要求和传输设备。良好的网络层传输效率，是实现物理层与控制层实时数据传输的重要保障。控制层的任务是接收网络层传输的实时数据，对其实施复杂的决策算法，并发出需要由物理层执行的命令。

在微观上，CPS 通过在物理系统中嵌入计算与通信内核实现计算进程与物理进程的一体化。计算进程与物理进程通过反馈循环方式相互影响，实现嵌入式计算机与网络对物理进程可靠、实时和高效的监测、协调与控制。

在宏观上，CPS 是由运行在不同时空的分布式异构系统组成的动态混合系统，包括感知、决策和控制等各种不同类型的资源和可编程组件。各个子系统之间通过有线或无线通信技术，依托网络基础设施相互协调工作，实现对物理与工程系统的实时感知、远程协调、精确与动态控制和信息服务。

3.1.3 CPS 的主要特征

在实际应用中，CPS 旨在提高人类生活质量，促进人和环境的和谐发展。在系统实现上，CPS 以同时保证“实时性”和系统的“高性能”为主要目标，具有自治、交互、精准、抗毁、协同、高效的特性，能够实现对网络与物理的大规模动态异构资源的监控管理。相较于现有的各种智能技术，CPS 在结构和性能等方面主要有以下几大特征：

① 信息与物理组件高度集成；

② 各物理组件都应具有信息处理和通信能力；

③ 是网络化的大规模复杂系统；

④ 在时间和空间等维度上具有多重复杂性；

⑤ 能实现资源的高效动态组织与协调分配；

⑥ 系统高度自治自动化，满足实时鲁棒控制；

⑦ 系统安全、可靠、抗毁、可验证；

⑧ 自学习、自适应、动态自治、自主协同。

3.1.4 CPS 的模型构建方法

与几乎所有实际工程系统一样，CPS 的建模在理解和分析其动态行为方面起着关键作用。也就是说，在进行任何子序列分析和综合之前，先建立一个统一的系统模型，既具有理论意义，也具有现实意义。一方面，由于网络与物理世界的紧密耦合和高度协调，CPS 可以看作是在多个时空维度上动态重组自动化程度高的控制系统。这种时空特征可以用分布式参数系统（DPS）来描述。另一方面，由于控制和监控任务通常在数字平台上实现，物理组件通常以连续时间的方式运行，而其他网络组件则以离散时间的方式运行。因此，如何将这两种操作连接起来，是 CPS 建模和验证不可避免的具有挑战性的问题。尽管一些现有的建模技术不再足够有效，但作为一种替代方法，混合系统模型为满足 CPS 的这种时间复杂性提供了可能。下面，将从离散系统建模、连续系统建模、混合系统建模三个方面来分析概括现有的一些建模方法及其应用领域。

（1）离散系统建模方法

① 形式化建模方法　形式化建模方法是以数学理论为基础在整体或局部上对系统进行抽象，提取所关注的系统属性，模拟系统行为，通过明确定义状态和操作来建立系统模型，在此模型基础上对系统行为进行分析验证。目前，主流的形式化建模方法主要包括：形式化推理、Petri 网、时间自动机等，另外也可以通过扩展或自定义新的建模语言与工具来建模。

a. 形式化推理建模。推理证明通过数学逻辑描述系统某一方面的特性，其逻辑形式由公理和推论组成的形式化规则给出。无论选择哪种推理方式，都必须有定理证明器的支撑。现存的定理证明器有：检验证明器、复合证明器、用户推演推算工具。较为常用的检验证明器包括 HOL、Coq、LCF 和 LEGO；复合证明器包括 PVS、Analytica（将符号代数和定理证明复合）和 Step（将决策过程和交互式推理验证复合）；用户推演推算工具包括 RRL、LP、ACL2、Eves 等。形式化推理在早期的电路设计及网络协议中取得了巨大的成就，但将其应用到 CPS 中却存在问题。CPS 远比电路系统和网络协议复杂，前者是后者的超集，它不仅需要描述系统本身的行为及属性，还应对其存在的自然属性给予定义，如时间的流逝、所处的物理空间等。之前的嵌入式系统研究人员也发展了多种推理语言来定义较为复杂的系统，包括自动机、状态机、线性逻辑、进程代数、一阶 / 高阶逻辑、计算树、命题逻辑、微积分等。所有这些推理形式的发展为形式化描述 CPS 奠定了基础，但正式的推理过程是比较复杂的，需要研究者具有很强的数学知识和逻辑性。

b. Petri 网建模。Petri 网适合描述系统的并发与异步行为，是计算机领域比较传统的模型分析及验证方法，应用非常广泛。通常情况下，将扩展信息引入 Petri 网能够增大描述能力，且不会对 Petri 网结构的描述以及同步和并发的表达造成破坏。基于 Petri 网的验证工具目前比较通用的是 ExSpect。CPS 一般具有强实时、高可靠、安全可信等特点。针对系统非功能性属性的验证，一些研究人员也发展了不同的 Petri 理论。文献 [2] 针对 CPS 高可信及 Petri 网本身面临的系统状态空间爆炸问题，提出了面向对象的 Petri 网（OPN）模型，OPN 采用灵活的方式应对 CPS 中复杂的物理环境，并扩展了一些描述语义以更好地抽象 CPS 的基本属性。文献 [3] 针对 CPS 面临安全入侵情况时，系统能做出可靠性的回复及响应，采用随机 Petri 网（SPN）理论来对系统进行分析验证，更好地保证了系统面临未知攻击时的安全可靠特征。另外，在 CPS 实时性的验证、系统设计领域，Petri 网理论也得到了广泛的应用。传统的 Petri 理论不包含概率、时间、可靠度等属性，只支持对系统的活性、是否死锁以及有界性等定性分析，不能满足 CPS 复杂的过程定量及非功能性属性的描述。一般的做法是扩展分析验证所需的因子，如时间、概率、通信开销等。然而 Petri 网对于处理连续的物理事件缺乏相关方面的研究，虽然有学者研究连续因子的扩展，但其本质是将连续因子离散化，对于复杂物理事件的描述缺乏理论基础及相关工具。

c. 时间自动机建模。基于时间自动机的模型验证已成为一种公认有效的系统验证方法，并得到了广泛应用。国内外学者在 Alur 提出的时间自动机的基础上发展理论，开发验证工具，提出各种有效的验证系统实时性的算法，使时间自动机理论飞快发展，且取得了长足进步。其主要的仿真工具为 UPPAAL。对于时间的分析处理是 CPS 无法避免的问题，时间自动机理论在这方面发挥了很重要的作用。文献 [4] 采用一种可扩展的混合时间自动机理论来对 CPS 系统进行建模，将带有通信实体的 CPS 系统描述为并行通信原子实体；在行为模式上，将带有行为的个体实体描述为分层的顺序模型。该扩展模型能更好地反映 CPS 系统中的分层、并行及网络延迟等特征。文献 [5] 提出了面向一维线性空间的时空混合自动机模型（L1STHA），每一个变量在给定的时空点上都有一个确定的值与其对应，用来预测一定误差范围内系统可能到达的状态。时间自动机在 CPS 中的应用，主要用于时间分析，但面向对象都是离散系统。连续事件作为 CPS 中不可或缺的部分，运用时间自动机来验证，其实时性还存在很多问题。也有学者考虑在时间自动机的基础上扩展连续事件，但需要与其他的建模语言或形式化方法相结合，其过程十分复杂。形式化建模方法都是偏向底层的应用，许多高级建模语言都需要结合底层的这些方法才能完成对整个系统的分析与设计。

② 高级语言建模

a. AADL。AADL（Architecture Analysis & Design Language）体系结构分析与设计语言，提供了验证系统实时可靠等非功能性属性的方法。它不仅定义了用于描述系统软硬件体系结构的构件，用于描述系统特性的特征、属性等语义，另外还支持用户自定义附件及属性来支持 AADL 的可扩展性。针对 AADL 不同的应用层次，发展了各种仿真工具，包括：集成开发工具 OSATE、可调度分析工具 Cheddar、自动代码生成工具 Ocarina 等。AADL 建模理论及方法学的应用，为 CPS 模型提供了新的研究方向，国内外众多专家学者投入了大量的精力从事相关方面的研究。文献 [6] 将 CPS 模型中时间的流逝运用 AADL 流的定义来描述，在此基础上对系统的时间信息做进一步的分析验证。文献 [7] 则通过扩展 AADL 语义语法及描述方式用于 CPS 的建模，扩展了包含上下文环境的物理实体和控制实体来描述物理事件以及它们之间的交互，在离散的计算系统与连续的物理系统中加入传感器组件和执行器组件 2 种交互实体。文献 [8] 将 AADL 与面向对象的 Modelica 语言相结合对汽车 CPS（ACPS）建模，信息部分采用 AADL 和 UML 建模的方式，物理部分则使用 Modelica 语言进行描述。此外，文献 [9] 也从不同的出发点采用了 AADL 建模理论对 CPS 进行建模。

综上所述，在 CPS 中应用 AADL 建模理论主要采用以下两种方式：i. 扩展 AADL 相关语义及属性，但 CPS 所包含的物理与计算系统不存在统一的标准，且处理方法各异；ii. 运用 AADL 与其他语言相结合，充分应用现有的建模理论及开发工具，这样处理则会为语言的统一化、标准化造成障碍，也加大了系统融合的复杂度。

b. SystemC。软硬件协同设计建模语言 SystemC 由 OSCI（Open SystemC International）负责开发与维护，以 C++ 语言为基础扩展了一些基本类库，如硬件建模库和仿真核等。其仿真工具主流采用了 Synopsys 公司所推出的 CCSS，且支持基于 SystemC 的系统设计、仿真及验证，为研究人员提供了统一的系统级开发环境，SystemC 在 CPS 的建模领域也得到了研究人员的广泛关注。文献 [10] 将时间触发的 CPS 分为物理层、网络层和软件层，SystemC 针对信息部分（包括网络层和软件层）建模，其良好的设计连续性，实现了物理系统与信息之间的交互。文献 [11] 应用 SystemC 对包含电子系统层的无线传感网络建模，并设计交互层模型和混合信号模型。文献 [12] 则使用 SystemC 创建 CPS 虚拟原型，包括物理环境的虚拟模型和软硬件混合模式下的虚拟原型。SystemC 支持软硬件协同设计且具有良好的设计连续性等特点，为其在 CPS 中的应用提供了基础。现有的基于 SystemC 的研究一般使用合适的物理模拟器或微积分方程描述 CPS 的物理模型，而 SystemC 则负责信息部分的建模及设计，最后利用自定义的接口实现两个部分的结合。实际上这只是充分利用了 SystemC 对于信息系统强大的描述能力，其接口的定义方式及选择何种物理事件描述工具都将对最终的设计及实现产生影响。另外，SystemC 不能描述流逝的时间，且在可扩展性及与其他建模语言的兼容性方面也存在着缺陷。

（2）连续系统建模方法

上述一系列的建模方法都侧重于计算与信息系统中的应用，而物理系统是 CPS 不可或缺的部分，因此必须研究其动态建模技术。物理世界随着时间的流逝而千变万化，表面上看来其变化规律难以捉摸，杂乱无章，但通过之前物理学家及其他自然科学工作者的研究可以得知，物理过程中存在一些普遍性的规律，通过这些定义、定理不难建立物理事件的模型，从而在此基础上进行分析验证。如果不考虑 CPS 中的离散 - 连续结合问题，对于连续的物理事件建模主要分为牛顿力学和参量模型两种。

① 牛顿力学建模　牛顿力学建模方法顾名思义，即运用牛顿创造的几大定律来分析验证物理过程，建立其系统模型。它包括广义和狭义两个方面的理解：狭义的理解即单纯运用牛顿力学知识，建立物理事件的微积分方程；而广义的理解则包括运用所有自然科学知识，如遗传学、化学方程式、几何图形学等，来建立物理系统的模型，并在此基础上做进一步的分析验证。

对于连续系统的建模问题，一般的做法是初步建立系统的简单运动方程，以微积分方程（Ordinary Differential Equation, ODE）的方式进行描述，并给出系统的属性特征及参量模型在微积分方程中的体现，接下来考虑此类模型的特性，如线性、因果关系和时不变性等，并考虑操作模型时上述特性的变化。

② 参量模型　牛顿力学建模方法是从自然科学的角度来处理物理过程，建立输入信号与输出信号之间的关联方程式的。如何从计算机科学的角度来描述这些模型，也成了当前的研究热点之一，其中参量模型提供了一种很好的表述方式。一个基于时间的连续系统可以利用一个具有输入和输出端口的盒子来建模。

（3）混合系统建模方法

现实存在的一些系统难以避免地需要与环境进行交互，以实现智能上的控制，如恒温器、自动导向车、自动水位控制器等。这些系统不仅涉及状态上的转换，也时刻需要传感器、摄像头等获得外界环境数据。混合系统的应用范围非常广泛，最常见的如家用热水器水位控制及加温系统、车用探测系统、制造工业中的制造系统等。对于这类系统的建模比较自由，可以选择各种建模方式，如时间自动机、Petri 网、时段演算（Duration Calculus），也可以采用各种带扩展机制的建模方式。但必须选择合适的连续系统描述方式，并能正确地刻画系统随时间流逝而产生的状态转换及变化。

3.1.5 支撑 CPS 的理论技术

CPS 是处于物理、生物、工程和信息科学的交叉领域的新学科。CPS 的理论技术体系可层次化地表示为感知与控制技术、传输理论与技术、支撑理论与应用技术。其中最重要的包括计算理论与技术、网络传输技术、传感器网络与普适感知技术等。

（1）计算理论与技术

计算理论与技术的成熟及其丰富成果是 CPS 实现的根本基础。主要的计算技术包括普适计算（Pervasive/Ubiquitous Computing）、嵌入式计算（Embeded Computing）、分布式计算（Distributed Computing）、云计算（Cloud Computing）、自律计算（Autonomic Computing）、移动计算（Mobile Computing）和可信计算（Trusted Computing）等。普适计算体现了信息空间与物理空间的融合，与 CPS 从设计目的到工作模式都非常相似。嵌入式计算与控制的概念结合在一起，通过嵌入物理系统中，实现"环境智能化"。分布式计算是将复杂的问题分配给许多计算机解决，实现了计算资源共享和平衡计算负载。云计算是分布式计算发展的新计算模式，将计算、数据和应用等资源作为服务通过互联网提供给用户。自律计算也称为自主计算，通过自配置、自恢复、自优化和自保护机制，解决物理环境的不确定性和不可控的条件对 CPS 的不利影响。移动计算实现了计算机与其他智能信息设备在无线环境下的数据传输和资源共享。可信计算在计算和通信系统中广泛使用基于硬件的安全模块，从全新的观点解决计算的安全问题。

（2）网络传输技术

以计算机和通信技术为基础的传输网络是实现 CPS 的 Globally Virtual 和 Locally Physical 特性的重要基础设施。下一代互联网（NGI）和下一代网络（NGN）将为 CPS 起到重要的支撑作用。作为 NGI 核心的 IPv6 技术，提供了丰富的地址资源，使众多的物理对象的网络化互联成为可能。基于软交换技术的 NGN 是能够提供数据、语音和视频多媒体技术的电信网络。另外，广域的测试平台 GENI 将有助于下一代 CPS 的网络协议的试验。

（3）传感器网络与普适感知技术

大量的传感器以无线通信的方式自组织成网络，协作地感知、采集和处理物理对象的信息，称为无线传感器网络（Wireless Sensor Network，WSN）。WSN 的研究早已得到广泛的关注，目前在网络协议、能量管理、数据融合与安全性等方面也取得了非常丰富的研究成果。嵌入式传感器与传感器网络技术的成熟与广泛应用，使对物理环境无处不在的感知（普适感知）成为现实。在 CPS 环境下，出现了新一代的传感器网络技术，即 WSAN（Wireless Sensor and Actuator Network），特征是传感器和执行器并存。WSAN 是一个被动的信息采集基础设施，由于不仅能够监测，也能够操控物理世界的行为，WSAN 具有主动性的特征。综上所述，目前在很多相关领域中的技术与创新的快速发展奠定了 CPS 的基础，但是这并不意味着在此基础之上 CPS 就可以完全实现或者易于实现。因为 CPS 的特殊性，科学研究领域依旧面对着许多重大的挑战。

3.1.6 CPS 的应用

一种新技术的诞生可以对现有的行业产生冲击，并催生出新的行业。如果它是革命性的，则将极大地影响人们的生活。就像互联改变了人类的生活方式，并产生了互联网这一新生事物一样，CPS 网络的诞生也将改变人类世界，其应用包括智能电网系统、智能交通、智能医疗、环境监测、工业控制等。下面将介绍一些 CPS 的最新应用。

（1）物联网

目前，物联网是国内经常谈到的一个话题，然而，在本质上它只是 CPS 的一个简约应用。物联网的概念最早在 1999 年被提出，简单来说，它指的就是物与物相连的网络系统。其实质是利用射频识别（RFID）、红外感应器、GPS 等感应与定位设备，按照预先设定的协议，将任何物品接入网络，以实现物品识别、定位、监控等功能。物联网的核心仍然是互联网，在现有的网络协议与体系结构上进行有限的扩展，使物品可以方便地接入网络，便于使用者利用网络进行实时监控与管理。与前述 CPS 网络对比，可以发现物联网只是 CPS 网络的一个简化版，因为功能较少且技术复杂度相对较低，物联网可以看作是CPS大规模应用的一个铺垫。

（2）智能电网

智能电网一般是指将测量技术、通信技术、自动化与智能控制技术运用到现有的物理电网中而形成的新型电网。当前，我国的风力、太阳能发电发展迅速，不仅环保，而且资源利用率高。但是因为这些分布式电源的发电能力不稳定，会随着外部环境发生极大的波动，而电网必须平稳，且需要匹配当地电力需求，一旦发生波动，容易产生电网中断或负荷过载等问题。利用CPS实时监测、远程控制等功能，使各种分布式电源精确、安全地接入电网，是典型的CPS应用。由于涉及物理设备众多，且安全性要求很高，智能电网的应用是一个极大的挑战。

（3）智能交通

随着城市化进程的加快、人们生活水平的不断提高，城市交通日益拥堵，各种事故的发生也日渐频繁。依靠扩修道路、鼓励公共交通等传统手段，已无法有效解决上述问题，发展智能交通系统（Intelligent Transport System, ITS）已成为不二选择。在智能交通系统中，道路、桥梁、路口、交通信号等信息都会被实时监控，这些海量信息都通过系统进行分析、计算、发布，使道路上的车辆能够实时共享道路信息，而道路管理人员也可以通过该系统实时监控各重点路段的情况，必要时甚至可以发布消息引导车辆行驶，从而改善现有的城市交通状况。当然，智能交通系统只是CPS应用的一部分，在研究人员的设想中，其目标是零交通事故，不仅使车辆驾驶人员受益，也使步行的人能够借助该系统避免交通事故，真正做到人与物的融合。

（4）医疗系统

下一代医疗系统是使用有线或者无线连接方式将各种医疗设备连接在一起的安全可靠的网络，可以为人们提供高质量的服务。例如：当进行一台手术时，病人的完整病历信息就会被所有的医疗设备读取，需要注射某种药物时，注射设备会自动检测该病人是否会对该药物过敏。诸如此类的自动检测会大大提高治疗的安全性，提供更好的个人护理方案。在进行治疗时，治疗方式和病人的所有反应都会以某种方式传送给医生或其他相关人员，以便诊断。当出现特殊病例时，医疗专家会使用远程系统查看相关信息，并使用远程医疗设备进行远程手术操作等。从以上描述中可见，下一代医疗系统是以网络融合为基础，以各种医疗设备为节点的 CPS 网络，还涉及各种信息的融合与分派，且对网络的服务质量要求很高，不仅传输的数据量大，而且要求实时性，这是由医疗系统的特殊性决定的，也是当前互联网的瓶颈，如何解决这一问题是医疗系统与 CPS 网络的共同难题。

3.2 CPS 是工业互联网的重要使能

如前所述，工业互联网是万物互联，将人、流程、数据和事物结合起来，使网络连接变得更加相关、更有价值，通过开放的、全球化的工业级网络平台将设备、生产线、工厂、供应商、产品和客户紧密地连接和融合起来，高效共享工业经济中的各种要素资源，从而通过自动化、智能化的生产方式降低成本、提高效率，帮助制造业延长产业链，推动制造业转型发展。

作为工业互联网的核心，CPS 将信息空间与物理空间紧密融合。因此，CPS 在工业互联网中得到了广泛应用。例如：将 CPS 运用到电力系统运行过程中，可解决电能在生产服务过程中产生的复杂问题，使智能电网能够实时检测故障，快速隔离故障，避免损失，还可以实现对电价的实时调整以及电力的优化调度；随着大量新能源发电装置的应用，CPS 可以帮助智能电网了解用户发电用电的信息并给出针对性服务，通过采集到的信息对电网进行建模分析，实现远程监控。基于 CPS 的交通系统通过散布于道路、人和交通工具中的各种智能感应装置进行行车信息的实时采集、传递和处理决策，可实现“人 - 车”以及“车 - 车”之间的自治与协调。目前，汽车中应用的 ACC、ESP、自动泊车系统等技术都属于汽车 CPS 技术研究的新进展，汽车 CPS 技术不但可以提高单辆汽车行驶的安全性、可靠性和节能性，而且还可以实现智能调度，有效减轻城市交通压力，通过 CPS 技术，可以实现交通信息的实时通信，对车辆流量进行有效控制，促进行车安全。CPS 可应用于船舶制造，利用 CPS 来采集存储船厂实体空间包含的有关装备、位置、时间、环境等数据，以船舶制造的内在机理为基础，进行仿真建模。CPS 还可应用于钢铁制造过程，实现对产品的个性化定制、精准管控产品质量、提高钢铁的质量及生产效率、降低生产成本。在钢铁制造过程中，CPS 为其中每个环节建立端到端的工程数字化集成，采集每台装备的生产数据、质量参数及设备健康指数等数据，并且依照指令来实现智能化控制。CPS 还能够帮助工厂优化生产流程、提高生产效率。传统生产线上用人工检测的方式进行质量检测，这种方式耗时长且见效慢，现在很多工厂使用以 CPS 为基础的视觉工具，从而自动检测出各种缺陷，优化质检流程。

CPS 技术一经提出即被工业互联网领域广泛关注，其利用设备之间的互联互通消除掉工业运行环节中的信息孤岛，有效监控生产过程，优化资源配置，解决工业进程中的数据采集、信息集成、数据的分析和应用等问题，提高工业智能化水平。工业互联网利用 CPS 将数据、人和机器联系起来，智能设备负责收集大数据，智能系统挖掘数据并传输数据，最后形成智能决策，实现工业系统的智能交互。现如今许多工业工程是以 CPS 为基础的，CPS 在电力、汽车、工业自动化、航空航天、健康医疗设备等国家关键行业将有广泛应用。

3.2.1 CPS 为工业互联网平台提供支撑保证

工业互联网作为高度互联的智能化工业生态系统，包含数据、模型、服务三大核心要素以及使能技术。在三大核心要素中，数据是基础、模型是关键、服务是目的。其基础与核心是可以利用 CPS 优化企业的智能生产管理，促进产业的集成发展与合作。它以网络化为基础，通过计算、通信及控制技术（3C）深度融合，构建一个计算、网络和物理实体有机融合的复杂系统。通过 CPS 技术可以实现工业互联网系统实时状态感知、动态仿真控制和信息服务，使该系统更加高效、可靠与协同运行。因此，CPS 的提出与发展，推动了工业互联网的构建与研究。

CPS 系统化推进思路为统筹工业互联网平台布局提供了方法论。工业互联网平台对互联互通、互操作和可移植等方面的需求，决定了要在统一的参考架构下进行平台建设的技术路径和技术实现的选择。CPS 的推进恰好是以参考架构为核心，协同开展技术、标准、工程实践和应用推广，并实现用户、提供方、科研机构等多方角色的融合协作，是一个统筹全局、协同局部的系统工程。这种系统化的思路为全面布局工业互联网平台各项工作提供参考，有助于工业互联网平台进行规范化的建设，并提升工业互联网平台业务框架、解决方案等的通用性。

CPS 层次化逐级演进方式为工业互联网平台发展提供了路径。工业互联网平台的构建不可能一蹴而就，必定是一个反复迭代和优化的过程，尤其是平台的功能，在工业 PaaS 和 SaaS 尚未成熟的现状下可逐层完善、逐级叠加。CPS 的层级化思路可为工业互联网平台的演进路径提供依据。CPS 将复杂系统划分为最小单元，并按照单元级、系统级、系统之系统级（SoS 级）的层次逐步实现在复杂工业场景下的应用。在工业互联网平台建设过程中可识别关键共性组件，基于复用的思想，根据大中小企业的不同特点和需求进行重构，其发展演进就是打造不同组件，不断将组件进行连接、整合和优化的过程。

CPS 核心技术为建平台和用平台提供全面支撑。一是为供给方建设平台提供了技术支撑。CPS 通过感知和自动控制、工业网络等“一硬”和“一网”技术，可将制造末端的数据接入，在虚拟的信息空间构造一个新的制造体系，有效支撑了平台数据的汇聚和流动。通过工业软件等“一软”技术，可构建数据流动的规则体系，实现资源的有效配置。通过大数据和数字孪生等“平台”技术，可将物理世界的隐性数据显性化、知识化，并能反向控制物理世界，为工业 App 的创新应用提供实现手段。二是为需求方提供了接入基础。企业用平台的前提是具备数字化的基础，能够与平台进行互联和互操作。例如，要对装备进行远程监测诊断，首先需要装备具有向上传输数据和向下接收指令的能力。CPS 为中小企业进行数字化改造的实践在工业互联网中已有印证，可为装备、车间、工厂乃至企业提供全面的数字化解决方案。

此外，CPS 的标准协议兼容、异构系统集成、数据互操作、物理单元建模以及工业信息安全等共性关键技术，也是工业互联网平台技术体系的关键组成。由此形成的技术标准可直接为工业互联网平台所用，一方面加快了技术成果的转化速度，降低了工业互联网平台的研发门槛；另一方面在工业互联网平台新商业模式的新要求下，促进核心关键技术的迭代创新和应用创新，进一步提升工业互联网平台的产业竞争力。加强 CPS 与工业互联网平台在技术标准、安全标准和应用标准上的相互配合，汇聚优质资源，协同共促产业发展。

3.2.2 应用 CPS 的工业互联网的挑战

以 CPS 为核心的工业互联网打通了工业系统与互联网，渗透到了制造、能源、交通等关键领域，构成了从广度到深度前所未有的国家关键信息基础设施，打破了传统工业相对封闭可信的制造环境。随着 CPS 的广泛应用，一旦 CPS 产生问题，其风险可贯穿工业互联网的整个过程。与其他互联网风险相比，以 CPS 为核心的工业互联网风险更易形成风险链，影响总体效益或健康。如何解决其面临的这些挑战，已成为发展与完善工业互联网的一个亟待解决的问题。下面，将具体简述其挑战。

基础理论的挑战：CPS 需要有机地融合网络化信息系统与物理系统。但计算机技术主要以离散数学为理论基础，所以信息系统对物理过程都是以数字化的方式进行计算、传输和控制的，进而计算过程关于时间是离散的。而工程主要以连续数学为理论基础，则对于物理过程的运行和控制关于时间是连续的。如何实现连续与不连续的结合与统一，是 CPS 理论基础研究的根本性挑战之一。

实时性挑战：CPS 需要实现计算过程与物理过程的统一与交互。CPS 的应用具有高实时性的要求，但在实际物理过程中，每一次通信、计算和控制，都会消耗时间，所以目前的信息技术很难保证大型系统的实时性。另外，由于通信技术的发展并不完善，拥塞和信道质量差等问题在实际中经常会发生，进而造成数据传输出现延迟和丢包等不可预测因素。这些不稳定因素会严重影响物理系统的性能，甚至导致系统崩溃。

安全性挑战：安全稳定永远是大型复杂系统的首要目标。而CPS的全新特性有许多新的问题，特别是信息安全方面。例如如何保证CPS在遭到部分恶意攻击时，还能满足控制系统对实时性的需求，或如何设计关于恶意攻击的防御措施等。由于CPS的系统特性，如果攻击者成功地侵入并攻击了CPS的控制机制，后果将非常严重。但是现有的计算机安全技术还没有足够的能力保证CPS的全方位安全，所以对于CPS的安全性的研究任重道远。尽管目前针对CPS的网络攻击等信息安全问题，有了大量的研究成果。但由于CPS的高度复杂特性，现有的安全问题中仍有很多尚未解决的挑战。

协同设计与分析挑战：目前计算机硬件与软件、计算系统与物理系统的评估、建模与仿真都采用分离的方式完成，缺乏必要的协同设计与分析。硬件与软件分离导致约束过度或约束不足，难以评估设计决策的影响；计算系统与物理系统分离导致不能完全地捕捉到这些系统之间的相互依赖性，理解这些依赖性是精确表示和建模CPS的关键前提。大规模CPS的出现，将会提供给决策者和普通用户以海量的信息和远远高于需求水平的大量可被控制的电子设备，这就可能会超出人的操控能力。因此，CPS应该具有能够自行消化信息和知识，并自主动态地操控每个设备的能力。只有满足了自主性，才能实现CPS的全局性能优化。因此，需要解决系统中组件的自主交互性和资源的协调调度问题，可以考虑结合网格技术、Multi-agent智能技术和移动机器人技术，实现CPS组件的智能感知和协调交互能力。也可从语言上入手，设计和开发更具可预测性、可靠性，更易理解的代码，比如Signal等同步语言，已被证实在航空电子设备中非常有效。此外，自主性主要是依靠对系统的有效控制实现的。因此，在控制算法的设计上需要尽量避免冲突和冗余现象，以便实现系统的同步，可以尝试结合基于扩展马尔可夫链的控制以及一些动力学和生物同步相关的控制方法。

数据融合挑战：未来CPS的全球化、自主的网络架构需要能够容纳大量的物理数据源、执行器和分布的计算元素，所以需要以数据融合与提升信息抽象能力为中心来满足应用需求。目前的 Internet 架构是优化的端到端通信，不是以数据融合作为目标的。目前的编程语言也缺乏相应支持，既不适合分布式数据融合，也不适合使用高层信息（如数据融合）复杂分布的高度自主的决策和控制系统。

综上，这些挑战很大程度上是来自控制与计算之间的差异。通常，控制领域是通过微分方程和连续的边界条件来处理问题的，而计算则建立在离散数学的基础上。控制对时间和空间都十分敏感，而计算则只关心功能的实现。通俗地说，做控制的人和研究计算机的人没有“共同语言”，这种差异将给 CPS 带来很大的麻烦。

3.2.3 从 CPS 视角的安全问题看工业互联网

在 3.2.2 节所提到的诸多挑战中，安全问题是其最为重要的挑战。一旦遭受攻击的破坏，很可能影响物理系统的安全运行，甚至危害操作人员的生命，导致国家和社会的重大损失。下面，我们将回顾 CPS 的安全问题，为工业互联网的安全风险防范提供一个核心视角。

（1）CPS 面临的传统攻击

CPS 面临的攻击种类繁多，本节根据攻击目标所处的层次不同，分别对物理层、传输层和应用层所面临的攻击进行阐述。

① 物理层面临的攻击　在物理层，攻击者主要针对传输媒介和物理设备发起攻击。针对传输媒介，攻击者可以发起电磁干扰攻击，从而影响有用电磁信号的正常接收，或利用线路在传输过程中的电磁泄漏恢复原始数据。针对物理设备，攻击方法包括：直接在物理设备上进行破坏；强迫物理系统在指定频率附近产生谐振；散布虚假时钟消息，破坏系统内各个单元间的同步和协同工作；用注入恶意代码等节点控制方式掌握物理设备内存储的隐私数据和对话密钥，从而对该节点的传输消息施加窃听、监测、流量分析等被动攻击，或实施篡改、伪造等主动攻击，并以捕获节点为跳板进一步攻击其他节点。

② 传输层面临的攻击　在传输层，攻击者主要针对控制命令和路由信息发起攻击。攻击者可以通过篡改、伪造、阻塞、哄骗或重放控制

命令等手段影响物理系统的正常运行。此外，攻击者可以通过使用陷阱门、路由循环攻击、错误路径转发、选择性转发、虚假路由信息攻击、黑洞攻击、Hello 洪泛攻击等手段影响网络内部节点之间的正常通信。

③ 应用层面临的攻击　在应用层，攻击者主要针对软件系统漏洞和用户隐私发起攻击。针对软件系统漏洞，攻击者可以发起木马、SQL 注入、特权提升、窃取备份数据等攻击，也可以利用云计算服务和异构网络中的漏洞发起攻击，或者使用恶意代码和垃圾信息影响海量数据的高效处理和网络行为的智能决策。应用层在对海量用户数据进行挖掘以改善服务时，导致用户个人隐私面临巨大威胁。用户的隐私数据也可能由于不安全的数据传输和存储而泄露。此外，应用层也可能遭受非授权访问攻击，包括未认证用户冒充已认证用户进入网络和已认证用户擅自扩大自己的权限等访问攻击。

（2）CPS 现有的抗攻击技术

传统 IT 系统如互联网、无线传感器网络、大型软件系统等都已经发展出较成熟的抗攻击技术。CPS 虽然与这些系统不同，但可以借鉴已成熟的抗攻击技术并进行修改，使它们适用于自身；CPS 也要结合自身特点发展抗攻击技术，这样才更加有针对性。接下来，将从以下两部分进行讨论。

① 借鉴传统 IT 系统的抗攻击技术　CPS 可以从互联网和大型软件系统借鉴的抗攻击技术包括移植已有软件工具、用消息验证码和数字签名保护消息完整性、用时间戳和挑战问答机制保护消息时效性、用入侵检测和入侵恢复机制抵御攻击、用访问控制技术阻止未经认证的外部人员接入网络以及适当限制已通过认证的内部人员的权限等。

CPS 可以利用从无线传感器网络借鉴的抗攻击技术（包括使用轻量级编码算法、可设定安全等级的加解密技术、使用异态检测机制以及对节点进行评估）来抵御节点控制攻击。同时，还可以借鉴无线传感器网络点到点安全子层和端到端安全子层的实现技术，具体安全机制包括点到点的互信机制、逐跳加密及跨网认证，端到端的安全路由、身份验证、密钥协商及管理机制。

② 结合 CPS 特点的抗攻击技术　大型 CPS 如水电站、铁路系统、

智能电网等关键基础设施均属于工业控制系统。工业控制系统是各种类型的控制系统的总称，包括分布式控制系统（DCS）、监控和数据采集系统（SCADA）等。文献 [13] 详细介绍了工业控制系统的专用防火墙技术、入侵防范技术以及事件关联与态势分析技术。

工业控制系统的专用防火墙不仅需要实现对DNP3、ICCP、Profibus等工业控制专用协议的支持，还要通过深度报文检测等技术实现对封装在TCP/IP协议负载内的工业控制协议数据包的识别、分类、过滤等操作。

工业控制系统的入侵防范技术主要包括基于规则和基于统计两种。在基于规则的研究中，文献 [14] 通过预处理插件的方法在 Snort 中加入了对工业控制系统中不同种类入侵的检测预防功能；在基于统计的研究中，通常采用神经网络、贝叶斯网络、回归模型等分类器建立统计模型，对网络流量进行分类，以识别出可能的异常类型。文献 [15] 开发了用于工业控制系统的基于统计的入侵检测系统。文献 [16] 从应用方案、检测方法等方面对六种工业控制系统的入侵检测设备进行了比较。

工业控制系统的事件关联与态势分析技术，主要基于神经网络或支持向量机等分类器，采用数据挖掘、数据融合等方法对不同来源的事件数据进行关联分析，利用模式识别的方法分析当前安全态势，为进一步工作提供决策依据。

此外，利用 CPS 与物理环境紧密交互的特点，将 CPS 传感器获取到的外界物理信息加入 CPS 的密钥协商、身份认证等技术中，并基于这种思想提出了两种技术：一种是在人体健康监测系统等局域网中基于 CPS 获取到的生物信号自动协商建立内部传感器之间的通信密钥；另一种是建立智能基础设施环境下的访问控制模型，该模型可以在用户不进行额外请求时临时提供用户所需权限来处理意外事件。

（3）CPS 身份认证技术

在传统的身份认证技术中，用户为了获得访问权限，会向系统提交一系列可以证明用户身份的证据，如密码、包含用户公钥的数字证书等。在 CPS 环境中，物理层的执行单元很多是人或其他有生命的实体，可以使用脉搏、指纹、虹膜等生物特征来产生密钥用于身份认证。由于这些生物特征很难被破坏和伪造，所以这种身份认证技术具有很高的安全性。

文献 [17] 使用心脏起搏器测量人体时产生的 ECG 信号来生成用于身份认证的密钥，以此判定医疗设备的使用者是否为有相应权限的医生。

需要注意的是，虽然基于生物特征的密钥有高度安全性，可以避免暴力攻击，但 CPS 系统中很多访问请求来自于与用户无关的物理进程，加上很多用户的安全意识并不强，因此要防止攻击者通过社会工程学或其他非法手段窃取密钥。

综合以上分析，CPS 需要比基于生物特征的方法更适用也更强健的机制来实现身份认证，其中一种思路是将访问控制时的身份验证和特定的硬件捆绑在一起。

文献 [18] 提出的身份认证机制中，授权客户端在获得数据或服务之前，服务器会先要求客户端进行一些身份证明的测试，这些测试可使服务器获得远程客户端系统的配置属性，如操作系统的版本、软件补丁级别等，然后服务器基于这些信息和客户端的请求内容决定是否通过访问请求。这种机制存在三点不足，一是这种机制假设客户端附带可信平台模块（Trusted Platform Module, TPM），这种模块可以执行各种形式的编码，而很多小 CPS 设备如传感器等由于性能限制，是不含有这种模块的；二是这种机制要求客户端以一种合适的方式配置后才能使用；三是如果 TPM 被重置或失效了，则这种身份认证机制将不起作用。

文献 [19] 利用物理上不可复制的函数（Physical Unclonable Function, PUF）提出了一种基于 SRAM 等硬件的轻量级认证方案，该方案产生由硬件决定的特定密钥，进而将访问请求与硬件捆绑在一起。该方案可被广泛用于解决数据的来源问题、完整性问题和设备的身份管理问题，并保障基于地理位置的访问控制和编码。PUF 是一种挑战问答机制，利用了每个硬件的物理结构都不同这一特点。PUF 可以保证不同硬件对同一挑战的回答都不一样，而同一硬件对同一挑战的回答将永远一样这两个特性，因此可以用 PUF 来验证硬件的身份，即利用 PUF 来保障密钥存储安全的方案。

在智能电网的环境下，有一种信息物理设备的认证协议，该协议将基于智能电网中物理连接性的环境因素与传统挑战问答协议中的认证因素结合在一起，并利用一种区域控制网络安全机制将智能电子设备和电子交通进行捆绑，从而抵御替换攻击。

（4）CPS 隐私保护技术

CPS 设备在生活中给人们带来极大便利的同时，其收集到的大量信息也会反映出使用者的个人生活习惯等隐私，所以隐私保护成为 CPS 能否在市场被广泛接受的关键因素。近年来，实现隐私保护主要有两种技术路线，即安全多方计算和数据匿名化。安全多方计算主要是基于数据编码，每一方都遵循一个约定好的协议参与运算，只知道自己在计算时的输入和结果，而不知道其他参与方的情况，因此安全多方计算可以保证计算不泄露隐私信息。安全多方计算有两种算法原型：安全累加协议和隐私同态。它们可以在基于指纹的 Wi-Fi 定位中部署隐私同态技术来保护客户端的地理位置和服务器的数据隐私。数据匿名化主要以选择性地泄露少量信息为代价来达到隐私保护的目的，是在失去完整性和泄露隐私两者当中进行平衡。k-匿名技术是数据匿名技术中的一种，可以在确保数据隐私的同时尽量减少信息的丢失。文献 [20] 提出了一种基于 k-匿名技术的局部隐私保护机制。CPS 对时间准确性有很高的要求，而传统的安全多方计算会消耗大量的计算资源和通信资源，这会影响 CPS 日常操作的效率。文献 [21] 提出一种在硬件电路上实现的同态编码算法，该算法能够以较高的效率在 CPS 环境下实现隐私保护。此外，根据不同 CPS 环境的特点，使用特定的策略来保护隐私也是非常关键的。下面分三种应用情景进行讨论。

① 很多 CPS 设备的性能是有限的，为了节省资源，可以委托其他实体完成计算密集型任务，但为了保护隐私，要求被分发任务的实体不能从计算的输入和结果中得到任何信息。文献 [22] 提出一种协议，可使一个节点给远端的两个代理安全地分发序列对比任务而不泄露隐私。

② 在智能电网中，系统可以通过使电池在特定时间进行充电和放电来隐藏电器的实际负载。文献 [23] 指出，智能电网中未受保护的且与能量相关的数据可能泄露隐私，特别是无线电波可能泄露用户的身份及生活习惯。美国国家标准及技术研究所发布的智能电网安全指导书中列举了一系列在智能电网中可能泄露的个人隐私信息，并给出了解决智能电网中隐私问题的 10 个设计原则。文献 [24] 提出一种称为“智能隐私”

的概念模型，以在保障智能电网的全部功能可用时阻止可能的隐私攻击。

③ 移动用户查询离自己最近的加油站、餐馆等基于地理位置的服务时，保护用户所在位置的隐私是很多CPS应用需要达到的功能。文献[25]提出了一些几何计算问题中保护隐私的算法。越来越多的研究针对现有2G/3G移动系统中的地理位置和身份隐私问题，认为基于身份的编码是用户在一个新的漫游区域中快速建立安全连接的理想方法，并提出一些基于安全多方计算的空间控制和位置隐私保护机制，将隐私保护协议描述为三步认证过程。

综上，信息系统与物理系统深度融合这一特性使得CPS远比之前的单一系统更为复杂，也隐藏了更多的安全缺陷。安全始终是CPS发展过程中必须重视的问题，并且最终将决定CPS在工业互联网中的使用程度，也决定工业互联网的发展深度。

如何促进CPS中系统控制与计算的深度融合是工业互联网面临的挑战之一。增强网络安全防御、实时感知和数据融合的能力，能够大力推动工业互联网的快速发展。下面几个章节，我们将探讨这些问题。

Digital Wave
Advanced Technology of
Industrial Internet

Information Fusion and Security of
Industrial Network

工业互联网信息融合与安全

第4章

工业互联网实时感知与数据融合

4.1
传感器技术

传感器技术是现代科技的前沿技术，许多国家已将传感器技术与通信技术和计算机技术列在同等重要的位置，称之为信息技术的三大支柱之一。传感器技术作为国内外公认的具有发展前途的高新技术，正得到空前迅速的发展，并且在相当多的领域被越来越广泛地利用。

传感器是一种以一定的精确度将被测量转换为与之有确定对应关系的、便于应用的某种物理量的测量装置。在有些学科领域，传感器又称为敏感元件、检测器、转换器等。这些不同提法反映了在不同的技术领域中，使用者只是根据器件用途对同一类型的器件给出了不同的技术术语。如在电子技术领域，常将能感受信号的电子元件称为敏感元件，如热敏元件、磁敏元件、光敏元件及气敏元件等，在超声波技术中则强调的是能量的转换，如压电式换能器等。这些提法在含义上有些狭窄，因此传感器一词是使用最为广泛而概括的用语。

传感器的输出信号通常是电量，它便于传输、转换、处理、显示等。电量有很多形式，如电压、电流、电容、电阻等，输出信号的形式由传感器的原理确定。通常，传感器由敏感元件和转换元件组成，如图 4-1 所示。其中，敏感元件是指传感器中能直接感受或响应被测量的部分；转换元件是指传感器中能将敏感元件感受或响应的被测量转换成适于传输或测量的电信号的部分。由于传感器的输出信号一般都很微弱，需要信号调理与转换电路进行放大、运算调制等，此外信号调理与转换电路以及传感器的工作必须有辅助电源，因此信号调理与转换电路以及所需的电源都应作为传感器组成的一部分。随着半导体器件与集成技术

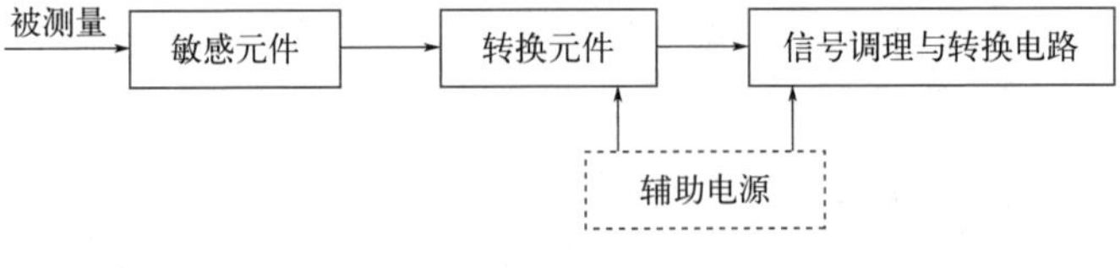

图 4-1　传感器组成方框图

在传感器中的应用，传感器的信号调理与转换电路和敏感元件集成在同一芯片上，安装在传感器的壳体里。

传感器技术是一门知识密集型技术。传感器种类繁多，目前一般采用两种分类方法：一种是按被测参数分类，如温度、压力、位移、速度等；另一种是按传感器的工作原理分类，如应变式、电容式、压电式、磁电式等。本书是按后一种分类方法来介绍各种传感器的，而传感器的工程应用则是根据工程参数进行叙述的。对于初学者和应用传感器的工程技术人员来说，应先从工作原理出发，了解各种各样的传感器，在工程应用中的被测参数方面应着重于学习如何合理选择和使用传感器。

传感器按输入量来分，似乎种类很多，但从本质上来讲，可以分为基本物理量和派生物理量两类。例如，长度、厚度、位置、磨损、应变及其振幅等物理量，都可以认为是从基本物理量位移中派生出来的，当需要测量上述物理量时，只要采用测量位移的传感器即可。所以，了解基本物理量与派生物理量的关系，将有助于充分发挥传感器的效能。

传感器的静态特性是指被测量的值处于稳定状态时的输入与输出的关系。如果被测量是一个不随时间变化或随时间变化缓慢的量，可以只考虑其静态特性，这时传感器的输入量与输出量之间在数值上具有一定的对应关系，关系式中不含时间变量。对于静态特性而言，传感器的输入量 x 与输出量 y 之间的关系通常表示为：

$$y=a_0+a_1x+a_2x^2+\cdots+a_nx^n$$

式中，a_0 为输入量 x 为零时的输出量，即零点输出；$a_1, a_2, \cdots, a_n$ 为非线性项系数，各项系数决定了特性曲线的具体表示形式。

传感器的静态特性可用一组性能指标来描述，如灵敏度、线性度、迟滞、重复性、漂移和精度等。

（1）灵敏度

灵敏度是传感器静态特性的一个重要指标。灵敏度是指传感器在稳态下的输出变化量 Δy 与引起此变化的输入变化量 Δx 之比，用 S 表示，即：

$$S=\frac{\Delta y}{\Delta x}$$

显然，灵敏度值越大，传感器越灵敏。

线性传感器的灵敏度就是其静态特性的斜率，其灵敏度在整个测量范围内为常量，如图 4-2(a) 所示；而非线性传感器的灵敏度为变量，用 $S=dy/dx$ 表示，实际上就是输入、输出特性曲线上某点的斜率，且灵敏度随输入量的变化而变化，如图 4-2(b) 所示。

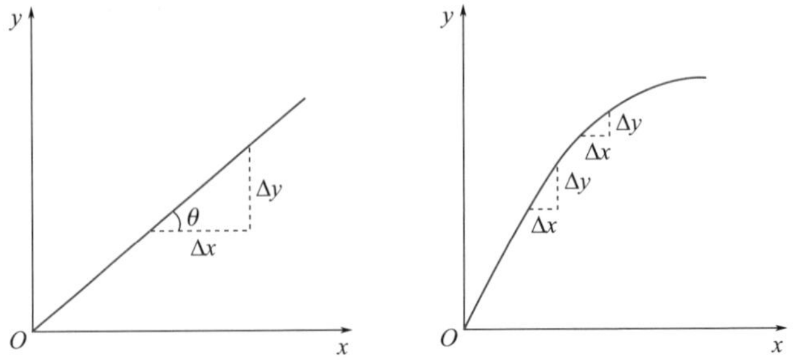

(a) 线性　　(b) 非线性

图 4-2　传感器的灵敏度曲线

从灵敏度的定义可知，传感器的灵敏度通常是一个有因次的量，因此表述某传感器灵敏度时，必须说明它的因次。

（2）线性度

人们总是希望传感器的输入与输出的关系成正比，即线性关系。这样可使显示仪表的刻度均匀，在整个测量范围内具有相同的灵敏度，并且不必采用线性化措施。但大多数传感器的输入、输出特性总是具有不同程度的非线性，可用下列多项式代数方程表示：

$$y=a_0+a_1x+a_2x^2+a_3x^3+\cdots+a_n{}^n$$

式中，y 为输出量；x 为输入量；a_0 为零点输出；a_1 为理论灵敏度；$a_2, a_3, \cdots, a_n$ 为非线性项系数。

各项系数决定了传感器线性度的大小。如果 $a_2=a_3=\cdots=a_n=0$，则该系统为线性系统。

传感器的线性度是指传感器的输出与输入之间数量关系的线性程度。输出与输入的关系可分为线性特性和非线性特性。从传感器的性能看，人们希望其具有线性特性，即理想的输入、输出关系，但实际遇到的传感器大多为非线性，如图 4-3 所示。

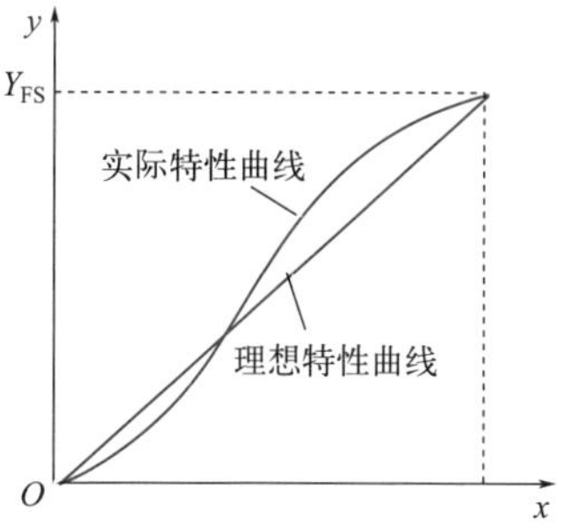

图 4-3 线性度

在实际使用中，为了标定和数据处理的方便，得到线性关系，因此引入各种非线性补偿环节，如采用非线性补偿电路或计算机软件进行线性化处理，从而使传感器的输出与输入关系为线性或接近线性。当传感器非线性的方次不高，输入量的变化较小时，可用一条直线（切线或割线）近似地代表实际曲线的一段，使传感器输入、输出特性呈线性变化，所采用的直线称为拟合直线。

传感器的线性度可表示为在全程测量范围内实际特性曲线与拟合直线之间的最大偏差值 ΔL_{max} 与满量程输出值 Y_{FS} 之比。线性度也称为非线性误差，用 γ_L 表示，即：

$$\gamma_L = \pm \frac{\Delta L_{max}}{Y_{FS}} \times 100\%$$

式中 ΔL_{max}——最大非线性绝对误差；

Y_{FS}——满量程输出值。

选取拟合直线的方法很多。图 4-4 所示为几种直线拟合方法。即使

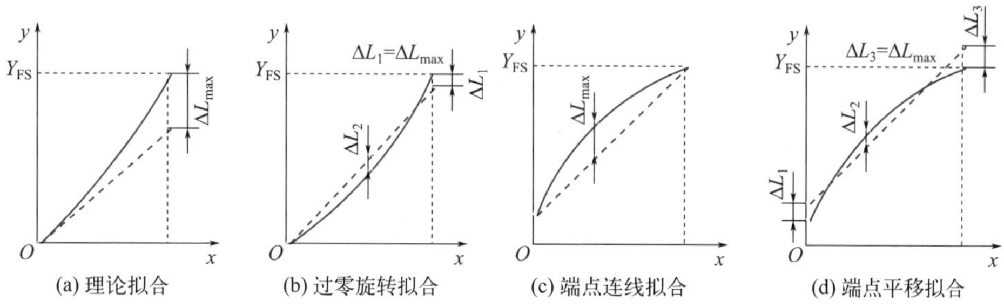

图 4-4 几种直线拟合方法

是同类传感器，拟合直线不同，其线性度也是不同的。通常用最小二乘法求取拟合直线，应用此方法拟合的直线与实际曲线的所有点的平方和为最小，其线性误差较小。

（3）迟滞

传感器在输入量由小到大（正行程）及输入量由大到小（反行程）变化期间其输入、输出特性曲线不重合的现象称为迟滞，如图 4-5 所示。也就是说，对于同大小的输入信号，传感器的正反行程输出信号大小不等，这个差值称为迟滞差值。传感器在全量程范围内最大迟滞差值与满量程输出值之比称为迟滞误差，用 γ_H 表示，即：

$$\gamma_H = \frac{\Delta H_{max}}{Y_{FS}} \times 100\%$$

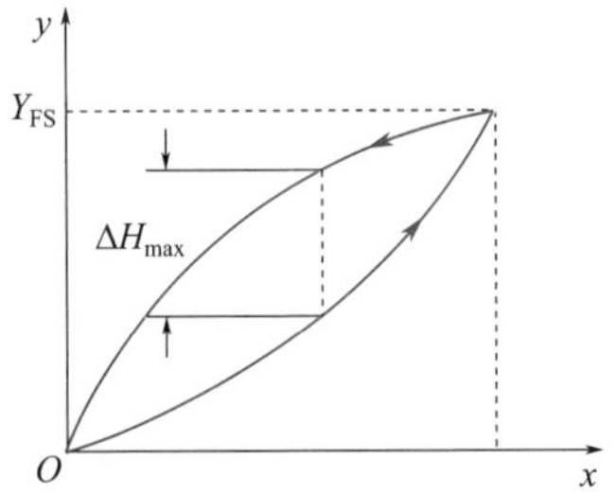

图 4-5　迟滞特性

这种现象主要是由传感器敏感元件材料的物理性质和机械零部件的缺陷所造成的，例如弹性敏感元件弹性滞后、运动部件摩擦、传动机构的间隙、紧固件松动等。

（4）重复性

重复性是指传感器在输入量按同一方向做全量程连续多次变化时，所得特性曲线不一致的程度，如图 4-6 所示。重复性误差（γ_R）属于随机误差，常用标准差计算，也可用正反行程中最大重复差值计算：

$$\gamma_R = \pm \frac{(2 \sim 3)\delta}{Y_{FS}} \times 100\%$$

$$\gamma_R = \pm \frac{\Delta R_{max}}{Y_{FS}} \times 100\%$$

式中，δ 为标准差。

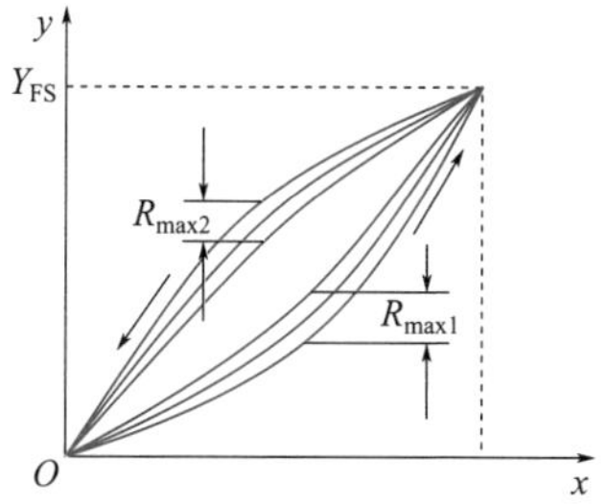

图 4-6　重复性

（5）漂移

传感器的漂移是指在输入量不变的情况下，传感器输出量随时间变化的现象。产生漂移的原因有两个方面：一是传感器自身的结构参数不稳定；二是周围环境（如温度、湿度等）发生变化。最常见的漂移是温度漂移，即周围环境温度变化引起输出量的变化。温度漂移主要表现为温度零点漂移和温度灵敏度漂移。温度漂移通常用传感器工作环境温度偏离标准环境温度（一般为 20℃）时的输出量的变化量与温度变化量之比（ξ）来表示，即：

$$\xi = \frac{y_t - y_{20}}{\Delta t}$$

式中　Δt——工作环境温度 t 与标准环境温度 t_{20} 之差，即 $\Delta t=t-t_{20}$；

y_t——传感器在环境温度 t 时的输出量；

y_{20}——传感器在环境温度 t_{20} 时的输出量。

（6）精度

精度用来评价系统的优良程度。精度分为准确度和精密度。准确度就是测量值对于真值的偏离程度。为了修正这种偏差，需要进行校正，完全校正是很麻烦的，因此，使用时需尽可能地减小误差。精密度就是相同条件下多次重复测量同一量时所得结果之间的接近程度，即离散偏差。精密度越高的传感器，其价格也就越高。

通常，选用传感器时应遵循以下原则：

① 根据测量对象与测量环境确定传感器的类型。要进行一次具体

的测量工作，首先要考虑采用何种原理的传感器，这需要分析多方面的因素之后才能确定。因为即使是测量同一物理量，也有多种原理的传感器可供选用，究竟哪一种原理的传感器更为合适，则需要根据被测量的特点和传感器的使用条件考虑以下一些具体问题：量程的大小；被测位置对传感器体积的要求；测量方式为接触式还是非接触式；信号的引出方法，有线或是非接触测量；传感器的来源，国产还是进口，价格能否承受，是否自行研制。在考虑上述问题之后才能确定选用何种类型的传感器，然后再考虑传感器的具体性能指标。

② 灵敏度的选择。通常在传感器的线性范围内传感器的灵敏度越高越好。因为只有灵敏度高时，与被测量变化对应的输出信号的值才比较大，有利于信号处理。但应注意，传感器的灵敏度高，与被测量无关的外界噪声也容易混入，也会被系统放大，影响测量精度。因此，要求传感器本身应具有较高的信噪比，尽量减少从外界引入干扰信号。传感器的灵敏度是有方向性的。如果被测量是单向量，而且对其方向性要求较高，则应选择其他方向灵敏度小的传感器；如果被测量是多维向量，则要求传感器的交叉灵敏度越小越好。

③ 频率响应特性。传感器的频率响应特性决定了被测量的频率范围，必须在允许的频率范围内保持不失真的测量条件。实际上传感器的响应总有一定延迟，但延迟时间越短越好。传感器的频率响应高，可测的信号频率范围就宽，而由于受到结构特性的影响，机械系统的惯性较大，因此频率低的传感器可测信号的频率较低。在动态测量中，应根据信号的特点（稳态、瞬态、随机等）及响应特性对传感器进行选择，以免产生过大的误差。

④ 线性范围。传感器的线性范围是指输出与输入成直线关系的范围。从理论上讲，在此范围内，灵敏度保持定值。传感器的线性范围越宽，则其量程越大，并且能保证一定的测量精度。在选择传感器时，当传感器的种类确定以后，首先要看其量程是否满足要求。但实际上，任何传感器都不能保证绝对的线性，其线性度也是相对的。当所要求的测量精度比较低时，在一定的范围内，可将非线性误差较小的传感器近似看作是线性的，这会给测量带来极大的方便。

⑤ 稳定性。传感器使用一段时间后，其性能保持不变的能力称为稳定性。影响传感器长期稳定性的因素除传感器本身的结构外，主要是传感器的使用环境。因此，要使传感器具有良好的稳定性，传感器必须有较强的环境适应能力。在选择传感器之前，应对其使用环境进行调查，并根据具体的使用环境选择合适的传感器，或采取适当的措施，减小环境的影响。传感器的稳定性有定量指标，在超过使用期后，在使用前应重新进行标定，以确定传感器的性能没有发生变化。在某些要求传感器能长期使用而又不能轻易更换或标定的场合，对所选传感器的稳定性要求更严格，要能够经受住长时间的考验。

⑥ 精度。精度是传感器的一个重要性能指标，是关系到整个测量系统测量精度的一个重要环节。传感器的精度越高，其价格越昂贵。因此，传感器的精度只要满足整个测量系统的精度要求就可以，不必选得过高。这样就可以在满足同一测量目的的诸多传感器中选择比较便宜和简单的传感器。如果测量的目的是定性分析，应选用重复精度高的传感器，不宜选用绝对量值精度高的传感器；如果是为了定量分析，必须获得精确的测量值，就需选用精度等级能满足要求的传感器。

4.1.1 智能传感器

智能传感器是具有信息处理功能的传感器。智能传感器带有微处理器，具有采集、处理、交换信息的能力，是传感器集成化与微处理器相结合的产物。一般智能机器人的感觉系统由多个传感器集合而成，采集的信息需要计算机进行处理，而使用智能传感器就可将信息分散处理，从而降低成本。与一般传感器相比，智能传感器具有以下三个优点：通过软件技术可实现高精度的信息采集，而且成本低；具有一定的编程自动化能力；功能多样化。智能传感器是一个以微处理器为内核扩展了外围部件的计算机检测系统。相比于一般传感器，智能传感器有如下显著特点。

（1）提高了传感器的精度

智能传感器具有信息处理功能，通过软件不仅可修正各种确定性系统误差（如传感器输入输出的非线性误差、幅度误差、零点误差、正反行程误差等），而且还可适当地补偿随机误差、降低噪声，大大提高了传感器精度。

（2）提高了传感器的可靠性

集成传感器系统小型化，消除了传统结构的某些不可靠因素，改善了整个系统的抗干扰性能；同时它还有诊断、校准和数据存储功能（对于智能结构系统还有自适应功能），具有良好的稳定性。

（3）提高了传感器的性能价格比

在相同精度的需求下，多功能智能传感器与单一功能的普通传感器相比，性能价格比明显提高，尤其是在采用较便宜的单片机后更为明显。

（4）促成了传感器多功能化

智能传感器可以实现多传感器多参数综合测量，通过编程扩大测量与使用范围；有一定的自适应能力，根据检测对象或条件的改变，相应地改变量程反输出数据的形式；有数字通信接口功能，直接送入远地计算机进行处理；具有多种数据输出形式（如 RS232 串行输出，PIO 并行输出，IEEE-488 总线输出以及经 D/A 转换后的模拟量输出等），适配各种应用系统。

4.1.2 集成传感器

集成传感器是指利用现代微加工技术，将敏感单元和电路单元制作在同一芯片上的换能和电信号处理系统。敏感单元包括各种半导体器件和薄膜器件，其功能是将被测的力、声、光、磁、热、化学等信号转换成电信号；电路单元包括信号拾取、放大、滤波、补偿、模数转换等电路。集成传感器是现代传感器技术发展的必然趋势，其演进的步伐紧跟集成电路的发展道路。如今用来监测或控制系统的传感器元件，要求精确性、可靠性和支持实际应用输入，这在产品开发周期中是最具挑战性的工作。因此，许多设计人员都毫不犹豫地选择购买现成产品，或是定制预集成传感器模块，由此可见集成传感器未来将是一个必然的趋势。集成传感器是采用硅半导体集成工艺而制成的，因此也称为硅传感器或单片集成温度传感器，它是将温度传感器集成在一个芯片上，可完成温度测量及模拟信号输出功能的专用 IC。模拟集成温度传感器的主要特点是功能单一、测温误差小、价格低、响应速度快、传输距离远、体积小、微功耗等，适合远距离测温、控温，不需要进行非线性校准，外围电路简单。集成传感器已从早期的单一传感器和简单的调理电路集成向更复杂的集成系统方向发展，主要包括以下几方面：其一是系统化，即在电路方面不仅包括模数部分，而且包含数据部分、逻辑计算，未来甚至要包含无线收发单元；其二是多功能化，例如一个集成传感器模块可以同时感测温度、湿度、压力等多种变量；其三是阵列化，阵列化不但是某些特定应用领域如光传感器、红外传感器等的内禀需求，而且结合新的算法也为传感器赋予新功能，如气体传感器、声学传感器等可以增加测量内容，提高感测信息的丰度；其四是智能化，即传感器不仅仅是硬件的组合，而且是软硬件的结合。智能传感器早已有之，但是高度集成的智能传感器目前还在研发阶段。

人工智能技术、虚拟现实技术、无人驾驶技术（包括飞机和汽车）和通信技术领域的不断进步，不仅为集成传感器技术的发展提供了广阔的空间，同时也提供了新的发展平台。以 2020 年前后得到推广的 5G 技术为例，它将提供达到毫秒级的接入速度、1Gb/s 的高速数据流量和局域数十万的接入节点。另外，集成传感器技术的发展，也为大规模集成电路技术进入后摩尔时代提供了有力支持。后摩尔时代的集成电路，不仅需要有信息的计算和储存功能，同时要有信息感知、传输和执行功能。未来的集成传感器，不但是传感器技术和集成电路技术的“会师”，也是人类各种知识、各种技术的大汇聚，包括物理、化学、生物原理的运用，集成电路技术等先进制造技术的整合，以及含有不同算法的软件和硬件的结合。

4.1.3 MEMS 传感器

MEMS（Micro Electro Mechanical System）技术是采用微制造技术，在一个公共硅片基础上整合了传感器、机械元件、执行器（Actuator）

与电子元件。MEMS 通常会被看作是一种系统单晶片（SoC），它使智能型产品得以开发，并得以进入很多次级市场，为各领域提供解决方案。MEMS 技术已被认为是 21 世纪最有前途的传感器技术之一。

相对于传统的传感器，MEMS 传感器具有体积小、重量轻、成本低、功耗低、可靠性高、技术附加值高，适于批量化生产、易于集成和实现智能化等特点，这使得它们的应用数量和范围大大扩大，在航空航天、军事领域、汽车领域等都得到了广泛的应用。

目前市场上的 MEMS 传感器种类很多，包括惯性、压力、流量、温度传感器等，其主要应用领域包括军事、消费电子、汽车、航空、航天、医疗健康等。美国飞思卡尔（Freescale）公司是用于汽车领域的 MEMS 传感器的主要供应商，生产的产品主要有：MEMS 卫星压力传感器、MEMS 卫星加速度传感器、MEMS 惯性传感器和 MEMS 低 *g* 传感器。

医疗健康领域的 MEMS 传感器主要包括：非接触式心电图测量传感器和惯性测量传感器。其中，研制非接触式心电图测量传感器的有英国普莱西（Plessey）公司，主要采用非接触的方式来测量人体心电图的情况，例如，可以将该传感器安装在椅子上，通过与衣服的接触来测量人体心电图的情况。研制惯性测量传感器的有美国 YEI 技术公司，主要可用于监测引起关节损伤的撞击，具有高精确度、高可靠性和成本效益等优势。

用于航空航天领域的 MEMS 传感器主要包括：MEMS 温度传感器、MEMS 压力传感器、MEMS 油液传感器、MEMS 加速度传感器等。目前应用在航空航天的 MEMS 压力传感器大部分出自美国 Kulite 公司和 AST 公司，主要用于机械液压系统、发动机 / 推进器、润滑油系统、冷却系统等。Kulite 公司的压力传感器精度为 0.1% FS，可耐 500 ～ 600℃的高温。AST 公司生产的压力传感器精度小于 +0.25% BFSL，稳定性小于 10.25% FS（典型值）。

MEMS 传感器在消费电子领域中主要应用于运动 / 坠落检测、导航数据补偿、游戏 / 人机界面、电源管理、GPS 增强 / 盲区消除、速度 / 距离计数等方面。这些 MEMS 传感器在很大程度上提高了用户体验，并带来了全新的电子消费产品。其中加速度传感器是该市场中第一大应用产品。除此之外，陀螺仪也增长迅速，已经成为继加速度传感器后第二大应用产品。

MEMS 传感器还可以用于机器控制、测量仪器、仪表等领域，主要用来测量压力和加速度。其中应用在主动（制导）悬浮系统的压力传感器主要出自美国 SDM（Silicon Designs MEMS），该公司生产的 MEMS 加速度传感器具有耐高温、高性能的优势，在高温环境下可连接 100m 以上的线缆，大大增加了产品的灵活性。除此之外，该公司生产的 MEMS 加速度传感器具有小尺寸、轻体积、可在 −55 ～ +125℃的环境下工作的优势。

根据电子产业市场研究与信息网络的资料，MEMS 传感器的平均年增长率高于 20%。目前，国外 MEMS 传感器技术的总体发展趋势是向提高精度、全数字化电路及高可靠性方向发展，其应用领域正在不断得以拓展，非常值得关注。

MEMS 传感器技术发展的主要方向有：多功能化、多传感器融合、新的架构开发、测试手段的标准化、封装形式不断发展。

4.1.4 多传感器融合技术

多传感器融合就是充分利用不同时间与空间的多传感器资源，采用计算机技术对按时间序列获得的多传感器观测数据，在一定准则下进行分析、综合、支配和使用，获得对被测对象的一致性解释与描述，进而实现相应的决策与估计，使系统获得比它的各组成部分更充分的信息。

多传感器融合的基本原理就像人脑综合处理信息的过程一样，模拟人的感觉神经和多方面的条件反射，充分利用若干个传感器资源，通过对各种传感器及其观测信息的合理使用，将各种传感器在空间和时间的互补与冗余信息依据某种优化准则组合起来，产生对观测环境的一致性解释和描述。不同原理的传感器结合使用，不但可以提高其使用寿命，而且还可以大大降低虚警率。

目前，多传感器融合在诸多应用领域都得到了广泛的重视。融合技术汇集了多个传统学科的内容，包括数字人工智能、信号处理、控制论等数字计算方法。其作为一种新兴技术，既可以用来解决自动目标识别、敌我识别、战场监视等军事问题，也可用于解决复杂机械控制、环境监测、医学诊断等非军事问题。运用信息融合技术综合处理来自多个传感器的数据和相关信息，可以得到比单个传感器更加精确的结论。多传感器融合和单传感器相比具有以下几个优势。

① 在使用多个同类传感器的情况下，例如跟踪运动目标时，可以同时得到多个观测值，汇总这些观测值，与单个传感器相比，目标位置和速度的估计都能够得到很大的改善。从统计的意义上来看，这与综合来自单个传感器的 *N* 次观测值的结果是等价的。

② 观测过程也可通过多个传感器的运动或相对位置加以改进。例如，被广泛应用于卫星导航的三角定位法，推测目标位置时，就需要两个测量目标方位角的传感器的协调。

③ 使用多传感器可以提高观测能力，使用多种不同的观测手段可大幅提升对目标的观察能力。例如同时用合成孔径雷达和红外成像传感器观察同一个既定目标，那么通过融合两个传感器搜集到的数据，所确定目标的信息会比只使用其中一个传感器要详细得多，如此一来就可有效降低虚警率，提高观测系统的工作效率。

近三十年来，多传感器融合技术越来越广泛地应用于军事领域和民用领域，特别是在现代军事作战系统中，目标的探测、属性的判断、敌方的威胁评估以及电子对抗等，都需要多传感器融合技术。在工业过程监视、智能制造系统、空中交通管制系统以及计算机视觉等多个领域，多传感器融合技术也扮演着极其重要的角色，从而引起了大量学者和专家广泛深入的研究，并在各个领域都取得了非常好的科研与技术成果。

（1）军事应用

数据融合技术起源于军事领域，数据融合在军事上应用最早、范围最广，涉及战术或战略上的检测、指挥、控制、通信和情报任务等各个方面。主要的应用是进行目标的探测、跟踪和识别，包括 C3I（Command, Control, Communication and Intelligence）系统、自动识别武器、自主式运载制导、遥感、战场监视和自动威胁识别系统等，如对舰艇、飞机、导弹等的检测、定位、跟踪和识别，以及海洋监视系统、空对空防御系统、地对空防御系统等。海洋监视系统包括对潜艇、鱼雷、水下导弹等目标的检测、跟踪和识别，传感器有雷达、声呐、远红外、综合孔径雷达等。空对空、地对空防御系统主要用来检测、跟踪、识别敌方飞机、导弹和防空武器，传感器包括雷达、ESM（电子支援措施）接收机、远红外识别传感器、光电成像传感器等。迄今为止，多个国家已研制出了上百种军事数据融合系统，比较典型的有：TCAC——战术指挥控制，BETA——战场利用和目标截获系统，AIDD——炮兵情报数据融合等。

（2）复杂工业过程控制

复杂工业过程控制是数据融合应用的一个重要领域。目前，数据融合技术已在核反应堆和石油平台监视等系统中得到应用。融合的目的是识别引起系统状态超出正常运行范围的故障条件，并据此触发若干报警器。通过时间序列分析、频率分析、小波分析，从各传感器获取的信号模式中提取出特征数据，同时将所提取的特征数据输入神经网络模式识别器进行特征级数据融合，以识别出系统的特征数据，并输入模糊专家系统进行决策级融合。专家系统推理时，从知识库和数据库中取出领域知识规则和参数，与特征数据进行匹配（融合），最后决策出被测系统的运行状态、设备工作状况和故障等。

（3）机器人

多传感器数据融合技术的另外一个典型应用领域为机器人。目前，它主要应用在移动机器人和遥控操作机器人上，因为这些机器人工作在动态、不确定与非结构化的环境中（如“勇气”号和“机遇”号火星车），高度不确定的环境要求机器人具有高度的自治能力和对环境的感知能力，而多传感器数据融合技术正是提高机器人系统感知能力的有效方法。实践证明：采用单个传感器的机器人不具有完整、可靠地感知外部环境的能力。智能机器人应采用多个传感器，并利用这些传感器的冗余和互补的特性来获得机器人外部环境动态变化的、比较完整的信息，并对外部环境变化做出实时的响应。目前，机器人学界提出向非结构化环境进军，其核心的关键之一就是多传感器系统和数据融合。

（4）遥感

多传感器融合在遥感领域中的应用，主要是通过高空间分辨力全色图像和低光谱分辨力图像的融合，得到高空间分辨力和高光谱分辨力的图像，融合多波段和多时段的遥感图像来提高分类的准确性。

（5）交通管理系统

数据融合技术可应用于地面车辆定位、车辆跟踪、车辆导航及空中交通管制系统等。

（6）全局监视

监视较大范围内的人和事物的运动和状态，需要运用数据融合技术。例如，根据各种医疗传感器、病历、病史、气候、季节等观测信息，实现对病人的自动监护；从空中和地面传感器监视庄稼生长情况，进行产量预测；根据卫星云图、气流、温度、压力等观测信息，实现天气预报。

4.2 多传感器信息融合

信息融合是人类和其他生物系统普遍存在的一种基本功能。人非常自然地运用这一能力，将来自人体各个传感器（眼、耳、鼻、四肢）的信息（景物、声音、气味、触觉）综合起来，并使用先验知识去估计、理解周围环境和正在发生的事件。人类感觉具有不同的度量特征，因而可测出不同空间范围内的各种物理现象，将各种信息或数据（图像、声音、气味以及物理形状或上下文）转换成对环境有价值的解释。

多传感器信息融合实际上是对人脑综合处理复杂问题的一种功能模拟。在多传感器系统中，各种传感器提供的信息可能具有不同的特征：时变的或者非时变的，实时的或者非实时的，快变的或者缓变的，模糊的或者确定的，精确的或者不完整的，可靠的或者非可靠的，相互支持的、互补的或者相互矛盾、冲突的。

多传感器信息融合充分地利用多个传感器资源，通过对各种传感器及其观测信息的合理支配与使用，将各种传感器在空间和时间上的互补与冗余信息依据各种优化准则组合起来，产生对观测环境的一致性解释和描述。信息融合的目标是基于各传感器分离观测信息，通过对信息的优化组合导出更多的有效信息。

4.2.1 多传感器信息融合的基本原理

多传感器信息融合是人类或其他逻辑系统中常见的基本功能。人非常自然地运用这一能力将来自人体各种感官（眼、耳、鼻、手、口）的信息（景物、声音、气味、触觉、味觉）组合起来，然后根据知识和经验并按其习惯的思路对信息进行处理，以提出解决问题的方案。在信息融合系统中，感官就是系统的各种传感器，经验相当于统计学中的先验知识，思路便是人们常说的模型、算法，根据多传感器信息进行综合、分析、判断，这就是信息融合。由此可见，多传感器信息融合技术的基本原理就像人脑综合处理信息一样，充分利用多个传感器资源，通过对多传感器及其观测信息的合理支配和使用，将多传感器在空间或时间上的冗余或互补信息依据某种准则来进行组合，以获得被测对象的一致性解释或描述。信息融合的基本目标是通过数据组合而不是出现在输入信息中的任何个别元素推导出更多的信息，这是最佳协同作用的结果，即利用多个传感器共同或联合操作的优势，提高传感器系统的有效性。具体地说，多传感器信息融合原理如下。

① N 个不同类型传感器（有源或无源的）收集观测目标的数据。

② 对传感器的输出数据（离散的或连续的时间函数数据、输出矢量、成像数据或一个直接的属性说明）进行特征提取的变换，提取代表观测数据的特征矢量 $\boldsymbol{Y}_i$。

③ 对特征矢量 $\boldsymbol{Y}_i$ 进行模式识别处理（如聚类算法、自适应神经网络或其他能将特征矢量 $\boldsymbol{Y}_i$ 变换成目标属性判决的统计模式识别法等），完成各传感器关于目标的说明。

④ 将各传感器关于目标的说明数据按同一目标进行分组，即关联。

⑤ 利用融合算法将每一目标各传感器数据进行合成，得到该目标的一致性解释与描述。

4.2.2 多传感器信息融合的结构模型

从多传感器系统的信息流通形式上看，其信息传输和处理的结构一般有集中式、分布式、混合式 3 种结构，也有学者提出了多级混合结构的设计思想。

在集中式结构中，只在信息融合中心设置一个数据处理器，对各传感器送来的信息直接处理，各传感器仅起到信息检测、录取的作用，本身没有做出决策，它将所有的测量值送到融合中心，由融合中心对各种类型的数据按适当的方法进行综合处理后再输出结果。在分布式结构中，各传感器都有自己的数据处理器，可分别独立地处理局部信息，然后将处理结果送至融合中心，中心根据各节点的输入信息完成对目标或环境的综合分析和判决，最后形成全局估计。混合式结构和多级混合结构可根据特定的实际需要，在速度、带宽、精度和可靠性等相互影响的各种制约因素之间取得平衡。

4.2.3 多传感器信息融合的层次模型

目前，为业界所普遍接受和认同的是按数据的抽象层次划分的 3 层模型，即数据级融合（也称作像素级融合）、特征级融合和决策级融合。

（1）数据级融合

数据级融合（低级或像素级）是最低层次的融合，系统直接集成各传感器的原始（像素级）数据，在各传感器的观测数据未经预处理之前，或经最小程度的预处理（如数据配准）之后就进行数据的综合分析，而后根据需要进行特征提取和属性说明。

（2）特征级融合

特征级融合（中级或特征级）是一种中间层次的信息融合，每个传感器首先对各自的原始信息进行特征提取，然后对特征信息进行综合分析和处理，产生如方向、距离、速度、形状、大小、轮廓或区域等特征矢量，以支持目标识别和身份判定，最后根据需要对这些特征矢量综合梳理和集成。

（3）决策级融合

决策级融合（高级或决策级）是一种更高层次的融合，每一个传感器独立处理自己的单源数据，对目标进行检测和分类，系统对这些处理结果进一步集成分析，得到对目标或环境的类型、特征或属性判断，从而为指挥、控制和决策行为提供依据。

3 个层次信息融合各有特点，每一类融合方式都有许多种适合的算法，在具体应用时应根据任务要求、系统环境及资源情况等选择使用。

随着人们对信息融合问题认识的不断深入和应用的逐渐广泛，信息融合的层次定义也在不断发展和完善。随着无线定位业务的发展，有学者提出了四级数据融合模型，即：

① 一级融合：参量的综合与估计，速度、位置及低级实体身份的辨识。

② 二级融合：将单元数据集成为具有一定语义的结构化数据，评估事件和活动以确定行为，并根据知识库或专家库信息进行初步的态势评估。

③ 三级融合：系统的动态监控，基于输出信息进行反馈控制，对各类系统资源进行动态管理，实现整个融合过程的自适应优化配置，从而获得及时精确的融合信息。

④ 四级融合：寻求改进提升融合过程，通过改变传感器或信息源指向，改变融合算法控制参数或选择更适合于当前态势和有效数据的算法或方法，包括传感器建模、网络通信建模、性能度量计算和资源利用最优化等。

4.2.4 多传感器信息融合的功能模型

多源信息融合的功能模型包含了多个层次、多个环节的功能模块，按照数据的抽象层次划分，这些功能可以分为低级处理过程和高级处理过程。低级处理过程主要包括信息探测、数据关联、目标状态估计及属性分类等功能模块；高级处理过程主要有行为模式检测、目标身份估计、行为预测、逻辑推理、态势评估和威胁评估等功能模块。低级处理主要是数据处理，产生的主要是数值结果；高级处理主要是符号逻辑处理，产生的是语义层次更高的结果。

按照时序逻辑，信息融合大致需要经过以下几个信息处理过程：配准、转换、关联、估计、滤波和识别。各传感器获得的观测信息首先经过预处理，如通过数据配准提供统一的时空基准，再传送至运算中心进行汇集、分类、互联、相关、滤波、估计和识别，经过综合分析研判，获得状态估计和身份估计，以及更高层次的态势评估和威胁评估。

4.2.5 多传感器信息融合的方法分类

利用多个传感器所获取的关于对象和环境全面、完整的信息的处理，主要体现在融合算法上，因此，多传感器系统的核心问题是选择合适的融合算法。对于多传感器系统来说，信息具有多样性和复杂性，因此，对信息融合方法的基本要求是具有鲁棒性和并行处理能力。此外，还有方法的运算速度和精度，与前续预处理系统和后续信息识别系统的接口性能，与不同技术和方法的协调能力，对信息样本的要求等。一般情况下，基于非线性的数学方法，如果它具有容错性、自适应性、联想记忆和并行处理能力，则都可以用来作为融合方法。

多传感器数据融合虽然未形成完整的理论体系和有效的融合算法，但在不少应用领域、根据各自的具体应用背景，已经有了许多成熟并且有效的融合方法。多传感器数据融合的常用方法基本上可概括为随机和计算智能两大类：随机类方法有加权平均法、卡尔曼滤波法、贝叶斯估计法、Dempster-Shafer（D-S）证据推理、产生式规则等；而计算智能类方法则有模糊集合理论、神经网络、粗集理论、小波分析理论和支持向量机等。可以预见，神经网络和计算智能等新概念、新技术在多传感器数据融合中将起到越来越重要的作用。

4.3 数据协同

4.3.1 协同的基本概念

动物的集群在自然界中是非常普遍的一种现象，像哺乳类、鸟类、两栖爬行类、鱼类及许多无脊椎动物都会集群生活（图 4-7），比如草原上的狼群、野马群，城市里一群群的喜鹊，河里一群群的鱼以及成群结队的蚂蚁等。这些生物的集群行为本质上是基于单个生物之间的信息交互，而最终呈现出来的是整体层面的智能行为，并能给集群整体带来个体无法获得的好处，例如动物的集群行为有利于它们觅食、避免被天敌捕食、提高繁殖后代的成功率等。

图 4-7 觅食的鱼群和迁徙的鸟群

受动物集群行为的启发，Reynolds 在 1986 年最早提出了协同控制算法。为了在计算机中模拟自然生物之间的协调行为，Reynolds 提出了三条基本规则：

① 分离（Separation）：在运动过程中，与邻域内的智能体避免相撞。

② 聚合（Cohesion）：改变当前位置并与邻域内的智能体保持紧凑。

③ 速度匹配（Alignment）：与邻域内的智能体速度保持一致。

受 Reynolds 提出的三条基本规则的启发，许多学者开始着手对多智能体系统协同控制的研究。多智能体系统是指在复杂的外界环境中，个体之间通过信息交互及协同，共同完成相对复杂任务的一类计算系统。与单个智能体相比较，多智能体系统具有成本低、效率高、可靠性高等优点。对多智能体系统的协同控制研究大致针对以下几类问题：

① 蜂拥控制问题（Flocking/Swarming）。蜂拥控制的研究对象一般为由一阶系统或二阶系统组成的多智能体系统。蜂拥控制问题可以同时考虑 Reynolds 的三条基本规则，即一组智能体在规避碰撞的同时达到速度一致并且智能体之间的距离达到预先给定的期望值，也可以只考虑聚合和速度匹配，不考虑碰撞规避，即一组智能体达到速度一致并且智能体之间的距离达到预先给定的期望值。

② 一致性问题（Consensus）。一致性问题的研究对象可以是由一阶系统、二阶系统或者高阶系统组成的多智能体系统。一致性问题中将每个智能体看作一个质子，仅考虑了聚合和速度匹配原则，不考虑碰撞规避，即每个智能体在仅利用自身信息及邻居信息的情况下，所有智能体的状态最终可以达到一个共同的状态。

③ 编队控制问题（Formation）。编队控制问题的研究对象主要针对由二阶系统组成的多智能体系统，例如由拉格朗日系统组成的多智能体系统。编队控制问题必须考虑分离规则，即一组智能体在规避碰撞的同时达到速度一致并且智能体之间位置偏差满足预先给定的条件。

随着科学技术的发展，多智能体系统的协同控制在工业、军事、商业等实际应用领域的应用范围也越来越广，其中包括移动机器人系统、无人机系统、水下自动机器人系统、无线传感器网络、卫星、飞机、自动公路系统等（图 4-8）。

图 4-8　多智能体协同控制的典型应用：机器人编队系统及无人机集群系统

在研究多智能体的协同控制问题时，我们通常会使用图来表示智能体之间的通信关系，即智能体之间的交互机制。智能体之间的通信关系是整个多智能体系统达成一致的保障。多智能体系统中若存在一个智能体与其他所有智能体都不存在连通关系，则该智能体永远无法与其他智能体达到一致。

协同工作的一组智能体之间的信息交换可以由有向图 / 无向图来表示。一个有向图由一对（N, ε）组成，N 是节点组成的有限非空集，$\varepsilon \in N^2$ 是一组有序节点对，即边的集合。与之相比，无向图的节点对是无序的。在有向图中，有向路径是以（v_{i1}, v_{i2}）、（v_{i3}, v_{i4}）形式表示的有序边缘的序列，$v_{ij} \in \varepsilon$。在无向图中，无向路径的定义也与有向图中类似，（v_{ij}, v_{ik}）等价于（v_{ik}, v_{ij}）。在有向图中，每一个节点与其他任意一个节点之间都存在一条有向路径时，称该有向图强连通。在无向图中，任意两个节点对之间存在一条路径时，称该无向图连通。有向树是有向图，其中每一个节点（根节点除外）有且仅有一个父节点。有向图的有向生成树是由有向图中所有节点和确保图连通的边组成的图。当有向图有一个子图是一个生成树时，我们称该有向图有（或包含）一个有向生成树。要注意有向图存在生成树等价于存在一个根节点，该根节点到其他所有节点都有一条有向路径。

由多智能体系统组成的几种典型网络见图 4-9。

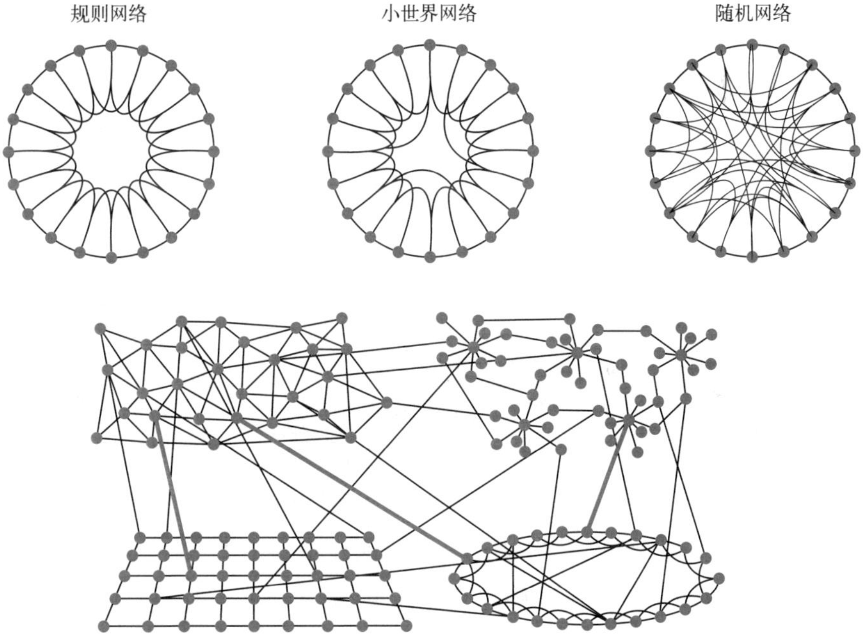

图 4-9　由多智能体系统组成的几种典型网络

（1）输入饱和下的一般线性系统的全局一致性

在现实世界中，许多实际应用系统的复杂程度远高于单积分器系统或双积分器系统，因此研究由输入饱和的一般线性系统组成的多智能体系统的一致性是非常必要的。在现有结论中，部分文献考虑了输入饱和的一般线性系统的情况，例如文献 [26] 通过构造一类低增益一致性算法使得整个多智能体系统达到半全局一致。

单个线性系统在输入饱和下是全局渐近稳定的，当且仅当系统是渐近零可控的（全局 ANCBC）。中立系统和双积分器系统属于特殊的全局 ANCBC 系统，对于单个中立系统或者双积分器系统，可以设计有效的线性反馈控制律使得这两个系统在输入饱和下达到全局渐近镇定。但是值得注意的是，对于全局 ANCBC 系统，若系统中积分串的个数大于等于 3，则只有构造有效的非线性反馈控制器才可以使得这类系统达到全局渐近稳定。多个线性系统在输入饱和下的一致性问题同单个线性系统在输入饱和下的镇定问题类似，只能考虑一类特殊的线性系统，即渐近零可控的线性系统，并且对于由较中立系统和双积分器系统更复杂的一般线性系统组成的多智能体系统，只有为每个跟随者设计非线性反馈才能使得整个多智能体系统达到全局一致。

本章着重考虑由输入饱和的一般线性系统组成的多智能体系统的全局一致性。我们首先考虑由输入饱和的单输入的一般线性系统组成的多智能体系统的全局一致性，并为系统中每个跟随者分别构建有界状态反馈一致性算法和有界输出一致性算法，然后将结论推广至由输入饱和的多输入一般线性系统组成的多智能体系统。通过理论证明和实验仿真表明，本章为由输入饱和的一般线性系统组成的多智能体系统构造的两类一致性算法能有效地促使整个多智能体系统可以达到全局渐近一致。值得注意的是，现有结论能达到最好的一致性效果为半全局一致，即要求所有智能体的初始状态在一个有界集内，例如文献 [26]，而文中所构造的一致性算法能使整个多智能体系统达到全局一致，即对任意初始状态，所有智能体都能达到渐近一致。

问题描述如下。

考虑一个包含 N 个跟随者的多智能体系统，其中每个跟随者的动力学方程用一个线性系统表示：

$$\begin{cases} \dot{\boldsymbol{x}}_i = \boldsymbol{A}\boldsymbol{x}_i + \boldsymbol{B}\boldsymbol{u}_i, \\ \boldsymbol{y}_i = \boldsymbol{C}\boldsymbol{x}_i, i = 1, 2, \cdots, N \end{cases}$$

其中，$\boldsymbol{x}_i=\left[x_{i1},x_{i2},\cdots,x_{in}\right]^{\mathrm{T}}\in\mathbb{R}^n,\boldsymbol{u}_i=\left[u_{i1},u_{i2},\cdots,u_{im}\right]^{\mathrm{T}}\in\mathbb{R}^m$ 和 $\boldsymbol{y}_i=[y_{i1},y_{i2},\cdots,y_{ir}]^{\mathrm{T}}\in\mathbb{R}^r$ 分别是第 i 个智能体的状态、输入以及输出。

所有跟随者的动力学方程满足下列假设。

假设 4-1

所有 $\boldsymbol{A}$ 的特征值都位于 $\boldsymbol{B}$ 的左半平面且（$\boldsymbol{A},\boldsymbol{B}$）是可镇定的。

假设 4-2

（$\boldsymbol{A},\boldsymbol{C}$）是可观测的。

在多智能体系统中除了 N 个跟随者之外，还存在一个领导者，其动力学方程同样用一个线性系统表示：

$$\begin{cases}\dot{\boldsymbol{x}}_0=\boldsymbol{A}\boldsymbol{x}_0\\ \boldsymbol{y}_0=\boldsymbol{C}\boldsymbol{x}_0\end{cases}$$

其中，$\boldsymbol{x}_0=\left[x_{01},x_{02},\cdots,x_{0n}\right]^{\mathrm{T}}\in\mathbb{R}^n$ 和 $\boldsymbol{y}_0=\left[y_{01},y_{02},\cdots,y_{0r}\right]^{\mathrm{T}}\in\mathbb{R}^r$ 分别是领导者的状态及输出。

本章我们考虑下列两个全局一致性问题。

问题 4-1

对于任意给定的常数 $\varDelta>0$，为所有的跟随者设计有界状态反馈一致性算法 $\boldsymbol{u}_i=h_i\left(\boldsymbol{x}_0,\boldsymbol{x}_1,\cdots,\boldsymbol{x}_N\right)$，使得整个多智能体系统在该有界状态反馈一致性算法下达到全局一致，其中，$\left\|h_i\left(\boldsymbol{x}_0,\boldsymbol{x}_1,\cdots,\boldsymbol{x}_N\right)\right\|_\infty\leqslant\varDelta$ 对任意 $\left(\boldsymbol{x}_0,\boldsymbol{x}_1,\cdots,\boldsymbol{x}_N\right)\in\mathbb{R}^{(N+1)n}$ 均成立，即对于任意给定初值 $\boldsymbol{x}_i(0)\in\mathbb{R}^n$ 都有：

$$\lim_{t\to\infty}\left(\boldsymbol{x}_i(t)-\boldsymbol{x}_0(t)\right)=0,\quad i=1,2,\cdots,N$$

问题 4-2

为每个智能体设计状态观测器：

$$\dot{\boldsymbol{\eta}}_i=\boldsymbol{A}\boldsymbol{\eta}_i+\boldsymbol{B}\boldsymbol{u}_i+\boldsymbol{K}\left(\boldsymbol{y}_i-\boldsymbol{C}\boldsymbol{\eta}_i\right),\quad i=1,2,\cdots,N$$
$$\dot{\boldsymbol{\eta}}_0=\boldsymbol{A}\boldsymbol{\eta}_0+\boldsymbol{K}\left(\boldsymbol{y}_0-\boldsymbol{C}\boldsymbol{\eta}_0\right)$$

为所有的跟随者设计有界输出反馈一致性算法 $\boldsymbol{u}_i=h_i(\boldsymbol{\eta}_0,\boldsymbol{\eta}_1,\cdots,\boldsymbol{\eta}_N)$，使得整个多智能体系统在该有界输出反馈一致性算法下达到全局一致，其中 $\left\|h_i\left(\boldsymbol{\eta}_0,\boldsymbol{\eta}_1,\cdots,\boldsymbol{\eta}_N\right)\right\|_\infty\leqslant\varDelta$ 对任意 $(\boldsymbol{\eta}_0,\boldsymbol{\eta}_1,\cdots,\boldsymbol{\eta}_N)\in\mathbb{R}^{(N+1)n}$ 均成立，即对于

任意给定初值 $\boldsymbol{x}_i(0),\boldsymbol{\eta}_i(p)\in\mathbb{R}^n$，$i=0,1,\cdots,N$，都有：

$$\lim_{t\to\infty}\big(\boldsymbol{x}_i(t)-\boldsymbol{x}_0(t)\big)=0,\ \ i=1,2,\cdots,N$$

（2）输入饱和下的单输入一般线性系统的全局一致性

本部分我们考虑每个跟随者的动力学方程都是单输入的情况，即 m=1。为了便于将结论扩展至多输入的情况，考虑每个智能体的动力学方程中还存在一个收敛的输入，即跟随者和领导者的动力学方程分别为：

$$\begin{cases}\dot{\boldsymbol{x}}_i=\boldsymbol{A}\boldsymbol{x}_i+\boldsymbol{b}\boldsymbol{u}_i+\boldsymbol{d}_i\\ \boldsymbol{y}_i=\boldsymbol{C}\boldsymbol{x}_i,\quad i=1,2,\cdots,N\end{cases}$$

和

$$\begin{cases}\dot{\boldsymbol{x}}_0=\boldsymbol{A}\boldsymbol{x}_0+\boldsymbol{d}_0\\ \boldsymbol{y}_0=\boldsymbol{C}\boldsymbol{x}_0\end{cases}$$

其中，$\boldsymbol{d}_i(t),i=0,1,\cdots,N$ 是一个连续函数并且满足 $\lim\limits_{t\to\infty}\boldsymbol{d}_i(t)=0$。

我们首先考虑所有 $\boldsymbol{A}$ 的特征值都在虚轴上的情况。

假设 4-3 所有 $\boldsymbol{A}$ 的特征值都在虚轴上。

假设将 $\boldsymbol{A}$ 所有的复数特征根标记为 $\pm\omega_1,\pm\omega_2,\cdots,\pm\omega_q$，其中任意两组 ω_i 和 ω_j 在数值上可以是相等的，同时假设矩阵 $\boldsymbol{A}$ 在原点有 p 个特征根，则有 $n=p+2q$。

为每个跟随者构造状态反馈一致性算法前，首先定义跟随者的状态和领导者的状态的差量为 $\bar{\boldsymbol{x}}_i=\boldsymbol{x}_i-\boldsymbol{x}_0$。我们可以得到差量 $\bar{\boldsymbol{x}}_i$ 的动态方程如下：

$$\dot{\bar{\boldsymbol{x}}}_i=\boldsymbol{A}\bar{\boldsymbol{x}}_i+\boldsymbol{b}\boldsymbol{u}_i+\bar{\boldsymbol{d}}_i,\quad i=1,2,\cdots,N$$

其中，$\bar{\boldsymbol{x}}_i=\left[\bar{x}_{i1},\bar{x}_{i2},\cdots,\bar{x}_{in}\right]^{\mathrm{T}}\in\mathbb{R}^n,\bar{\boldsymbol{d}}_i(t)=\boldsymbol{d}_i(t)-\boldsymbol{d}_0(t)$ 是连续函数并且满足 $\lim\limits_{t\to\infty}\bar{\boldsymbol{d}}_i(t)=0$。

令 $\tilde{\boldsymbol{x}}_k=[\bar{x}_{1k},\bar{x}_{2k},\cdots,\bar{x}_{Nk}]^{\mathrm{T}},k=1,2,\cdots,n,\tilde{x}=[\tilde{\boldsymbol{x}}_1^{\mathrm{T}},\tilde{\boldsymbol{x}}_2^{\mathrm{T}},\cdots,\tilde{\boldsymbol{x}}_n^{\mathrm{T}}]^{\mathrm{T}}$，则上式可以写成下列矩阵形式：

$$\dot{\tilde{\boldsymbol{x}}}=(\boldsymbol{A}\otimes\boldsymbol{I}_N)\tilde{\boldsymbol{x}}+(\boldsymbol{b}\otimes\boldsymbol{I}_N)\boldsymbol{u}+\tilde{\boldsymbol{d}}$$

其中，$\boldsymbol{u}=[u_1,u_2,\cdots,u_N]^{\mathrm{T}}$；$\boldsymbol{I}_N$ 是一个 N 维的单位阵；$\tilde{\boldsymbol{d}}(t)$ 是连续函数并且满足 $\lim\limits_{t\to\infty}\tilde{\boldsymbol{d}}(t)=0$。

根据参考文献 [27] 可知，存在一个非奇异矩阵 $\boldsymbol{T}$，对系统做线性变换可得到新的状态 $\boldsymbol{z}=\boldsymbol{T}\tilde{\boldsymbol{x}}$，且状态 $\boldsymbol{z}$ 的动力学方程可以写成下列矩阵形式：

$$\dot{\boldsymbol{z}}=\tilde{\boldsymbol{A}}\boldsymbol{z}+\tilde{\boldsymbol{B}}\boldsymbol{u}+\boldsymbol{w}$$

其中，$\boldsymbol{z}=\left[\boldsymbol{z}_1^{\mathrm{T}},\boldsymbol{z}_2^{\mathrm{T}},\cdots,\boldsymbol{z}_n^{\mathrm{T}}\right]^{\mathrm{T}},\boldsymbol{z}_k=\left[z_{1,k},z_{2,k},\cdots,z_{N,k}\right]^{\mathrm{T}},k=1,2,\cdots,n$

$\boldsymbol{w}=\left[\boldsymbol{w}_1^{\mathrm{T}},\boldsymbol{w}_2^{\mathrm{T}},\cdots,\boldsymbol{w}_n^{\mathrm{T}}\right]^{\mathrm{T}}$，$\boldsymbol{w}_k=\left[w_{1,k},w_{2,k},\cdots,w_{N,k}\right]^{\mathrm{T}},k=1,2,\cdots,n$

4.3.2 基于传感器的数据协同校准

多智能体系统协同控制的典型应用之一就是无线传感器网络。尽管传感器成本低且应用十分广泛，但本身仍然存在漂移、老化等问题。传感器在部署之后，可能遭受恶劣的气候导致其性能不稳定，比如：暴晒、暴雨、冰雹等。因此，传感器在长期的使用中很有可能出现漂移的问题。如果采集到的数据不准，可能直接影响终端使用者，甚至会导致使用者发生错误的判断，这失去了数据采集的意义。因此，传感器校准不容忽视。如果使用手动校准，则会给传感器的使用者带来很大的负担。同时，它也面临许多挑战。例如，传感器制造商通常不直接提供校准方法，几乎不可能在部署后频繁校准每个传感器，特别是移动传感器。因此，手动校准是不切实际的。如果全部使用高精度的传感器，会导致成本很高，这对于大规模部署是不切实际的。

由于不可能全部使用高精度传感器，也不可能逐一对传感器进行手动校准，所以需要使用其他方法对传感器进行校准。常用的校准方法有硬件校准和算法校准。硬件校准需要在每个传感器硬件加入电路等进行补偿，这在一定程度上加大了数据校准的成本和复杂度。该校准方法主要包括 EPROM 存储非线性校准以及电桥补偿法等。硬件校准存在成本高、复杂度高等缺陷，因此，算法校准方法使用得比较多。算法校准的主要区别在于是否利用高精度固定传感器。利用高精度固定传感器可以进一步地加大数据校准的精度，但是存在校准成本高、部署位置难确定等问题。国内外许多研究学者都对无线传感器网络及其节点误差进行过校准研究，总结出来的一些结果和经验也已经广泛使用。

常用的传感器校准方法有分段线性函数、RBF 神经网络算法、灰色模型算法、最小二乘支持向量机算法以及基于最小二乘法的多元线性回归校准法等。基于最小二乘法的多元线性回归算法尽可能考虑影响传感器漂移的因素。因为 RBF 神经网络可以逼近任何非线性函数并且快速收敛，所以广泛地应用于时间序列预测以及函数逼近。该神经网络使用径向基函数作为激活函数，输出是神经元参数与径向基函数的线性组合。最小二乘支持向量机算法一般用于分析数据，对数据进行分类和回归。它校准的方法是求解线性方程组。

非线性移动传感器可用分段线性函数逼近非线性校准函数的方法来校准。考虑到同一区域中移动的传感器会随时间在任何给定间隔中收集相似比例的真实值，因此提出了一种密度引导盲校准方法。所提出的方案通过非常容易解决的优化公式来解决非线性校准问题。通过利用 RBF 神经网络生成双输入单输出的三层网络模型也可以提高传感器的测量精度。其中，输入是普通温度传感器采集的数值和智能温度传感器采集的数值，单输出是传感器补偿后的数值。同时，RBF 神经网络参数利用带遗忘因子的梯度下降算法进行调整，即在观察当前时刻网络变化的同时，将前一时刻的网络状态参数也考虑进去。

利用灰色神经网络优化的算法对传感器进行校准也有许多研究成果。校准过程分为灰色神经网络校准和误差逼近两部分。具体过程为：首先使用灰色模型求解灰色系数矩阵的方法对所有数据进行统一化处理，然后使用神经网络的非线性映射求出灰色模型的初始状态，最后使用 RBF 神经网络对传感器残差进行校准，实现提高传感器精度的要求。对传感器进行动态非线性补偿也可以使用最小二乘支持向量机的方法。考虑到传感器测量值具有周期性变化的特性，传感器非线性动态系统可以分为非线性静态和线性动态，并分别对两部分设置补偿模块。先将非线性传递函数转换为线性中间模型，然后利用最小二乘支持向量机算法计算出中间模型的参数，最后推导出两个补偿模块与中间模块的参数关系。利用得到的关系实现线性动态与非线性静态同时校准。

较为传统的是基于最小二乘法的多元线性回归校准算法，但该算法需要尽可能地考虑影响传感器实际测量值产生漂移的因素，比如：天气、自身软件等。如果传感器的测量值和影响因素与环境实际值满足一定的线性关系，则可以使用基于最小二乘法的多元线性回归方法进行校准。

除了以上几种常规的校准算法，随着传感器网络的广泛应用，针对固定传感器网络和移动传感器网络，许多研究学者做了大量的研究，提出了在线校准方法。例如一种名为投影恢复网络（PRNet）的新颖深度学习方法，可以在线校准通用监控传感器网络中传感器的测量值。假设所有传感器在部署之前已经被校准过，因此在初始阶段收集的测量值可以视为无漂移。或者将漂移数据投影到特征空间，然后使用深度卷积神经网络估计的传感器漂移测量值。该方法适合的对象是传感器部署在固定位置的长期常规监视传感器网络。

近年来移动感知在智慧城市中的应用越来越广泛。移动传感器网络采集的数据至关重要，因为它直接影响数据的关注者的使用，例如空气质量监测。使用动态气体传感器网络，可以使传感器遇到其他传感器时共享自己的输出数据，并且该传感器最终校准的是其接收到的所有数据的平均值。一种分布式传感器网络的节点到节点（N2N）校准方案也可以用来监测空气质量。随着包含嵌入式传感器的移动设备数量的不断增加，移动人群感知的概念在环境传感系统领域变得越来越有吸引力。为了使手机传感器能够在较少的人工干预下生成更准确的传感数据，学者们提出了一种混合传感器校准方案，利用在给定时间测量期间位于同一区域的移动设备传感器之间的相互校准。

4.4 数据融合

传感器数据融合从多信息的视角进行处理及综合，得到各种数据的内在联系和规律，剔除无用的和错误的信息，保留正确的和有用的成分，最终实现信息的优化。在解决探测、跟踪和目标识别等问题方面运用多传感器数据融合技术，能够增强系统的生存能力，提高整个系统的可靠性和鲁棒性，增强数据的可信度，并提高精度，拓宽整个系统的时间、空间覆盖率，增加系统的实时性和信息利用率。同时多传感器数据融合也发挥了各种传感器的优点，取长补短以改善跟踪精度；多个低成本的传感器融合可以代替高价格、高精度传感器，降低系统成本；提高了系统的分辨能力和运行效率、系统的可靠性和容错能力等。多传感器数据融合是一个新兴的研究领域，是针对一个系统使用多种传感器这一特定问题而展开的一种关于数据处理的研究。

多传感器数据融合技术是一门实践性较强的应用技术，是多学科交叉的新技术，涉及信号处理、概率统计、信息论、模式识别、人工智能、模糊数学等理论。多传感器数据融合技术已成为军事、工业和高技术开发等多方面关心的问题。这一技术广泛应用于复杂工业过程控制、机器人、自动目标识别、交通管制、惯性导航、海洋监视和管理、农业、医疗诊断、模式识别等领域。数据融合在机器人、智能仪器系统、工业监控、航天、环境监测、气象等科技领域的应用也日益广泛。

多传感器数据融合的过程主要包括多传感器数据采集、数据预处理、数据融合中心和结果输出等环节，其过程如图 4-10 所示。

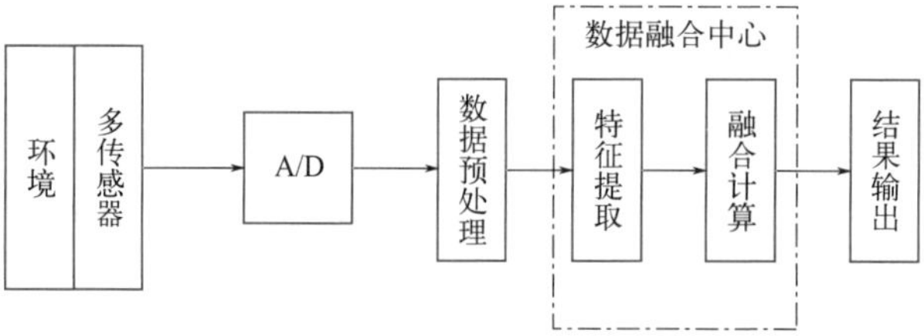

图 4-10　多传感器数据融合过程

由于被测对象多半为具有不同特征的非电量，如压力、温度、色彩和灰度等，首先要将它们转换成电信号，然后经过 A/D 转换将它们转换为能由计算机处理的数字量。数字化后的电信号由于环境等随机因素的影响，不可避免地存在一些干扰和噪声信号，通过预处理滤除数据采集过程中的干扰和噪声，以便得到有用信号。预处理后的有用信号经过特征提取，并对某一特征量进行数据融合计算，最后输出融合结果。

在信息融合处理过程中，根据对原始数据处理方法的不同，信息融合系统的体系结构主要有三种：集中式、分布式和混合式。

集中式结构：处理的是传感器的原始数据；特点是信息损失小，对系统通信的要求较高（通信链路处），数据融合中心计算负担重（数据融合中心处），系统的生存能力也较差。集中式是指各传感器获取的信息未经任何处理，直接传送到数据融合中心，进行组合和推理，完成最终融合处理。这种结构适用于同构平台的多传感器信息融合，其优点是信息处理损失较小，缺点是对通信网络的带宽要求较高。

分布式结构：处理的是经过预处理的局部传感器数据；具有造价低、可靠性高、通信量小等特点。分布式是指在各传感器处完成一定量的计算和处理任务之后，将压缩后的传感器数据传送到数据融合中心，在数据融合中心将接收到的多维信息进行组合和推理，最终完成融合。这种结构适合于远距离配置的多传感器系统，不需要过大的通信带宽，但有一定的信息损失。

混合式结构：混合式兼有集中式和分布式的特点，既有经处理后的传感器数据送到数据融合中心，也有未经处理的传感器数据送到数据融合中心。混合式结构有助于根据不同情况灵活设计多传感器的信息融合处理系统。但是这种结构系统稳定性较差。

数据融合技术涉及复杂的融合算法，实时图像数据库技术和高速、大吞吐量数据处理等支撑技术。数据融合算法是融合处理的基本内容，它是将多维输入数据在不同融合层次上运用不同的数学方法，进行聚类处理的方法。就多传感器数据融合而言，虽然还未形成完整的理论体系和有效的融合算法，但有不少应用领域根据各自的具体应用背景，已经提出了许多成熟并且有效的融合方法。针对传感器网络的具体应用，也有许多具有实用价值的数据融合技术与算法。

4.4.1 传感器网络数据传输及融合技术

如今无线传感器网络已经成为一种极具潜力的测量工具。它是一个由微型、廉价、能量受限的传感器节点所组成、通过无线方式进行通信的多跳网络，其目的是对所覆盖区域内的信息进行采集、处理和传递。然而，传感器节点体积小，依靠电池供电，且更换电池不便，如何高效使用能量，提高节点生命周期，是传感器网络面临的首要问题。

（1）传统的无线传感器网络数据传输

① 直接传输模型　直接传输模型是指传感器节点将采集到的数据以较大的功率经过一跳直接传输到 Sink（汇聚）节点上，进行集中式处理，如图 4-11 所示。这种方法的缺点在于：a. 距离 Sink 节点较远的传感器节点需要很大的发送功率才可以达到与 Sink 节点通信的目的，而传感器节点的通信距离有限，因此距离 Sink 较远的节点往往无法与 Sink 节点进行可靠的通信，这是不能被接受的；b. 在较大通信距离上的节点需耗费很大的能量才能完成与 Sink 节点的通信，容易使有关节点的能量很快耗尽，这样的传感器网络在实际中难以得到应用。

② 多跳传输模型　多跳传输模型类似于 AD Hoc（点对点）网络模型，如图 4-12 所示。每个节点自身不对数据进行任何处理，而是调整发送功率，以较小功率经过多跳将测量数据传输到 Sink 节点中再进行集中处理。多跳传输模型很好地改善了直接传输的缺陷，使得能量得到了较有效的利用，这是传感器网络得到广泛使用的前提。

该方法的缺点在于：当网络规模较大时，位于两条或多条路径交叉处的节点以及距离 Sink 节点一跳的节点（称为瓶颈节点，如图 4-12 中的 $N_1 \sim N_3$）除了自身的传输之外，还要在多跳传递中充当中介。在这种情况下，这些节点的能量将会很快耗尽。对于以节能为前提的传感器网络而言，这显然不是一种有效的方式。

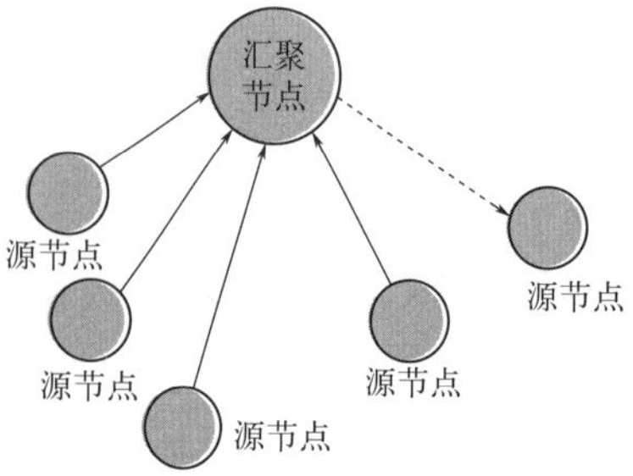

图 4-11　直接传输模型

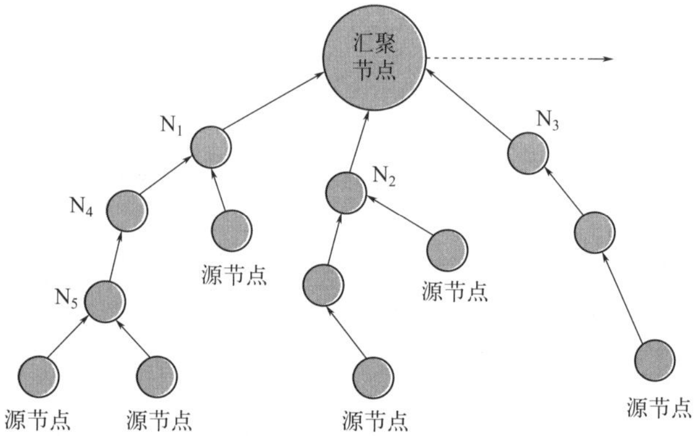

图 4-12　多跳传输模型

（2）无线传感器网络数据融合技术

在大规模的无线传感器网络中，由于每个传感器的监测范围以及可靠性都是有限的，在放置传感器节点时，有时要使传感器节点的监测范围互相交叠，以增强整个网络所采集信息的鲁棒性和准确性。那么，在无线传感器网络中的感测数据就会具有一定的空间相关性，即距离相近的节点所传输的数据具有一定的冗余度。在传统的数据传输模式下，每个点都将传输全部的感测信息，这其中就包含了大量的冗余信息，即有相当一部分的能量用于不必要的数据传输。而传感器网络中传输数据的能耗远大于处理数据的能耗。因此，大规模无线传感器网络中，使各个节点多跳传输感测数据到 Sink 节点前，先对数据进行融合处理是非常有必要的，数据融合技术应运而生。

① 集中式数据融合算法

a. 分簇模型的 LEACH 算法。为了改善热点问题，Wendi Rabiner Heinzelman 等人[28]提出了在无线传感器网络中使用分簇的概念，将网络分为不同层次的 LEACH 算法：通过某种方式周期性随机选举簇头，簇头在无线信道中广播信息，其余节点检测信号并选择信号最强的簇头加入，从而形成不同的簇。簇头之间的连接构成上层骨干网，所有簇间通信都通过骨干网进行转发。簇内成员将数据传输给簇头节点，簇头节点再向上一级簇头传输，直至 Sink 节点。图 4-13 所示为两层分簇结构。这种方式降低了节点发送功率，减少了不必要的链路和节点间的干扰，可达到保持网络内部能量消耗的均衡、延长网络寿命的目的。该算法的缺点在于：分簇的实现以及簇头的选择都需要相当大的开销，且簇内成

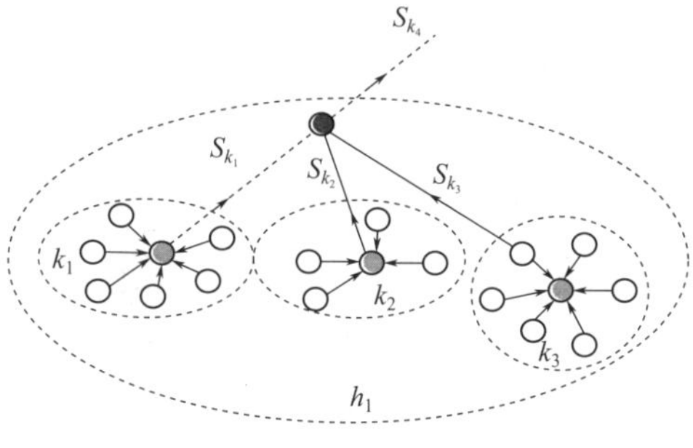

图 4-13　两层分簇结构

员过多地依赖簇头进行数据传输与处理，使得簇头的能量消耗很快。为避免簇头能量耗尽，需频繁地选择簇头。同时，簇头与簇内成员为点对多点的一跳通信，可扩展性差，不适用于大规模网络。

b. PEGASIS算法。Stephanie Lindsey 等人 [29] 在 LEACH 算法的基础上，提出了 PEGASIS 算法。此算法假定网络中的每个节点都是同构的且静止不动，节点通过通信来获得与其他节点之间的位置关系。每个节点通过贪婪算法找到与其最近的邻居并连接，从而使整个网络形成一个链，同时设定一个距离 Sink 最近的节点为链头节点，它与 Sink 进行一跳通信。数据总是在某个节点与其邻居之间传输，节点通过多跳方式轮流传输数据到 Sink 处，如图 4-14 所示。

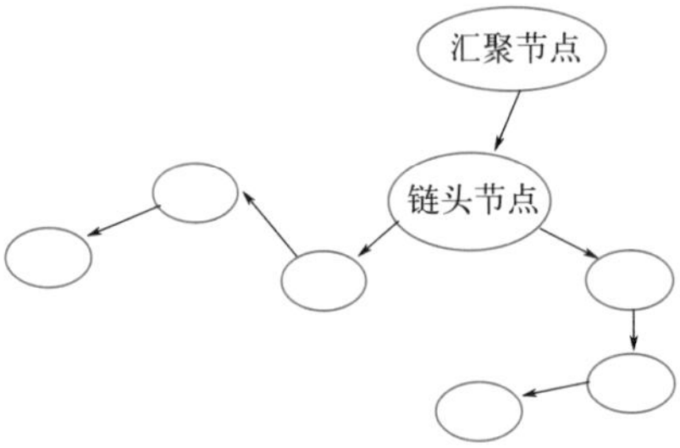

图 4-14　PEGASIS 算法

PEGASIS 算法的缺点也很明显：首先，每个节点必须知道网络中其他各节点的位置信息；其次，链头节点为瓶颈节点，它的存在至关重要，若它的能量耗尽则有关路由将会失效；最后，较长的链会造成较大的传输时延。

② 分布式数据融合算法　可以将一个规则传感器网络拓扑图等效于一幅图像，获得一种将小波变换应用到无线传感器网络中的分布式数据融合技术。

a. 规则网络情况。Servetto[30] 首先研究了小波变换的分布式实现，并将其用于解决无线传感器网络中的广播问题。文献 [31] 进一步研究了无线传感器网络中的分布式数据融合算法，引入 Lifting 变换，提出了一种基于 Lifting 的规则网络中分布式小波变换数据融合算法 DWT_RE，并将其应用于规则网络中。DWT_RE 算法如图 4-15 所示，网络中节点规则分布，每个节点只与其相邻的左右两个邻居进行通信，对数据进行去相关计算。

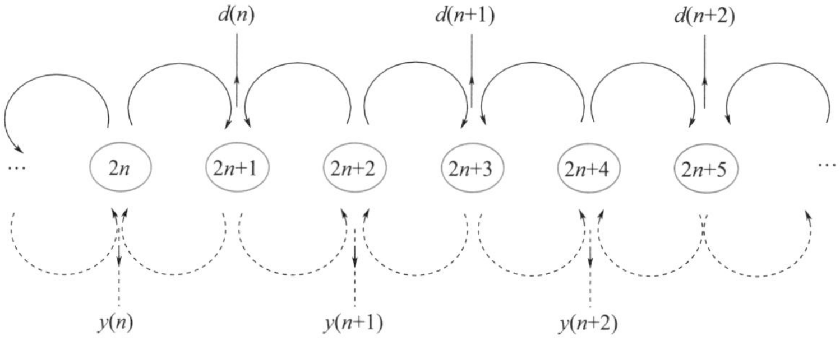

图 4-15　DWT_RE 算法

DWT_RE 算法的实现分为两步：第一步，奇数节点接收到来自它们偶数邻居节点的感测数据，并经过计算得出细节小波系数；第二步，奇数节点将这些系数送至它们的偶数邻居节点以及 Sink 节点中，偶数邻居节点利用这些信息计算出近似小波系数，也将这些系数送至 Sink 节点中。小波变换在规则分布网络中的应用是数据融合算法的重要突破，但是实际应用中节点分布是不规则的，因此需要找到一种算法解决不规则网络的数据融合问题。

b. 不规则网络情况。莱斯大学的 R. S. Wagner[32] 在其博士论文中首次提出了一种不规则网络环境下的分布式小波变换方案，即 Distributed Wavelet Transform_IRR（DWT_IRR），并将其扩展到三维情况。莱斯大学的 COMPASS 项目组已经对此算法进行了检验，下面对其进行介绍。DWT_IRR 算法是建立在 Lifting 算法基础上的，它的具体思想如图 4-16～图 4-18 所示，整个算法分成三步：分裂、预测和更新。

首先根据节点之间的不同距离（数据相关性不同）按一定算法将节点分为偶数集合 E_j 和奇数集合 O_j。以 O_j 中的数据进行预测，根据 O_j 节点与其相邻的 E_j 节点进行通信后，用 E_j 节点信息预测出 O_j 节点信息，将该信息与原来 O_j 中的信息相减，从而得到细节分量 d_j。然后，O_j 发送 d_j 至参与预测的 E_j 中，E_j 节点将原来信息与 d_j 相加，从而得到近似分量 S_j，该分量将参与下一轮的迭代。以此类推，直到 j=0 为止。该算

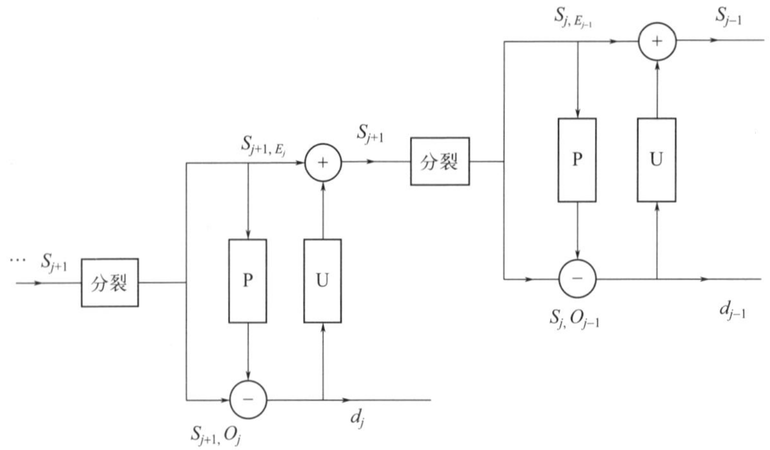

图 4-16　总体思想图

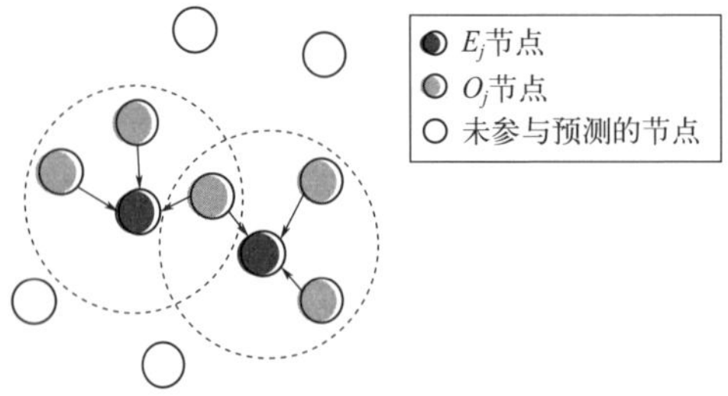

图 4-17　预测过程

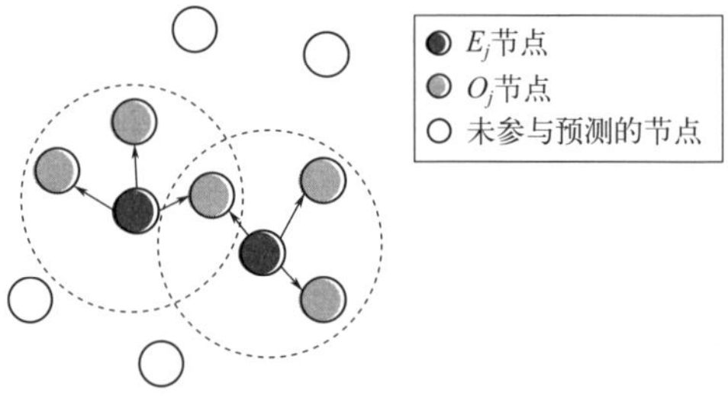

图 4-18　更新过程

法依靠节点与一定范围内的邻居进行通信。经过多次迭代后，节点之间的距离进一步扩大，小波也由精细尺度变换到了粗糙尺度，近似信息被集中在少数节点中，细节信息被集中在多数节点中，从而实现了网络数据的稀疏变换。通过对小波系数进行筛选，将所需信息进行 Lifting 逆变换，可以应用于有损压缩处理。它的优点是：充分利用感测数据的相关性，进行有效的压缩变换；分布式计算，无中心节点，可避免热点问题；将原来网络中瓶颈节点以及簇头节点的能量平均到整个网络中，充分起到了节能作用，延长了整个网络的寿命。该算法在设计上存在一些缺陷：首先，节点必须知道全网位置信息；其次，虽然最终与 Sink 节点的通信数据量减少了，但是有很多额外开销用在了邻居节点之间的局部信号处理上，即很多能量消耗在了局部通信上。对于越密集、相关性越强的网络，该算法的效果越好。

在此基础上，南加州大学的 Godwin Shen 考虑到 DWT_IRR 算法中没有讨论的关于计算反向链路所需的开销，从而对该算法进行了优化。由于反向链路加重了不必要的通信开销，Godwin Shen 提出预先为整个网络建立一棵最优路由树，使节点记录通信路由，从而消除反向链路开销。基于应用领域的不同，以上算法各有其优缺点，如表 4-1 所示。

表4-1　各类算法比较

算法	分布式	无须预知位置信息	可扩展性良好	传输时延较短	消除反向链路	是否节能
直跳传输	√	√			√	
多跳传输		√			√	
LEACH		√			√	√
PEGASIS		√			√	√
DWT_RE	√	√	√	√		√
DWT_IRR	√		√	√		√
优化的 DWT_IRR	√		√	√	√	√

4.4.2 多传感器数据融合算法

4.4.2.1 多传感器数据融合方法

利用多个传感器所获取的关于对象和环境全面、完整的信息，主要体现在融合方法上。对于多传感器系统来说，信息具有多样性和复杂性，因此，对信息融合方法的基本要求是具有鲁棒性和并行处理能力。此外，还要考虑运算速度和精度、与前续预处理系统和后续信息识别系统的接口性能、与不同技术和方法的协调能力、对信息样本的要求等。一般情况下，如果基于非线性的数学方法具有容错性、自适应性、联想记忆和并行处理能力，则都可以用来作为融合方法。

多传感器数据融合的常用方法基本上可概括为随机和人工智能两大类，随机类方法有加权平均法、卡尔曼滤波法、多贝叶斯估计法、Dempster-Shafer（D-S）证据推理、产生式规则等；而人工智能类则有模糊逻辑推理、神经网络、粗集理论、专家系统等。可以预见，神经网络和人工智能等概念、新技术在多传感器数据融合中将起到越来越重要的作用。

（1）随机类方法

① 加权平均法。信号级融合方法最简单、最直观的方法是加权平均法，该方法将一组传感器提供的冗余信息进行加权平均，结果作为融合值。该方法是一种直接对数据源进行操作的方法。

② 卡尔曼滤波法。卡尔曼滤波主要用于融合低层次实时动态多传感器冗余数据。该方法用测量模型的统计特性递推，决定统计意义下的最优融合和数据估计。如果系统具有线性动力学模型，且系统与传感器的误差符合高斯白噪声模型，则卡尔曼滤波将为融合数据提供唯一统计意义下的最优估计。卡尔曼滤波的递推特性使系统处理不需要大量的数据存储和计算。

③ 多贝叶斯估计法。贝叶斯估计为数据融合提供了一种手段，是融合静环境中多传感器高层信息的常用方法。它使传感器信息依据概率原则进行组合，测量不确定性以条件概率表示，当传感器组的观测坐标一致时，可以直接对传感器的数据进行融合，但大多数情况下，传感器测量数据要以间接方式采用贝叶斯估计进行数据融合。多贝叶斯估计将每一个传感器作为一个贝叶斯估计，将各个单独物体的关联概率分布合成一个联合的后验概率分布函数，通过求联合分布函数的最小似然函数，得出多传感器信息综合的最终融合值与实际环境的先验模型，从而对整个环境产生特征描述。

④ D-S 证据推理方法。D-S 证据推理是贝叶斯推理的扩充，其三个基本要点是：基本概率赋值函数、信任函数和似然函数。D-S 方法的推理结构是自上而下的，分三级。第一级为目标合成，其作用是将来自独立传感器的观测结果合成一个总的输出结果。第二级为推断，其作用是获得传感器的观测结果并进行推断，将传感器观测结果扩展成目标报告。这种推理的基础是：一定的传感器报告以某种可信度在逻辑上会产生可信的某些目标报告。第三级为更新，各种传感器一般都存在随机误差，所以在时间上充分独立地来自同一传感器的一组连续报告比任何单

一报告都可靠。因此，在推理和多传感器合成之前，要先组合（更新）传感器的观测数据。

⑤ 产生式规则。产生式规则采用符号表示目标特征和相应传感器信息之间的联系，与每一个规则相联系的置信因子表示它的不确定性程度。当在同一个逻辑推理过程中，两个或多个规则形成一个联合规则时，可以产生融合。应用产生式规则进行融合的主要问题是每个规则的置信因子的定义与系统中其他规则的置信因子相关，如果系统中引入新的传感器，则需要加入相应的附加规则。

（2）人工智能类方法

① 模糊逻辑推理。模糊逻辑是多值逻辑，通过指定一个 0 ～ 1 的实数表示真实度，相当于隐含算子的前提，允许将多个传感器信息融合过程中的不确定性直接表示在推理过程中。如果采用某种系统化的方法对融合过程中的不确定性进行推理建模，则可以产生一致性模糊推理。与概率统计方法相比，模糊逻辑推理存在许多优点：在一定程度上克服了概率论所面临的问题；对信息的表示和处理更加接近人类的思维方式；一般比较适合于在高层次上的应用（如决策）。但是，模糊逻辑推理本身还不够成熟和系统化。此外，因为模糊逻辑推理对信息的描述存在很大的主观因素，所以信息的表示和处理缺乏客观性。模糊逻辑推理对于数据融合的实际价值在于它外延到模糊逻辑，模糊逻辑是一种多值逻辑，隶属度可视为一个数据真值的不精确表示。在模糊逻辑推理过程中，存在的不确定性可以直接用模糊逻辑表示，然后，使用多值逻辑推理，根据模糊逻辑推理的各种演算对各种命题进行合并，进而实现数据融合。

② 神经网络法。神经网络具有很强的容错性以及自学习、自组织及自适应能力，能够模拟复杂的非线性映射。神经网络的这些特性和强大的非线性处理能力，恰好满足了多传感器数据融合技术处理的要求。在多传感器系统中，各信息源所提供的环境信息都具有一定程度的不确定性，对这些不确定信息的融合过程实际上是一个不确定性推理过程。神经网络根据当前系统所接受的样本相似性确定分类标准，这种确定方法主要表现在网络的权值分布上，同时，可以采用神经网络特定的学习算法来获取知识，得到不确定性推理机制。利用神经网络的信号处理能

力和自动推理功能，即实现了多传感器数据融合。

常用的数据融合方法及特性如表 4-2 所示。

4.4.2.2 传感器网络数据融合路由算法

（1）无线传感器网络中的路由协议概述

① 无线传感器网络的特点　无线传感器网络因为与正常通信网络和 Ad Hoc 网络有较大不同，所以对网络协议提出了许多新的挑战。

a. 由于无线传感器网络中节点众多，无法为每一个节点建立一个能在网络中唯一区别的身份，所以典型的基于 IP 的协议无法应用于无线传感器网络。

b. 与典型通信网络的区别是：无线传感器网络需从多个源节点向一个汇节点传送数据。

c. 在传输过程中，很多节点发送的数据具有相似部分，所以需要过滤掉这些冗余信息，从而保证能量和带宽的有效利用。

d. 传感器节点的传输能力、能量、处理能力和内存都非常有限，而同时网络又具有节点数量众多、动态性强、感知数据量大等特点，所以需要很好地对网络资源进行管理。根据这些区别，产生了很多新的无线传感器网络路由算法，这些算法都是针对网络的应用与构成进行研究的。几乎所有的路由协议都以数据为中心进行工作。

② 以数据为中心的路由　传统的路由协议通常以地址作为节点标志

表4-2　常用的数据融合方法比较

融合方法	运行环境	信息类型	信息表示	不确定性	融合技术	适用范围
加权平均	动态	冗余	原始读数值	—	加权平均	低层数据融合
卡尔曼滤波	动态	冗余	概率分布	高斯噪声	系统模型滤波	低层数据融合
多贝叶斯估计	静态	冗余	概率分布	高斯噪声	贝叶斯估计	高层数据融合
统计决策理论	静态	冗余	概率分布	高斯噪声	极值决策	高层数据融合
D-S 证据推理	静态	冗余 / 互补	命题	—	逻辑推理	高层数据融合
模糊逻辑推理	静态	冗余 / 互补	命题	隶属度	逻辑推理	高层数据融合
神经网络	动 / 静态	冗余 / 互补	神经元输入	学习误差	神经元网络	低 / 高层
产生式规则	动 / 静态	冗余 / 互补	命题	置信因子	逻辑推理	高层数据融合

和路由的依据，而在无线传感器网络中，大量节点随机部署，所关注的是监测区域的感知数据，而不是具体哪个节点获取的信息，不依赖于全网唯一的标识。当有事件发生时，在特定感知范围内的节点就会检测到并开始收集数据，这些数据将被发送到汇聚节点做进一步处理。以上描述称为事件驱动的应用，在这种应用中，传感器用来检测特定的事件。当特定事件发生时，收集原始数据，并在发送之前对其进一步处理。首先将本地的原始数据融合在一起，然后将融合后的数据发送给汇聚节点。在反向组播树中，每个非叶子节点都具有数据融合的功能。这个过程称为以数据为中心的路由。

③ 数据融合　在以数据为中心的路由中，数据融合技术利用抑制冗余、最小、最大和平均计算等操作，将来自不同源点的相似数据结合起来，通过数据的简化实现传输数量的减少，从而节约能源、延长传感器网络的生存时间。在数据融合中，节点不仅能使数据简化，还可以针对特定的应用环境，将多个传感器节点所产生的数据按照数据的特点综合成有意义的信息，从而提高感知信息的准确性及增强系统的鲁棒性。

（2）几种基于数据融合的路由算法

下面对近几年比较新型的、基于数据融合的路由算法 MLR、GRAN、MFST 和 GROUP 等进行详细分析。

① MLR 算法　MLR（Maximum Lifetime Routing）是基于地理位置的路由协议。每个节点将自己的邻居节点分为上游邻居节点（离 Sink 节点较远的邻居节点）和下游邻居节点（离 Sink 节点较近的邻居节点）。节点的下跳路由只能是其下游邻居节点。在此模型中，节点 i 对上游邻居节点 j 传送的信息进行两种处理：如果是上游产生的源信息则用本地信息对其进行融合处理，如果是已经融合处理过的信息则选择直接发送到下一跳，即每个节点产生的信息只经过其下游邻居节点的一次融合处理。MLR 中将数据融合与最优化路由算法结合到一起，减少了数据通信量，一定程度上改善了传感器网络的有效性。不足之处是：在传感器网络中，每个节点均具有数据融合功能，但数据融合仅存在于邻居节点的一跳路由中，而且不能对数据进行重复融合，当传感器网络中的数据量增大时，其融合效率不高。

② GRAN算法　GRAN（Geographical Routing with Aggregation Nodes）算法也将数据融合应用到基于地理位置的路由协议中，而且假设每个节点都具有数据融合功能，不同之处在于数据融合方法的实现。MLR中的数据融合在下一跳中进行，而GRAN算法另外运行一个选取融合节点的算法DDAP（Distributed Data Aggregation Protocol），随机选取融合节点。GRAN算法通过在路由协议中另外运行选取数据融合节点的算法，兼顾了数据量的减少和能耗的均匀分布，较好地达到了延长传感器网络生存时间的目的，但其DDAP算法的运行，一定程度上影响了路由算法的收敛速度，不适合实时性要求较高的传感器网络。

③ MFST算法　MFST（Minimum Fusion Steiner Tree）路由算法将数据融合与树状路由结合起来，数据融合仅在父节点处进行，且可以对数据重复融合。子节点可能在不同时间向父节点发送数据，如父节点在时刻1收到子节点A发送的数据，用本地数据对其进行数据融合处理，在时刻2收到子节点B发送的数据，对其进行再次融合。MFST算法有效地减少了数据通信量。

④ GROUP算法　GROUP（Gird-clustering Routing Protocol）是一种网格状的虚拟分层路由协议。其实现过程为：由汇聚节点（假设居于网络中间）发起，周期性地动态选举产生呈网格状分布的簇，并逐步在网络中扩散，直到覆盖到整个网络。在此路由协议基础上设计了一种基于神经网络的数据融合算法NNBA（Neural-Network Based Aggregation）。该数据融合模型是以火灾实时监控网为实例进行设计的。由于是在分簇网络中，数据融合模型被设计成三层神经网络模型，其中输入层和第一隐层位于簇成员节点，输出层和第二隐层位于簇头节点。根据这样一种三层感知器神经网络模型，NNBA数据融合算法首先在每个传感器节点对所有采集到的数据按照第一隐层神经元函数进行初步处理，然后将处理结果发送给其所在簇的簇头节点；簇头节点再根据第二隐层神经元函数和输出层神经元函数进行进一步的处理；最后，由簇头节点将处理结果发送给汇聚节点。

⑤ 四种基于数据融合的路由算法比较与分析　四种路由算法的性能比较如表4-3所示。

表4-3　四种路由算法的性能比较

算法	路由分类	数据融合点	是否可重复融合	算法收敛点	能耗均匀性	应用范围
MLR	平面型	每个节点	否	较快	中	数据相似度和密度较高的中小型网络
GRAN	平面型	随机选取	是	中	中	分布密度不高的大中型网络
MFST	层次型	父节点处	是	中	好	分布较稳定的中型网络
GROUP	层次型	每个节点及簇头节点	是	较慢	较好	大型网络、森林防火监测

在数据融合的模型中，平面型路由协议中的数据融合方法可以概括为两种，一种是在传感器节点对其产生的原数据进行压缩，另一种是在路由中通过中间节点进行压缩，或者这两种方法的结合。此类路由协议由于路径中传感器节点距离较远，空间相似性不是很明显，所以数据融合的效果一般情况下没有层次型路由效果好，而且层次型路由可以更好地依据实际数据情况对融合算法模型进行调整。

4.5 状态估计

随着信息科技的飞速发展，人们已经步入了数字化、网络化、智能化的时代，无论是无人驾驶系统、仿生机器人还是自主定位导航，都是当今时代高速发展所涌现出来的新技术。尽管这些工业技术来自不同领域且各有特点，但它们的发展和进步都无一例外得益于状态估计理论的有力支撑。比如无人驾驶汽车的安全变道，又如仿生动力机器人的避障奔跑，都需要获取周围环境的准确信息才能做出相应的控制策略调整。传感器采集的数据往往带有测量误差和噪声干扰，因此需要利用状态估计方法基于某些性能准则对这些夹杂着噪声和干扰的测量信息进行处理，从中获得对系统有用的各种参量的估计值。不同的估计准则会导致不同的估计方法，常用的估计准则包括：无偏估计、最小二乘估计、最小方差估计、线性最小方差估计、极大似然估计、极大后验估计。

状态估计器的设计需要以描述目标基本物理过程的状态空间模型为基础。例如，在跟踪运动目标时，需要获得的参数量是运动目标的位置和速度。状态空间模型给出了速度和位置之间的内在联系。状态估计器的设计也需要考虑观测模型，观测模型描述了观测数据和状态空间模型的外在关系。例如，在雷达跟踪系统中，测量参数是运动目标的方位角和距离，这便与运动目标的二维极坐标模型形成对应关系。根据状态空间模型和观测模型在时间上是否同步，状态估计问题可以分为预测、滤波（在线估计）和平滑（离线估计）。滤波指的是利用目前为止所有的测量值来估计目前的状态；预测指的是利用目前为止所有的测量值对未来的状态做出估计；而平滑则是利用目前为止所有的测量值对过去的状态做出估计。估计的一般流程如图 4-19 所示。状态估计器可以访问的唯一变量是测量值，它们受到以“测量噪声”的形式的误差源的影响。

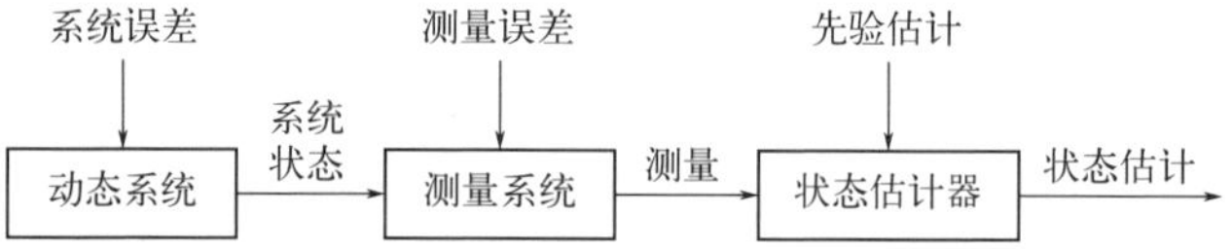

图 4-19　估计的一般流程

状态估计理论的发展可追溯到 20 世纪 40 年代，Wiener[33] 根据最小均方误差准则在信号和干扰都存在有理谱密度的情况下设计出最优线性滤波器——维纳滤波。维纳滤波的实质在于求解 Wiener-Hopf 积分方程，但由于求解该积分存在一定的困难性，因此在工程应用中往往难以普及；另外，维纳理论要求随机过程是广义平稳的，这往往与工程实际问题不相符合，种种的局限与约束，最终使得维纳滤波没有得到较好的应用。直到 1960 年，Kalman[34] 发表了两篇具有里程碑意义的文章，定义了状态估计领域所遵循的大部分内容。首先，他引入了可观测性的概念，提出通过动态系统中的测量数据来推断系统状态的方法。其次，在系统存在测量噪声的情况下，他设计了能估计系统状态的最佳框架；这种经典的线性系统技术后来被人们称为 Kalman 滤波（卡尔曼滤波），与维纳滤波相比，Kalman 滤波不需要随机过程平稳的假设，同时 Kalman 滤波是基于时域而设计的且具有递归形式，能够实时估计系统状态。种种优点使得 Kalman 滤波自问世以来一直得到工业界的青睐。

卡尔曼滤波的实质是由量测值重构系统的状态向量。它以“预测 - 实测 - 修正”的顺序递推，根据系统的量测值来消除随机干扰，再现系统的状态，或根据系统的量测值从被污染的系统中恢复系统的本来面目。

它一般分为两步：预估和纠正。卡尔曼滤波在很多领域都得到了较好的应用，卡尔曼滤波器用反馈控制的方法估计过程状态 : 滤波器估计过程某一时刻的状态，然后以（含噪声的）测量变量的方式获得反馈。因此卡尔曼滤波器可分为两个部分：时间更新和测量更新。时间更新方程负责及时向前推算当前状态变量和误差协方差估计的值，以便为下一个时间状态构造先验估计。测量更新方程负责反馈，它将先验估计和新的测量变量结合以构造改进的后验估计。最后的估计算法成为一种具有数值解的预估 - 校正算法。数据滤波是去除噪声还原真实数据的一种数据处理技术，卡尔曼滤波在测量方差已知的情况下能够从一系列存在测量噪声的数据中估计动态系统的状态。它便于计算机编程实现，并能够对现场采集的数据进行实时的更新和处理。这种理论是在时间域上来表述的，基本的概念是：在线性系统的状态空间表示基础上，从输出和输入观测数据求系统状态的最优估计。这里所说的系统状态，是总结系统所有过去的输入和扰动对系统作用的最小参数的集合，知道了系统的状态就能够与未来的输入与系统的扰动一起确定系统的整个行为。

针对数据融合技术而言，卡尔曼滤波用于实时融合动态的低层次冗余传感器数据，该方法用测量模型的统计特性，递推决定统计意义下的最优融合数据估计。如果系统具有线性动力学模型，且系统噪声和传感器噪声可用高斯分布的白噪声模型来表示，卡尔曼滤波为融合数据提供唯一的统计意义下的最优估计，卡尔曼滤波的递推特性使系统数据处理不需大量的数据存储和计算。卡尔曼滤波分为分散卡尔曼滤波（DKF）和扩展卡尔曼滤波（EKF）。DKF 可实现多传感器数据融合完全分散化，优点是每个传感器节点失效不会导致整个系统失效。而 EKF 的优点是可有效克服数据处理的不稳定性或系统模型线性程度的误差对融合过程产生的影响。缺点是需要对多源数据的整体物理规律有较好的了解，才能准确地获得在已知数据下关于状态的条件概率密度函数，但需要预知先验分布多源数据的先验分布。采用单一的卡尔曼滤波器对多传感器组合系统进行数据统计时，存在很多严重的问题：在组合信息大量冗余的情况下，计算量将以滤波器维数的三次方剧增，实时性不能满足；传感器子系统的增加使故障随之增加，在某一系统出现故障而没来得及被检测出时，故障会污染整个系统，使可靠性降低。

在实际应用中，如果信息处理不稳定或系统模型线性假设对数据融合过程产生影响时，则可以采用单位上三角阵或对角阵方差因子化滤波以及扩展卡尔曼滤波（EKF）来代替常规的卡尔曼滤波。卡尔曼滤波是目前应用最为广泛的滤波方法，卡尔曼滤波理论自问世以来，在通信系统、电力系统、航空航天、环境污染控制、工业控制、雷达信号处理等许多领域都得到了应用，取得了许多成功应用的成果。例如在图像处理方面，应用卡尔曼滤波对由于某些噪声影响而造成模糊的图像进行复原。在对噪声做了某些统计性质的假定后，就可以用卡尔曼滤波的算法以递推的方式从模糊图像中得到均方差最小的真实图像，使模糊的图像得到复原。

4.5.1 中心式估计

卡尔曼滤波技术作为离散时间系统状态估计的理论基础，主要基于单传感器系统模型，根据单个传感器提供的观测值进行估计。而在实际应用中，系统中往往布置了多个传感器进行信息采集工作，构成一个传感网络（Sensing Network）。传感网络中使用的传感器节点，可能不仅是多个同款传感器，还可能是不同传感机制、不同精度的传感器（异构传感器系统）的配合。因此，如何综合这些传感器生成的信息，进行系统相关状态的估计，是一个重要的问题。

本节将要介绍的中心式状态估计，即是多传感器估计的基础。一个一般性的中心式状态估计模型如图 4-20 所示，传感网络中的 N 个传感器节点观测一个动态过程的状态，并将观测值通过无线通信信道发送给一个远程估计器，远程估计器计算出该过程的状态估计。该模型具有星形拓扑结构，即多个传感器将信息汇总到同一个信息处理中心处。虽然一个普通传感网络更多为分布式结构，没有一个总体中心，但是中心式状态估计依然扮演了重要作用。因为在分布式结构中，节点需要与其邻居节点进行局部的信息交换和综合，实质形成了一个局部的中心式状态估计。因此，我们称中心式状态估计是多传感器估计的基础技术。

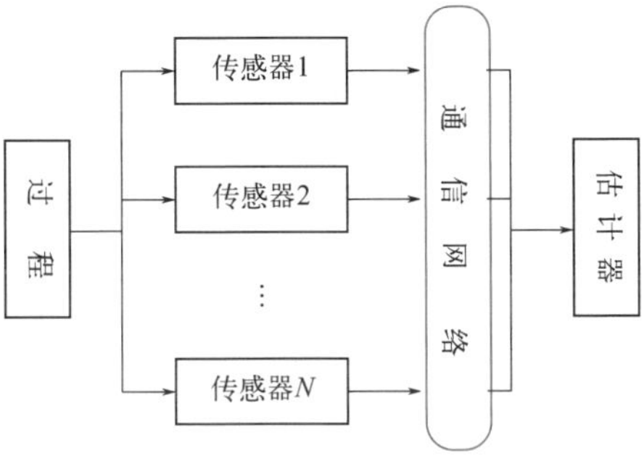

图 4-20　中心式状态估计模型

我们基于离散时间系统的经典卡尔曼滤波技术，介绍中心式状态估计的方法。在图 4-20 所示的中心式传感网络中，所观测动态过程为一个无输入自治系统：

$$\boldsymbol{x}_{k+1}=\boldsymbol{A}\boldsymbol{x}_k+\boldsymbol{w}_k$$

其中，$\boldsymbol{x}_k \in \mathbb{R}^n$ 为 k 时刻的过程状态；$\boldsymbol{w}_k$ 为 k 时刻的状态过程噪声（同经典卡尔曼滤波）。N 个传感器观测方程为：

$$\boldsymbol{y}_k^i=\boldsymbol{C}_i\boldsymbol{x}_k+\boldsymbol{v}_k^i,\quad i=1,2\cdots,N$$

其中，$\boldsymbol{y}_k^i \in \mathbb{R}^{n_i}$ 是第 i 个传感器在 k 时刻的观测值；$\boldsymbol{v}_k^i$ 是对应的观测过程噪声。$\{\boldsymbol{w}_k\}$ 和 $\{\boldsymbol{v}_k^i\}$ 都是均值为 0 的高斯白噪声过程，且相互独立。初值 x_0 也为高斯随机变量，且与 $\{\boldsymbol{w}_k\}$ 和 $\{\boldsymbol{v}_k^i\}$ 两个噪声过程独立。传感器节点将观测信息通过传输网络发送给远程估计器。该系统的任务为：估计器基于观测值计算过程状态的最小均方误差估计（MMSE Estimate）。

该问题的主要难点为：拥有了多个传感器的观测值需要处理。一种直接的思路为将它们融合为一个名义上的单传感器的观测值。定义融合

观测值 $\tilde{\boldsymbol{y}}_k$ 如下：

$$\tilde{\boldsymbol{y}}_k \triangleq \begin{bmatrix} \boldsymbol{y}_k^1 \\ \boldsymbol{y}_k^2 \\ \vdots \\ \boldsymbol{y}_k^N \end{bmatrix}$$

并相应地定义融合观测矩阵 $\tilde{\boldsymbol{C}}_k$ 和融合观测噪声 $\tilde{\boldsymbol{v}}_k$：

$$\tilde{\boldsymbol{C}} \triangleq \begin{bmatrix} \boldsymbol{C}_1 \\ \boldsymbol{C}_2 \\ \vdots \\ \boldsymbol{C}_N \end{bmatrix}, \tilde{\boldsymbol{v}}_k \triangleq \begin{bmatrix} \boldsymbol{v}_k^1 \\ \boldsymbol{v}_k^2 \\ \vdots \\ \boldsymbol{v}_k^N \end{bmatrix}$$

设第 i 个传感器的观测噪声序列 $\{\boldsymbol{v}_k^i\}$ 具有性质 $\mathbb{E}[\boldsymbol{v}_k^i(\boldsymbol{v}_j^i)'] = \delta_{kj}\boldsymbol{R}_i$ $(\boldsymbol{R}_i > 0)$。其中，$'$ 代表转置。令：

$$\tilde{\boldsymbol{R}} \stackrel{\Delta}{=} \begin{bmatrix} \boldsymbol{R}_1 & & & \\ & \boldsymbol{R}_2 & & \\ & & \vdots & \\ & & & \boldsymbol{R}_N \end{bmatrix}$$

则此时所有的传感器被融合为一个维度巨大的名义传感器，该系统状态等价于被这个名义传感器所观测。该名义传感器服从如下观测方程：

$$\tilde{\boldsymbol{y}}_k = \tilde{\boldsymbol{C}}\boldsymbol{x}_k + \tilde{\boldsymbol{v}}_k$$

其噪声 $\tilde{\boldsymbol{v}}_k$ 具有高斯分布 $\boldsymbol{N}(0,\tilde{\boldsymbol{R}})$，其 k 时刻的观测值为 $\tilde{\boldsymbol{y}}_k$。至此，经典卡尔曼滤波的条件被满足，可依照经典卡尔曼滤波公式获得系统状态的最小均方误差估计值。

在实际应用中，不同传感器的工作方式和观测效果可能有很大差异。若利用该方法进行传感器融合及后续状态估计，关键在于将每个传感器的观测效果统一为 $\boldsymbol{y}_k^i = \boldsymbol{C}_i\boldsymbol{x}_k + \boldsymbol{v}_k^i$ 的形式，及决定观测噪声的分布性质。

4.5.1.1 信息滤波器

上述中心式状态估计方法从理论上解决了基于多传感器的状态估计

问题。然而在实际中，直接使用它很可能会遇到计算效率问题，因为当传感器数量众多时，融合所得的名义传感器的维度过于庞大，而卡尔曼滤波的计算公式中存在众多矩阵相乘、矩阵求逆的步骤，无法胜任巨大维度的矩阵运算。针对该困难，在实践中发展出了改进的计算方式，能够较好地满足实际计算需求，如信息滤波（Information Filter）方法。

我们首先回顾卡尔曼滤波器的工作方法。设估计器 k 时刻对系统状态 $\boldsymbol{x}_k$ 的前验和后验估计为 $\hat{\boldsymbol{x}}_{k|k-1}$ 和 $\hat{\boldsymbol{x}}_{k|k}$，相应的估计误差协方差矩阵为 $\boldsymbol{P}_{k|k-1}$ 和 $\boldsymbol{P}_{k|k}$。根据卡尔曼滤波公式有：

$$\boldsymbol{P}_{k|k}=\boldsymbol{P}_{k|k-1}-\boldsymbol{P}_{k|k-1}\boldsymbol{C}'(\boldsymbol{C}\boldsymbol{P}_{k|k-1}\boldsymbol{C}'+\boldsymbol{R})^{-1}\boldsymbol{C}\boldsymbol{P}_{k|k-1} \tag{4-1}$$

我们可根据矩阵逆引理（Matrix Inversion Lemma）对其进行简化。根据矩阵逆引理，可得：

$$(\boldsymbol{P}_{k|k-1}^{-1}+\boldsymbol{C}'\boldsymbol{R}^{-1}\boldsymbol{C})^{-1}=\boldsymbol{P}_{k|k-1}-\boldsymbol{P}_{k|k-1}\boldsymbol{C}'(\boldsymbol{C}\boldsymbol{P}_{k|k-1}\boldsymbol{C}'+\boldsymbol{R})^{-1}\boldsymbol{C}\boldsymbol{P}_{k|k-1}$$

对比上式，得到如下关系：

$$\boldsymbol{P}_{k|k}^{-1}=\boldsymbol{P}_{k|k-1}^{-1}+\boldsymbol{C}'\boldsymbol{R}^{-1}\boldsymbol{C} \tag{4-2}$$

我们发现，估计误差协方差的迭代式虽然较为复杂，但其逆的表达式具有简洁的形式。进一步地，观察等式右侧项 $\boldsymbol{C}'\boldsymbol{R}^{-1}\boldsymbol{C}$ 可发现：

$$\boldsymbol{C}'\boldsymbol{R}^{-1}\boldsymbol{C}=[\boldsymbol{C}_1',\boldsymbol{C}_2',\cdots,\boldsymbol{C}_N']\begin{bmatrix}\boldsymbol{R}_1^{-1} & & & \\ & \boldsymbol{R}_2^{-1} & & \\ & & \vdots & \\ & & & \boldsymbol{R}_N^{-1}\end{bmatrix}\begin{bmatrix}\boldsymbol{C}_1\\ \boldsymbol{C}_2\\ \vdots\\ \boldsymbol{C}_N\end{bmatrix}=\sum_{i=1}^{N}\boldsymbol{C}_i'\boldsymbol{R}_i^{-1}\boldsymbol{C}_i$$

即 $\boldsymbol{C}'\boldsymbol{R}^{-1}\boldsymbol{C}$ 为所有传感器的 $\boldsymbol{C}_i'\boldsymbol{R}_i^{-1}\boldsymbol{C}_i$ 值之和，具有较小的维度。据此，通过式 (4-2) 来计算后验估计误差协方差，将大大减少计算量。另外，卡尔曼滤波器增益也可以获得简化：

$$\boldsymbol{K}_k=\boldsymbol{P}_{k|k}^{-1}\boldsymbol{C}'\boldsymbol{R}^{-1}=\boldsymbol{P}_{k|k}^{-1}[\boldsymbol{C}_1',\boldsymbol{C}_2',\cdots,\boldsymbol{C}_N']\begin{bmatrix}\boldsymbol{R}_1^{-1} & & & \\ & \boldsymbol{R}_2^{-1} & & \\ & & \vdots & \\ & & & \boldsymbol{R}_N^{-1}\end{bmatrix}$$

$$=\boldsymbol{P}_{k|k}^{-1}[\boldsymbol{C}_1'\boldsymbol{R}_1^{-1},\boldsymbol{C}_2'\boldsymbol{R}_2^{-1},\cdots,\boldsymbol{C}_N'\boldsymbol{R}_N^{-1}]$$

基于这种方式，可进一步发展出一套等价于卡尔曼滤波公式的获得系统状态估计和估计误差协方差的滤波算法，被称为信息滤波器。

信息滤波器除了降低计算复杂度，也提供了一个认识多传感器估计系统和卡尔曼滤波的新角度。我们通过估计误差协方差来衡量观测精度，从直观上讲，我们知道观测精度与传感器能力有关。然而传感器对观测精度有怎样的贡献？决定传感器性质的两个要素：观测矩阵 $\boldsymbol{C}_i$ 与观测噪声协方差 $\boldsymbol{R}_i$，通过式 (4-1) 的右侧表达式影响 k 时刻的估计误差协方差；但是它们在式 (4-1) 右侧表达式中的出现位置，令人难以骤然看出规律。然而，通过矩阵逆引理得到的式 (4-2) 显示出了清晰的规律。其中，对于同一个传感器 i，它的参数 $\boldsymbol{C}_i$ 与 $\boldsymbol{R}_i$ 结合在同一项中，并与其他传感器的对应项形成加和关系。即对于传感器 i，它通过提供一个作为整体的 $\boldsymbol{C}_i'\boldsymbol{R}_i^{-1}\boldsymbol{C}_i$ 项，来对后验估计误差协方差做出贡献。据此，我们可定义传感器 i 的感知精度矩阵（Sensing Accuracy Matrix）如下：

$$\boldsymbol{S}_i \triangleq \boldsymbol{C}_i'\boldsymbol{R}_i^{-1}\boldsymbol{C}_i$$

上式代表着传感器 i 对估计器的状态估计精度的贡献。

进一步地，根据式 (4-2) 可得：

$$\boldsymbol{P}_{k|k} = \left(\boldsymbol{P}_{k|k-1}^{-1} + \sum_{i=1}^{N} \boldsymbol{S}_i\right)^{-1}$$

我们可看出重要规律：后验估计误差协方差 $\boldsymbol{P}_{k|k}$ 是前验估计误差协方差 $\boldsymbol{P}_{k|k-1}$ 及所有传感器的感知精度矩阵的逆（伪逆意义下）的调和平均数，具有简洁的形式。

信息滤波器的形式灵活，可方便地应用于时变的中心式传感网络上的状态估计。在时变中心式网络中，每时刻向中心发送数据的传感器是可变的。定义传输控制变量 γ_k^i 如下：γ_k^i=1 时传感器 i 发送 $\boldsymbol{y}_k^i$ 到中心估计器，γ_k^i=0 时则不发送。进行信息融合和状态估计时，若采用本节开头的基于名义传感器的卡尔曼滤波方法，每时刻将通过改变矩阵行列的方式重新构建名义传感器的观测矩阵及噪声协方差，即：

$$\tilde{\boldsymbol{C}}_k \triangleq \begin{bmatrix} \gamma_k^1 \boldsymbol{C}_1 \\ \gamma_k^2 \boldsymbol{C}_2 \\ \vdots \\ \gamma_k^N \boldsymbol{C}_N \end{bmatrix}, \tilde{\boldsymbol{R}}_k \triangleq \begin{bmatrix} \gamma_k^1 \boldsymbol{R}_1 & & & \\ & \gamma_k^2 \boldsymbol{R}_2 & & \\ & & \ddots & \\ & & & \gamma_k^N \boldsymbol{R}_N \end{bmatrix}$$

则其使用经典卡尔曼滤波公式计算时将十分不便。在信息滤波方法下，估计误差协方差为：

$$\boldsymbol{P}_{k|k} = \left(\boldsymbol{P}_{k|k-1}^{-1} + \sum_{i=1}^{N} \gamma_k^i \boldsymbol{S}_i \right)^{-1}$$

传输控制变量影响的是参与加和的感知精度矩阵项，易于计算。类似地，卡尔曼滤波增益为：

$$\boldsymbol{K}_k = \boldsymbol{P}_{k|k}^{-1} [\gamma_k^1 \boldsymbol{C}_1' \boldsymbol{R}_1^{-1}, \gamma_k^2 \boldsymbol{C}_2' \boldsymbol{R}_2^{-1}, \cdots, \gamma_k^N \boldsymbol{C}_N' \boldsymbol{R}_N^{-1}]$$

不必通过经典卡尔曼增益公式求解，降低了计算量。

基于信息滤波基本方法，还有若干进阶技术，可进一步带来计算效率的提升，如平方根信息滤波（Square Root Information Filter）方法。它通过对卡尔曼滤波公式中的对称项进行分解，更大程度地降低了计算量，可以适应于计算功能不够强大的计算设备。篇幅所限，在此不做赘述。

4.5.1.2 卡尔曼滤波器的序列式处理

在上述中心式状态估计技术中，我们侧重的是计算方法的简化。在实际应用中，可能面临一种情况，即计算设备不够稳定，或是有更优先级别的任务出现，计算可能在中途遭到中断，因计算未完成，造成计算数据的丢失。针对这种情况，可使用卡尔曼滤波器的序列式处理技术，即依次处理每个传感器提供的观测值，而不进行整体性融合。这种方式可大量削减处理时间，并且，在某次计算中断发生时，已经处理了一部分传感器观测值，使得观测结果不至于彻底地丢失，从而保证了一定的精度。

序列式处理的结果也可以在面向标量系统的观测信息处理及状态估计问题上提供一定的理论成果参考，也可以在设计自适应估计器的问题中提供帮助和参考。序列式处理技术既可以用于经典卡尔曼滤波方法，也适用于信息滤波方法。

它的思路简述如下。定义 k 时刻估计器所得观测值集合为：

$$\tilde{\boldsymbol{Y}}_k \triangleq \{\tilde{\boldsymbol{y}}_1, \tilde{\boldsymbol{y}}_2, \cdots, \tilde{\boldsymbol{y}}_k\}$$

基于 $\tilde{\boldsymbol{Y}}_k$，我们原有系统后验状态估计定义为：

$$\tilde{\boldsymbol{x}}_{k|k} \triangleq \mathbb{E}[\boldsymbol{x}_k \mid \tilde{\boldsymbol{Y}}_k]$$

在序列式处理技术中，我们定义第 r 阶段状态估计为：

$$\tilde{\boldsymbol{x}}_{k|k} \triangleq \mathbb{E}[\boldsymbol{x}_k \mid \tilde{\boldsymbol{Y}}_{k-1}, \boldsymbol{y}_k^1, \boldsymbol{y}_k^2, \cdots, \boldsymbol{y}_k^r]$$

该估计值的计算方法同经典卡尔曼滤波类似，即将 k 时刻同时获取的 N 个观测值当成具有时间顺序的观测值，并按卡尔曼滤波公式进行计算。注意，观测值是同时刻的，但是我们人为地将它等价于具有时间顺序的观测值。在具体计算中，可选用合适的处理技术来进行运算量削减。

卡尔曼滤波的序列式处理方法自然引出了一个问题，即如何挑选传感器的处理顺序。一种思路是随机挑选，以在各时刻获得不同传感器的信息。另一种思路是考察传感器的感知精度，即感知精度高的传感器将获得有限处理。我们有如下结论：如果感知精度矩阵之间存在偏序，不失一般性，可设为

$$\boldsymbol{S}_1 \geqslant \boldsymbol{S}_2 \geqslant \cdots \geqslant \boldsymbol{S}_N$$

则序列式处理顺序按从 1 到 N 的顺序完成。特别地，当整个系统为标量系统时，感知精度矩阵也退化为标量，即上述偏序将化为全序，N 个传感器间一定可排出上述不等关系。因此对于一阶标量系统，其最优序列式处理顺序一定存在，且完全确定。

4.5.2 分布式估计

应用大量分散的无线传感器对某一目标状态进行分布式估计，是传感器网络的主要用途之一，在跟踪、搜救、监测等领域具有广泛的应用。由于传感器节点存在很多硬件资源的限制，容易受外界环境的影响，无线链路易受到干扰，网络拓扑结构经常发生变化，而传感器监测目标状态的时变性要求估计具有实时性，使得许多传统的估计算法（如

中心式、分散式估计算法）不适于无线传感器网络在复杂环境中处理任务。近年来，分布式估计算法引起了人们的关注，一方面，该算法不再需要信息处理中心，每个传感器仅与邻近传感器之间进行通信，减少了网络通信能量损耗；另一方面，该算法能够更好地适应丢包、长时延、有限带宽等干扰。另外，电子设备制造业的发展，降低了具有计算和感知功能传感器的制作费用，从而推进了其在实际应用中的发展。

卡尔曼一致滤波算法作为一类分布式估计算法因其收敛速度快、估计精度高等优点而受到广泛关注。一致性算法是近年来控制领域研究的热点之一，大量研究表明它是一种行之有效的网络级分布式计算方法。卡尔曼一致滤波算法具有优于以往分布式估计算法的特性：一致性协议使得相邻传感器间交换的信息随着时间演化在整个网络中传播，提高了网络估计精度。基于这种局部的信息交换大大降低了通信能量损耗，同时使得传感器对目标的估计值趋于一致，适用于移动传感器网络，避免了网络规模增大时的不可扩展性。卡尔曼一致滤波算法具有较强的鲁棒性，不依赖于某一中心传感器，在有新的传感器加入或已有传感器出现故障等情况下具有较强的适应性。

给定离散时间系统数学模型如下：

$$\begin{cases} \boldsymbol{x}(k+1) = \boldsymbol{A}\boldsymbol{x}(k) + \boldsymbol{B}_i\boldsymbol{w}(k) \\ \boldsymbol{y}_i(k) = \boldsymbol{C}_i\boldsymbol{x}(k) + \boldsymbol{D}_i\boldsymbol{v}_i(k) \end{cases}$$

其中，$\boldsymbol{x}(k)\in\mathbb{R}^n$ 是系统状态；$\boldsymbol{y}_i(k)\in\mathbb{R}^m$, $i \in \{1, 2, \cdots, M\}$，是第 i 个传感器节点的测量输出；$\boldsymbol{v}_i(k)\in\mathbb{R}^m$ 是外部扰动；$\boldsymbol{A}$、$\boldsymbol{B}_i$、$\boldsymbol{C}_i$、$\boldsymbol{D}_i$ 是已知的具有匹配维数的矩阵。第 i 个传感器节点的信息是从第 i 个传感器以及它的邻接传感器处得到的，因此第 i 个滤波器应是一种具有耦合特征的滤波器类型。目前，主要有如下五种形式的滤波器。

类型一：$\hat{\boldsymbol{x}}_i(k+1) = \boldsymbol{A}\hat{\boldsymbol{x}}_i(k) + \sum_{j\in N_i} c_{ij}\boldsymbol{L}_{ij}\left[\boldsymbol{y}_j(k) - \boldsymbol{C}_j\hat{\boldsymbol{x}}_j(k)\right]$

类型二：$\hat{\boldsymbol{x}}_i(k+1) = \boldsymbol{A}\hat{\boldsymbol{x}}_i(k) + \boldsymbol{L}_i\sum_{j\in N_i} c_{ij}\left[\boldsymbol{y}_j(k) - \boldsymbol{C}_j\hat{\boldsymbol{x}}_i(k)\right] - \boldsymbol{K}_i\sum_{j\in N_i} c_{ij}$
$\left[\hat{\boldsymbol{x}}_i(k) - \hat{\boldsymbol{x}}_j(k)\right]$

类型三：$\hat{\boldsymbol{x}}_i(k+1) = \sum_{j\in N_i} c_{ij}\boldsymbol{L}_{ij}\hat{\boldsymbol{x}}_j(k) + \sum_{j\in N_i} c_{ij}\boldsymbol{K}_{ij}\boldsymbol{y}_j(k)$

类型四：$\hat{\boldsymbol{x}}_i(k+1)=\sum_{j\in N_i} c_{ij}\boldsymbol{L}_{ij}\left[\boldsymbol{y}_j(k)-\boldsymbol{C}_j\hat{\boldsymbol{x}}_j(k)\right]+\sum_{j\in N_i} c_{ij}\boldsymbol{K}_{ij}\hat{\boldsymbol{x}}_j(k)$

类型五：$\hat{\boldsymbol{x}}_i(k+1)=\boldsymbol{A}\hat{\boldsymbol{x}}_i(k)+\boldsymbol{L}_i\left[\boldsymbol{y}_i(k)-\boldsymbol{C}_i\hat{\boldsymbol{x}}_i(k)\right]-\boldsymbol{K}_i\sum_{j\in N_i} c_{ij}\left[\hat{\boldsymbol{x}}_i(k)-\right.$
$\left.\hat{\boldsymbol{x}}_j(k)\right]$

其中，$\hat{\boldsymbol{x}}_i(k)\in\mathbb{R}^n$ 是 $\boldsymbol{x}(k)$ 从第 i 个传感器节点处得到的估计值；N_i 是第 i 个传感器节点包括其自身的邻接点集合；c_{ij} 是传感器结构图的加权邻接矩阵中的元素；$\boldsymbol{L}_{ij}$、$\boldsymbol{L}_i$、$\boldsymbol{K}_{ij}$ 是待设计的滤波器增益矩阵。

以上五种滤波器的构成主要分为两部分：一部分表示节点采用自身测量数据对目标的估计，另一部分表示利用其相邻节点测量信息对系统的估计。事实上，第一种和第五种类型的滤波器采用了 Luenberger 观测器的形式，考虑了各个传感器节点之间的通信。当第 i 个传感器节点与其邻接点之间没有通信时，就成了局部 Luenberger 观测器的情况。目前，在有关基于传感器网络的分布式状态估计和 H 无穷滤波等研究成果中，都大量地应用了以上五种类型的滤波器。

分布式估计问题作为大规模传感器网络中最基础的合作信息处理问题，是进一步拓展传感器网络应用的关键问题之一。随着人们对未知世界探索的速度加快以及近几年世界各地发生大规模自然灾害的频率突增，传感器网络经常被应用于一些环境恶劣、人类无法深入的地区，如深海、沙漠、灾区的环境监测以及救灾等。如何设计实时性好、估计精度高的分布式估计算法以返回目标环境的信息是一个非常重要的问题，近几年已引起国际上越来越多学者的关注。卡尔曼一致滤波算法是经典卡尔曼滤波器和一致性算法的结合，利用局部信息一致化全局信息，扩展了以前一些估计算法在实际应用中的限制，更易应用于网络随机分布和拓扑时变的场合。

Digital Wave
Advanced Technology of
Industrial Internet

Information Fusion and Security of
Industrial Network

工业互联网信息融合与安全

第5章

工业互联网资源优化调度

工业互联网的核心与基础之一是无线传感器网络技术（Wireless Sensor Network, WSN）。相比于网络通信技术、工业大数据等其他工业互联网构成技术，无线传感器网络作为底端的物理系统，受到通信、计算、无线带宽、电池电量等方面资源的限制。

近年来，无线传感器网络技术随着计算机、无线通信及微机电等技术的进步得到了显著发展。工业互联网中的设备数量与传统的无线通信网络相比极其庞大，这使得工业互联网中传感器设备出现了轻量化、低成本的趋势，同时也对无线传感器网络技术提出了新的要求。

在通信方面，网络带宽通常无法满足所有设备同时发出的服务请求，需要优化信道资源调度以缓解网络拥塞等问题。另外，轻量化、低成本使得传感器本身携带的能量有限，一些偏远位置的工业互联网设备有不易更换电池的问题，这导致设备无法承受计算能耗过大的计算任务或进行频繁的通信。因此，需要在信道带宽设备能量有限的前提下，尽可能减小工业互联网设备节点运行能耗、网络信道占用等开销。本章将重点从设备能量与网络通信带宽两个角度阐述工业互联网中的资源优化调度技术与方法。

5.1 能量资源优化

通常情况下，节点仅由容量非常有限的电池提供能量，但节点的功耗相对较高且需要服务的时间较长，因而能量是传感器节点最紧缺的资源。本节对不同类型的解决方法进行介绍，概述其近几年的最新研究进展，并对这些解决方法的优缺点进行分析。

5.1.1 传输调度

一般来说，设备之间通信消耗的能量远大于计算消耗的能量，通信的频次直接影响节电设备能量的消耗程度。因此，我们考虑是否可以通过减少采样和通信频次来节省系统有限的能量。合理的调度方法能够节省能量或者实现能量的高效利用，使无线传感器网络能维持最长时效工作。

5.1.1.1 周期性传输

周期性传输（图 5-1）是一种离线的数据传输调度方案。这种类型的能量控制策略通常以某一性能指标为设计标准，如状态估计中的系统平均误差协方差，分析设计一个最优周期方案，传感器以一定设定周期间隔通信传输数据，从而达到减少通信次数节省能量的目的。

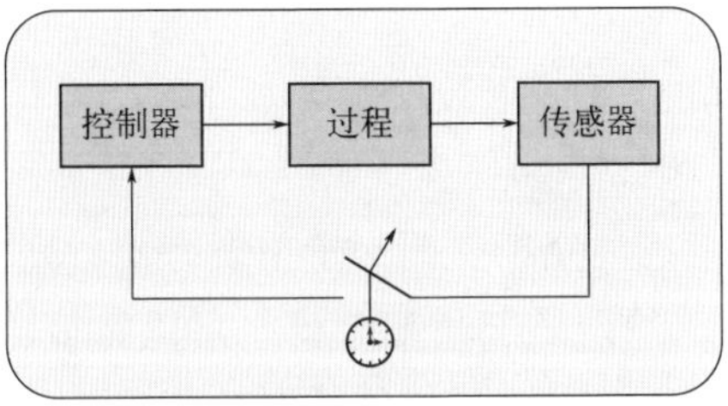

图 5-1 周期性传输

5.1.1.2 基于事件触发机制的传输

事件触发机制（图 5-2）为特殊的采样控制机制，对比一般的周期采样控制，事件触发机制的优势是可根据系统的实时动态来减少采样次数和控制器更新频率，这有利于节省系统一定的能量消耗。

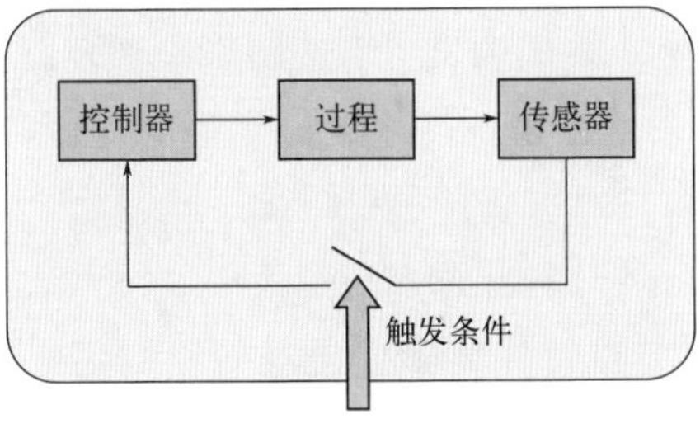

图 5-2 事件触发机制传输

事件触发机制通常有两种应用形式：传感器节点触发和通信连边触发。节点触发是指计算相关参数与阈值进行比较，从而控制传感器节点的工作状态为激活状态或休眠状态；通信连边触发是指根据阈值大小判断是否允许节点与节点之间通信，进行数据交换。一般来说，WSN的能耗主要在于收发数据信息。所以对于网络能量资源优化问题涉及的事件触发机制大都是基于通信连边的事件触发机制。

对于非离散系统设计的事件触发条件是否合理，往往取决于在事件触发条件下多智能体系统是否可以避免 Zeno 现象。Zeno 现象是指在有限的时间内系统发生无限次采样，显然在实际的工程应用中这是不可行的。因此，排除 Zeno 现象是事件触发机制必须解决的问题，一般通过证明任意两个事件触发间隔有严格的正下界来说明系统不存在 Zeno 现象。

5.1.2 功率控制

功率控制技术是目前节约网络能量的一个主要方法。网络常采用功率控制算法提升网络性能。从网络层角度分析，可以将算法分为 3 种：一是网络级功率控制算法；二是邻居节点级功率控制算法；三是独立节点级功率控制算法。其三者的主要区别在于节点发射功率是否统一，是否可以根据实际改变大小。

5.1.2.1 网络级功率控制算法

（1）COMPOW（Common Power）算法

采用 COMPOW 算法的网络节点，首先以大小不同的发射功率对网络进行连通并探测网络环境，然后选择适合当前环境的最小发射功率作为所有节点统一的发射功率。其优点是可以使网络平衡并解决网络不对称引起的隐蔽终端问题等；缺点是不能根据实际情况进行功率的调整，浪费能量。

（2）CPC（Common Power Control）算法

采用 CPC 算法的网络节点首先要确定自身节点与每一个相邻节点之间的发射功率，将功率大小进行比较，选择其中能保证网络连通的最佳发射功率，然后采用洪泛的方式通知所有节点将最佳功率作为全网统一接收发送功率。其优点是适合应用在大规模网络中，缺点是最佳功率的选择过程比较复杂。

5.1.2.2 邻居节点级功率控制算法

（1）CLUSTERPOW（Cluster Power）算法

采用 CLUSTERPOW 算法的网络节点首先为自身设定 3 个不同大小的发射功率，然后节点根据自身与邻居节点位置的远近建立路由表，当传输信息时，查询路由表选择最合适的下一跳节点并选择 3 个功率中最适当的发射功率进行数据传输。其优点是功率之间可以相互切换，减少能量消耗，提高网络吞吐量；缺点是节点负担过重，容易退出网络。

（2）基于节点度的算法

基于节点度的算法最典型的是 LMA（Local Mean Algorithm）算法和 LMN（Local Mean of Neighbors）算法。算法中节点要根据传输的信息或采集信息不断更改自身节点的发射功率，一要保证网络节点的度数在允许的范围内，二要保证网络节点相互连通。两个算法除了节点度数的计算方式不同，其余均相同。其优点是优化网络拓扑，节约网络能量；缺点是节点之间的链路存在冗余性，网络连通复杂度高。

5.1.2.3 独立节点级功率控制算法

（1）BASIC 算法

采用 BASIC 算法的网络节点，首先以自身节点允许的最大发射功率向目的节点发射请求发送帧 RTS（Request To Send），目的节点收到 RTS 后，计算其与信息源节点之间的最小发射功率，以最小发射功率向信息源节点发送允许发送帧 CTS（Clear To Send），然后节点之间均采用最小发射功率完成信息传输。其优点是网络节点采用不同的发射功率，减少能量浪费；缺点是载波侦听环带中的节点可能接收不到请求发送或允许发送的数据帧，容易与正在传输的数据帧发生冲突。

（2）SSEC（Sensor Stable Efficient Clustering）算法

SSEC 算法是一种动态处理网络节点变化的分簇路由算法。采用 SSEC 算法的网络节点，首先为自身节点设定一个时间值，在时间段内向其他邻居节点发送能量请求消息 RTE（Request to Energy），然后将收到的能量消息与自身剩余能量比较，若自身能量高，将设为簇首节点，否则设为该簇的子节点，每一轮的工作都将以能量为参考，实行簇首节点轮换制。该算法的优点是有效处理 BASIC 算法中不能解决的隐蔽终端问题，网络连通度高；其缺点是节点发射功率固定，相互传输信息时会造成干扰，传输路径选择性大，节点间消耗能量不均等问题。

传感器网络节点由电池供电，常用于环境监测、健康护理、智能家居等领域，一般不能更换电池，能量有限。

5.1.3 路由协议层

无线传感器网络路由协议在传感器节点工作时起着非常关键的作用，因为在大部分无线传感器网络实际应用中，传感器节点的资源会受到环境因素的影响而导致不同程度的限制，并且传感器节点有可能工作几个月甚至一年都得不到充电，尤其是在节点分布相对比较密集的地方，不同的节点可能会收集多个有关同一事件的数据并将其发送给终端节点，如果没有一个合适的路由协议，将会导致数据冗余和无线电信道争用等严重问题，从而大大缩短无线传感器网络的生命周期。

如图 5-3 所示，依据各种路由协议自身的特点可以分为平面路由协议、基于位置的路由协议、均匀分簇路由协议、非均匀分簇路由协议。

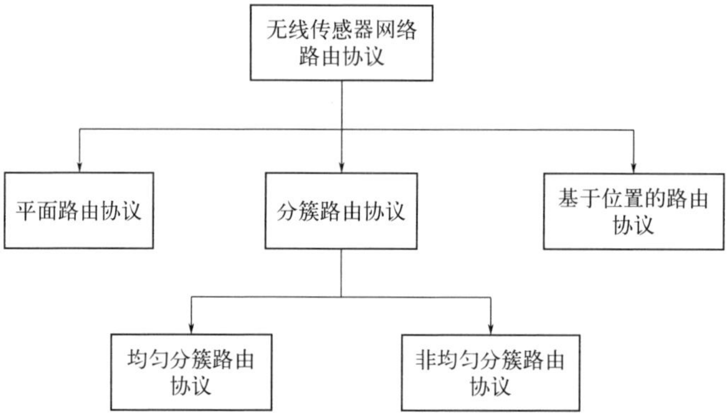

图 5-3 路由协议类别

研究表明，分簇结构路由技术能够较好地满足工业互联网中无线传感器网络的要求。目前，无线传感器网络路由协议的研究热点包括：全局最优路由策略、路由算法的QoS支持、路由算法的安全性、能源有效路由策略等。传输层对数据流进行传输控制，其主要功能包括流量控制、差错控制和拥塞控制。传输层主要是解决网络的通信质量问题，即QoS保证，考虑到无线传感器网络节点资源严格受限的特点，为简化设计，一般将传输层和网络层合并，设计具有QoS支持的路由协议。在通信标准方面，IEEE 802.15.4标准下开发的低速率无线个域网（Low Rate Wireless Personal Area Network, LR-WPAN）是一种结构简单、低成本、低功耗的无线通信网络，适合无线传感器网络资源受限的特点。同样基于IEEE 802.16.4的ZigBee标准以及6LowPan（IPv6 over IEEE 802.15.4）也都是工业界认可的适用于无线传感器网络的通信标准。随着无线通信技术的高速发展，无线传感器网络凭借其低成本、低功耗、多功能等特性已经在各个领域中得到广泛应用。

5.1.4 无线传感器网络通信调度问题

在众多的无线通信网络的约束中，我们集中关注一类普遍而重要的约束：有限的通信资源。它常常由两种因素导致。一是网络元件的供电有限。例如在一个野外的分布式传感器网络中，传感器依靠电池供电并且没有条件更换，由于其使用寿命有限，只能支持向外界发送有限次数的数据。二是信道质量的限制。比如在通信带宽有限的情形下，网络只能支持部分传感器占用信道发送数据。通信的局限对于状态估计的影响是显而易见的。来自传感器的数据密度影响着估计器的估计性能优劣，过于稀疏的观测数据传输会导致估计器的估计误差发散，即无法得到具有精确度的状态估计值。在通信资源有限时，既然传感器无法每时每刻通信，就有必要为其设计与外界的通信方案，这就是传感器调度问题。

传感器调度问题的研究由来已久，可以上溯至20世纪60年代。如Meier等人[35]研究了当传感器观测值的传输可控时的优化问题，是研究传感器调度问题最早的学者之一。在20世纪90年代之前，很多研究者都提出了传感器调度的问题，如Mehra[36]、Baras和Bensoussan[37]等。本节中，我们首先根据所研究系统的结构类型，对文献中的传感器调度问题进行分类综述。

一个传感器调度问题的模型一般包含以下几个元素层次：状态过程、传感器和估计器（数量不限）。通常有两个阶段需要设计传感器的调度，一是传感器组对状态过程群的观测（传感器组对状态过程群的观测并非传输行为，但是观测动作对于能量的消耗与传输动作是类似的，所以可以作为传输动作对待），二是传感器组到估计器组的传输。

对网络化控制系统中的传感器调度问题的研究，可根据具体模型的不同分为以下几类。

（1）单个状态过程、传感器和估计器

在现有文献中，对该模型的研究有两种常见的优化目标：一是以考察时间终止时的估计表现为优化目标，即终值优化问题；二是以考察时间内的平均估计表现为优化目标，即均值优化问题。例如 Savage 和 Scala[38] 研究的是一个终值优化问题，在一类一阶系统中，传输次数有限时，他们用显式形式给出了最优调度的解。而 Yang 和 Shi[39] 考虑了一个均值优化问题，给出了一阶系统中最优调度的必要条件。有一类模型假设传感器具有局部计算功能（即智能传感器），大大降低了分析问题的难度。Hovareshti 等人[40] 在文章中研究了一个带有智能传感器的普通高阶系统，以均值优化为目标，给出了最优调度方案。该模型中常见的通信约束条件有：传感器的传输次数有限，如文献 [38,40]；传感器供传输消耗的能量有限，如 Ren 等人 [41] 的研究。传感器调度的设计还可通过加入实时信息来提高估计质量。Shi 等人 [42]、Wu 等人 [43] 都考虑了实时调度的问题，结合了实时观测值，在维持指定的状态估计水平的基础上又进一步优化了传输过程。

（2）单个状态过程、多个传感器、单个估计器

该模型即中心式估计模型，在实际中有着诸多应用，且又是分布式估计的基础，因此获得了广泛的研究。它涉及多个传感器的信息融合，问题具有很大难度。一种简化方案是考虑随机调度策略，即根据一定概率随机选择传感器。Gupta 等人[44] 研究了随机地选择单个传感器的问题，他们提出了一种随机调度方式（即确定选择传感器的概率），并给出了状态估计误差精度的上下界。Mo 等人 [45] 考虑了如何在具有树拓扑结

构的传感器网络中选择一棵子树的传感器进行通信的问题，他们采用了随机调度，并在对原问题进行放松之后给出了一个次优的算法。在解决该类问题的方法之中，凸优化（Convex Optimization）方法具有重要分量。凸优化的奠基者 Steven Boyd 将该方法引入了调度问题中，Joshi 和 Boyd[46] 考虑了一组传感器测量一个静态状态向量的问题，他们对原问题放松后使用了凸优化来给出近似解。

还有学者从其他角度入手。Huber[47] 将传感器调度问题看作一个搜索多叉树的过程，并且根据问题的性质在算法中加入了限界剪枝来减小算法复杂度。Zhao 等人[48] 证明了当以平均估计误差协方差的上确界为优化目标时，一定可以构造一个周期调度策略，使它具有最优值。这个结论表明当考虑无限时域的调度问题时，只需要将搜索限制在周期调度方案内，大大降低了该问题的复杂度。智能传感器也被利用到模型中来降低问题难度，比如文献 [40] 中就有相关讨论。Shi 等人[49] 研究了当传感器每次可以将过去所有观测值打包发送时的调度策略，并以显式给出了最优周期解。上述工作中的研究对象大多是 Gauss-Markov 系统，系统状态的取值范围在 n 维空间中；还有学者研究系统状态的取值范围属于一个有限集合的情形。Krishnamurthy[50] 研究了一组带有噪声的传感器观测一个有限状态的 Markov 链的问题，每个时刻只允许一个传感器使用信道，作者采用随机动态规划的方式给出了最优调度方案。

（3）单个状态过程、多个传感器和估计器

该模型类似于分布式估计模型。较之中心式估计，其问题难度又更进一层，目前鲜有较成熟的研究结果。Yang 等人[39] 研究了一个传感器网络的调度问题，该网络中的传感器均具有局部的估计器，传感器之间可以互相进行观测值传输；他们考虑了在以全局估计表现为优化目标时的传感器调度问题，以显式形式给出了几种特殊情形时的最优调度策略。

（4）多个状态过程

部分学者研究了传感器对多个状态过程进行观测的问题。Xu 和 Hespanha[51] 考虑了两个耦合状态过程，两个过程之间可以互相将自己的状态发送给对方；他们考虑了一个综合了估计表现和传输速率的优化目标，使用了动态规划的方式解决了这一问题。Savage 和 Scala 在文献 [38]

中也考虑了一个多过程的传感器调度问题，当以终止时间的估计精度指标为目标时显式给出了最优调度策略。Shi 和 Zhang[52] 研究了两个系统共用一个通道的传感器调度问题，给出了最优调度方案的显式解。

在网络化控制系统中关于状态估计的传感器调度这一领域，大体而言目前只取得了初步的研究成果。由于调度策略可行域规模的庞大，估计性能指标的高度非线性，高阶系统的复杂性，该领域的问题本身具有很高的难度。

5.2 面向中心式状态估计的传感器调度问题

一般的无线传感器网络的拓扑结构具有多种可能，其中的一种基本情形为中心式拓扑结构。普通的无线传感器网络常常可被视为多个中心式网络的联合和叠加。在本节中，我们研究这一中心式无线传感器网络模型，并与传感器网络的状态观测这一具体任务相结合。在该任务下，中心式网络的中心即具体化为状态估计器，多个传感器通过网络向该状态估计器发送信息（图 4-20）。我们研究该中心式网络中的传感器调度问题：当通信资源有限、传感器无法实现每时每刻向中心估计器发送观测数据时，如何设计传感器的通信方案，使得中心估计器的估计具有较好的性能表现？我们称该问题为面向中心式状态估计的传感器调度问题，即为本节的研究内容。

在 5.2.1 节，我们将建立系统的具体数学模型，在 5.2.2 节，我们聚焦于随机调度方法并提出相应的优化问题，并在 5.2.3 节进行分析和求解。

5.2.1 系统模型

在本节中，我们建立具有状态估计任务的中心式传感器网络的数学模型。提出状态过程和传感器模型，对传感器的通信调度进行建模，并给出估计器的基于多传感器观测数据的融合估计模型。

先考虑一个系统，其中有 N 个传感器观测一个动态过程，其方程如下：

$$\boldsymbol{x}_{k+1} = \boldsymbol{A}\boldsymbol{x}_k + \boldsymbol{w}_k$$

$$\boldsymbol{y}_k^i = \boldsymbol{C}_i\boldsymbol{x}_k + \boldsymbol{v}_k^i, \quad i = 1,2,\cdots,N$$

其中，$\boldsymbol{x}_k \in \mathbb{R}^n$ 是 k 时刻的过程状态；$\boldsymbol{y}_k^i \in \mathbb{R}^{p_i}$ 是传感器 i 在 k 时刻的观测值；$\{\boldsymbol{w}_k\}$ 是过程噪声，$\{\boldsymbol{v}_k^i\}$ 是观测噪声，它们都是均值为 0 的高斯白噪声过程，且满足 $\mathbb{E}[\boldsymbol{w}_k\boldsymbol{w}_j'] = \delta_{kj}\boldsymbol{Q}$ $(\boldsymbol{Q} \geqslant 0)$ 和 $\mathbb{E}[\boldsymbol{v}_k^i(\boldsymbol{v}_j^i)'] = \delta_{kj}\boldsymbol{R}_i$ $(\boldsymbol{R}_i>0)$。$\{\boldsymbol{w}_k\}$ 和 $\{\boldsymbol{v}_k^i\}$ 是相互独立过程，即有 $\mathbb{E}[\boldsymbol{w}_k(\boldsymbol{v}_j^i)'] = 0, \forall j,k$。初值 x_0 也设为高斯随机变量，其分布为 $N(0,\Pi)$，且和 $\boldsymbol{w}_k$ 及 $\boldsymbol{v}_k^i$ 不相关，i,k 为任意值。假设 $\boldsymbol{C}_i$ 行满秩。

考虑到通信资源的有限性，我们需要设计传感器调度的方案。传感器将在指定调度时刻将自己的观测值通过无线信道传送给远程估计器。我们定义调度变量 γ_k^i 如下：

$$\gamma_k^i = \begin{cases} 1, & \text{发送 } \boldsymbol{y}_k^i \\ 0, & \text{不发送 } \boldsymbol{y}_k^i \end{cases}$$

令 $\boldsymbol{\gamma}_k \triangleq (\gamma_k^1, \gamma_k^2, \cdots, \gamma_k^N)'$ 且定义传感器调度规则 $\boldsymbol{\gamma}$ 如下：$\boldsymbol{\gamma} = \{\boldsymbol{\gamma}_k\}$。

基于已收到的观测值，远程估计器通过卡尔曼滤波算法计算过程状态 x_k 的最小均方误差（Minimum Mean-Squared Error, MMSE）估计。

定义：

$$\tilde{\boldsymbol{y}}_k \triangleq \left(\gamma_k^1(\boldsymbol{y}_k^1)', \gamma_k^2(\boldsymbol{y}_k^2)', \cdots, \gamma_k^N(\boldsymbol{y}_k^N)'\right)'$$

且令 $\widetilde{\boldsymbol{Y}}_k \triangleq \{\tilde{\boldsymbol{y}}_1, \tilde{\boldsymbol{y}}_2, \cdots, \tilde{\boldsymbol{y}}_k\}$，它是到 k 时刻为止估计器已收到的所有观测值的集合。定义 $\hat{\boldsymbol{x}}_{k|k-1}$ 为 k 时刻基于 $\widetilde{\boldsymbol{Y}}_{k-1}$ 的预测状态估计（Predicted State Estimate），以及定义 $\hat{\boldsymbol{x}}_{k|k}$ 为 k 时刻进一步收到 $\widetilde{\boldsymbol{Y}}_k$ 之后的更新状态估计（Updated State Estimate）：

$$\hat{\boldsymbol{x}}_{k|k-1} \triangleq \mathbb{E}\left[\boldsymbol{x}_k | \widetilde{\boldsymbol{Y}}_{k-1}\right]$$

$$\hat{\boldsymbol{x}}_{k|k} \triangleq \mathbb{E}\left[\boldsymbol{x}_k | \widetilde{\boldsymbol{Y}}_k\right]$$

令 $\boldsymbol{P}_{k|k-1}$ 和 $\boldsymbol{P}_{k|k}$ 为分别对应于 $\hat{\boldsymbol{x}}_{k|k-1}$ 和 $\hat{\boldsymbol{x}}_{k|k}$ 的估计误差协方差矩阵（Estimation Error Covariance Matrices）：

$$\boldsymbol{P}_{k|k-1} \triangleq \mathbb{E}\left[\left(\boldsymbol{x}_k - \hat{\boldsymbol{x}}_{k|k-1}\right)\left(\boldsymbol{x}_k - \hat{\boldsymbol{x}}_{k|k-1}\right)' | \widetilde{\boldsymbol{Y}}_{k-1}\right]$$

$$\boldsymbol{P}_{k|k} \triangleq \mathbb{E}\left[\left(\boldsymbol{x}_k - \hat{\boldsymbol{x}}_{k|k}\right)\left(\boldsymbol{x}_k - \hat{\boldsymbol{x}}_{k|k}\right)' | \widetilde{\boldsymbol{Y}}_{k}\right]$$

计算以上变量的步骤如下。首先计算 $\hat{\boldsymbol{x}}_{k|k-1}$ 和 $\boldsymbol{P}_{k|k-1}$：

$$\hat{\boldsymbol{x}}_{k|k-1} = \boldsymbol{A}\hat{\boldsymbol{x}}_{k-1|k-1}$$

$$\boldsymbol{P}_{k|k-1} = \boldsymbol{A}\boldsymbol{P}_{k-1|k-1}\boldsymbol{A}' + \boldsymbol{Q}$$

其中迭代的初始值为 $\hat{\boldsymbol{x}}_{0|0} = 0$ 和 $\boldsymbol{P}_{0|0} = \Pi$。当收到观测值之后，估计器融合获得的估计值，得到 $\tilde{\boldsymbol{y}}_k$，然后计算以下变量：

$$\tilde{\boldsymbol{C}}_k \triangleq \left(\gamma_k^1 \boldsymbol{C}_1', \gamma_k^2 \boldsymbol{C}_2', \cdots, \gamma_k^N \boldsymbol{C}_N'\right)'$$

$$\tilde{\boldsymbol{R}}_k \triangleq \mathrm{diag}\left\{\gamma_k^1 \boldsymbol{R}_1, \gamma_k^2 \boldsymbol{R}_2, \cdots, \gamma_k^N \boldsymbol{R}_N\right\}$$

最后，估计器计算 $\hat{\boldsymbol{x}}_{k|k}$ 和 $\boldsymbol{P}_{k|k}$ 如下：

$$\boldsymbol{P}_{k|k} = \left(\boldsymbol{P}_{k|k-1}^{-1} + \sum_{i=1}^{N} \gamma_k^i \boldsymbol{C}_i' \boldsymbol{R}_i^{-1} \boldsymbol{C}_i\right)^{-1}$$

$$\boldsymbol{K}_k = \boldsymbol{P}_{k|k} \tilde{\boldsymbol{C}}_k' \tilde{\boldsymbol{R}}_k^{\dagger}$$

$$\hat{\boldsymbol{x}}_{k|k} = \hat{\boldsymbol{x}}_{k|k-1} + \boldsymbol{K}_k\left(\tilde{\boldsymbol{y}}_k - \tilde{\boldsymbol{C}}_k \hat{\boldsymbol{x}}_{k|k-1}\right)$$

其中，† 表示 Moore-Penrose 伪逆。

5.2.2 传感器随机调度及其优化问题

一般情形下，一个调度方案 $\gamma = \{\gamma_k\}$ 是时变的，所以设计一个调度方案通常需要指定所有时刻的调度控制变量的值。求解一般的时变调度策略通常会面对非常复杂的问题，往往难于研究，所以本章中我们将考察的调度策略限制在随机调度方式中。

我们考虑的随机调度策略为：在每个时刻根据一定的概率随机地选择进行传输的传感器。令 $\left\{\gamma_k^i\right\}$ 为伯努利过程，其期望为 $\mathbb{E}\left[\gamma_k^i\right]=\lambda_i$。定义随机调度规则为 $\boldsymbol{\lambda} \triangleq \left\{\lambda_1,\lambda_2,\cdots,\lambda_N\right\}$，这是我们进而需要设计的。

随机调度策略具有众多优点，例如，它通过使用一个简单的随机变量来控制传感器的通信，可以使调度规则在应用中易于实现。另外，采用随机调度的策略，传感器能量的消耗就是间歇的，这种方式会带来传感器使用寿命的延长。

面向中心式状态估计的随机调度的优化问题已经被一些学者研究过。如 Gupta 等人[44] 考虑了如何在每个时刻随机地选出单个传感器进行传输的问题，并给出了估计误差协方差期望的上下界。Mo 等人[45] 考虑了具有树状拓扑结构的传感器网络，研究了如何从中选出一条路径和相应的传感器的问题，使得处于根节点位置的估计器的估计误差协方差期望的渐近值最小化，并使用了放松和凸优化的手段。本章我们进一步研究在采取随机调度策略时以估计器估计精度为目标的优化问题。具体地，我们将研究如下问题：对于给定的估计性能目标，寻找使之最小化的调度规则。我们将所考虑的优化问题转化和放松为凸优化问题，并用数值算法解出。

在提出所研究优化问题的具体数学形式之前，需要建立本系统的通信约束的具体模型。考虑到每个传感器的每次传输都要耗费一定资源，我们将一般情形的通信约束设为：每个时刻所有传感器的总耗费具有一指定约束。即对传感器 i，设每次传输消耗的资源为 c_i，设每个时刻的总耗费约束为：

$$\sum_{i=1}^{N}\gamma_k^i c_i \leqslant \mathcal{E}, \quad \forall k \tag{5-1}$$

在随机调度情形中，我们将这一约束转化为：

$$\sum_{i=1}^{N}\lambda_i c_i \leqslant \mathcal{E}$$

为每个传感器设定一个各自的资源消耗 c_i 的原因是因为实际应用中，对于分布在很大范围内的传感器网络而言，由于传感器各自传输距离不同，会导致电池能源消耗也不同。约束条件式 (5-1) 可用于传感器电池有限、需要限制传感器网络的能源消耗速率的应用场景。另外，所有 c_i 也可以设置为相同值，此时约束条件又可以代表另外一类通信约束，即网络的有限带宽，在每个时刻只能有固定数量的传感器可以利用信道进行传输。

下面我们提出系统的优化目标。对于一个可行的随机调度规则 $\boldsymbol{\lambda}$，我们考虑以下优化目标函数：

$$\bar{J}(\boldsymbol{\lambda}) = \limsup_{T\to\infty}\frac{1}{T}\sum_{k=1}^{T}\operatorname{Tr}\left(\mathbb{E}[\boldsymbol{P}_{k|k}]\right)$$

需要找到一个随机调度规则，使该目标函数最小化。于是提出优化问题如下：

$$\begin{aligned} \min_{\lambda} \quad & \bar{J}(\boldsymbol{\lambda}) \\ \text{s.t.} \quad & \sum_{i=1}^{N}\lambda_i c_i \leqslant \mathcal{E} \\ & 0 \leqslant \lambda_i \leqslant 1, \quad i=1,2,\cdots,N \end{aligned}$$

在下一小节中，我们具体解这个优化问题。

5.2.3 传感器最优随机调度方案分析及算法

本节开始研究针对估计器性能优化的传感器调度方法。由于系统的状态估计指标 $\left\{\mathbb{E}[\boldsymbol{P}_{k|k}]\right\}$ 形式较为复杂，难于直接研究，参考类似问题，我们转而以它的上界为优化目标。首先我们将 $\boldsymbol{P}_{k|k}$ 简记为 $\boldsymbol{P}_k$。定义 Lyapunov 方程为：

$$h(\boldsymbol{X}) \triangleq \boldsymbol{A}\boldsymbol{X}\boldsymbol{A}' + \boldsymbol{Q}$$

和相应于后验估计误差的变形代数 Riccati 方程（Modified Algebraic Riccati Equation）为：

$$\bar{g}_{\lambda}(\boldsymbol{X}) \triangleq h(\boldsymbol{X}) - h(\boldsymbol{X})\boldsymbol{H}'\left(\boldsymbol{W}\odot\left(\boldsymbol{H}h(\boldsymbol{X})\boldsymbol{H}'+\boldsymbol{I}\right)\right)^{-1}\boldsymbol{H}h(\boldsymbol{X}) \qquad (5\text{-}2)$$

其中，$\odot$ 表示矩阵对应元素相乘的 Hadamard 乘积，$\boldsymbol{W} = \mathbf{1}\mathbf{1}' + \boldsymbol{D}_{\text{SNR}}^{-1}\boldsymbol{I}$。其中，$\mathbf{1}$ 是元素全为 1 的列向量，以及：

$$\boldsymbol{D}_{\text{SNR}} \triangleq \text{diag}\left\{q_1\boldsymbol{I}_{p_1}, q_2\boldsymbol{I}_{p_2}, \cdots, q_N\boldsymbol{I}_{p_N}\right\}$$

$$\boldsymbol{I} \triangleq \text{diag}\left\{\boldsymbol{1}_{p_1}\boldsymbol{1}'_{p_1}, \boldsymbol{1}_{p_2}\boldsymbol{1}'_{p_2}, \cdots, \boldsymbol{1}_{p_N}\boldsymbol{1}'_{p_N}\right\}$$

令 $\boldsymbol{U}_0 = \boldsymbol{P}_0$，且 $\boldsymbol{U}_{k+1} = \bar{g}_\lambda\left(\boldsymbol{U}_k\right)$。我们可以证明 $\mathbb{E}\left[\boldsymbol{P}_k\right] \leqslant \boldsymbol{U}_k$ 成立，即序列 $\left\{\boldsymbol{U}_k\right\}$ 就是 $\left\{\mathbb{E}\left[\boldsymbol{P}_k\right]\right\}$ 的上界。

定理 5-1

序列 $\left\{\boldsymbol{U}_k\right\}$ 有下式成立：

$$\mathbb{E}\left[\boldsymbol{P}_k\right] \leqslant \boldsymbol{U}_k, \quad \forall k$$

证明

当序列 $\left\{\boldsymbol{U}_k\right\}$ 的极限存在时，我们记该极限为 $\bar{\boldsymbol{U}}$：

$$\lim_{k\to\infty}\sup \mathbb{E}\left[\boldsymbol{P}_k\right] \leqslant \bar{\boldsymbol{U}}$$

可以看出 $\bar{\boldsymbol{U}}$ 依赖于 $\boldsymbol{\lambda}$。因此，我们也可以用 $\bar{\boldsymbol{U}}(\boldsymbol{\lambda})$ 记之。考虑以下问题：

问题 5-1

$$\begin{aligned}
\min_{\lambda} \quad & \text{Tr}\,(\bar{\boldsymbol{U}}(\boldsymbol{\lambda})) \\
\text{s.t.} \quad & \sum_{i=1}^{N}\lambda_i c_i \leqslant \mathcal{E} \\
& 0 \leqslant \lambda_i \leqslant 1, \quad i = 1, 2, \cdots, N
\end{aligned}$$

在问题 5-1 中，优化目标 $\bar{\boldsymbol{U}}(\boldsymbol{\lambda})$ 是隐式表达的，无法直接求解。我们必须考虑将目标函数进行转化。由 $\bar{\boldsymbol{U}} = \lim\limits_{k\to\infty}\boldsymbol{U}_k$，可知 $\bar{\boldsymbol{U}}$ 是 $\boldsymbol{X} = \bar{g}_\lambda(\boldsymbol{X})$ 的解。我们则有如下结论：

引理 5-1

$$\bar{\boldsymbol{U}}(\boldsymbol{\lambda}) = \arg\min_{\boldsymbol{X}} \text{Tr}\,(\boldsymbol{X}) \quad \text{s.t.} \quad \boldsymbol{X} \geqslant \bar{g}_\lambda(\boldsymbol{X})$$

证明

首先，$\bar{\boldsymbol{U}}$ 本身满足 $\boldsymbol{X} \geqslant \bar{g}_\lambda(\boldsymbol{X})$。假设 $\bar{\boldsymbol{U}}$ 不是最优解，最优解记为 $\tilde{\boldsymbol{U}}$，

且有$\tilde{\boldsymbol{U}} \neq \bar{g}_\lambda(\tilde{\boldsymbol{U}})$。令$\bar{g}_\lambda(\tilde{\boldsymbol{U}})=\boldsymbol{U}^\dagger$。由于$\tilde{\boldsymbol{U}} \geqslant \boldsymbol{U}^\dagger$，有$\bar{g}_\lambda(\tilde{\boldsymbol{U}}) \geqslant \bar{g}_\lambda(\boldsymbol{U}^\dagger)$成立，也即$\boldsymbol{U}^\dagger \geqslant \bar{g}_\lambda(\boldsymbol{U}^\dagger)$。因此，$\boldsymbol{U}^\dagger$也满足不等式。由于$\tilde{\boldsymbol{U}}$满足$\tilde{\boldsymbol{U}} \geqslant \bar{g}_\lambda(\tilde{\boldsymbol{U}})$且$\tilde{\boldsymbol{U}} \neq \bar{g}_\lambda(\tilde{\boldsymbol{U}})$，则有 $\mathrm{Tr}\,(\tilde{\boldsymbol{U}}) > \mathrm{Tr}\,(\boldsymbol{U}^\dagger)$。于是可以看到，$\boldsymbol{U}^\dagger$比$\tilde{\boldsymbol{U}}$更好，这与$\tilde{\boldsymbol{U}}$是最优解的假设相矛盾。因此，最优解$\boldsymbol{X}^\star$必须满足$\boldsymbol{X}^\star=\bar{g}_\lambda(\boldsymbol{X}^\star)$，即$\boldsymbol{X}^\star=\bar{\boldsymbol{U}}$。

根据引理 5-1，问题 5-1 可以等价转化为以下问题：

$$
\begin{aligned}
\min_{\lambda,X} \quad & \mathrm{Tr}\,(\boldsymbol{X}) \\
\text{s.t.} \quad & \boldsymbol{X} \geqslant \bar{g}_\lambda(\boldsymbol{X}) \\
& \sum_{i=1}^{N} \lambda_i c_i \leqslant \mathcal{E} \\
& 0 \leqslant \lambda_i \leqslant 1, \quad i=1,2,\cdots,N
\end{aligned}
$$

至此，该问题的目标函数不再是隐式表达式，而是一个普通变量。然而其中的约束条件仍具有非线性，我们需要继续转化该问题。进一步地，定义如下线性算子：

$$
\bar{\psi}_\lambda(\boldsymbol{L},\boldsymbol{X})=h(\boldsymbol{X})+\boldsymbol{L\Lambda}\Big(\boldsymbol{W}\odot\big(\boldsymbol{H}h(\boldsymbol{X})\boldsymbol{H}'+\boldsymbol{I}\big)\Big)\boldsymbol{\Lambda L}'-h(\boldsymbol{X})\boldsymbol{H}'\boldsymbol{\Lambda L}'-\boldsymbol{L\Lambda H}h(\boldsymbol{X})
$$

引理 5-2

设变形代数 Riccati 方程式 (5-2) 存在正定唯一解。以下两个陈述是等价的：

① 存在$\boldsymbol{X}>0$和$\boldsymbol{\lambda}$，使得$\boldsymbol{X} \geqslant \bar{g}_\lambda(\boldsymbol{X})$；

② 存在$\boldsymbol{X}>0$、$\boldsymbol{L}$和$\boldsymbol{\lambda}$，使得$\boldsymbol{X} \geqslant \bar{\psi}_\lambda(\boldsymbol{L},\boldsymbol{X})$成立。

证明

首先证明陈述①→陈述②的方向。当存在$\boldsymbol{X}>0$和$\boldsymbol{\lambda}$，使得$\boldsymbol{X} \geqslant \bar{g}_\lambda(\boldsymbol{X})$成立时，令：

$$
\boldsymbol{L}^*=h(\boldsymbol{X})\boldsymbol{H}'\Big(\boldsymbol{W}\odot\big(\boldsymbol{H}h(\boldsymbol{X})\boldsymbol{H}'+\boldsymbol{I}\big)\Big)^{-1}\boldsymbol{\Lambda}^{-1}
$$

于是有$\bar{g}_\lambda(\boldsymbol{X})=\bar{\psi}_\lambda(\boldsymbol{L}^*,\boldsymbol{X})$。因此，$\boldsymbol{X}$、$\boldsymbol{\lambda}$和$\boldsymbol{L}^*$也满足$\boldsymbol{X} \geqslant \bar{\psi}_\lambda(\boldsymbol{L}^*,\boldsymbol{X})$。

其次证明陈述②→陈述①的方向。设存在$\boldsymbol{X}>0$、$\boldsymbol{L}$和$\boldsymbol{\lambda}$，使得$\boldsymbol{X} \geqslant \bar{\psi}_\lambda(\boldsymbol{L},\boldsymbol{X})$成立。因为有$\bar{g}_\lambda(\boldsymbol{X})=\min_{L}\bar{\psi}_\lambda(\boldsymbol{L},\boldsymbol{X})$，于是$\boldsymbol{X}$和$\boldsymbol{\lambda}$满足

$\boldsymbol{X} \geqslant \bar{\psi}_{\lambda}(\boldsymbol{L},\boldsymbol{X}) \geqslant \bar{g}_{\lambda}(\boldsymbol{X})$。

根据引理 5-2，问题 5-1 又可转化为：

$$\begin{aligned} \min_{\lambda,\boldsymbol{X},\boldsymbol{L}} \quad & \operatorname{Tr}(\boldsymbol{X}) \\ \text{s.t.} \quad & \boldsymbol{X} \geqslant \bar{\psi}_{\lambda}(\boldsymbol{L},\boldsymbol{X}) \\ & \sum_{i=1}^{N} \lambda_i c_i \leqslant \mathcal{E} \\ & 0 \leqslant \lambda_i \leqslant 1, \quad i=1,2,\cdots,N \end{aligned}$$

进一步地，算子 $\bar{\psi}_{\lambda}(\boldsymbol{L},\boldsymbol{X})$ 可写为：

$$\bar{\psi}_{\lambda}(\boldsymbol{L},\boldsymbol{X}) = (\boldsymbol{I}-\boldsymbol{L\Lambda H})h(\boldsymbol{X})(\boldsymbol{I}-\boldsymbol{L\Lambda H})' + \boldsymbol{L\Lambda L}' + \boldsymbol{L\Lambda}\left(\sum_{i=1}^{N}\frac{1}{q_i}\bar{\boldsymbol{H}}_i h(\boldsymbol{X})\bar{\boldsymbol{H}}_i'\right)\boldsymbol{\Lambda L}'$$

其中，$\bar{\boldsymbol{H}}_i = [\boldsymbol{0},\boldsymbol{H}_i',\boldsymbol{0}]'$，即为将 $\boldsymbol{H}$ 中除 $\boldsymbol{H}_i$ 之外的子块都换为 0。为了使以上优化问题可数值解，我们需要将问题的约束条件做进一步放松。我们将条件 $\boldsymbol{X} \geqslant \bar{\psi}_{\lambda}(\boldsymbol{L},\boldsymbol{X})$ 放松为 $\boldsymbol{X} \geqslant \tilde{\psi}_{\lambda}(\boldsymbol{L},\boldsymbol{X})$，其中：

$$\tilde{\psi}_{\lambda}(\boldsymbol{L},\boldsymbol{X}) = (\boldsymbol{I}-\boldsymbol{L\Lambda H})h(\boldsymbol{X})(\boldsymbol{I}-\boldsymbol{L\Lambda H})' + \boldsymbol{L\Lambda L}'$$

于是有如下结果。

引理 5-3

以下两个陈述等价：

① 存在 $\boldsymbol{X}>0$、$\boldsymbol{L}$ 和 $\boldsymbol{\lambda}$，使得 $\boldsymbol{X} \geqslant \tilde{\psi}_{\lambda}(\boldsymbol{L},\boldsymbol{X})$。

② 存在 $\boldsymbol{Y}>0$、$\boldsymbol{\lambda}$ 和 $\boldsymbol{Z}$，使得：

$$\begin{bmatrix} \boldsymbol{Y} & \boldsymbol{YA}-\boldsymbol{ZHA} & \boldsymbol{Y}-\boldsymbol{ZH} & \boldsymbol{Z} \\ \boldsymbol{A}'\boldsymbol{Y}-\boldsymbol{A}'\boldsymbol{H}'\boldsymbol{Z}' & \boldsymbol{Y} & 0 & 0 \\ \boldsymbol{Y}-\boldsymbol{H}'\boldsymbol{Z}' & 0 & \boldsymbol{Q}^{-1} & 0 \\ \boldsymbol{Z}' & 0 & 0 & \boldsymbol{\Lambda} \end{bmatrix} \geqslant 0$$

另外，若有 $\boldsymbol{Y}$ 满足陈述②中不等式，则 $\boldsymbol{X}=\boldsymbol{Y}^{-1}$ 就是陈述①中不等式的解。反之亦然。

证明

根据以上结论，原优化问题最终放松为以下问题：

问题 5-2

$$
\begin{aligned}
\min_{\lambda,X,Y,Z} \quad & \mathrm{Tr}(\boldsymbol{X}) \\
\text{s.t.} \quad & \begin{bmatrix} \boldsymbol{X} & \boldsymbol{I} \\ \boldsymbol{I} & \boldsymbol{Y} \end{bmatrix} \geqslant 0 \\
& \begin{bmatrix} \boldsymbol{Y} & \boldsymbol{YA}-\boldsymbol{ZHA} & \boldsymbol{Y}-\boldsymbol{ZH} & \boldsymbol{Z} \\ \boldsymbol{A}'\boldsymbol{Y}-\boldsymbol{A}'\boldsymbol{H}'\boldsymbol{Z}' & \boldsymbol{Y} & 0 & 0 \\ \boldsymbol{Y}-\boldsymbol{H}'\boldsymbol{Z}' & 0 & \boldsymbol{Q}^{-1} & 0 \\ \boldsymbol{Z}' & 0 & 0 & \boldsymbol{\Lambda} \end{bmatrix} \geqslant 0 \\
& \sum_{i=1}^{N} \lambda_i c_i \leqslant \mathcal{E} \\
& 0 \leqslant \lambda_i \leqslant 1, \quad i=1,2,\cdots,N
\end{aligned}
$$

问题 5-2 是一个凸优化问题，于是可以由数值算法快速地解出。

本章中，解决传感器随机调度的优化问题的方法是：将所考虑的优化问题想办法转化为一个凸优化问题，这样可以由数值算法高效解出。实现转化的关键在于使用了 Schur 互补分解。由 Schur 互补分解，原优化问题中优化变量的二次型形式的约束可被转化为优化变量的线性形式，即线性矩阵不等式（Linear Matrix Inequality, LMI）。但是本问题中，$\bar{\psi}_{\lambda}(\boldsymbol{L},\boldsymbol{X})$ 高度复杂的形式导致约束条件 $\bar{\psi}_{\lambda}(\boldsymbol{L},\boldsymbol{X}) \geqslant 0$ 不能轻易转化为线性矩阵不等式约束。因此我们将约束 $\bar{\psi}_{\lambda}(\boldsymbol{L},\boldsymbol{X}) \geqslant 0$ 做一放松处理，再将它转化为线性矩阵不等式的约束。于是我们得到问题 5-2，它的解给出了原优化的一个次优解。通过仿真可以看出，这个次优解的性能良好。

接下来的提高方向可以有以下几个：

① 寻找 $\mathbb{E}[\boldsymbol{P}_k]$ 的其他上界形式，作为优化目标；

② 从转化原优化问题的手段上入手，寻找其他转化方式，消除放松步骤；

③ 不以化为凸优化问题为目标，转而直接寻找处理非凸约束条件的手段。

5.3 面向系统寿命优化的传感器调度问题

在本节中，我们针对观测动态过程的中心式传感器网络，对最大化网络寿命的传感器调度问题展开研究。本节将讨论两种广泛应用的传感器调度策略：确定性调度和随机调度。在确定性调度中，调度策略具体确定了每次传输决策；在随机调度中，传输决策是一个随机变量，因此调度策略是由它的概率特征所确定的。

5.3.1 寿命优化问题

我们想要设计一个调度策略 $\boldsymbol{\gamma}$，使系统在保证一定估计性能的前提下工作尽可能长的时间。令 $\mathfrak{P}(k)$ 代表估计性能函数，它的具体形式可能为 $\mathrm{Tr}\,(\boldsymbol{P}_{k|k})$、$\frac{1}{k}\sum_{j=1}^{k}\mathrm{Tr}\,(\boldsymbol{P}_{j|j})$ 等。我们假设 $\mathfrak{P}(k)$ 的值关于估计性能是单调递减的（常用的性能函数通常满足这个条件），也就是说，更小的 $\mathfrak{P}(k)$ 表示更好的估计质量。

给定调度策略 $\boldsymbol{\gamma}$ 和性能水平 $\boldsymbol{X}$，定义相应的网络寿命如下：

$$\mathcal{L}(\boldsymbol{\gamma},\boldsymbol{X}) \triangleq \max\{k : \mathfrak{P}(k) \leqslant \boldsymbol{X}\ \exists\ \boldsymbol{\gamma}\}$$

相应地，一个可行的调度策略需要满足以下能量约束：

$$\mathcal{E}_i - \sum_{k=1}^{\mathcal{L}(\gamma,X)} c_i \gamma_k^i \geqslant 0$$

在所有可行的调度策略中，$\mathcal{L}(\boldsymbol{\gamma},\boldsymbol{X})$ 的最大值 $\mathcal{L}^{\star}(\boldsymbol{X}) = \max\limits_{\gamma} \mathcal{L}(\boldsymbol{\gamma},\boldsymbol{X})$ 可通过求解下述优化问题获得。

问题 5-3

$$\begin{aligned}
\max_{\gamma} \quad & T \\
\text{s.t.} \quad & \mathfrak{P}(k) \leqslant \boldsymbol{X} \\
& \mathcal{E}_i - \sum_{j=1}^{T} c_i \gamma_j^i \geqslant 0
\end{aligned}$$

$$\gamma_k^i \in \{0,1\}$$
$$k=1,2,\cdots,T, \quad i=1,2,\cdots,N$$

其中，T是作为优化目标的变量。

5.3.2 确定性调度

在此小节中，我们研究问题 5-3 在确定性调度策略范围内的解。我们将估计性能函数具体确定为误差协方差矩阵的迹：

$$\mathfrak{P}(k)=\mathrm{Tr}\left(\boldsymbol{P}_{k|k}\right)$$

估计性能的约束条件为：

$$\mathrm{Tr}\left(\boldsymbol{P}_{k|k}\right) \leqslant \alpha$$

其中，α 是一个取值为正的标量，反映了要求满足的估计性能。在本章的剩余部分，为了表述方便，我们用符号 $\boldsymbol{P}_k$ 来替代表示 $\boldsymbol{P}_{k|k}$。

（1）整体优化

问题 5-3 并不能被直接求解，由于问题 5-3 中的约束 $\mathfrak{P}(k) \leqslant \boldsymbol{X}$ 并不是固定的，而是决定于 k 的最大值，并且是关于 γ_k^i 的非线性约束，约束 $\gamma_k^i \in \{0,1\}$ 表明随机变量是离散的。在处理上述问题前，我们先给出以下必要的前提。

定义：

$$\boldsymbol{H}_i \triangleq \boldsymbol{C}_i' \sqrt{\boldsymbol{R}_i^{-1}},$$
$$\boldsymbol{H} \triangleq \left(\boldsymbol{H}_1', \boldsymbol{H}_2', \cdots, \boldsymbol{H}_N'\right)'$$

定义如下两个算子：

$$h(\boldsymbol{X}) \triangleq \boldsymbol{A}\boldsymbol{X}\boldsymbol{A}' + \boldsymbol{Q}$$
$$g(\boldsymbol{X};\boldsymbol{\Gamma}) \triangleq \left([h(\boldsymbol{X})]^{-1} + \boldsymbol{H}'\boldsymbol{\Gamma}\boldsymbol{H}\right)^{-1}$$

其中，$\boldsymbol{\Gamma}=\mathrm{diag}\left\{\gamma_1 \boldsymbol{I}_{p_1}, \gamma_2 \boldsymbol{I}_{p_2}, \cdots, \gamma_N \boldsymbol{I}_{p_N}\right\}$；$\gamma_i$ 是一个独立变量；$\boldsymbol{I}_{p_i}$ 是一个 p_i 阶单位矩阵（$\boldsymbol{y}_k^i$ 的阶数）。定义：

$$\boldsymbol{\Gamma}_k \triangleq \mathrm{diag}\left\{\gamma_k^1 \boldsymbol{I}_{p_1}, \gamma_k^2 \boldsymbol{I}_{p_2}, \cdots, \gamma_k^N \boldsymbol{I}_{p_N}\right\}$$

则有 $\boldsymbol{P}_k = g\left(\boldsymbol{P}_{k-1}; \boldsymbol{\Gamma}_k\right)$ 成立。

问题 5-3 中的约束不是固定的，而是取决于 k 的最大值。为了避免这种情况，我们提出了一种对分算法，通过交替求解一系列可行性问题来解决问题 5-3，每个问题在一个固定的时间尺度内确定是否存在满足估计性能的约束条件的可行调度。算法如下：

算法 5-1

① 使 C 代表一个计数器，并设置 $C=1$。选择一个充分大的时间尺度 T^u 使得不存在可行的调度策略 $\boldsymbol{\gamma}$ 满足 $L(\gamma,\alpha)=T^u$。设 $T^l=0$，$\eta=0$，$T_1=\left(\dfrac{T^u+T^1}{2}\right)$。

② 当 $C=m$，寻找一个可行解 $T^{(m)}$ 在时间尺度 T_m，对于 $k=1,2,\cdots,T_m$ 都满足 $\mathrm{Tr}\left(\boldsymbol{P}_k\right)\leqslant\alpha$。

③ 如果解 $T^{(m)}$ 存在，设 $T^l=T_m$，$\eta=m$；如果不存在，使 $T^u=T_m$。如果 $T^u-T^l=1$，该算法终止最优调度为 $\boldsymbol{\gamma}^{(\eta)}$，$L^*(\alpha)=T^l$。另外，$C=m+1$，$T_{m+1}=\left(\dfrac{T^u+T^l}{2}\right)$。返回步骤 2。

对于步骤 2，我们提出了如下可行问题去搜索在给定时间尺度 T 内一个满足 $\mathrm{Tr}\left(\boldsymbol{P}_k\right)\leqslant\alpha$ 的可行调度 $\boldsymbol{\gamma}$。

问题 5-4

$$
\begin{aligned}
\text{求}\quad & \boldsymbol{\gamma},\boldsymbol{X}_k \\
\text{s.t.}\quad & \boldsymbol{X}_k \geqslant g\left(\boldsymbol{X}_{k-1};\boldsymbol{\Gamma}_k\right) \\
& \mathrm{Tr}\left(\boldsymbol{X}_k\right)\leqslant\alpha \\
& \mathcal{E}_i-\sum_{j=1}^{T}c_i\gamma_j^i\geqslant 0 \\
& \gamma_k^i\in\{0,1\}
\end{aligned}
$$

其中，$\boldsymbol{X}_0=\boldsymbol{P}_0$；$k=1,2,\cdots,T$；$i=1,2,\cdots,N$。

我们需要去证明可行调度 $\boldsymbol{\gamma}$ 满足 $\mathrm{Tr}\left(\boldsymbol{P}_k\right)\leqslant\alpha$ 是由问题 5-4 的解给出的。

引理 5-4

在时间尺度 T 内存在可行调度满足 $\mathrm{Tr}(\boldsymbol{P}_k) \leqslant \alpha$ 等价于求解问题 5-4。

证明

假设存在一个可行的调度 $\tilde{\boldsymbol{\gamma}}$。设 $\tilde{\boldsymbol{P}}_k$ 为调度 $\tilde{\boldsymbol{\gamma}}$ 下的误差协方差。因为 $\tilde{\boldsymbol{P}}_k = g(\tilde{\boldsymbol{P}}_{k-1};\tilde{\boldsymbol{\Gamma}}_k)$，所以 $\tilde{\boldsymbol{P}}_k \geqslant g(\tilde{\boldsymbol{P}}_{k-1};\tilde{\boldsymbol{\Gamma}}_k)$ 也成立。同时，$\tilde{\boldsymbol{P}}_k$ 也满足 $\mathrm{Tr}(\tilde{\boldsymbol{P}}_k) \leqslant \alpha$。因此，$\tilde{\boldsymbol{\gamma}}$ 和 $\tilde{\boldsymbol{P}}_k$ 是问题 5-4 的一个解。

假设问题 5-4 有一个解 $\bar{\boldsymbol{\gamma}}$ 和 $\bar{\boldsymbol{X}}_k$。令 $\bar{\boldsymbol{P}}_k$ 代表调度策略 $\bar{\boldsymbol{\gamma}}$ 下的误差协方差。我们通过数学归纳证明 $\mathrm{Tr}(\bar{\boldsymbol{P}}_k) \leqslant \alpha$。当 k=1 时，由于 $\bar{\boldsymbol{P}}_0 = \bar{\boldsymbol{X}}_0$ 且 $\bar{\boldsymbol{X}}_k \geqslant g\left(\bar{\boldsymbol{X}}_{k-1};\bar{\boldsymbol{\Gamma}}_k\right)$，则有：

$$\bar{\boldsymbol{P}}_1 = g\left(\bar{\boldsymbol{P}}_0;\bar{\boldsymbol{\Gamma}}_1\right) = g\left(\bar{\boldsymbol{X}}_0;\bar{\boldsymbol{\Gamma}}_1\right) \leqslant \bar{\boldsymbol{X}}_1\text{。}$$

接下来假设 $\bar{\boldsymbol{P}}_k \leqslant \bar{\boldsymbol{X}}_k$ 对于 $k=s$ 都满足。当 $k=s+1$ 时，有：

$$\bar{\boldsymbol{P}}_{s+1} = g\left(\bar{\boldsymbol{P}}_s;\bar{\boldsymbol{\Gamma}}_{s+1}\right) \leqslant g\left(\bar{\boldsymbol{X}}_s;\bar{\boldsymbol{\Gamma}}_{s+1}\right) \leqslant \bar{\boldsymbol{X}}_{s+1}$$

其中，第一个不等式的成立是因为 $g(\boldsymbol{X};\boldsymbol{\Gamma})$ 在正定意义下是随 $\boldsymbol{X}$ 递增的。根据数学归纳，对于所有 k，都有 $\bar{\boldsymbol{P}}_k \leqslant \bar{\boldsymbol{X}}_k$ 成立。因此有 $\mathrm{Tr}(\bar{\boldsymbol{P}}_k) \leqslant \mathrm{Tr}(\bar{\boldsymbol{X}}_k) \leqslant \alpha$，这证明了 $\bar{\boldsymbol{\gamma}}$ 是在时间尺度 $\boldsymbol{T}$ 内满足 $\mathrm{Tr}(\bar{\boldsymbol{P}}_k) \leqslant \alpha$ 的可行调度。

条件 $\boldsymbol{X}_k \geqslant g\left(\boldsymbol{X}_{k-1},\boldsymbol{\Gamma}_k\right)$ 在问题 5-4 中是非线性的；因此，直接求解问题 5-1 仍然有难度。我们将证明以下问题等价于问题 5-4：

问题 5-5

$$\begin{aligned}
\text{求}\quad & \boldsymbol{\gamma}, \boldsymbol{U}_k, \boldsymbol{Y}_k, \boldsymbol{Z}_k \\
\text{s.t.}\quad & \mathrm{Tr}(\boldsymbol{U}_k) \leqslant \alpha \\
& \begin{bmatrix} \boldsymbol{U}_k & \boldsymbol{I} \\ \boldsymbol{I} & \boldsymbol{Y}_k \end{bmatrix} \geqslant 0 \\
& \begin{bmatrix} \boldsymbol{Y}_k & \boldsymbol{Y}_k\boldsymbol{A} - \boldsymbol{Z}_k\boldsymbol{HA} & \boldsymbol{Y}_k - \boldsymbol{Z}_k\boldsymbol{H} & \boldsymbol{Z}_k \\ * & \boldsymbol{Y}_{k-1} & 0 & 0 \\ * & 0 & \boldsymbol{Q}^{-1} & 0 \\ * & 0 & 0 & \boldsymbol{\Gamma}_k \end{bmatrix} \geqslant 0 \\
& \mathcal{E}_i - \sum_{j=1}^{T} c_i \gamma_j^i \geqslant 0, \quad \gamma_k^i \in \{0,1\}
\end{aligned}$$

其中，$k=1,2,\cdots,T$；$i=1,2,\cdots,N$；$\boldsymbol{X}_0=\boldsymbol{P}_0$；用 * 代替的元素可以通过矩阵的对称性来获得。

引理 5-5

问题 5-4 等价于问题 5-5。

证明

我们证明一个问题的解可以由另一个问题的解导出。

类似于文献 [53] 中的引理 3，下面的两个命题是等价的：

① 存在 $\boldsymbol{X}_{k-1},\boldsymbol{X}_k>0$，满足 $\boldsymbol{X}_k\geqslant g\left(\boldsymbol{X}_{k-1};\boldsymbol{\Gamma}_k\right)$；

② 存在 $\boldsymbol{Y}_{k-1},\boldsymbol{Y}_k>0$，满足：

$$\begin{bmatrix} \boldsymbol{Y}_k & \boldsymbol{Y}_k\boldsymbol{A}-\boldsymbol{Z}_k\boldsymbol{H}\boldsymbol{A} & \boldsymbol{Y}_k-\boldsymbol{Z}_k\boldsymbol{H} & \boldsymbol{Z}_k \\ \boldsymbol{A}'\boldsymbol{Y}_k-\boldsymbol{A}'\boldsymbol{H}'\boldsymbol{Z}_k' & \boldsymbol{Y}_{k-1} & 0 & 0 \\ \boldsymbol{Y}_k-\boldsymbol{H}'\boldsymbol{Z}_k' & 0 & \boldsymbol{Q}^{-1} & 0 \\ \boldsymbol{Z}_k' & 0 & 0 & \boldsymbol{\Gamma}_k \end{bmatrix}\geqslant 0$$

而且，如果一个 $\boldsymbol{X}_{k-1}$ 和一个 $\boldsymbol{X}_k$ 满足 $\boldsymbol{X}_k\geqslant g\left(\boldsymbol{X}_{k-1},\boldsymbol{\Gamma}_k\right)$，同时有适当的 $\boldsymbol{Z}_k$，$\boldsymbol{Y}_{k-1}=\boldsymbol{X}_{k-1}^{-1}$ 和 $\boldsymbol{Y}_k=\boldsymbol{X}_k^{-1}$ 满足命题②中的条件。另外，如果有一个 $\boldsymbol{Y}_{k-1}$ 和一个 $\boldsymbol{Y}_k$ 满足命题②中的条件，$\boldsymbol{X}_{k-1}^{-1}=\boldsymbol{Y}_{k-1}^{-1}$ 和 $\boldsymbol{X}_{k-1}=\boldsymbol{Y}_k^{-1}$ 满足 $\boldsymbol{X}_k\geqslant g\left(\boldsymbol{X}_{k-1},\boldsymbol{\Gamma}_k\right)$。

假设问题 5-4 有解 $\tilde{\gamma}$ 和 $\tilde{\boldsymbol{X}}_k$。令 $\tilde{\boldsymbol{Y}}_k=\tilde{\boldsymbol{X}}_k^{-1},\tilde{\boldsymbol{U}}_k=\tilde{\boldsymbol{X}}_k,k=1,2,\cdots,T$。由于对于所有 k 都有 $\tilde{\boldsymbol{X}}_k\geqslant g\left(\tilde{\boldsymbol{X}}_{k-1};\tilde{\boldsymbol{\Gamma}}_k\right)$，那么存在 $\tilde{\boldsymbol{Z}}_k$ 使得：

$$\begin{bmatrix} \tilde{\boldsymbol{Y}}_k & \tilde{\boldsymbol{Y}}_k\boldsymbol{A}-\tilde{\boldsymbol{Z}}_k\boldsymbol{H}\boldsymbol{A} & \tilde{\boldsymbol{Y}}_k-\tilde{\boldsymbol{Z}}_k\boldsymbol{H} & \tilde{\boldsymbol{Z}}_k \\ \boldsymbol{A}'\tilde{\boldsymbol{Y}}_k-\boldsymbol{A}'\boldsymbol{H}'\tilde{\boldsymbol{Z}}_k' & \tilde{\boldsymbol{Y}}_{k-1} & 0 & 0 \\ \tilde{\boldsymbol{Y}}_k-\boldsymbol{H}'\tilde{\boldsymbol{Z}}_k' & 0 & \boldsymbol{Q}^{-1} & 0 \\ \tilde{\boldsymbol{Z}}_k' & 0 & 0 & \tilde{\boldsymbol{\Gamma}}_k \end{bmatrix}\geqslant 0$$

对于所有 k 成立。由于对于所有 k 都有 $\mathrm{Tr}(\tilde{\boldsymbol{X}}_k)\leqslant\alpha$，则有 $\mathrm{Tr}(\tilde{\boldsymbol{U}}_k)=\mathrm{Tr}(\tilde{\boldsymbol{X}}_k)\leqslant\alpha$。注意到约束：

$$\begin{bmatrix} \boldsymbol{U}_k & \boldsymbol{I} \\ \boldsymbol{I} & \boldsymbol{Y}_k \end{bmatrix}\geqslant 0$$

根据舒尔补原理等价于 $\boldsymbol{U}_k\geqslant\boldsymbol{Y}_k^{-1}$。由于 $\tilde{\boldsymbol{U}}_k=\tilde{\boldsymbol{X}}_k=\tilde{\boldsymbol{Y}}_k^{-1}$，则：

$$\begin{bmatrix} \tilde{\boldsymbol{U}}_k & \boldsymbol{I} \\ \boldsymbol{I} & \tilde{\boldsymbol{Y}}_k \end{bmatrix} \geqslant 0$$

也成立。因此，$\tilde{\boldsymbol{\gamma}}$、$\tilde{\boldsymbol{U}}_k$、$\tilde{\boldsymbol{Y}}_k$、$\tilde{\boldsymbol{Z}}_k$ 是问题 5-5 的一个解。

另外，我们假设 $\bar{\boldsymbol{\gamma}}$、$\bar{\boldsymbol{U}}_k$、$\bar{\boldsymbol{Y}}_k$、$\bar{\boldsymbol{Z}}_k$ 是问题 5-5 的解。设对于所有 $k=1,2,\cdots,T$，有 $\bar{\boldsymbol{X}}_k = \bar{\boldsymbol{Y}}_k^{-1}$ 成立。容易证明 $\bar{\boldsymbol{X}}_k \geqslant g\left(\bar{\boldsymbol{X}}_{k-1};\bar{\boldsymbol{\Gamma}}_k\right)$ 对所有 k 成立。由于：

$$\begin{bmatrix} \bar{\boldsymbol{U}}_k & \boldsymbol{I} \\ \boldsymbol{I} & \bar{\boldsymbol{Y}}_k \end{bmatrix} \geqslant 0$$

我们有 $\bar{\boldsymbol{U}}_k \geqslant \bar{\boldsymbol{Y}}_k^{-1} = \bar{\boldsymbol{X}}_k$，然后可知 $\mathrm{Tr}(\bar{\boldsymbol{X}}_k) \leqslant \mathrm{Tr}(\bar{\boldsymbol{U}}_k) \leqslant \alpha$。因此 $\bar{\boldsymbol{\gamma}}$ 和 $\bar{\boldsymbol{X}}_k$ 是问题 5-4 的解。问题 5-4 和问题 5-5 的等价性证明完毕。

阻碍问题 5-5 得到数值解的最后一个困难是变量 γ_k^i 是整数值。为此我们使用如下方案：首先将 γ_k^i 的可行域从离散集 $\{0,1\}$ 放宽到 $[0,1]$，然后将求得的解离散为 0 或 1。我们将问题 5-5 松弛为以下问题：

问题 5-6

问题的表述与问题 5-2 相同，除了约束条件 $\gamma_k^i \in \{0,1\}$ 替代为 $0 \leqslant \gamma_k^i \leqslant 1$。

问题 5-6 是一个凸优化问题，可以通过数值方法求解。但在松弛问题 5-6 后，算法 5-1 就不是最优的了。定义算法 5-1 求得的调度策略为 $\boldsymbol{\gamma}_{\text{global}}^* = \left\{\gamma_k^{*,i}\right\}_{i,k}$，该策略的分量可能有分数值存在。在获得 $\boldsymbol{\gamma}_{\text{global}}^*$ 后，需要将其离散并获得一组新的调度，记为 $\boldsymbol{\gamma}_{\text{global}}^{\dagger} = \left\{\boldsymbol{\gamma}_k^{\dagger,i}\right\}_{i,k}$。采取以下的离散方法。

① 在 k 时刻，首先对于所有 i 使 $\boldsymbol{\gamma}_k^{\dagger,i}=0$，检查是否有 $\mathrm{Tr}(\boldsymbol{P}_k) \leqslant \alpha$，如果上述条件满足，时刻移至 k+1；否则，跳转至步骤②。

② 将 $\boldsymbol{\gamma}_k^{*,1}$，$\boldsymbol{\gamma}_k^{*,2}$，$\cdots$，$\boldsymbol{\gamma}_k^{*,N}$ 重新排列，产生 $\boldsymbol{\gamma}_k^{*,[1]}$，$\boldsymbol{\gamma}_k^{*,[2]}$，$\cdots$，$\boldsymbol{\gamma}_k^{*,[N]}$，其中 $\boldsymbol{\gamma}_k^{*,[i]}$ 是第 i 大的元素。

③ 令计数器 C=1。当 C=s 时，假设 $\boldsymbol{\gamma}_k^{*,[s]}$ 与传感器 l 相关。如果传感器 l 仍在正常工作，即 $\varepsilon_l - \sum_{j=1}^{k-1} c_i \boldsymbol{\gamma}_j^{\dagger,l} > 0$，使 $\boldsymbol{\gamma}_j^{\dagger,l} = k+1$。检查是否有 $\mathrm{Tr}(\boldsymbol{P}_k) \leqslant \alpha$，如果条件满足，时刻移至 k+1 然后跳转至步骤①；否则 C=s+1。

相应地可获得 $L(\boldsymbol{\gamma}^{\dagger}_{\text{global}},\alpha)$。

当传感器能够长时间工作或传感器数量较多时，由于优化变量和约束的数量随着传感器的寿命和数量的增加而增加，用算法 5-1 求得最大寿命的效率较低。同时，离散化带来的松弛降低了算法的性能。本节提出了上述次优算法，该算法由一系列的单步优化组成，在每个时刻 k 求解 γ_k^i，而不是在一个全局优化中求 γ_k^i。

（2）单步优化

在时刻 k，我们最小化当前时刻的传输消耗，因为较低的传输能量消耗带来更长的网络寿命。用 β_i 表示传感器 i 的可用传输次数，其中 $\beta_i=\left\lfloor\dfrac{\mathcal{E}_i}{c_i}\right\rfloor$。算法具体如下所示，该算法给出 $\boldsymbol{\gamma}$ 和 $\mathcal{L}(\boldsymbol{\gamma},\alpha)$ 的一个次优解。

算法 5-2

在 k 时刻：

① 如果对于所有 i 有 $\beta_i-\sum\limits_{j}^{k-1}\gamma_j^i=0$，则算法结束，且有 $\mathcal{L}(\boldsymbol{\gamma},\alpha)=k-1$。否则进入步骤②。

② 在 k−1 时刻获得 $\boldsymbol{P}_{k-1}$ 后，求解以下问题。

问题 5-7

$$
\begin{aligned}
\min_{\gamma_k^1,\cdots,\gamma_k^N}\quad & \sum_{i=1}^{N}c_i\gamma_k^i \\
\text{s.t.}\quad & \boldsymbol{Y}=g\left(\boldsymbol{P}_{k-1};\boldsymbol{\Gamma}_k\right) \\
& \operatorname{Tr}(\boldsymbol{Y})\leqslant\alpha \\
& \gamma_k^i\in\{0,1\},\quad i=1,2,\cdots,N
\end{aligned}
$$

如果解不存在，则算法结束，且 $\mathcal{L}(\boldsymbol{\gamma},\alpha)=k-1$。

③ 在获得 $\gamma_k^1,\cdots,\gamma_k^N$ 后更新 $\boldsymbol{P}_k$：

$$
\boldsymbol{P}_k=g\left(\boldsymbol{P}_{k-1};\boldsymbol{\Gamma}_k\right)
$$

由于变量 γ_k^i 是离散的，问题 5-7 很难求得数值最优解。类似于前面介绍的方案，我们先将问题松弛为下面的问题。

问题 5-8

该问题的描述和问题 5-7 相同，除了约束条件 $\gamma_k^i \in \{0,1\}$ 替代为 $0 \leqslant \gamma_k^i \leqslant 1$。

我们将证明问题 5-8 等价于如下凸优化问题且能够被有效解出。

问题 5-9

$$\begin{aligned}
\min_{\boldsymbol{X},\gamma_k^1,\cdots,\gamma_k^N} \quad & \sum_{i=1}^{N} c_i \gamma_k^i \\
\text{s.t.} \quad & \begin{bmatrix} \boldsymbol{X} & \boldsymbol{I} \\ \boldsymbol{I} & \left[h\left(\boldsymbol{P}_{k-1}\right)\right]^{-1} + \boldsymbol{H}'\boldsymbol{\Gamma}_k \boldsymbol{H} \end{bmatrix} \geqslant 0 \\
& \operatorname{Tr}(\boldsymbol{X}) \leqslant \alpha \\
& 0 \leqslant \gamma_i \leqslant 1, \quad i = 1,2,\cdots,N
\end{aligned}$$

其中，$\boldsymbol{P}_{k-1}$ 是事先确定的。

引理 5-6

问题 5-8 等价于问题 5-9。

证明

首先我们证明问题 5-8 等价于下述问题，记为问题（*）：

$$\begin{aligned}
\min_{\boldsymbol{X},\gamma_k^1,\cdots,\gamma_k^N} \quad & \sum_{i=1}^{N} c_i \gamma_k^i \\
\text{s.t.} \quad & \boldsymbol{X} \geqslant g\left(\boldsymbol{P}_{k-1}; \boldsymbol{\Gamma}_k\right) \\
& \operatorname{Tr}(\boldsymbol{X}) \leqslant \alpha, \\
& 0 \leqslant \gamma_i \leqslant 1, \quad i = 1,2,\cdots,N
\end{aligned}$$

令 $\tilde{\gamma}_k^1,\cdots,\tilde{\gamma}_k^N$ 为问题 5-8 的解，且 $\tilde{\boldsymbol{Y}} = g(\boldsymbol{P}_{k-1};\tilde{\boldsymbol{\Gamma}}_k)$。令 $\tilde{\boldsymbol{X}} = \tilde{\boldsymbol{Y}}$，则 $\tilde{\boldsymbol{X}}$ 和 $\tilde{\gamma}_k^1,\cdots,\tilde{\gamma}_k^N$ 满足 $\tilde{\boldsymbol{X}} \geqslant g(\boldsymbol{P}_{k-1};\tilde{\boldsymbol{\Gamma}}_k)$。因此 $\tilde{\boldsymbol{X}}$ 和 $\tilde{\gamma}_k^1,\cdots,\tilde{\gamma}_k^N$ 是问题（*）的解。另外，令 $\bar{\gamma}_k^1,\cdots,\bar{\gamma}_k^N$ 和 $\bar{\boldsymbol{X}}$ 是问题（*）的解，我们证明有 $\bar{\boldsymbol{X}} = g(\boldsymbol{P}_{k-1};\bar{\boldsymbol{\Gamma}}_k)$ 成立。假设 $g(\boldsymbol{P}_{k-1};\bar{\boldsymbol{\Gamma}}_k) \triangleq \boldsymbol{X}' \leqslant \bar{\boldsymbol{X}}$，且 $\boldsymbol{X}' \neq \bar{\boldsymbol{X}}$。我们能够找到一个正数 δ，且令 $\hat{\gamma}_k^1 = \bar{\gamma}_k^1 - \delta, \hat{\gamma}_k^2 = \bar{\gamma}_k^2, \cdots, \hat{\gamma}_k^N = \bar{\gamma}_k^N$ 满足 $g(\boldsymbol{P}_{k-1};\hat{\boldsymbol{\Gamma}}_k) = \boldsymbol{X}' + \boldsymbol{\varDelta} \leqslant \bar{\boldsymbol{X}}$，其中 $\boldsymbol{\varDelta} \geqslant 0$。同时，优化目标满足 $\sum_{i=1}^{N} c_i \hat{\gamma}_k^i < \sum_{i=1}^{N} c_i \bar{\gamma}_k^i$。因此，比起 $\bar{\gamma}_k^1,\cdots,\bar{\gamma}_k^N$ 和 $\bar{\boldsymbol{X}}$，

$\hat{\gamma}_k^1,\cdots,\hat{\gamma}_k^N$ 和 $\bar{\boldsymbol{X}}$ 有更好的性能，而这与后者是问题（*）最优解的假设相矛盾。因此，应当有 $\bar{\boldsymbol{X}}=g(\boldsymbol{P}_{k-1};\bar{\boldsymbol{\Gamma}}_k)$ 成立，且 $\bar{\gamma}_k^1,\cdots,\bar{\gamma}_k^N$ 也是当 $\boldsymbol{Y}=\bar{\boldsymbol{X}}$ 时问题 5-8 的解。因此问题 5-8 等价于问题（*）的证明完毕。

进一步地，根据约束 $\boldsymbol{X}\geqslant g(\boldsymbol{P}_{k-1};\boldsymbol{\Gamma}_k)$，我们有：

$$\boldsymbol{X}-\left(\left[h\left(\boldsymbol{P}_{k-1}\right)^{-1}\right]+\boldsymbol{H}'\boldsymbol{\Gamma}_k\boldsymbol{H}\right)^{-1}\geqslant 0$$

根据舒尔补原理，上式等价于：

$$\begin{bmatrix}\boldsymbol{X} & \boldsymbol{I}\\ \boldsymbol{I} & \left[h\left(\boldsymbol{P}_{k-1}\right)\right]^{-1}+\boldsymbol{H}'\boldsymbol{\Gamma}_k\boldsymbol{H}\end{bmatrix}\geqslant 0$$

因此，问题（*）等价于问题 5-9。问题 5-8 等价于问题 5-9 的证明完毕。

令问题 5-9 的解为 $\boldsymbol{\gamma}_k^{*,1},\cdots,\boldsymbol{\gamma}_k^{*,N}$。在解得 $\boldsymbol{\gamma}_k^{*,1},\cdots,\boldsymbol{\gamma}_k^{*,N}$ 后，我们将其离散化以获得新的调度变量 $\boldsymbol{\gamma}_k^{\dagger,1},\cdots,\boldsymbol{\gamma}_k^{\dagger,N}$。离散化的过程如下所示：

① 首先对于所有 i，令 $\boldsymbol{\gamma}_k^{\dagger,i}=0$，检查是否有 $\operatorname{Tr}\left(\boldsymbol{P}_k\right)\leqslant\alpha$ 成立。若成立，则过程结束；否则，跳转至步骤②。

② 将 $\boldsymbol{\gamma}_k^{*,1},\boldsymbol{\gamma}_k^{*,2},\cdots,\boldsymbol{\gamma}_k^{*,N}$ 重新排列，得到 $\boldsymbol{\gamma}_k^{*,[1]},\boldsymbol{\gamma}_k^{*,[2]},\cdots,\boldsymbol{\gamma}_k^{*,[N]}$，其中 $\boldsymbol{\gamma}_k^{*,[i]}$ 是 $\boldsymbol{\gamma}_k^{*,1},\boldsymbol{\gamma}_k^{*,2},\cdots,\boldsymbol{\gamma}_k^{*,N}$ 中第 i 大的分量。

③ 令计数器 C=1。当 C=s 时，假设 $\boldsymbol{\gamma}_k^{*,[s]}$ 对应于传感器 l。如果传感器 l 仍在正常工作，即 $\beta_l-\sum_{j=1}^{k-1}\boldsymbol{\gamma}_j^{\dagger,l}>0$，则令 $\boldsymbol{\gamma}_k^{\dagger,l}=1$。然后检查 $\operatorname{Tr}(\boldsymbol{P}_k)\leqslant\alpha$ 是否成立，若成立，过程结束；否则 C=s+1。

记由算法 5-2 算出的、通过求解问题 5-9 和相应离散化后获得的调度为 $\boldsymbol{\gamma}_{\text{onestep}}^{\dagger}$。相应地，得到网络寿命为 $\mathcal{L}\left(\boldsymbol{\gamma}_{\text{onestep}}^{\dagger},\alpha\right)$。

注 5-1 尽管系统的参数是时不变的，算法 5-2 可以离线运行，该算法也能够被用于时变系统。

（3）静态选择

在本部分，我们将提出一个获得调度策略的简化算法。我们首先选择满足估计性能约束的传感器，然后持续使用它们，直到其中一部分传感器能量耗尽。

在该情形中，对每一个 i，γ_k^i 对于所有 k 都是相同的，方便起见，可将其表示为 γ^i。同时由于 $\boldsymbol{\gamma}$ 是时不变的，根据卡尔曼滤波性质，$\boldsymbol{P}_k$ 将以指数速度收敛于一个稳态值。定义：

$$\bar{\boldsymbol{P}} \triangleq \lim_{k\to\infty} \boldsymbol{P}_k$$

相应地，估计性能约束变为：

$$\mathrm{Tr}\,(\bar{\boldsymbol{P}}) \leqslant \alpha$$

优化目标为传输消耗 $\sum_{i=1}^{N} c_i\gamma^i$。于是得到最优问题如下。

问题 5-10

$$\begin{aligned}\min_{\gamma} \quad & \sum_{i=1}^{N} c_i\gamma^i \\ \text{s.t.} \quad & \mathrm{Tr}\,(\bar{\boldsymbol{P}}) \leqslant \alpha \\ & \gamma^i \in \{0,1\}, \quad i=1,2,\cdots,N\end{aligned}$$

为了解决 γ_k^i 是离散值的困难，类似于前文所述，我们将问题 5-10 松弛为以下问题。

问题 5-11

问题的表述与问题 5-10 相同，除了约束条件 $\gamma_k^i \in \{0,1\}$ 改变为 $0 \leqslant \gamma_k^i \leqslant 1$。

定义：

$$\boldsymbol{\Gamma} \triangleq \mathrm{diag}\left\{\gamma^1\boldsymbol{I}_{p_1}, \gamma^2\boldsymbol{I}_{p_2}, \cdots, \gamma^N\boldsymbol{I}_{p_N}\right\}$$

则问题 5-11 等价于如下问题。

问题 5-12

$$\begin{aligned}\min_{\gamma} \quad & \sum_{i=1}^{N} c_i\gamma^i \\ \text{s.t.} \quad & \mathrm{Tr}\,(\boldsymbol{X}) \leqslant \alpha \\ & \begin{bmatrix} \boldsymbol{X} & \boldsymbol{I} \\ \boldsymbol{I} & \boldsymbol{Y} \end{bmatrix} \geqslant 0\end{aligned}$$

$$\begin{bmatrix} \boldsymbol{Y} & * & * & * \\ \boldsymbol{A'Y}-\boldsymbol{A'H'Z'} & \boldsymbol{Y} & 0 & 0 \\ \boldsymbol{Y}-\boldsymbol{H'Z'} & 0 & \boldsymbol{Q}^{-1} & 0 \\ \boldsymbol{Z'} & 0 & 0 & \boldsymbol{\Gamma} \end{bmatrix} \geqslant 0$$

$$0 \leqslant \gamma_k^i \leqslant 1, \quad i=1,2,\cdots,N$$

引理 5-7

问题 5-11 等价于问题 5-12。

证明

首先我们声明问题 5-11 是等价于如下问题的，定义为问题（†）：

$$\begin{aligned} \min_{\gamma} \quad & \sum_{i=1}^{N} c_i \gamma^i \\ \text{s.t.} \quad & \boldsymbol{X} \geqslant g(\boldsymbol{X};\boldsymbol{\Gamma}) \\ & \mathrm{Tr}\,(\boldsymbol{X}) \leqslant \alpha \\ & 0 \leqslant \gamma_k^i \leqslant 1, \quad i=1,2,\cdots,N \end{aligned}$$

该证明类似引理 5-6 中的证明过程，且问题（†）等价于问题 5-12，该证明同样类似引理 5-6 的证明。

问题 5-12 是凸的，因此能够被求解。定义其解为 $\boldsymbol{\gamma}_{\text{static}}^{*}=\left\{\boldsymbol{\gamma}^{*,1},\boldsymbol{\gamma}^{*,2},\cdots,\boldsymbol{\gamma}^{*,N}\right\}$。我们根据如下方案，将 $\boldsymbol{\gamma}_{\text{static}}^{*}$ 离散化并获得 $\tilde{\boldsymbol{\gamma}}_{\text{static}}^{\dagger}=\boldsymbol{\gamma}_{\text{static}}^{*}=\left\{\boldsymbol{\gamma}^{\dagger,1},\boldsymbol{\gamma}^{\dagger,2},\cdots,\boldsymbol{\gamma}^{\dagger,N}\right\}$：

① 首先对于所有 i，令 $\boldsymbol{\gamma}^{\dagger,i}=0$。将 $\boldsymbol{\gamma}^{*,1},\boldsymbol{\gamma}^{*,2},\cdots,\boldsymbol{\gamma}^{*,N}$ 重新排列得到新序列 $\boldsymbol{\gamma}^{*,[1]},\boldsymbol{\gamma}^{*,[2]},\cdots,\boldsymbol{\gamma}^{*,[N]}$，其中 $\boldsymbol{\gamma}^{*,[i]}$ 是第 i 大的元素。

② 令计数器 C=1。当 C=s，假设 $\boldsymbol{\gamma}^{\star,[s]}$ 是关联于传感器 l 的调度变量。令 $\boldsymbol{\gamma}_k^{\dagger,l}=1$。检查条件 $\mathrm{Tr}\,(\bar{\boldsymbol{P}})\leqslant\alpha$ 是否满足。若满足，则过程结束；否则令 C=s+1。

基于问题 5-12 和对应的离散化方案，我们提出如下算法。

算法 5-3

① 在可用的传感器范围内求解问题 5-12，并离散化所得解，获得 $\tilde{\boldsymbol{\gamma}}_{\text{static}}^{\dagger}$。当问题 5-12 无法求解时，结束该过程。

② 采取调度方案$\tilde{\boldsymbol{\gamma}}_{\text{static}}^{\dagger}$直到其中的一个传感器能量耗尽。返回步骤①。该调度策略的整体记为$\boldsymbol{\gamma}_{\text{static}}^{\dagger}$。相应地可得网络寿命为$\mathcal{L}\left(\boldsymbol{\gamma}_{\text{static}}^{\dagger},\alpha\right)$。

注 5-2　相比于算法 5-1 和算法 5-2，算法 5-3 的计算量相对较少，易于实现。作为策略权衡，当最大网络寿命减少时，传感激活的间隔将会变小。如果计算资源是稀缺的，算法 5-3 是一个满足需求的选择。

5.3.3 随机调度

在本节中，我们研究随机调度，其中γ_k^i不是确定性的，而是一个随机变量。与确定性调度相比，随机调度具有优化变量少、算法计算简单、易于实现等优点。在本节中，我们只考虑γ_k^i是关于k的独立同分布的伯努利随机变量的情形。设$\lambda_i \triangleq \mathbb{E}[\gamma_k^i]$。定义一个随机调度为$\boldsymbol{\lambda} \triangleq \left\{\lambda_1,\lambda_2,\cdots,\lambda_N\right\}$。当确定$\boldsymbol{\lambda}$时，一个随机调度就完全确定了，我们将在后面的问题中设计$\boldsymbol{\lambda}$。

由于误差协方差$\boldsymbol{P}_k$依赖于γ_k^i，它是一个随机变量。因此，我们采用新的估计性能函数：

$$\mathcal{P}(k) = \operatorname{Tr}\left(\mathbb{E}[\boldsymbol{P}_k]\right)$$

和相应的估计性能约束：

$$\operatorname{Tr}\left(\mathbb{E}[\boldsymbol{P}_k]\right) \leqslant \alpha$$

在随机调度中，由于给定了传输速率λ_i，传感器i的寿命是可以预测的。令传感器i的期望寿命为：

$$\tau_i = \frac{\mathcal{E}_i}{c_i \lambda_i}$$

由于期望消除了随机性，如果$\mathbb{E}[\boldsymbol{P}_k]$是有界的，当所有传感器正常工作时它会收敛至一稳态。因此，如果对于一些k时刻有$\operatorname{Tr}\left(\mathbb{E}[\boldsymbol{P}_k]\right) \leqslant \alpha$成立，那么在所有传感器能够正常工作的时段，上述不等式将一直成立。定义相应于随机调度策略$\boldsymbol{\lambda}$和性能水平α的网络寿命为传感器期望寿命的最小值：

$$\mathcal{L}(\boldsymbol{\lambda},\alpha)\triangleq \min_i\left\{\tau_i:\operatorname{Tr}\left(\mathbb{E}[\boldsymbol{P}_k]\right)\leqslant\alpha\ \exists\ \boldsymbol{\lambda},k\leqslant\min_i\tau_i\right\}$$

接下来，我们提出基于随机调度的最优化问题如下。

问题 5-13

$$\begin{aligned}\max_{\lambda}\quad & \min_i\tau_i\\ \text{s.t.}\quad & \operatorname{Tr}\left(\mathbb{E}[\boldsymbol{P}_k]\right)\leqslant\alpha\\ & 0\leqslant\lambda_i\leqslant 1\\ & k=1,2,\cdots,\min_i\tau_i,\quad i=1,2,\cdots,N\end{aligned}$$

> **注 5-3**　为了便于表述，使用传感器期望寿命的最小值作为系统的寿命。当部分传感器能量耗尽时，如果能求得一个新的可行随机调度，系统可能仍能满足估计性能的要求。

（1）寿命最大化

为了保证估计器的稳定性，即 $\mathbb{E}[\boldsymbol{P}_k]<\infty$，通信率 λ_i 不能任意地小。基于该约束，我们可以获得网络寿命的最大值。首先我们记传感器 i 对应信道的控制随机过程 $\left\{\gamma_k^i\right\}$ 的方差为 σ_i^2，并定义以下参数：

$$q_i\triangleq\frac{\lambda_i^2}{\sigma_i^2}$$

$$\mathcal{C}\triangleq\sum_{i=1}^{N}\frac{1}{2}\ln\left(1+q_i\right)$$

通过计算可得：

$$\mathcal{C}=-\sum_{i=1}^{N}\frac{1}{2}\ln\left(1-\lambda_i\right)$$

于是首先有如下结论。

命题 5-1

定义：

$$m(\boldsymbol{X})\triangleq\prod_{i=1}^{N}\left(1-\lambda_i\right)\boldsymbol{A}\boldsymbol{X}\boldsymbol{A}'+\boldsymbol{Q}$$

构造序列 $\{G_k\}$ 如下：$G_1=0$，且 $G_{k+1}=m(G_k)$。则有下式成立：

$$G_k \leqslant \mathbb{E}[\boldsymbol{P}_{k|k-1}],\quad \forall k$$

证明

文献 [54] 提供了当 $N=2$ 时的证明，并且文献 [55] 中的推论 4.3.1 陈述了一般情况。

接下来的定理给出了下界 $\{G_k\}$ 收敛和发散的一个充要条件。

定理 5-2

如果 $\boldsymbol{A}$ 是不稳定的，$(\boldsymbol{A},\sqrt{\boldsymbol{Q}})$ 是可控的，则 $\{G_k\}$ 收敛的一个充要条件是：

$$\mathcal{C} > \ln\rho(\boldsymbol{A})$$

其中，$\rho(\boldsymbol{A})$ 为 $\boldsymbol{A}$ 的谱半径。此外，$\{G_k\}$ 发散的充要条件是：

$$\mathcal{C} \leqslant \ln\rho(\boldsymbol{A})$$

证明

定义 $\tilde{\boldsymbol{A}} \triangleq \left(\prod_{i=1}^{N}(1-\lambda_i)\right)^{\frac{1}{2}}\boldsymbol{A}$，则有 $m(\boldsymbol{X})=\tilde{\boldsymbol{A}}\boldsymbol{X}\tilde{\boldsymbol{A}}'+\boldsymbol{Q}$。

由于$(\boldsymbol{A},\sqrt{\boldsymbol{Q}})$是可控的，那么$(\tilde{\boldsymbol{A}},\sqrt{\boldsymbol{Q}})$也是可控的。则当且仅当 $\rho(\tilde{\boldsymbol{A}})<1$ 时 $\boldsymbol{X}=m(\boldsymbol{X})$ 有唯一严格正定解，这可推知：

$$\left(\prod_{i=1}^{N}(1-\lambda_i)\right)^{\frac{1}{2}}\rho(\boldsymbol{A})<1$$

整理可得：

$$\ln\rho(\boldsymbol{A}) < -\sum_{i=1}^{N}\frac{1}{2}\ln(1-\lambda_i)$$

即 $\mathcal{C}>\ln\rho(\boldsymbol{A})$。另一侧结论容易验证。

定理 5-2 给出了 $\mathbb{E}[\boldsymbol{P}_k]$ 有界的必要条件。为了解决网络寿命最大化问题，我们提出以下优化问题。

问题 5-14

$$\begin{aligned}
\min_{\lambda,\mu} \quad & \mu \\
\text{s.t.} \quad & \frac{c_i}{\mathcal{E}_i}\lambda_i \leqslant \mu \\
& -\sum_{i=1}^{N}\frac{1}{2}\ln\left(1-\lambda_i\right) > \ln\rho(\boldsymbol{A}) \\
& 0 \leqslant \lambda_i \leqslant 1, \quad i=1,2,\cdots,N
\end{aligned}$$

该问题可以用二分法来解决。

算法 5-4

① 选择足够大的 μ_u 并使 $\mu_l = 0$。令 $\mu_m = \dfrac{\mu_u + \mu_l}{2}$。

② 求解如下问题：

问题 5-15

$$\begin{aligned}
\text{求} \quad & \lambda \\
\text{s.t.} \quad & \frac{c_i}{\mathcal{E}_i}\lambda_i \leqslant \mu_m \\
& -\sum_{i=1}^{N}\frac{1}{2}\ln\left(1-\lambda_i\right) > \ln\rho(\boldsymbol{A}) \\
& 0 \leqslant \lambda_i \leqslant 1, \quad i=1,2,\cdots,N
\end{aligned}$$

③ 若上述问题是可解的，令 $\mu_u = \mu_m$，否则 $\mu_l = \mu_m$。如果对一个给定的实数小量 ϵ，有 $\mu_u - \mu_l < \epsilon$ 成立，算法停止，且令问题 5-14 的解为 $\mu^* = \mu_l$。否则，令 $\mu_m = \dfrac{\mu_u + \mu_l}{2}$ 并且返回步骤②。

由于约束条件非凸，问题 5-15 仍然难以求解。令 $z_i = \ln\left(1-\lambda_i\right)$ 和 $z = \left\{z_1, z_2, \cdots, z_N\right\}$。然后可将问题 5-15 转换成如下问题。

问题 5-16

$$
\begin{aligned}
\text{求}\quad & z \\
\text{s.t.}\quad & z_i \geqslant \ln\left(1-\frac{c_i}{\mathcal{E}_i}\mu_m\right) \\
& -\sum_{i=1}^{N}\frac{1}{2}z_i > \ln\rho(\boldsymbol{A}) \\
& z_i \leqslant 0,\quad i=1,2,\cdots,N
\end{aligned}
$$

问题 5-16 是一个凸优化问题，我们可以通过有效的数值算法求解。可得网络寿命的最大值为：

$$\tau^* = \frac{1}{\mu^*}$$

其中，μ^* 为问题 5-14 的解。

（2）以误差协方差期望的上界作为准则

在问题 5-13 中，我们需要 $\mathbb{E}[\boldsymbol{P}_k]$ 的表达式。由于其表达式的非线性和递归性，$\mathbb{E}[\boldsymbol{P}_k]$ 的分析比较复杂。我们将换一个角度讨论，即使用 $\mathbb{E}[\boldsymbol{P}_k]$ 的上界作为估计性能的标准。定义修正代数里卡蒂（Riccati）方程[56] 为：

$$\bar{g}_\lambda(\boldsymbol{X}) \triangleq h(\boldsymbol{X}) - h(\boldsymbol{X})\boldsymbol{H}'\left(\boldsymbol{W}\odot\left(\boldsymbol{H}h(\boldsymbol{X})\boldsymbol{H}'+\boldsymbol{I}\right)\right)^{-1}\boldsymbol{H}h(\boldsymbol{X})$$

其中，$\odot$ 代表矩阵对应元素相乘的 Hadamard 乘积，且 $\boldsymbol{W}=\boldsymbol{11}'+\boldsymbol{D}_{\text{SNR}}^{-1}\boldsymbol{I}$，其中 $\boldsymbol{1}$ 是元素均为 1 的列向量。并且定义：

$$
\begin{aligned}
\boldsymbol{D}_{\text{SNR}} &\triangleq \operatorname{diag}\left\{q_1\boldsymbol{I}_{p_1}, q_2\boldsymbol{I}_{p_2}, \cdots, q_N\boldsymbol{I}_{p_N}\right\} \\
\boldsymbol{I} &\triangleq \operatorname{diag}\left\{\boldsymbol{1}_{p_1}\boldsymbol{1}'_{p_1}, \boldsymbol{1}_{p_2}\boldsymbol{1}'_{p_2}, \cdots, \boldsymbol{1}_{p_N}\boldsymbol{1}'_{p_N}\right\}
\end{aligned}
$$

令 $\boldsymbol{U}_0=\boldsymbol{P}_0$，且 $\boldsymbol{U}_{k+1}=\bar{g}_\lambda\left(\boldsymbol{U}_k\right)$。如文献 [53] 中的定理 3，可以证明 $\mathbb{E}[\boldsymbol{P}_k]\leqslant\boldsymbol{U}_k$。$\{\boldsymbol{U}_k\}$ 收敛至一个极限，我们记为 $\bar{\boldsymbol{U}}$，它满足 $\bar{\boldsymbol{U}}=\bar{g}_\lambda(\bar{\boldsymbol{U}})$，并有以下不等式成立：

$$\limsup_{k\to\infty}\mathbb{E}[\boldsymbol{P}_k]\leqslant\bar{\boldsymbol{U}}$$

然后我们可提出如下优化问题。

问题 5-17

$$\begin{aligned}\max_{\lambda,\tau}\quad & \tau \\ \text{s.t.}\quad & \frac{\mathcal{E}_i}{c_i\lambda_i}\geqslant\tau,\quad \operatorname{Tr}(\bar{\boldsymbol{U}})\leqslant\alpha \\ & 0\leqslant\lambda_i\leqslant 1,\quad i=1,2,\cdots,N\end{aligned}$$

我们提出如下算法求解问题 5-17。

算法 5-5

① 取 $\boldsymbol{U}_0=\alpha\boldsymbol{I}$，其中 α 设为一个较大的值。

② 在第 j 步，令 $\tau^{(j)}$ 和 $\boldsymbol{U}_j$ 为以下最优问题的解。

问题 5-18

$$\begin{aligned}\max_{\lambda,\tau}\quad & \tau \\ \text{s.t.}\quad & \frac{\mathcal{E}_i}{c_i\lambda_i}\geqslant\tau,\quad \operatorname{Tr}(\boldsymbol{U})\leqslant\alpha \\ & \boldsymbol{U}\leqslant\boldsymbol{U}_{j-1},\quad \boldsymbol{U}\geqslant\bar{g}_{\lambda}(\boldsymbol{U}_{j-1}) \\ & 0\leqslant\lambda_i\leqslant 1,\quad i=1,2,\cdots,N\end{aligned}$$

重复该步骤直到满足 $\operatorname{Tr}(\boldsymbol{U}_{i-1})-\operatorname{Tr}(\boldsymbol{U}_i)<\epsilon$，其中 ϵ 是一个事先给定的小量。

③ 选择序列 $\{\tau^{(i)}\}$ 的一个聚点，记为 $\tau^{\dagger}$。

问题 5-18 等价于下述问题 5-19，该问题能够通过二分查找方法求解。

问题 5-19

$$\begin{aligned}\max_{q_i,\tau,\boldsymbol{K}}\quad & \tau \\ \text{s.t.}\quad & \frac{\mathcal{E}_i}{c_i}\left(1+\frac{1}{q_i}\right)\geqslant\tau \\ & q_i\geqslant 0,\quad i=1,2,\cdots,N \\ & \boldsymbol{U}\leqslant\boldsymbol{U}_{j-1},\quad \operatorname{Tr}(\boldsymbol{U})\leqslant\alpha\end{aligned}$$

$$\begin{bmatrix} \boldsymbol{U} & \boldsymbol{I}-\boldsymbol{KH} & \boldsymbol{K} & \boldsymbol{KJ} \\ \boldsymbol{I}-\boldsymbol{H}'\boldsymbol{K}' & \boldsymbol{\Xi}_j & 0 & 0 \\ \boldsymbol{K}' & 0 & I & 0 \\ \boldsymbol{JK}' & 0 & 0 & \boldsymbol{D}_{\mathrm{SNR}} \end{bmatrix} \geqslant 0$$

$$\boldsymbol{\Xi}_j = [h(\boldsymbol{U}_{j-1})]^{-1}$$

$$\boldsymbol{J} = \mathrm{diag}\left\{\sqrt{\boldsymbol{H}_1 h(\boldsymbol{U}_{j-1})\boldsymbol{H}_1' + \boldsymbol{I}_{p_1}}, \cdots, \sqrt{\boldsymbol{H}_N h(\boldsymbol{U}_{j-1})\boldsymbol{H}_N' + \boldsymbol{I}_{p_N}}\right\}$$

（3）以误差协方差的下界作为准则

在本节中，我们使用下界来表示估计性能。使用下界的原因在本节末尾的注 5-4 中给出。

首先构造一个序列 $\{\boldsymbol{F}_k\}$，其中 $\boldsymbol{F}_1=\boldsymbol{P}_1$，且 $\boldsymbol{F}_{k+1}=g\left(\boldsymbol{F}_k;\boldsymbol{\Lambda}\right)$，其中 $\boldsymbol{\Lambda}=\mathrm{diag}\left\{\lambda_1\boldsymbol{I}_{p_1},\lambda_2\boldsymbol{I}_{p_2},\cdots,\lambda_N\boldsymbol{I}_{p_N}\right\}$。则有如下关系成立：

$$\boldsymbol{F}_k \leqslant \mathbb{E}[\boldsymbol{P}_k], \quad \forall k$$

在 $(\boldsymbol{A},\sqrt{\boldsymbol{Q}})$ 可控的条件下，$\{\boldsymbol{F}_k\}$ 将收敛。收敛到的极限记为 $\bar{\boldsymbol{F}}$。考虑以下问题。

问题 5-20

$$\begin{aligned} \min_{\lambda,\mu} \quad & \mu \\ \text{s.t.} \quad & \frac{c_i}{\mathcal{E}_i}\lambda_i \leqslant \mu, \quad \mathrm{Tr}(\bar{\boldsymbol{F}}) \leqslant \alpha \\ & 0 \leqslant \lambda_i \leqslant 1, \quad i=1,2,\cdots,N \end{aligned}$$

问题 5-20 可以被转化成如下问题。

问题 5-21

$$\begin{aligned} \max_{\lambda,\mu} \quad & \mu \\ \text{s.t.} \quad & \frac{c_i}{\mathcal{E}_i}\lambda_i \leqslant \mu \\ & \mathrm{Tr}(\boldsymbol{X}) \leqslant \alpha \\ & \begin{bmatrix} \boldsymbol{X} & \boldsymbol{I} \\ \boldsymbol{I} & \boldsymbol{Y} \end{bmatrix} \geqslant 0 \end{aligned}$$

$$
\begin{bmatrix} \boldsymbol{Y} & * & * & * \\ \boldsymbol{A}'\boldsymbol{Y}-\boldsymbol{A}'\boldsymbol{H}'\boldsymbol{Z}' & \boldsymbol{Y} & 0 & 0 \\ \boldsymbol{Y}-\boldsymbol{H}'\boldsymbol{Z}' & 0 & \boldsymbol{Q}^{-1} & 0 \\ \boldsymbol{Z}' & 0 & 0 & \boldsymbol{\Lambda} \end{bmatrix} \geqslant 0
$$

$$
0 \leqslant \lambda_i \leqslant 1, \quad i=1,2,\cdots,N
$$

问题 5-21 是凸的，能够被有效的数值算法求得。

注 5-4　由于 $\mathbb{E}[\boldsymbol{P}_k]$ 收敛，下界 $\bar{\boldsymbol{F}}$ 能够在一定程度上反映 $\mathbb{E}[\boldsymbol{P}_k]$ 的性能。同时，与算法 5-5 相比，问题 5-21 的计算更简单。

Digital Wave
Advanced Technology of
Industrial Internet

Information Fusion and Security of
Industrial Network

工业互联网信息融合与安全

第6章

工业互联网数据安全

当前，以数字化、网络化、智能化为主要特征的新工业革命蓬勃兴起，加速推进物理世界、数字世界和生物世界的深度变化，推动全球经济结构、产业结构、国际分工发生深刻变革。工业互联网将融合几次工业革命的成果，通过人、机、物全面互联，全要素、全产业链的全面连接，以数据作为创新发展的使能要素，构建基于“数据 + 算力 + 算法”的新型能力图谱，推动建立数据驱动的新型生产制造和服务体系。工业互联网数据日益成为提升制造业生产力、竞争力、创新力的关键要素。

与此同时，工业互联网数据面临的安全风险隐患日益突出。在全球数据安全严峻的形势下，制造业等领域的工业互联网数据已成为重点攻击目标，加之工业互联网泛在互联、资源汇聚等特征，导致数据暴露面扩大、攻击路径增多、敏感数据挖掘难度降低，数据采集、传输、存储、使用、交换共享与公开披露、归档与删除等全生命周期各环节都面临安全风险与挑战。此外，云计算、大数据、人工智能、5G、数字孪生、虚拟现实等新技术新应用，引入了新的数据安全风险隐患，例如 5G 技术实现数据高速传输的同时带来了网络切片数据安全等新风险，数字孪生、虚拟现实技术面临虚拟环境数据安全防护挑战等。

工业互联网数据是指在工业互联网这一新模式新业态下，在工业互联网企业开展研发设计、生产制造、经营管理、应用服务等业务时，围绕客户需求、订单、计划、研发、设计、工艺、制造、采购、供应、库存、销售、交付、售后、运维、报废或回收等工业生产经营环节和过程，所产生、采集、传输、存储、使用、共享或归档的数据。

工业互联网数据涉及的主体较多，既包括含有研发设计数据、生产制造数据、经营管理数据的工业企业，也包括含有平台知识机理、数字化模型、工业 App 信息的工业互联网平台企业，还包括含有工业网络通信数据、标识解析数据的基础电信运营企业、标识解析系统建设运营机构等工业互联网基础设施运营企业，含有设备实时数据、设备运维数据、集成测试数据的系统集成商和工控厂商，以及含有工业交易数据的数据交易所等。这些不同类型的企业都是工业互联网数据产生或使用的主体，同时也是工业互联网数据安全责任主体。

工业互联网数据是贯穿工业互联网的“血液”，已成为提升制造业生产力、竞争力、创新力的关键要素，是驱动工业互联网创新发展的重要引擎。随着工业互联网的发展，数据增长迅速、体量庞大，数据安全已成为工业互联网安全保障的主线，一旦数据遭泄露、篡改、滥用等，将可能影响生产经营安全、国计民生甚至国家安全，其重要性日益凸显。本节将从可用性、完整性和隐私性三个角度来介绍工业互联网数据安全。

6.1 数据可用性

目前危害工业互联网数据安全的攻击主要分两类：一类以破坏数据完整性为目的，主要通过注入虚假数据或者非法篡改数据来阻碍数据的正常交换；另一类以破坏数据可用性为目的，主要通过阻碍或延迟网络中的信息传输，进而导致数据失效或不可用。典型的以破坏网络可用性为目的的攻击方式包括拒绝服务攻击（Denial of Service, DoS）、黑洞攻击等。其中，DoS 攻击是对被攻击对象的资源进行消耗性攻击，主要形式包括攻击者迫使服务器的缓冲区溢出，使系统执行元件不断接受新的请求，最终导致系统服务被暂停甚至系统崩溃。与虚假数据注入攻击相比，DoS 攻击不具有隐蔽性，攻击者在发动 DoS 攻击时，无须获取系统先验知识及系统读取权限，其攻击门槛低，易于实现，但危害大，难抵御。因此，工业互联网系统遭受 DoS 攻击时的数据安全问题受到了学者们的广泛关注。

6.1.1 工业互联网及广播认证介绍

工业互联网突出特征是通过传感器等方式获取物理世界的各种信息，结合互联网、移动通信等进行信息的传送与交互，采用智能技术对信息进行分析处理，从而提升对物质世界的感知能力，实现智能化的决策与控制。工业互联网是由大量部署在作用区域内的、具有通信与计算能力的节点构成的，能根据环境自主完成指定任务的分布式智能化网络系统。其网络模型可分为两大类：分布式网络和层次网络。分布式传感器网络一般由节点群、汇聚节点、互联网及用户界面组成。传感器节点之间可以相互通信，自己组织成网络并通过多跳方式连接至汇聚节点，汇聚节点收到数据后，通过网关完成和公用网络的连接。整个系统通过任务管理器来管理和控制。当网络规模较大时采用层次性的传感器网络。整个网络被分为很多簇，一个簇相当于一个子网络，由簇头和普通节点构成，簇头比普通节点的计算能力强，存储空间大，能量也更充足。

目前，DoS 攻击的检测和防御方法非常多，下面具体介绍一些现有的经典的针对不同 DoS 攻击类型的防御机制。

（1）拥塞攻击方法及其防御

无线环境是一个开放的环境，所有无线设备共享一个开放的空间，若两个点发射的信号在同一个频段上，或者发射频点很接近，就会因为彼此干扰而不能正常通信。攻击节点在半径内不断发送无用信号，只要处在传感器网络工作频段上的节点都不能正常工作。发送的信号一旦超过一定密度，无线网络就会面临瘫痪。拥塞攻击对单频点无线通信网络非常有效。攻击者只要获得或者检测到目标网络通信的中心频率，就可以在这个频点附近发射无线电波进行干扰。要抵御单频点的拥塞攻击，使用宽频和调频的方法是比较有效的。网络节点在检测到攻击后，在无法改变空间的情况下，统一转换自己的频率，在新的频率中进行通信。但是，由于能量低、功耗低的传感器节点受限于简易的频率通信，因此很难使用上述的技术。一个比较合理的方法是将传感器节点置为一段时间的睡眠模式，然后周期性地苏醒并测试信道是否仍然拥塞。尽管这种办法不能有效地阻止拥塞攻击，但是它通过减少能量消耗来提高节点的生命力。攻击者如果要达到破坏目的必须长时间攻击，需要消耗大量的能量。

Wood 等人[57] 和 Peter Soreanu 等人[58] 都提出了利用路由空洞来抵御拥塞攻击的机制。节点通过相互合作来发现遭受到拥塞攻击的区域，然后通知基站，基站在接收到节点的拥塞报告后，在整个拓扑图中映射出受攻击区域的外部轮廓，并将拥塞区域通知到整个网络，在进行数据通信时，节点将拥塞区域视为路由空洞，直接绕过拥塞区域将数据传送到目的节点。虽然该方案没有从根本上解决拥塞攻击，但起到了减少拥塞攻击危害的作用。

（2）资源耗尽攻击方法及其防御

由于传感器网络中单个节点的能量和存储空间都是有限的，攻击者就会通过各种手段使节点持续地工作，这样节点的能量很快就会消耗殆尽。资源耗尽攻击危害极大，很容易造成网络的瘫痪。

① 重放攻击方法及其防御　在重放攻击中，攻击者截取网络中的数据包，然后将这些数据包重新放入网络中。如果传感器网络中没有实行重放攻击的防御机制，这些重放的数据包将被认为是第一次进入网络的合法数据包，并在节点之间进行转发，这样节点的能量就在传输重复数据包的过程中被无谓损耗。

安全网络加密协议（Secure Network Encryption Protocol, SNEP）利用计数器模式支持数据通信的弱新鲜认证，通信双方共享一个计数器，计数器值作为每次通信加密的初始化向量。通信节点通过计数器的值对数据包进行认证，这种机制对于传输控制信息等响应包的重放攻击能够有效地抑制，但是会出现响应包认证错乱的情况。

② 拒绝睡眠攻击方法及其防御　拒绝睡眠攻击顾名思义就是使节点持续不停地工作，不给节点“睡眠”的时间。攻击者可以通过恶意节点不停地伪造数据包并在网络中传输，正常节点只能持续地接收并转发，导致其不能进入睡眠状态。

拒绝睡眠攻击的常用方法和手段可危及 WSN 的各个协议层，针对物理层的攻击虽然能够较容易地检测到，但是目前没有有效的方法去解决，而针对 MAC 层的攻击，可以采用对其自适应速率进行限制和减少保温重放这两种方法进行抑制。文献 [59] 提出了一种自适应比率控制的机制来防御拒绝睡眠攻击，这里的比率是指节点处于工作状态的时间比率。这种机制的核心思想是当检测到网络中存在大量的恶意数据并达到一定门限时，节点便限制自己工作的时间，以此来节省能量。其通过对最近数据包的认证区分出恶意流量，如果所接收的数据包认证失败并且数量达到一定门限，便认定网络遭受到了拒绝睡眠攻击，节点便启用自适应比率控制的机制。这种机制使用了 B-MAC 协议，该协议规定节点如果需要发送数据，首先要发送一段前言，为了确保其他所有节点都处于接收数据的状态，发送前言的时间要比信道检测阶段的时间长，节点在前言阶段如果苏醒则进入接收数据状态。

文献 [60] 提出了虚假调度切换机制来抵抗拒绝服务攻击。在采用 S-MAC 协议下的传感器网络，恶意节点为了长期隐蔽的攻击，通过特殊手段获得攻击目标的网络信息或通信机制，大大加长了影响的时间，增大了影响范围。为了减少攻击带来的危害，攻击行为一旦被发现，被攻击者和其一跳邻居会对现有的工作模型进行切换。这种切换实际上是一种“虚假”切换，用以迷惑攻击者，使其认为被攻击者改变了调度模式，从而对自身的调度方式做出相应的调整。当这种工作模式达到一定时间后，被攻击者会与其一跳邻居“虚假”地切换到原有的工作模式，攻击者同时跟随调整。这种频繁的切换会大大消耗攻击者的能量，而被攻击者本身由始至终都采用同一种调度模式进行工作，并未过度消耗能量。过多的耗能会使攻击者无法工作，这样便达到摆脱攻击的目的。

③ PDoS 攻击方法及其防御　在 PDoS 攻击中，攻击者通过重放攻击或插入伪造数据包等手段在多跳的传输路径上进行洪泛，导致该传输路径上的节点能量迅速消耗殆尽。此外，由于攻击者持续地占用该信道，其他节点便没有机会将自己的数据传输到目的地。

Jing Deng 等人在文献 [61] 中首次提出了 PDoS 攻击，并利用单项哈希链对此类攻击进行防御。该方案同解决重放攻击的方式一样，中间节点通过验证数据包哈希值的合法性来判断数据包是否伪造。这种机制很好地阻止了 PDoS 攻击，攻击者发送的报文很容易通过哈希值的认证过滤出来，保证了节点不会因为传输伪造密文而浪费资源。但是该方案需要每个节点保存一个哈希链，而且如果节点作为转发节点，还要验证哈希值，这需要消耗节点存储空间和能量。Luo Xi 等人在文献 [62] 中指出该方案只能用于轻量级网络流量的 WSN，如果网络流量过大，节点会因为计算哈希值消耗过多的能量。

Matthias Enzmann 等人[63] 提出了利用 Push Protocol 来防御 PDoS 的方案，该方案主要涉及三个消息，分别是：Establish、Push 和 Adopt。基站通过 Establish 消息建立到簇头 CD 的上行通信路由，CH 则通过 Push

消息建立到基站的下行通信路由，Adopt 消息则用来更新传输路径上的节点。

（3）路由破坏方法及其防御

在 WSN 中，数据传输到目标节点需要经过中间节点的多跳转发。攻击者可以将恶意节点冒充为传输路径上的中间节点，恶意节点在接收到其他节点传输给它的数据包后并不转发给下一个节点，而是选择错误的路径发送。此外攻击者也可以在网络中广播错误的路由信息，使其他节点都以为恶意节点是下一跳节点，并将数据包全部转发给恶意节点。这些攻击方法都破坏了网络中数据包正常传输的路由，造成了数据包的丢失。

① 方向误导攻击方法及其防御　方向误导攻击是指恶意节点对其所接收的数据包的源地址和目的地址进行修改，由错误的传输路径转发，如此一来整个网络将陷入混乱。此外，如果恶意节点将收到的数据包的目的地址全部改为同一个地址，即将数据包全部转发给同一个节点，该节点必然会因为通信阻塞和能量耗尽而失效。针对不同的网络层协议，其防御方法也有所不同。输出过滤技术可以对源路由进行认证，能通过认证的数据包说明它确实是由合法的子节点发送的，不能通过认证的便可直接丢弃，攻击者发出的数据包会因未通过认证而遭丢弃，从而保护了目标节点不受攻击。

要解决方向误导攻击归根结底是要检测出恶意节点的所在，并将其排除在传输路径之外。入侵检测系统可以定期检查节点的流量，如果发现传输路径上某个节点的流量异常，如接收流量很大，而转发流量很小，则可以认为该节点是恶意节点。另外，恶意节点内部运行的代码和正常节点是不同的，因此入侵检测系统也可以对节点内部运行的代码进行检查，如果和正常节点内部代码相比出现异常，则认为节点已经遭到入侵。Chan 等人在文献 [64] 中提出的分布式投票表决系统也可以用来处理此类攻击，即在网络配置前，事先将选票存储在每个节点的密钥环中，如果节点 A 发现节点 B 有不正当的行为时，A 就会投反对 B 的票，当 B 的反对票数达到一定数量后，所有节点就会拒绝和 B 进行通信，这在一定程度上遏制了恶意节点的攻击。

② Hello 洪泛攻击方法及其防御　许多 WSN 的路由协议都要求节

点将自己的位置通过广播 Hello 消息包来告知邻居节点，当节点收到其他广播节点的 Hello 消息包时，该节点认为自己处于广播 Hello 消息包的节点的通信范围内。攻击者可以获取网络中的 Hello 消息包或伪造 Hello 消息包，然后通过恶意节点将这些 Hello 消息包在网络中广播，其他节点在接收到这些消息包后，都以为发送节点是自己的邻居节点，但事实上发送节点根本不在这些节点的传输范围内。当这些节点转发数据时，可能都将恶意节点作为路由的下一跳而将数据转发给它，而恶意节点会丢弃接收到的数据，从而导致网络中数据的大量丢失。

在很多地理路由协议中都规定节点减少接收不在自己通信范围内的节点所传送过来的数据，这对减少 Hello 洪泛攻击起到了一定的作用。要解决 Hello 洪泛攻击的关键是节点能够对攻击者发送的 Hello 消息包进行有效的认证。在文献 [65] 中，网络中每对节点都有共享的密钥，节点通过广播加密的 REQ 信息来建立自己可信的邻居节点集。在此后的通信中，节点只接收来自可信邻居节点集中的节点传送过来的数据。因此，攻击者若广播 Hello 消息包，但是由于之前没有和节点建立共享的密钥，节点不会理睬这些 Hello 消息包。这种机制如果遭受到节点入侵攻击，有可能会使攻击者获取到共享密钥信息，节点所建立的邻居节点集就不可信了。

路由破坏攻击还有 Sinkhole、Wormhole 等攻击形式，这些攻击手段都是提供虚假的路由信息，导致整个网络的瘫痪，进而影响整个网络的可用性。现在应用较多的典型路由协议有：基于簇的 LEACH 协议和 TEEN 协议；以数据为中心的路由协议 SPIN、Flooding 和直接扩散等。它们通常是采用链路层加密和认证、多路径路由、身份认证、双向连接认证和认证广播等机制来抵御外部攻击，从而提高路由协议的安全性。

（4）欺骗攻击方法及其防御

节点渗透对 WSN 是一种严重的威胁。WSN 节点一般布置在无人值守甚至不安全的环境中，因此节点很容易被攻击者俘获。一旦节点被俘获，存储在节点中的所有信息都会被攻击者所获取。攻击者可以使渗透过的节点伪装成网络中授权的节点，在网络中插入错误的数据来欺骗基站，或者进行 PDoS 攻击。

文献 [66] 利用传感器网络的冗余特性提出了一种减少节点渗透危害的机制。当节点 S 发送一个数据包给基站 B 时，这个数据包不能直接传送给 B，它必须获得周围节点的签注。如果周围节点认可该数据包，就产生一个关于该数据包的消息认证码作为签注报文返送给 S, S 将所收到的签注报文汇总（S 节点本身也产生一个签注报文），然后连通原始数据包一并发送给 B。这个机制要求节点 S 必须获得一定数量的签注报文，比如说 n+1 个，如果少于 n+1 个，则基站拒绝接收该数据包。在这种情况下，如果攻击者利用渗透节点发送错误数据包欺骗基站，它会因为得不到足够数量的周围节点的签注报文而失败。

这种欺骗机制有效抵御了节点渗透的欺骗攻击，但是也同时引出了另外一种攻击方式：错误签注拒绝服务攻击（False-Endorsement-Based DoS, FEDoS）[66,67]。在 FEDoS 中，通过渗透的节点对某个节点所要发送的数据包产生了一个错误的签注，该数据包到达基站时，会因为认证失败而被基站丢弃，这就导致了本来是合法的数据包被基站拒绝接收，这也是对基站的一种欺骗。文献 [66] 提出了一种基于分簇传感器网络防御 FEDoS 攻击的方案，该方案也利用到了单向哈希链。CH 中所存有的哈希链表示为：CCH=C0CH,⋯,CnCH，在节点 CN 中的哈希链表示为：CCNj=C0CNj,⋯,CnCNj。CH 自己不能向基站发送一个有效的报文，每个哈希值只在一段时间范围内是有效的，比如：在时间段 I1 内，C1CNj 是有效的，在时间段 I2 内，C2CNj 是有效的。另外，CH 对自己的报文也要通过自己的哈希值来认证。

这个方案的核心思想是参与签注簇头报文的节点必须在一定时间后向簇头发送用来签注报文的密钥，以此来证明所发送的签注报文（Endorsement）是正确的。如果 CH 检测到一个或多个 CN 没有向 CH 发送密钥，或者发送了密钥，但是签注报文证明错误，CH 则将该节点排除出通信范围。如果有必要，则产生一个新的报文发送给基站，当然这个报文不需要所排除出去的节点的认可。

上述方案能有效地防御因节点渗透所造成的 FEDoS 攻击，在该方案下，攻击者必须至少渗透 t+1 个节点来进行 FEDoS 攻击，这给攻击者造成了很大的难度。但是这种方案的不足之处是：如果网络由于某些原因发生了拥塞，那么 CH 有可能接收不到 CN 发送给它的密钥，或者要隔很长时间才能收到，而一段时间内接收不到节点发送的密钥，CH 有可能将合法的节点认为是渗透的节点。为了解决这个问题，文献 [67] 提出了一种 Greylist 机制，该机制的思想是如果在一段时间内未收到节点发送过来的密钥，CH 将该节点加入 Greylist，而不是立即排出在正常通信之外，如果过一段时间又重新收到了密钥，则恢复与该节点的通信，这样避免了因网络的拥塞所导致的错误判断。

（5）针对 DoS 攻击的防御框架与模型

近年来，针对 WSN 中的 DoS 攻击，研究人员提出了一些抵抗 DoS 攻击的方法。文献 [68] 提出了针对 DoS 攻击的新防御框架，分为攻击检测阶段和防御阶段两个阶段。整个框架由两部分组成，一个是 WSN，加入了看门狗节点。在文献 [68] 中，为防止 DoS 攻击，马蒂提出看门狗计划标识行为不端的节点和路径的评估者，有助于路由协议识别这些节点。另一个是防御系统，它由通信模块、攻击检测组件、攻击防御对策组件、用户控制平台组成。在攻击检测阶段实行一对一的检测机制。在一个工作周期，检测模块接收参数需要确定是否来自通信模块的攻击。如果是持续攻击，这种检测模块将自己设置标记并发送一条消息到通信模块，该消息将被视为攻击预警信号。在防御对策阶段，防御机制由 5 个进程模块组成，每个模块对同一类攻击有多个防御措施，发生攻击时，一个或者更多子模块防御对策组件将被激活，从而防止或者减轻现行的攻击。

文献 [69] 提出了一种基于博弈论的抵御 DoS 攻击模型。作者充分考虑了获利动机，提出利用惩罚机制的震慑来限制恶意攻击，并由此得出了一个 WSN 安全合作的 Nash 均衡条件。作者假设所有节点都是为了将自己的利益最大化，并对其进行了分类：理性节点、恶意节点。整个模型由检测惩罚机制构成，当理性节点转发报文时，其收益将会增加，但针对恶意节点，当其发动攻击时，其收益会增加，一旦攻击被检测发现，会对其进行惩罚，使其利益受损，这种惩罚的利益或远远超过前期的获利。当恶意节点发现攻击并不能增加自身的利益时，会采用合作的策略，如此一来整个博弈过程就会呈现 Nash 均衡的状态。

6.1.2 受 DoS 攻击时工业互联网中的优化控制

本节主要是讨论利用博弈方法来解决受 DoS 攻击时工业互联网中的优化控制问题。首先，在现有的一些研究 DoS 攻击数学模型的文献中，主要是将 DoS 攻击建模成一个简单的伯努利的数据丢包模型[70-72]。这种建模方式主要是从被攻击系统受到影响的角度考虑，此外还可以从攻击过程的角度考虑进行建模。DoS 攻击主要是通过减少或是消耗网络系统中通信系统中的有效容量来达到攻击目的。本节介绍一种 DoS 攻击模型，这种模型对 DoS 攻击的数学描述进行了修改。其次，目前在利用博弈研究 DoS 攻击的文献中，主要是将攻击者与系统防御者，也就是攻击者与系统的控制器之间的博弈关系构建成一个静态的 Stackelberg 博弈过程[72,73]，然后求解控制器的最优解。然而静态的博弈只求取一次最优解，整个博弈过程中并不存在信息的实时交换，控制器只能利用系统的初始状态，这样并不能保证在整个攻击过程中系统可以有效得知攻击者的状态并进行相应的合理反应。为了保证控制器与攻击者之间存在有效的信息交换，同时为了有效利用系统现有状态 x_k 的信息，可以将恶意攻击者与控制器之间的博弈关系构建成一个可以利用闭环信息结构的动态 Stackelberg 博弈的模型。最后，根据攻击者与控制器之间的能量关系给出二者的成本函数，通过改进的极小值原理求解出控制器在存在 DoS 攻击时的最优解。

（1）Stackelberg 博弈

Stackelberg 博弈是指两个或两个以上的决策者以非合作的方式进行决策的问题，一般被描述成两个优化问题的分层次组合的形式[74,75]。层次较低的决策者（即追随者）利用可获取的有效信息通过做出决策以优化其目标函数，追随者的决策要顾及高层次的决策者（即领导者）的策略。领导者可以推断追随者的响应决策，根据双方可能的决策进行决策，并优化其目标函数。这种优化问题可以被视为一个特殊的双边优化问题。

动态 Stackelberg 博弈论作为一类多目标优化问题，可以用在很多领域，例如经济、社会行为、市场、网络通信与军事决策等领域。在本节我们考虑只有一个追随者与只有一个领导者的双决策者的非合作的动态博弈，其中追随者与领导者分别是攻击者与控制器。

（2）DoS 攻击的模型

在许多文献中，一些研究人员会将遭受 DoS 攻击的系统状态建模成一个数据丢包的形式。这是从被 DoS 攻击系统受到的影响的角度出发来建模的。但是实际上 DoS 攻击过程并不是简单的数据丢包，尤其是一些以洪流攻击为主要形式的 DoS 攻击，主要还是通过占用有效测量数据的通信信道来使得有效的传感测量数据无法正常地传输，从而造成系统性能的下降。因此还可以从攻击过程的角度出发对 DoS 攻击的模型进行修改，这样可以更加全面地表达 DoS 的攻击特性。

假设 $\boldsymbol{v}_k^{\mathrm{a}}$ 是在 k 时刻被攻击的控制输入，其中 $k\in\mathcal{N}$，$\mathcal{N}=\{0,\cdots,N\}$ 是系统运行时间，$\mathcal{N}_{\mathrm{a}}\in\mathcal{N}$ 是攻击持续时间，同时也是博弈的持续时间。在 k 时刻，系统中从控制器传输到执行器的传输数据在没有受到 DoS 攻击时是正常的 $\boldsymbol{u}_k$，但是在遭受到 DoS 攻击以后，传输通道中的数据不仅含有有效的控制输入 $\boldsymbol{u}_k$，还有攻击者发出的攻击信号，这里我们假设攻击信号是 $\boldsymbol{v}_k$。当有效的控制信号的能量大于攻击信号的能量时，控制信号可以传输到执行器，当然我们假设系统可以对有效数据进行完全的识别与恢复；但是当攻击者发起的攻击能量很大时，有限的传输通信信道就会被攻击信号占满而导致 DoS 攻击无法有效地传输。因此控制信号 $\boldsymbol{u}_k$ 受到 DoS 攻击时可以被建模成如下形式：

$$\boldsymbol{u}_k^{\mathrm{a}}=\begin{cases}\boldsymbol{u}_k, & k\notin\mathcal{N}_{\mathrm{a}}\\ \boldsymbol{u}_k+\boldsymbol{v}_k, & k\in\mathcal{N}_{\mathrm{a}}\end{cases}\tag{6-1}$$

其中，$\boldsymbol{v}_k$ 是来自恶意攻击者的攻击信号。我们将上述模型中的两个等式合并，重新描述可以得到如下形式：

$$\boldsymbol{u}_k^{\mathrm{a}}=\boldsymbol{u}_k+(1-\alpha_k)\boldsymbol{v}_k,\ k\in\mathcal{N}\tag{6-2}$$

其中，随机过程 $\{\alpha_k\}$ 表示一个服从独立同分布的伯努利过程。当 $k\in\mathcal{N}$ 但是 $k\notin\mathcal{N}_{\mathrm{a}}$ 时控制信号 $\boldsymbol{u}_k$ 没有受到攻击，这时 $\alpha_k=1$，$\boldsymbol{u}_k^{\mathrm{a}}=\boldsymbol{u}_k$；但是当 $k\in\mathcal{N}_{\mathrm{a}}$ 且 $k\in\mathcal{N}$ 时控制信号 $\boldsymbol{u}_k$ 受到了攻击，这时 $\alpha_k=0$，同时 $\boldsymbol{u}_k^{\mathrm{a}}=\boldsymbol{u}_k+\boldsymbol{v}_k$。

（3）DoS 攻击下工业互联网系统的动态 Stackelberg 博弈模型

首先考虑一个离散的线性动态方程：

$$\boldsymbol{x}_{k+1}=\boldsymbol{A}\boldsymbol{x}_k+\boldsymbol{B}\boldsymbol{u}_k \tag{6-3}$$

我们假设该系统中从控制器到执行器之间的通信线路受到了来自恶意攻击者的 DoS 攻击，即控制信号 $\boldsymbol{u}_k$ 受到 DoS 攻击信号 $\boldsymbol{v}_k$ 的干扰。那么我们就可以将上面公式中的控制信号改成受攻击的控制信号 $\boldsymbol{u}_k^{\mathrm{a}}$ 的形式：

$$\boldsymbol{x}_{k+1}=\boldsymbol{A}\boldsymbol{x}_k+\boldsymbol{B}\boldsymbol{u}_k^{\mathrm{a}} \tag{6-4}$$

将式 (6-2) 代入式 (6-4)，可得到存在 DoS 攻击时工业互联网系统的离散线性的动态方程表达式：

$$\boldsymbol{x}_{k+1}=\boldsymbol{A}\boldsymbol{x}_k+\boldsymbol{B}\boldsymbol{u}_k+(1-\alpha_k)\boldsymbol{B}\boldsymbol{v}_k \tag{6-5}$$

我们可以将上式两个控制变量 $\boldsymbol{u}_k$ 与 $\boldsymbol{v}_k$ 看作博弈论中两个参与者的决策行为，其中 $\boldsymbol{u}_k$ 是博弈过程中一个参与者控制器的决策行为，$\boldsymbol{v}_k$ 是博弈过程中另一个参与者攻击者的决策行为。那么我们就可以将上式看作一个博弈的过程，将其称为可以描述动态博弈中的两个参与者非合作关系的动态博弈演化方程。因此我们利用方程式 (6-5) 建立了一个控制器与攻击者之间的博弈关系。

由于在实际的攻击过程中，两个参与者（即攻击者与控制器）之间的信息结构是不平衡的，很明显控制器对系统的状态了解得更多，而攻击者只可能了解系统的部分状态信息，这样就导致了两个博弈的参与者之间出现了等级关系。而且也可以很明显地看出两个参与者之间是非合作的关系，控制器的目的是保持系统的稳定性，而攻击者的目的是破坏系统的稳定性。因此可以将两个参与者之间的博弈关系构造成一个动态的 Stackelberg 博弈关系。位于低层次的决策者，也就是追随者，会根据位于高层次决策者的决策选择自己的决策来优化自己的目标函数，而位于高层次的决策者在知道了追随者的合理反应以后依据双方的共同反应来选取决策优化自己的目标函数。

根据上述描述的关系我们将控制器看作领导者，将攻击者看作追随者。在此，我们需要假设攻击者的攻击可以完全被系统检测到，在这种情况下，攻击开始以后系统就可以知道攻击者的行为 $\boldsymbol{v}_k$，也就是控制器知道攻击者的合理反应；同时，攻击者也要根据系统初始状态时的控制输入 $\boldsymbol{u}_k$ 来决定自己的攻击行为 $\boldsymbol{v}_k$。可以看出，在随后的博弈过程中控制器处于层次高的位置，因此我们将控制器看作领导者而将攻击者看作追随者。

在将受到 DoS 攻击以后的工业互联网系统建模成一个 Stackelberg 博弈后，下面给出关于该博弈的具体定义。

定义 6-1

一个由两个参与者组成的有预先规定好的持续时间的离散确定有限的动态 Stackelberg 博弈包含以下信息：

① 含有两个参与者的集合 $\mathcal{N}=\{1,2\}$，其中参与者 1 是领导者，参与者 2 是追随者。这里我们设定控制器为领导者，攻击者为追随者。

② 一个指标集 $\mathcal{K}=\{1,\cdots,N\}$ 代表博弈的阶数，其中 N 是一个参与者在博弈中允许的最大可能数。

③ 博弈的状态空间（或是状态集合）$\mathcal{X}$，其中博弈的状态 x_k 属于所有的 $k\in\mathcal{K}\bigcup N+1$。

④ 一个含有一定拓扑结构的无限集合 U_k^i，对于每一个 $k\in\mathcal{K}$ 与 $i\in\mathcal{N}$，称该集合为参与者 P_i 在 k 阶段的行为集合（控制集合）。它的元素是 P_i 在 k 阶段的容许行为 $\boldsymbol{u}_k^i$。在本节中用 $\mathcal{U}$ 与 $\mathcal{V}$ 分别代表领导者与追随者的行为空间，用 $\boldsymbol{u}_k$ 与 $\boldsymbol{v}_k$ 分别表示领导者与追随者在 k 阶段的容许行为。

⑤ 对于每个阶段 $k\in\mathcal{K}$，定义一个函数 $f_k:\mathcal{X}\times\mathcal{U}\times\mathcal{V}\to\mathcal{X}$，使得对于博弈的初始状态 $\boldsymbol{x}_1\in\mathcal{X}$ 有 $\boldsymbol{x}_{k+1}=f_k(\boldsymbol{x}_k,\boldsymbol{u}_k,\boldsymbol{v}_k)=\boldsymbol{A}\boldsymbol{x}_k+\boldsymbol{B}\boldsymbol{u}_k+(1-\alpha_k)\boldsymbol{B}\boldsymbol{v}_k$，$k\in\mathcal{K}$。这个差分方程叫作动态博弈的状态方程，描述了潜在决策过程的演化过程。

⑥ 对于 $k\in\mathcal{K}$ 与 $i\in\mathcal{N}$，在每个阶段 k 参与者 P_i 可以获得的信息为 $\eta_k^i=\{x_1,\cdots,x_k\}$，我们称之为闭环信息结构[76]。

（4）Stackelberg 博弈中领导者与追随者的成本函数

在构造了 Stackelberg 博弈数学模型并对 Stackelberg 博弈的具体信息进行了定义以后，我们要根据系统在遭受 DoS 攻击后攻击者与控制器进行博弈时双方的实际能量需求来构造领导者（控制器）与追随者（攻击者）

各自的成本函数。因此首先需要规定$\|\boldsymbol{x}_k\|_{\boldsymbol{Q}}^2$是系统的运行成本，$\|\boldsymbol{u}_k\|_{\boldsymbol{R}_1}^2$是系统的输入成本，$\|\boldsymbol{v}_k\|_{\boldsymbol{R}_2}^2$是攻击者的攻击成本。其次，规定每个参与者的成本函数由两个部分组成，其中第一个部分是来自于以固定能量传输信号时消耗的能量成本，第二个部分是来自于遭受 DoS 攻击后工业互联网系统的系统性能下降导致的成本。

现在我们来分别讨论领导者（控制器）与追随者（攻击者）的成本函数。在本节中我们将攻击者设定为了追随者。在攻击过程中，攻击者的攻击目标是在阻塞系统有效的控制信息传输的同时也尽量使得系统的性能能够下降。攻击者的攻击策略是尽量使得系统的受控输出远远偏离系统的容许范围，也就是使得系统的受控输出尽量大，而同时又要使得自身因为攻击而消耗的能量降到最低。对于攻击者来说，传输信号时的能量消耗是$(1-\alpha_k)\|\boldsymbol{v}_k\|_{\boldsymbol{R}_{22}}^2$，那么对于攻击者能量消耗的优化函数是：

$$\min_{\boldsymbol{v}_k\in\mathcal{V}} \quad \mathbb{E}\left\{\sum_{k=1}^{N}(1-\alpha_k)\|\boldsymbol{v}_k\|_{\boldsymbol{R}_{22}}^2\right\} \tag{6-6}$$

对于系统的受控输出$\sum_{k=1}^{N}[\|\boldsymbol{x}_k\|_{\boldsymbol{Q}_2}^2+\|\boldsymbol{u}_k\|_{\boldsymbol{R}_{12}}^2]+\|\boldsymbol{x}_{N+1}\|_{\boldsymbol{P}_{N+1}^2}^2$，在每个阶段$k\in\mathcal{K}$攻击者的目的是尽量使其偏离容许值的范围，因此受控输出的优化目标函数是：

$$\max_{\boldsymbol{v}_k\in\mathcal{V}} \quad \sum_{k=1}^{N}[\|\boldsymbol{x}_k\|_{\boldsymbol{Q}_2}^2+\|\boldsymbol{u}_k\|_{\boldsymbol{R}_{12}}^2]+\|\boldsymbol{x}_{N+1}\|_{\boldsymbol{P}_{N+1}^2}^2 \tag{6-7}$$

由式 (6-6) 与式 (6-7) 可得到攻击者的成本函数如下：

$$\begin{aligned}J_2&=\frac{1}{2}\mathbb{E}\left\{\sum_{k=1}^{N}(1-\alpha_k)\|\boldsymbol{v}_k\|_{\boldsymbol{R}_{22}}^2-\sum_{k=1}^{N}[\|\boldsymbol{x}_k\|_{\boldsymbol{Q}_2}^2+\|\boldsymbol{u}_k\|_{\boldsymbol{R}_{12}}^2]+\|\boldsymbol{x}_{N+1}\|_{\boldsymbol{P}_{N+1}^2}^2\right\}\\&=\frac{1}{2}\mathbb{E}\left\{-\|\boldsymbol{x}_{N+1}\|_{\boldsymbol{P}_{N+1}^2}^2-\sum_{k=1}^{N}[\|\boldsymbol{x}_k\|_{\boldsymbol{Q}_2}^2+\|\boldsymbol{u}_k\|_{\boldsymbol{R}_{12}}^2]-(1-\alpha_k)\|\boldsymbol{v}_k\|_{\boldsymbol{R}_{22}}^2\right\}\end{aligned} \tag{6-8}$$

对于控制器而言，也就是本节中的领导者，其控制策略是在得知攻击者已经做出攻击行为后保证系统的受控输出可以维持在系统容许的水平，同时也要保证自己防守攻击消耗的能量尽量小。在k阶段的博弈中，

控制器防守攻击消耗的能量成本是 $\|\boldsymbol{u}_k\|_{\boldsymbol{R}_{11}}^2$ ，因此控制器防守攻击消耗能量的成本函数是：

$$\min_{\boldsymbol{u}_k\in\mathcal{U}}\sum_{k=1}^{N}\|\boldsymbol{u}_k\|_{\boldsymbol{R}_{11}}^2 \tag{6-9}$$

同时控制器也希望系统的受控输出 $\sum_{k=1}^{N}[\|\boldsymbol{x}_k\|_{\boldsymbol{Q}_1}^2+\|\boldsymbol{u}_k\|_{\boldsymbol{R}_{11}}^2]+\|\boldsymbol{x}_{N+1}\|_{\boldsymbol{P}_{N+1}^1}^2$ 在博弈的每个阶段能够维持在容许的范围；另外，由于攻击者的攻击能量是有限的，控制器的另外一个任务是还要尽量使得攻击者的攻击能量尽量大，因此其优化函数是：

$$\min_{\boldsymbol{u}_k\in\mathcal{U}}\|\boldsymbol{x}_{N+1}\|_{\boldsymbol{P}_{N+1}^1}^2+\sum_{k=1}^{N}[\|\boldsymbol{x}_k\|_{\boldsymbol{Q}_1}^2+\|\boldsymbol{u}_k\|_{\boldsymbol{R}_{11}}^2]-(1-\alpha_k)\|\boldsymbol{v}_k\|_{\boldsymbol{R}_{21}}^2 \tag{6-10}$$

然后由式 (6-9) 与式 (6-10) 可得到控制器的成本函数为：

$$J_1=\frac{1}{2}\mathbb{E}\left\{\|\boldsymbol{x}_{N+1}\|_{\boldsymbol{P}_{N+1}^1}^2+\sum_{k=1}^{N}[\|\boldsymbol{x}_k\|_{\boldsymbol{Q}_1}^2+\|\boldsymbol{u}_k\|_{\boldsymbol{R}_{11}}^2]-(1-\alpha_k)\|\boldsymbol{v}_k\|_{\boldsymbol{R}_{21}}^2\right\} \tag{6-11}$$

注 6-1

由参考文献 [77] 可知，在 Stackelberg 策略中两种策略一个是 min-min Stackelberg 策略，另一个是 min-max Stackelberg 策略。从领导者与追随者的成本函数可以看出，追随者的决策行为 $\boldsymbol{v}_k$ 不光会使自身的成本函数最小化，同时也会使得领导者的成本函数最大化，因此我们认为这是一个 min-max Stackelberg 策略。一个 min-max Stackelberg 策略可以被解释为当合理的反应发生时，无论何时追随者的选择相对于领导者来说都是最糟糕的，而同时领导者的成本函数也是被最小化的。一般我们认为这种策略相对于追随者的策略选择来说是具有一定鲁棒性的[78]。

注 6-2

在式 (6-8) 与式 (6-11) 中 $\boldsymbol{x}_k$ 是系统状态，$\boldsymbol{u}_k$ 是系统输入，$\boldsymbol{v}_k$ 是攻击者的攻击信号输入，其中对于 $i,j\in\mathcal{K}$ ，矩阵 $\boldsymbol{Q}_i$、$\boldsymbol{R}_{ij}$、$\boldsymbol{P}_{N+1}^i$ 是正定矩阵。

（5）Stackelberg 博弈中参与者存在优化解的必要条件

由于领导者与追随者之间存在等级关系，追随者要对领导者的行为 $\boldsymbol{u}_k$ 做出合理的反应，而领导者将会注意到追随者的这个合理反应，并利用自身的信息优势来选择合理的控制行为最小化自己的成本函数。在求解两个参与者存在最优解的必要条件之前，我们先给出如下定义。

定义 6-2

追随者的合理反应集或是最优响应集定义如下：

$$T:\boldsymbol{u}_k \in \mathcal{U} \mapsto T\boldsymbol{u}_k \in \mathcal{V} \tag{6-12}$$

其中，$T\boldsymbol{u}_k = \left\{\boldsymbol{v}_k \mid \boldsymbol{v}_k \in \min J_2(\boldsymbol{u}_k, \overline{\boldsymbol{v}_k}), \overline{\boldsymbol{v}_k} \in \mathcal{V}\right\}$。

定义 6-3

一个 min-max Stackelberg 博弈策略 $(\boldsymbol{u}_k^* \mid \boldsymbol{v}_k^*)$ 由如下最小化问题定义：

$$\begin{cases} \boldsymbol{v}_k^* \in T\boldsymbol{u}_k^* \\ \boldsymbol{u}_k^* \in \min \max\limits_{\boldsymbol{v}_k \in T\boldsymbol{u}_k} J_1(\boldsymbol{u}_k, \boldsymbol{v}_k) \end{cases} \tag{6-13}$$

因此，在求解过程中我们首先求解追随者存在优化解的必要条件，其次再求解领导者存在优化解的必要条件。

（6）攻击者存在优化解的必要条件

攻击者的最优响应集合或是合理反应集合 T 是不依赖于是 min-min Stackelberg 策略还是 min-max Stackelberg 策略的选择。攻击者的最优响应集合其实就是在存在一个固定的控制行为 $\boldsymbol{u}_k^*$ 的情况下，求解攻击者的优化函数来得出攻击者的最优化控制解。因此我们可以将求解攻击者的最优解描述为求解如下的一个最优函数：

问题 6-1

$$\min_{v_k \in \mathcal{V}} J_2 \tag{6-14}$$

$$\text{s.t. } \boldsymbol{x}_{k+1} = \boldsymbol{A}\boldsymbol{x}_k + \boldsymbol{B}\boldsymbol{u}_k + (1-\alpha_k)\boldsymbol{B}\boldsymbol{v}_k \tag{6-15}$$

那么与攻击者相关的离散哈密顿方程是：

$$H_k^2(\boldsymbol{x}_k, \boldsymbol{u}_k, \boldsymbol{v}_k, \boldsymbol{p}_{k+1}) = -\frac{1}{2}\left\{\|\boldsymbol{x}_k\|_{\boldsymbol{Q}_2}^2 + \|\boldsymbol{u}_k\|_{\boldsymbol{R}_{12}}^2 - (1-\alpha_k)\|\boldsymbol{v}_k\|_{\boldsymbol{R}_{22}}^2\right\} + \boldsymbol{p}_{k+1}^{\mathrm{T}}\left[\boldsymbol{A}\boldsymbol{x}_k + \boldsymbol{B}\boldsymbol{u}_k + (1-\alpha_k)\boldsymbol{B}\boldsymbol{v}_k\right] \tag{6-16}$$

其中，$\boldsymbol{p}_{k+1}$ 是协态向量。根据极小值原理，我们可以得到以下必要条件：

① 最优协状态列向量满足的正则方程：

$$\begin{aligned}\boldsymbol{p}_k &= \frac{\partial H_k^2(\boldsymbol{x}_k, \boldsymbol{u}_k, \boldsymbol{v}_k, \boldsymbol{p}_{k+1})}{\partial \boldsymbol{x}_k} \\ &= -\boldsymbol{Q}_2\boldsymbol{x}_k + \boldsymbol{A}^{\mathrm{T}}\boldsymbol{p}_{k+1} - \boldsymbol{R}_{21}\boldsymbol{u}_k\frac{\partial \boldsymbol{u}_k^*}{\partial \boldsymbol{x}_k} + \boldsymbol{B}^{\mathrm{T}}\boldsymbol{p}_{k+1}\frac{\partial \boldsymbol{u}_k^*}{\partial \boldsymbol{x}_k} \\ &= (\boldsymbol{A}^{\mathrm{T}}\boldsymbol{p}_{k+1} - \boldsymbol{Q}_2\boldsymbol{x}_k) + (\boldsymbol{B}^{\mathrm{T}}\boldsymbol{p}_{k+1} - \boldsymbol{R}_{21}\boldsymbol{u}_k)\frac{\partial \boldsymbol{u}_k^*}{\partial \boldsymbol{x}_k}\end{aligned} \tag{6-17}$$

② 控制方程为：

$$0 = \frac{\partial H_k^2(\boldsymbol{x}_k, \boldsymbol{u}_k, \boldsymbol{v}_k, \boldsymbol{p}_{k+1})}{\partial \boldsymbol{v}_k} = (1-\alpha_k)(\boldsymbol{R}_{22}\boldsymbol{v}_k + \boldsymbol{B}^{\mathrm{T}}\boldsymbol{p}_{k+1}) \tag{6-18}$$

③ 边界条件与最优协状态列向量满足的横截条件：

$$\boldsymbol{x}(1) = \boldsymbol{x}_1 \tag{6-19}$$

$$\boldsymbol{p}_{N+1} = \frac{\partial\left(-\frac{1}{2}\|\boldsymbol{x}_{N+1}\|_{\boldsymbol{P}_{N+1}^2}^2\right)}{\partial \boldsymbol{x}_{N+1}} = -\boldsymbol{P}_{N+1}^2\boldsymbol{x}_{N+1} \tag{6-20}$$

然后根据假设 $\boldsymbol{R}_{22}$ 可逆，同时在 $1-\alpha_k \neq 0$ 时，我们可得到追随者的最优控制解为：

$$\boldsymbol{v}_k = -\boldsymbol{R}_{22}^{-1}\boldsymbol{B}^{\mathrm{T}}\boldsymbol{p}_{k+1} \tag{6-21}$$

注 6-3

在式 (6-18) 中，若要使得等式成立，要么是 $1-\alpha_k = 0$，要么是 $\boldsymbol{R}_{22}\boldsymbol{v}_k + \boldsymbol{B}^{\mathrm{T}}\boldsymbol{p}_{k+1} = 0$，或者是两者同时为零。但是在实际情况中，只有当 $\alpha_k = 0$ 时才存在攻击 $\boldsymbol{v}_k$，因此只有在满足 $1-\alpha_k \neq 0$ 的条件时才会存在控制器与攻击者之间的 Stackelberg 博弈。当 $\alpha_k = 1$ 时，没有攻击者，这时只存在控制器，我们可以将其看作只有控制器的单人博弈。

注 6-4 我们注意到条件式 (6-18) 与开环信息结构形同，是因为其他都不包含偏微分项 $\frac{\partial \boldsymbol{v}_k}{\partial \boldsymbol{x}_k}$。这种现象主要是来源于式 (6-17) 中追随者的开环条件与闭环条件相同。

（7）控制器存在优化解的必要条件

不同于攻击者的优化问题，控制器的优化问题与 min-max 或是 min-min 策略的选择不同。前面已经介绍了，本节中的 Stackelberg 博弈是 min-max Stackelberg 博弈问题，因此我们首先给出与 min-max Stackelberg 博弈相关的一些假设与命题。

假设 6-1

$$J_1(\boldsymbol{u}_k, \boldsymbol{v}'_k) \leqslant J_1(\boldsymbol{u}_k, \boldsymbol{v}_k),\ \boldsymbol{v}'_k \in T'\boldsymbol{u}_k, \boldsymbol{v}_k \in T\boldsymbol{u}_k, \boldsymbol{u}_k \in \mathcal{U}^*_{nb} \tag{6-22}$$

其中，$\mathcal{U}^*_{nb}$ 表示 $\mathcal{U}$ 中 $\boldsymbol{u}^*$ 的一个邻域。

命题 6-1

考虑一个与 min-max Stackelberg 解相关的控制对 $(\boldsymbol{u}^*_k, \boldsymbol{v}^*_k)$。其中控制 $\boldsymbol{u}^*_k$ 由式 (6-13) 定义，也就是说：

$$\boldsymbol{u}^*_k \in \arg \min_{\boldsymbol{u}_k \in \mathcal{U}} \max_{\boldsymbol{v}_k \in T\boldsymbol{u}_k} J_1(\boldsymbol{u}_k, \boldsymbol{v}_k) \tag{6-23}$$

在假设 6-1 中，我们有：

$$\boldsymbol{u}^*_k \in \arg \min_{\boldsymbol{u}_k \in \mathcal{U}} \max_{\boldsymbol{v}_k \in T'\boldsymbol{u}_k} J_1(\boldsymbol{u}_k, \boldsymbol{v}_k) \tag{6-24}$$

由式 (6-18) 可知，在 $1-\alpha_k \neq 0$ 时 $\frac{\partial^2 H_k^2}{\partial \boldsymbol{v}_k^2}$ 是恒为正定的，因此对于每一个解都满足严格的勒让德条件，那么根据隐函数定理我们可以将 $\boldsymbol{v}_k$ 的每一个解写成如下形式：

$$\boldsymbol{v}_k = \mathcal{S}(\boldsymbol{x}_k, \boldsymbol{u}^*_k(\boldsymbol{x}_k), \boldsymbol{p}_k) \tag{6-25}$$

控制器相对于攻击者处于顶层的位置，控制器可以将自己的控制强加于攻击者。另外，由于我们假设系统是可以检测到攻击者的攻击行为的，因此控制器是知道攻击者的攻击行为 $\boldsymbol{v}_k$ 的，也就是说，系统的控制器是知道攻击者的函数 $\mathcal{S}$ 的。我们将式 (6-21) 代入式 (6-5) 中可以得到受攻击系统模型如下：

$$\begin{aligned}\boldsymbol{x}_{k+1} &= \boldsymbol{A}\boldsymbol{x}_k + \boldsymbol{B}\boldsymbol{u}_k - (1-\alpha_k)\boldsymbol{B}\boldsymbol{R}_{22}^{-1}\boldsymbol{B}^{\mathrm{T}}\boldsymbol{p}_{k+1} \\ &= \boldsymbol{A}\boldsymbol{x}_k + \boldsymbol{B}\boldsymbol{u}_k - (1-\alpha_k)\boldsymbol{S}_2\boldsymbol{p}_{k+1}\end{aligned} \tag{6-26}$$

其中，$\boldsymbol{S}_2 = \boldsymbol{B}\boldsymbol{R}_{22}^{-1}\boldsymbol{B}^{\mathrm{T}}$。

那么现在我们可以将求解控制器的最优解描述成求解如下的优化函数：

问题 6-2

$$\min_{\boldsymbol{u}_k \in \mathcal{U}} J_1 \tag{6-27}$$

约束条件是：

$$\boldsymbol{x}_{k+1} = \boldsymbol{A}\boldsymbol{x}_k + \boldsymbol{B}\boldsymbol{u}_k - (1-\alpha_k)\boldsymbol{S}_2\boldsymbol{p}_{k+1} = F_1(\boldsymbol{x}_k, \boldsymbol{u}(x_k), \boldsymbol{p}_k)$$

$$\begin{aligned}\boldsymbol{p}_k &= (\boldsymbol{A}^{\mathrm{T}}\boldsymbol{p}_{k+1} - \boldsymbol{Q}_2\boldsymbol{x}_k) + (\boldsymbol{B}^{\mathrm{T}}\boldsymbol{p}_{k+1} - \boldsymbol{R}_{21}\boldsymbol{u}_k)\frac{\partial \boldsymbol{u}_k}{\partial \boldsymbol{x}_k} \\ &= \boldsymbol{F}_{21} + \boldsymbol{F}_{22}\frac{\partial \boldsymbol{u}_k}{\partial \boldsymbol{x}_k}\end{aligned}$$

其中，$\boldsymbol{F}_{21}(\boldsymbol{x}_k, \boldsymbol{u}_k, \boldsymbol{p}_k) = \boldsymbol{A}^{\mathrm{T}}\boldsymbol{p}_{k+1} - \boldsymbol{Q}_2\boldsymbol{x}_k$，$\boldsymbol{F}_{22}(\boldsymbol{x}_k, \boldsymbol{u}_k, \boldsymbol{p}_k) = \boldsymbol{B}^{\mathrm{T}}\boldsymbol{p}_{k+1} - \boldsymbol{R}_{21}\boldsymbol{u}_k$。

则与控制器相关的离散哈密顿方程是：

$$\begin{aligned}\boldsymbol{H}_k^1 &= \boldsymbol{\lambda}_{1,k+1}^{\mathrm{T}}\boldsymbol{F}_1 + \boldsymbol{\lambda}_{2,k+1}^{\mathrm{T}}(\boldsymbol{F}_{21} + \boldsymbol{F}_{22}\frac{\partial \boldsymbol{u}_k}{\partial \boldsymbol{x}_k}) \\ &+ \frac{1}{2}\boldsymbol{\lambda}^{\circ}\left[\|\boldsymbol{x}_k\|_{\boldsymbol{Q}_1}^2 + \|\boldsymbol{u}_k\|_{\boldsymbol{R}_{11}}^2 - (1-\alpha_k)\|\boldsymbol{p}_{k+1}\|_{\boldsymbol{S}_{21}}^2\right]\end{aligned} \tag{6-28}$$

其中，$\boldsymbol{S}_{21} = \boldsymbol{B}\boldsymbol{R}_{22}^{-1}\boldsymbol{R}_{21}\boldsymbol{R}_{22}^{-1}\boldsymbol{B}^{\mathrm{T}}$，那么我们就可以得到控制器存在最优解的必要条件：

① 控制方程为：

$$\frac{\partial \boldsymbol{H}_k^1}{\partial \boldsymbol{u}_k} = 0 = \boldsymbol{B}^{\mathrm{T}}\boldsymbol{\lambda}_{1,k+1} - \boldsymbol{R}_{21}(\frac{\partial \boldsymbol{u}_k}{\partial \boldsymbol{x}_k})\boldsymbol{\lambda}_{2,k+1} + \boldsymbol{\lambda}^{\circ}\boldsymbol{R}_{11}\boldsymbol{u}_k \tag{6-29}$$

$$\frac{\partial \boldsymbol{H}_k^1}{\partial(\frac{\partial \boldsymbol{u}_k}{\partial \boldsymbol{x}_k})} = 0 = \boldsymbol{F}_{22}^{\mathrm{T}} \boldsymbol{\lambda}_{2,k+1} \tag{6-30}$$

② 控制器最优协状态列向量满足的正则方程：

$$\boldsymbol{\lambda}_{1,k} = \boldsymbol{A}^{\mathrm{T}} \boldsymbol{\lambda}_{1,k+1} - \boldsymbol{Q}_2^{\mathrm{T}} \boldsymbol{\lambda}_{2,k+1} + \boldsymbol{\lambda}^{\circ} \boldsymbol{Q}_1 \boldsymbol{x}_k \tag{6-31}$$

$$\boldsymbol{\lambda}_{2,k} = (\alpha_k - 1)\boldsymbol{S}_2^{\mathrm{T}} \boldsymbol{\lambda}_{1,k+1} + (\boldsymbol{A} + \boldsymbol{B}\frac{\partial \boldsymbol{u}_k}{\partial \boldsymbol{x}_k})^{\mathrm{T}} \boldsymbol{\lambda}_{2,k+1} - (1-\alpha_k)\boldsymbol{S}_{21} \boldsymbol{p}_{k+1} \tag{6-32}$$

③ 横截条件：

$$\boldsymbol{\lambda}_{2,0} = 0 \tag{6-33}$$

$$\boldsymbol{\lambda}_{1,N+1} = \boldsymbol{\lambda}^{\circ} \boldsymbol{P}_{N+1}^1 \boldsymbol{x}_{N+1} - \boldsymbol{\lambda}_{2,N+1} \boldsymbol{P}_{N+1}^2 \tag{6-34}$$

在式(6-30)中，我们可以得知要么 $\boldsymbol{\lambda}_{2,k+1} = 0$ 成立，要么等式 $\boldsymbol{F}_{22} = \boldsymbol{B}^{\mathrm{T}} \boldsymbol{p}_{k+1} - \boldsymbol{R}_{12} \boldsymbol{u}_k = 0$ 成立，或者是二者对于 $k \in \mathcal{K}$ 都成立。由于在这里的 $\frac{\partial \boldsymbol{F}_{22}}{\partial \boldsymbol{u}_k} = \boldsymbol{R}_{12}$ 是可逆的，因此我们可以得出只有 $\boldsymbol{\lambda}_{2,k+1} = 0$。对于 $\boldsymbol{\lambda}^{\circ}$，如果我们假设 $\boldsymbol{\lambda}^{\circ} = 0$，那么由式(6-31)可以知道 $\boldsymbol{\lambda}_{1,k+1} = \boldsymbol{\lambda}^{\circ} = 0$，因此具有 $\boldsymbol{\lambda}_{2,k+1} = \boldsymbol{\lambda}_{1,k+1} = \boldsymbol{\lambda}^{\circ} = 0$，但是这是与极小值原理相违背的，因此 $\boldsymbol{\lambda}^{\circ} = 0$ 不成立。由于 $\boldsymbol{\lambda}^{\circ} \neq 0$，因此我们将其归一化[39]，令 $\boldsymbol{\lambda}^{\circ} = 1$。由于 $\boldsymbol{R}_{11}$ 是可逆的，我们可以得到控制器的最优解为：

$$\boldsymbol{u}_k = -\boldsymbol{R}_{11}^{-1} \boldsymbol{B}^{\mathrm{T}} \boldsymbol{\lambda}_{1,k+1} \tag{6-35}$$

同时当 $\boldsymbol{\lambda}_{2,k+1} = 0$ 以及 $1 - \alpha_k \neq 0$ 成立时，我们从式(6-32)可以得到 $\boldsymbol{S}_2^{\mathrm{T}} \boldsymbol{\lambda}_{1,k+1} + \boldsymbol{S}_{21} \boldsymbol{p}_{k+1} = 0$，同时我们假设矩阵 $\boldsymbol{B}$ 满秩，则有：

$$\boldsymbol{B}^{\mathrm{T}} \boldsymbol{\lambda}_{1,k+1} + \boldsymbol{R}_{21} \boldsymbol{R}_{22}^{-1} \boldsymbol{B}^{\mathrm{T}} \boldsymbol{p}_{k+1} = 0 \tag{6-36}$$

那么将式(6-21)代入式(6-36)中我们可以得到：

$$\boldsymbol{v}_k = \boldsymbol{R}_{21}^{-1} \boldsymbol{B}^{\mathrm{T}} \boldsymbol{\lambda}_{1,k+1} = -\boldsymbol{R}_{22}^{-1} \boldsymbol{B}^{\mathrm{T}} \boldsymbol{p}_{k+1} \tag{6-37}$$

注6-5 | 当 $\boldsymbol{F}_{22} = \boldsymbol{B}^{\mathrm{T}} \boldsymbol{p}_{k+1} - \boldsymbol{R}_{21} \boldsymbol{u}_k \neq 0$ 成立时，式(6-36)可以有如下形式：

$$\begin{aligned} \boldsymbol{B}^{\mathrm{T}} \boldsymbol{\lambda}_{1,k+1} &= \boldsymbol{B}^{\mathrm{T}} \boldsymbol{P}_{k+1}^1 \boldsymbol{x}_{k+1}^1 \\ &= -\boldsymbol{R}_{21} \boldsymbol{R}_{22}^{-1} \boldsymbol{B}^{\mathrm{T}} \boldsymbol{p}_{k+1} = \boldsymbol{R}_{21} \boldsymbol{R}_{22}^{-1} \boldsymbol{B}^{\mathrm{T}} \boldsymbol{P}_{k+1}^2 \boldsymbol{x}_{k+1} \end{aligned} \tag{6-38}$$

以及：

$$
\begin{aligned}
\boldsymbol{B}^{\mathrm{T}} \boldsymbol{\lambda}_{1,k} &= \boldsymbol{B}^{\mathrm{T}} (\boldsymbol{A}^{\mathrm{T}} \boldsymbol{\lambda}_{1,k+1} + \boldsymbol{Q}_1 \boldsymbol{x}_k) = -\boldsymbol{R}_{21} \boldsymbol{R}_{22}^{-1} \boldsymbol{B}^{\mathrm{T}} \boldsymbol{p}_k \\
&= -\boldsymbol{R}_{21} \boldsymbol{R}_{22}^{-1} \boldsymbol{B}^{\mathrm{T}} [(\boldsymbol{A}^{\mathrm{T}} \boldsymbol{p}_{k+1} - \boldsymbol{Q}_2 \boldsymbol{x}_k) + (\boldsymbol{B}^{\mathrm{T}} \boldsymbol{p}_{k+1} - \boldsymbol{R}_{21} \boldsymbol{u}_k) \frac{\partial \boldsymbol{u}_k}{\partial \boldsymbol{x}_k}]
\end{aligned} \tag{6-39}
$$

因此式 (6-36) 等效于如下等式：

$$
\begin{cases}
(\boldsymbol{B}^{\mathrm{T}} \boldsymbol{P}_{k+1}^{1} - \boldsymbol{R}_{21} \boldsymbol{R}_{22}^{-1} \boldsymbol{B}^{\mathrm{T}} \boldsymbol{P}_{k+1}^{2}) \boldsymbol{x}_{k+1} = 0 \\
\boldsymbol{B}^{\mathrm{T}} (\boldsymbol{B}^{\mathrm{T}} \boldsymbol{p}_{k+1} - \boldsymbol{R}_{21} \boldsymbol{u}_k) \dfrac{\partial \boldsymbol{u}_k}{\partial \boldsymbol{x}_k} \\
= -\boldsymbol{R}_{22} \boldsymbol{R}_{21}^{-1} \boldsymbol{B}^{\mathrm{T}} (\boldsymbol{A}^{\mathrm{T}} \boldsymbol{\lambda}_{1,k+1} + \boldsymbol{Q}_1 \boldsymbol{x}_k) - \boldsymbol{B}^{\mathrm{T}} (\boldsymbol{A}^{\mathrm{T}} \boldsymbol{p}_{k+1} - \boldsymbol{Q}_2 \boldsymbol{x}_k)
\end{cases} \tag{6-40}
$$

之前假设矩阵 $\boldsymbol{B}$ 是满秩的，因此可以由式 (6-40) 求出 $\dfrac{\partial \boldsymbol{u}_k}{\partial \boldsymbol{x}_k}$ 的表达式。

注 6-6

由正则方程可以看出当 $\boldsymbol{\lambda}_{2,k} = 0$ 成立时，我们可以将系统的条件放宽至即使系统检测不到遭受到的具体攻击仍然可以求出控制器的最优控制解，也就是控制器不会考虑攻击者的合理反应。这种情况并不与控制器的领导地位相矛盾，因此控制器相对于攻击者具有优势，可以将其合理反应强加于攻击者。条件 $\boldsymbol{R}_{21}$ 可逆只是加强了控制器的优先地位。

通过上述的证明我们可以得到以下结论：

定理 6-1

假设系统初始状态 $\boldsymbol{x}_1 \neq 0$，如果对于 $i, j \in \mathcal{K}$，矩阵 $\boldsymbol{Q}_i$、$\boldsymbol{R}_{ij}$、$\boldsymbol{P}_{N+1}^{i}$ 是正定矩阵，矩阵 $\boldsymbol{B}$ 是满秩矩阵，当工业互联网系统式 (6-3) 遭受到 DoS 攻击后，将攻击者与控制器之间的博弈关系建模成一个含有闭环信息结构的动态 Stackelberg 博弈，那么控制器存在最优 Stackelberg 控制解为：

$$
\boldsymbol{u}_k = -\boldsymbol{R}_{11}^{-1} \boldsymbol{B}^{\mathrm{T}} \boldsymbol{\Phi}_k \boldsymbol{x}_k \tag{6-41}
$$

其中：

$$
\boldsymbol{\Phi}_k = \boldsymbol{\Gamma}_{1,k+1} \left\{ \boldsymbol{I} + [\boldsymbol{B} \boldsymbol{R}_{11}^{-1} \boldsymbol{B}^{\mathrm{T}} + (\alpha_k - 1) \boldsymbol{B} \boldsymbol{R}_{21}^{-1} \boldsymbol{B}^{\mathrm{T}}] \boldsymbol{\Gamma}_{1,k+1} \right\}^{-1} \boldsymbol{A}
$$

同时也满足以下条件：

$$\begin{aligned}\boldsymbol{x}_{k+1}&=\boldsymbol{A}\boldsymbol{x}_k+\boldsymbol{B}\boldsymbol{u}_k+(1-\alpha_k)\boldsymbol{B}\boldsymbol{v}_k\\&=\boldsymbol{A}\boldsymbol{x}_k+\left[(1-\alpha_k)\boldsymbol{B}\boldsymbol{R}_{21}^{-1}\boldsymbol{B}^{\mathrm{T}}-\boldsymbol{B}\boldsymbol{R}_{11}^{-1}\boldsymbol{B}^{\mathrm{T}}\right]\boldsymbol{\varGamma}_{1,k+1}\boldsymbol{x}_{k+1}\end{aligned}\tag{6-42}$$

其中 $\boldsymbol{\varGamma}_{1,k}$ 满足如下离散里卡蒂方程：

$$\boldsymbol{\varGamma}_{1,k}=\boldsymbol{Q}_1+\boldsymbol{A}^{\mathrm{T}}\boldsymbol{\varGamma}_{1,k+1}\left\{\boldsymbol{I}+\left[\boldsymbol{B}\boldsymbol{R}_{11}^{-1}\boldsymbol{B}^{\mathrm{T}}+(\alpha_k-1)\boldsymbol{B}\boldsymbol{R}_{21}^{-1}\boldsymbol{B}^{\mathrm{T}}\right]\boldsymbol{\varGamma}_{1,k+1}\right\}^{-1}\boldsymbol{A}\tag{6-43}$$

其中，$\boldsymbol{\varGamma}_{1,k+1}=\boldsymbol{P}_{k+1}^1$。同时也满足以下条件：

$$\boldsymbol{\lambda}_{1,k}=\boldsymbol{A}^{\mathrm{T}}\boldsymbol{\lambda}_{1,k+1}+\boldsymbol{Q}_1\boldsymbol{x}_k\tag{6-44}$$

$$\boldsymbol{p}_k=(\boldsymbol{A}^{\mathrm{T}}\boldsymbol{p}_{k+1}-\boldsymbol{Q}_2\boldsymbol{x}_k)+(\boldsymbol{B}^{\mathrm{T}}\boldsymbol{p}_{k+1}-\boldsymbol{R}_{21}\boldsymbol{u}_k)\frac{\partial\boldsymbol{u}_k^*}{\partial\boldsymbol{x}_k}\tag{6-45}$$

$$\boldsymbol{B}^{\mathrm{T}}\boldsymbol{\lambda}_{1,k+1}+\boldsymbol{R}_{21}\boldsymbol{R}_{22}^{-1}\boldsymbol{B}^{\mathrm{T}}\boldsymbol{p}_{k+1}=0\tag{6-46}$$

$$\boldsymbol{\lambda}_{1,k+1}=\boldsymbol{P}_{k+1}^1\boldsymbol{x}_{k+1},\ \boldsymbol{p}_{k+1}=-\boldsymbol{P}_{k+1}^2\boldsymbol{x}_{k+1}\tag{6-47}$$

（8）Stackelberg 博弈中参与者存在优化解的充分条件

本部分主要利用了谢林点理论来求得 Stackelberg 博弈中的优化解，我们首先求控制器存在优化解的充分条件，其次求攻击者存在最优解的充分条件。

① 控制器存在优化解的充分条件　对于控制器的优化问题可以描述为 $\min\limits_{\boldsymbol{u}_k\in\mathcal{U}}J_1(\boldsymbol{u}_k)$，其中：

$$\begin{cases}J_1(\boldsymbol{u}_k)=\dfrac{1}{2}\mathbb{E}\{\|\boldsymbol{x}_{N+1}\|_{\boldsymbol{P}_{N+1}^1}^2+\sum\limits_{k=1}^{N}(\|\boldsymbol{x}_k\|_{\boldsymbol{Q}_1}^2+\|\boldsymbol{u}_k\|_{\boldsymbol{R}_{11}}^2\\\qquad-(1-\alpha_k)\|\boldsymbol{p}_{k+1}\|_{\boldsymbol{S}_{21}}^2\}\\\boldsymbol{x}_{k+1}=\boldsymbol{A}\boldsymbol{x}_k+\boldsymbol{B}\boldsymbol{u}_k-(1-\alpha_k)\boldsymbol{S}_2\boldsymbol{p}_{k+1}\\\boldsymbol{p}_k=(\boldsymbol{A}^{\mathrm{T}}\boldsymbol{p}_{k+1}-\boldsymbol{Q}_2\boldsymbol{x}_k)+(\boldsymbol{B}^{\mathrm{T}}\boldsymbol{p}_{k+1}-\boldsymbol{R}_{21}\boldsymbol{u}_k)\boldsymbol{\omega}\end{cases}\tag{6-48}$$

其中，横截条件是 $\boldsymbol{x}(1)=\boldsymbol{x}_0$ 与 $\boldsymbol{p}_N=-\boldsymbol{P}_{N+1}^2\boldsymbol{x}_{N+1}$。当 $\boldsymbol{B}^{\mathrm{T}}\boldsymbol{p}_{k+1}-\boldsymbol{R}_{21}\boldsymbol{u}_k\neq 0$ 时，控制 $\boldsymbol{\omega}$ 由于只存在于 $\boldsymbol{p}_k$ 中，我们可以考虑将 $\boldsymbol{p}_k$ 作为一个控制信号，那么我们将 $\boldsymbol{\xi}_k=\boldsymbol{B}^{\mathrm{T}}\boldsymbol{p}_{k+1}$ 看作一个控制信号。那么经过变换，优化问题式 (6-48) 可以变换为 $\min\limits_{\boldsymbol{u}_k,\boldsymbol{\xi}_k}J_1(\boldsymbol{u}_k,\boldsymbol{\xi}_k)$，其中：

$$
\begin{cases}
J_1(\boldsymbol{u}_k,\xi_k)=\dfrac{1}{2}\mathbb{E}\{\|\boldsymbol{x}_{N+1}\|^2_{\boldsymbol{P}^1_{N+1}}+\sum\limits_{k=1}^{N}[\|\boldsymbol{x}_k\|^2_{\boldsymbol{Q}_1}+\|\boldsymbol{u}_k\|^2_{\boldsymbol{R}_{11}} \\
\qquad -(1-\alpha_k)\|\xi_k\|^2_{\boldsymbol{R}_{22}^{-1}\boldsymbol{R}_{21}\boldsymbol{R}_{22}^{-1}}]\} \\
\boldsymbol{x}_{k+1}=\boldsymbol{A}\boldsymbol{x}_k+\boldsymbol{B}\boldsymbol{u}_k-(1-\alpha_k)\boldsymbol{B}\boldsymbol{R}_{22}^{-1}\xi_k
\end{cases}
\tag{6-49}
$$

对于问题式 (6-49) 存在一个优化控制的必要条件是：

$$\boldsymbol{R}_{22}^{-1}\boldsymbol{R}_{21}\boldsymbol{R}_{22}^{-1}\geqslant 0$$

这等效于 $\boldsymbol{R}_{21}\geqslant 0$，而文本中 $\boldsymbol{R}_{21}>0$，因此问题式 (6-49) 存在优化解。根据之前的结果可知问题式 (6-49) 的优化控制解 $\boldsymbol{u}_k$、ξ_k 是：

$$\boldsymbol{u}_k=-\boldsymbol{R}_{11}^{-1}\boldsymbol{B}^{\mathrm{T}}\boldsymbol{\lambda}_{1,k+1},\ \xi_k=-\boldsymbol{R}_{22}\boldsymbol{R}_{21}^{-1}\boldsymbol{B}^{\mathrm{T}}\boldsymbol{\lambda}_{1,k+1} \tag{6-50}$$

为了求出谢林点，我们首先考虑如下变分系统：

$$
\begin{cases}
\delta\boldsymbol{x}_{k+1}=\boldsymbol{A}\delta\boldsymbol{x}_k+[-\boldsymbol{B}\boldsymbol{R}_{11}^{-1}\boldsymbol{B}^{\mathrm{T}}+(1-\alpha_k)\boldsymbol{B}\boldsymbol{R}_{21}^{-1}\boldsymbol{B}^{\mathrm{T}}]\delta\boldsymbol{\lambda}_{1,k+1} \\
\delta\boldsymbol{\lambda}_{1,k}=\boldsymbol{A}^{\mathrm{T}}\delta\boldsymbol{\lambda}_{1,k+1}-\boldsymbol{Q}_1\delta\boldsymbol{x}_k
\end{cases}
\tag{6-51}
$$

由谢林点的定义可知，第一个谢林点 kc 是指在 $\boldsymbol{u}_k$、ξ_k 控制下沿着系统状态轨迹 $\boldsymbol{x}_k$，当存在一个解 $(\delta\boldsymbol{x},\delta\boldsymbol{\lambda}_{1,k})$ 满足以下条件：

$$\delta\boldsymbol{x}_1=0 \tag{6-52}$$

$$\delta\boldsymbol{\lambda}_{1,kc}=\delta\boldsymbol{P}^1_{N+1}\boldsymbol{x}_{kc} \tag{6-53}$$

时的点。这里 $\boldsymbol{R}_{11}>0$、$\boldsymbol{R}_{21}>0$ 都成立，结合式 (6-43) 可知，谢林点肯定是存在的[77]。则可以证明式 (6-41) 是控制器的最优解。

② 攻击者存在优化解的充分条件　对于攻击者，优化问题是 $\min\limits_{\boldsymbol{v}_k\in\mathcal{V}} J_2$，其中：

$$
\begin{cases}
\boldsymbol{x}_{k+1}=\boldsymbol{A}\boldsymbol{x}_k+\boldsymbol{B}\boldsymbol{u}_k-(1-\alpha_k)\boldsymbol{B}\boldsymbol{v}_k \\
J_2=\dfrac{1}{2}\mathbb{E}\{-\|\boldsymbol{x}_{N+1}\|^2_{\boldsymbol{P}^2_{N+1}}-\sum\limits_{k=1}^{N}[\|\boldsymbol{x}_k\|^2_{\boldsymbol{Q}_2}+\|\boldsymbol{u}_k\|^2_{\boldsymbol{R}_{12}}-(1-\alpha_k)\|\boldsymbol{v}_k\|^2_{\boldsymbol{R}_{22}}]\}
\end{cases}
\tag{6-54}
$$

其中：

$$\boldsymbol{v}_k=-\boldsymbol{R}_{22}^{-1}\boldsymbol{B}^{\mathrm{T}}\boldsymbol{p}_{k+1} \tag{6-55}$$

$$\boldsymbol{p}^*_N=-\boldsymbol{P}^2_{N+1}\boldsymbol{x}_{N+1} \tag{6-56}$$

$$\boldsymbol{p}_k = (\boldsymbol{A}^{\mathrm{T}}\boldsymbol{p}_{k+1} - \boldsymbol{Q}_2\boldsymbol{x}_k) + (\boldsymbol{B}^{\mathrm{T}}\boldsymbol{p}_{k+1} - \boldsymbol{R}_{21}\boldsymbol{u}_k)\frac{\partial \boldsymbol{u}_k^*}{\partial \boldsymbol{x}_k} \tag{6-57}$$

那么沿着系统状态轨迹 $\boldsymbol{x}_k$ 的变分系统是：

$$\delta\boldsymbol{x}_{k+1} = \boldsymbol{A}\delta\boldsymbol{x}_k + \boldsymbol{B}\frac{\partial \boldsymbol{u}_k}{\partial \boldsymbol{x}_k}\delta\boldsymbol{x}_k - (1-\alpha_k)\boldsymbol{S}_2\boldsymbol{p}_{k+1} \tag{6-58}$$

$$\begin{aligned}\delta\boldsymbol{p}_k = {} & \boldsymbol{A}^{\mathrm{T}}\delta\boldsymbol{p}_{k+1} - \boldsymbol{Q}_2\delta\boldsymbol{x}_k + (\boldsymbol{B}^{\mathrm{T}}\boldsymbol{p}_{k+1} - \boldsymbol{R}_{21})\frac{\partial^2 \boldsymbol{u}_k}{\partial \boldsymbol{x}_k^2}\delta\boldsymbol{x}_k \\ & + \left(\boldsymbol{B}^{\mathrm{T}}\delta\boldsymbol{p}_{k+1} - \boldsymbol{R}_{21}\frac{\partial \boldsymbol{u}_k}{\partial \boldsymbol{x}_k}\delta\boldsymbol{x}_k\right)\frac{\partial \boldsymbol{u}_k}{\partial \boldsymbol{x}_k}\end{aligned} \tag{6-59}$$

我们假设 $\frac{\partial^2 \boldsymbol{u}_k}{\partial \boldsymbol{x}_k^2} = 0$，因此式 (6-59) 就会变为如下形式：

$$\delta\boldsymbol{p}_k = \boldsymbol{A}^{\mathrm{T}}\delta\boldsymbol{p}_{k+1} - \boldsymbol{Q}_2\delta\boldsymbol{x}_k + \left(\boldsymbol{B}^{\mathrm{T}}\delta\boldsymbol{p}_{k+1} - \boldsymbol{R}_{21}\frac{\partial \boldsymbol{u}_k}{\partial \boldsymbol{x}_k}\delta\boldsymbol{x}_k\right)\frac{\partial \boldsymbol{u}_k}{\partial \boldsymbol{x}_k} \tag{6-60}$$

由于允许项 $\frac{\partial \boldsymbol{u}_k}{\partial \boldsymbol{x}_k}$ 的选择满足条件式 (6-40)，根据谢林点的定义，那么系统式 (6-54) 也存在谢林点[77]，因此式 (6-21) 是攻击者的最优解。

6.2 攻击检测

现有保护数据完整性的方法主要有密码学方法和基于统计学习的攻击检测（异常检测）方法，其中基于统计学习的攻击检测方法在工业互联网系统的分析中有重要应用，因此本节主要介绍基于统计学习的攻击检测方法如何应用在工业互联网系统中。

6.2.1 受数据篡改攻击的一致性分布式网络状态估计算法

6.2.1.1 问题描述

（1）系统建模

考虑如下目标系统：

$$\boldsymbol{x}(k+1)=\boldsymbol{A}\boldsymbol{x}(k)+\boldsymbol{w}(k) \tag{6-61}$$

$$\boldsymbol{y}_i(k)=\boldsymbol{H}_i\boldsymbol{x}_i(k)+\boldsymbol{v}_i(k) \tag{6-62}$$

其中，$\boldsymbol{x}(k)\in\mathbb{R}^m$ 是系统状态；$\boldsymbol{y}_i(k)\in\mathbb{R}^{m_i}$ 是 k 时刻第 i 个传感器的测量值；$\boldsymbol{w}(k)\in\mathbb{R}^m$ 是过程噪声且满足 $\boldsymbol{w}(k)\sim N(0,\boldsymbol{Q})$；$\boldsymbol{v}_i(k)\in\mathbb{R}^{m_i}$ 是测量噪声且满足 $\boldsymbol{v}_i(k)\sim N(0,\boldsymbol{R}_i)$。过程噪声和测量噪声被假设为零均值高斯白噪声序列，并且是相互独立的。系统式 (6-61) 的初始化条件 $\boldsymbol{x}(0)$ 是零均值高斯噪声变量且方差 $\boldsymbol{\Pi}_0\geqslant 0$，并假设初始值与过程噪声及测量噪声均不相关。本节应用图论来建立网络拓扑结构图 G（如图 6-1 所示），令 $N_i=\{j:(i,j)\in E\}$ 为传感器节点 i 可以进行数据传输的邻居集，$d_i=|N_i|$。

本节将分布式网络建模为一个有向图 G=(V, E)［图 6-1(a)］。其中 $V=\{1,2,\cdots,n\}$ 表示 n 传感器节点的集合；$E\subset V\times V$ 表示网络中节点与节点之间的信息交互连边。连边（i,j）意味着传感器 j 可以发送数据到传感器 i。定义 $N_i=\{j:(i,j)\in E\}$ 为传感器节点 i 可以通信的内邻居集合。令传感器 i 的邻居数为 $d_i=|N_i|$。定义 $\bar{N}_i=\{j:(j,i)\in E\}$ 为传感器节点 i 可以通信的外邻居集合，即传感器节点 i 会发送数据到这些邻居传感器。

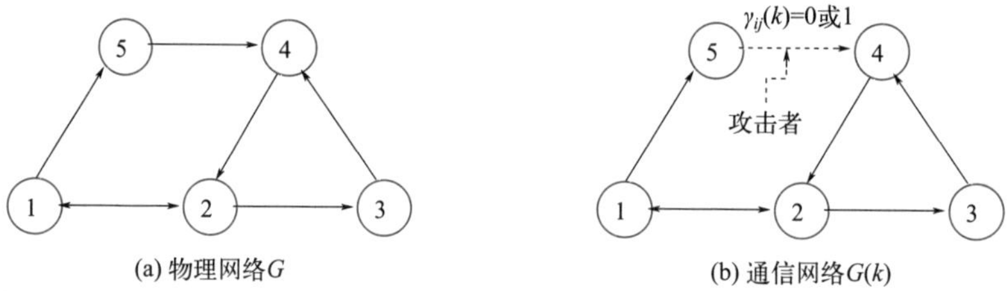

图 6-1　网络拓扑结构图

考虑一种常见的分布式状态估计器：

$$\hat{\boldsymbol{x}}_i(k+1)=\boldsymbol{A}\hat{\boldsymbol{x}}_i(k)+\boldsymbol{K}_p^i(k)[\boldsymbol{y}_i(k)-\boldsymbol{H}_i\hat{\boldsymbol{x}}_i(k)]-\varepsilon\boldsymbol{A}\sum_{j\in N_i}(\hat{\boldsymbol{x}}_i(k)-\hat{\boldsymbol{x}}_j(k)) \tag{6-63}$$

其中，$\varepsilon\in(0,1/\boldsymbol{\varDelta})$ 为一致性增益，$\boldsymbol{\varDelta}=\max\limits_i(d_i)$；$\boldsymbol{K}_p^i(k)$ 为增益。

定义传感器 i 的新息为 $\boldsymbol{\varDelta}_i(k)=\boldsymbol{y}_i(k)-\boldsymbol{H}_i\hat{\boldsymbol{x}}_i(k),i\in n$。在每个采样时刻，传感器 i 会发送自己的估计值和新息值到外邻居。基于一些必要的假设（参考文献 [83]），很容易证明稳态估计误差协方差会在一定时间范围内很快地收敛到一个固定的值。

（2）攻击模型

考虑这样一个场景：一个恶意的攻击者会向通信连边上传输的数据注入一个偏差。具体来说就是，攻击者会以一定的概率随机地选择网络中的一条或若干条边，然后向这些连边中的数据注入一个虚假数值 $\rho\boldsymbol{\alpha}_{ij}(k)$ 。这里，ρ 是给定的常数，用来调节注入的虚假数据的大小，并且 $\boldsymbol{\alpha}_{ij}(k)\in\mathbb{R}^m$ 是零均值高斯分布的，其协方差为 $\boldsymbol{\Theta}_{ij}$ ，即 $\boldsymbol{\alpha}_{ij}(k)\sim N(0,\boldsymbol{\Theta}_{ij})$ 。定义向量 $\boldsymbol{\alpha}_i(k)=[\boldsymbol{\alpha}_{i1}(k),\cdots,\boldsymbol{\alpha}_{in}(k)]$ ， $\boldsymbol{\Theta}_i=[\boldsymbol{\Theta}_{i1},\cdots,\boldsymbol{\Theta}_{in}]$ 。假设 $\boldsymbol{\alpha}_{ij}(k)$ 是独立于 $\boldsymbol{\alpha}_{rs}(t)$ 的，当 $(i,j)\neq(r,s)$ 或者 $k\neq t$ 。令 $q_{ij}(k)$， $j\in N_i$ 表示攻击者是否对连边（i,j）发动攻击，即：

$$q_{ij}(k)=\begin{cases}1, & \text{攻击者对连边 } (i,j) \text{ 发动攻击}, j\in N_i\\ 0, & \text{其他}\end{cases} \tag{6-64}$$

其中，攻击概率为 $\Pr(q_{ij}(k)=1)=\xi_q$ ，并且当 $(i,j)\neq(r,s)$ ，$q_{ij}(k)$ 与 $q_{rs}(k)$ 是相互独立的。

当连边（j, i）受到攻击时，即 $q_{ji}(k)$=1，传输中的数据 $\hat{\boldsymbol{x}}_i(k)$ 和 $\boldsymbol{\Delta}_i(k)$ 分别被注入同样的偏差。定义攻击后的数据为：

$$\hat{\boldsymbol{x}}_i^*(k)=\hat{\boldsymbol{x}}_i(k)+\rho q_{ji}(k)\boldsymbol{\alpha}_{ji}(k)$$
$$\boldsymbol{\Delta}_i^*(k)=\boldsymbol{\Delta}_i(k)+\rho q_{ji}(k)\boldsymbol{\alpha}_{ji}(k)$$

在没有攻击的情况下，$q_{ji}(k)$=0， $\hat{\boldsymbol{x}}_i^*(k)=\hat{\boldsymbol{x}}_i(k)$ ， $\boldsymbol{\Delta}_i^*(k)=\boldsymbol{\Delta}_i(k)$ 。

注 6-7　在已有文献中，数据篡改攻击模型一般有三种情形：①注入数据是一种时变信号，它会缓慢收敛到一个常数值[79]；②注入偏差是零均值高斯的随机变量[80, 81]；③注入偏差是一个任意值[82]。在实际应用中，产生一组高斯随机变量是很容易的。因此，我们采用第二种注入方式，这也保持了攻击者的隐蔽性。另外，我们注意到高斯随机偏差虽然不会影响集中估计场景下估计误差协方差的收敛，但会增加稳态估计误差协方差的数值大小。然而，在分布式估计器没有有效保护器的传感器网络中，估计误差协方差容易发散，因为融合项的参数不仅取决于系统参数，还取决于注入的偏差。

（3）保护器与估计器模型

前面我们已经介绍了一个健康的系统模型和一个攻击模型。本部分我们介绍另一个分布式估计器，用于被攻击的系统。此外，我们将为每个传感器设计一个保护器，以抵御恶意攻击。在故障诊断领域，通常通过比较给定的残差函数值和预设的阈值来检测故障的发生。然而，阈值的引入会破坏估计和新息的高斯性，产生截断的高斯分布。这导致了系统的非线性，使估计误差协方差的收敛性分析困难。为了避免这些问题，可以设计一个基于阈值法的随机决策规则的保护器，同时保护数据的高斯性。

现在，为保持系统估计的高斯性，我们使用一种基于实时新息的随机保护规则。具体来说，在每个采样时刻 k，传感器 i 的保护器产生一个随机数 α，其中 $\alpha \sim U(0,1)$，并通过比较 α 与函数 $\varphi(\boldsymbol{\Delta}_j^*(k))$ 可得：

$$\gamma_{ij}(k)=\begin{cases}1, & \alpha \leqslant \varphi(\boldsymbol{\Delta}_j^*(k)) \\ 0, & \text{其他}\end{cases} \tag{6-65}$$

其中：

$$\begin{gathered}\varphi(\boldsymbol{\Delta}_j^*(k))=1-\exp(-\frac{1}{2}\boldsymbol{\Delta}_j^{*\mathrm{T}}(k)\boldsymbol{Z}_j^{-1}\boldsymbol{\Delta}_j^*(k)), \\ \boldsymbol{Z}_j^{-1}=3\|\boldsymbol{R}_j\|\end{gathered} \tag{6-66}$$

在初始采样时刻，第 j 个传感器发送关于测量噪声的协方差的值 $3\|\boldsymbol{R}_j\|$ 到其外邻居传感器。根据保护者的决定，如果传感器将接收到的数据视为可疑，则不会使用该数据来更新其下一步估计。

注 6-8　在随机决策规则式 (6-65) 中，新息在判断接收到的数据是否受到攻击方面起着关键作用。新息的值越大意味着数据受到攻击的概率越高。另外，参数 $\boldsymbol{Z}_j$ 是为了平衡估计性能与保护精度而设计的。在后面的章节中，我们将探索保护器参数与估计性能之间的关系。

现在，我们为每一个传感器设计一个带有保护器的分布式估计器，如下所示：

$$\begin{aligned}\hat{\boldsymbol{x}}_i(k+1)=&\boldsymbol{A}\hat{\boldsymbol{x}}_i(k)+\boldsymbol{K}_p^i(k)[\boldsymbol{y}_i(k)-\boldsymbol{H}_i\hat{\boldsymbol{x}}_i(k)]\\&-\varepsilon\boldsymbol{A}\sum_{j\in N_i}\gamma_{ij}(k)[\hat{\boldsymbol{x}}_i(k)-\hat{\boldsymbol{x}}_j^*(k)]\end{aligned}\tag{6-67}$$

其中，$\gamma_{ij}(k)$ 是表示保护器决策的二元变量。如果传感器 i 的保护器认为通信连边（i,j）受到攻击，即来自传感器 j 的数据是可疑的，则 $\gamma_{ij}(k)$=0；否则 $\gamma_{ij}(k)$=1。当 $i\neq r$、$j\neq s$ 或 $k\neq t$ 时，$\gamma_{ij}(k)$ 与 $\gamma_{rs}(t)$ 无关，其中 $\lambda_{ij}=\mathbb{E}[\gamma_{ij}(k)]=\mathbb{E}[\varphi(\boldsymbol{\varDelta}^*{}_j(k))]$。

如图 6-1(b) 所示，除了物理网络拓扑之外，我们还定义了一个动态通信网络来描述每条边的保护决策。通信拓扑结构图 $G(k)$ 的拉普拉斯矩阵为 $\boldsymbol{L}(k)=[l_{ij}(k)]$，其中：

$$l_{ij}(k)=\begin{cases}-\gamma_{ij}(k), & (i,j)\in\mathcal{E},i\neq j\\ -\sum\limits_{j\in N_i}l_{ij}(k), & i=j\\ 0, & \text{其他}\end{cases}$$

在每个采样时刻 k，第 i 个传感器测量并估计系统式 (6-61) 的状态，然后计算其新息 $\boldsymbol{\varDelta}_i(k)=\boldsymbol{y}_i(k)-\boldsymbol{H}_i\hat{\boldsymbol{x}}_i(k),i\in n$，并将其估计和新息一起发送给它的外邻居。

最后，我们为以后的分析方便做以下定义：

$$\boldsymbol{P}_i(k+1)\triangleq\mathbb{E}[[\boldsymbol{x}(k+1)-\hat{\boldsymbol{x}}_i(k+1)][\cdot]^{\mathrm{T}}]$$

$$\boldsymbol{v}(k)\triangleq[\boldsymbol{v}_1^{\mathrm{T}}(k),\boldsymbol{v}_2^{\mathrm{T}}(k),\cdots,\boldsymbol{v}_n^{\mathrm{T}}(k)]^{\mathrm{T}}\in\mathbb{R}^{nm}$$

$$\boldsymbol{\alpha}(k)\triangleq[\boldsymbol{\alpha}_1^{\mathrm{T}}(k),\boldsymbol{\alpha}_2^{\mathrm{T}}(k),\cdots,\boldsymbol{\alpha}_n^{\mathrm{T}}(k)]^{\mathrm{T}}\in\mathbb{R}^{nm}$$

$$\boldsymbol{\varTheta}\triangleq[\boldsymbol{\varTheta}_1^{\mathrm{T}}(k),\boldsymbol{\varTheta}_2^{\mathrm{T}}(k),\cdots,\boldsymbol{\varTheta}_n^{\mathrm{T}}(k)]^{\mathrm{T}}\in\mathbb{R}^{nm}$$

6.2.1.2 性能分析

在本节中，我们将会研究新息的高斯性，并在给定序列 $\{\gamma_{ij}(\mathrm{k})\}$ 的情况下，通过最小化估计误差协方差 $\boldsymbol{P}_i(k)$ 来设计最优增益 $\boldsymbol{K}_p^{i*}(k)$。然后，我们会分析所提出的估计与保护器的稳定性。

（1）高斯性分析

首先，我们做以下假设。

假设 6-2

拓扑结构图 G 是强连接的。

假设 6-3

（$\boldsymbol{A}, \boldsymbol{Q}^{1/2}$）是可控的。

接下来，我们要证明所提出的保护器保留了传感器新息的高斯性。第 i 个传感器在采样时刻 k 的信息集合为：

$$\begin{aligned}\boldsymbol{I}_{ij}(k) \triangleq \{&\gamma_{ij}(0),\cdots,\gamma_{ij}(k),\gamma_{ij}(0)\hat{\boldsymbol{x}}_j^*(0),\cdots,\gamma_{ij}(k)\hat{\boldsymbol{x}}_j^*(k),\\ &\gamma_{ij}(0)\boldsymbol{\varDelta}_j^*(0),\cdots,\gamma_{ij}(k)\boldsymbol{\varDelta}_j^*(k)\}, j\in N_i\end{aligned} \tag{6-68}$$

定理 6-2

给定初始条件 $\boldsymbol{I}_{ij}(-1)=0$，$\boldsymbol{\varDelta}_j(0)$ 满足高斯分布。在随机保护规则式 (6-65) 的条件下，新息 $\boldsymbol{\varDelta}_j(k)$ 也是高斯分布的。

证明

为了便于计算，我们省略了传感器的标签。首先，在步骤 k 中的第 i 个传感器的信息集由下式给出：

$$\begin{aligned}\boldsymbol{I}_{ij}(k) \triangleq \{&\gamma_{ij}(0),\cdots,\gamma_{ij}(k),\gamma_{ij}(0)\hat{\boldsymbol{x}}_j(0),\cdots,\gamma_{ij}(k)\hat{\boldsymbol{x}}_j(k),\\ &\gamma_{ij}(0)\boldsymbol{\varDelta}_j(0),\cdots,\gamma_{ij}(k)\boldsymbol{\varDelta}_j(k)\}, j\in N_i\end{aligned} \tag{6-69}$$

注意 $\boldsymbol{\varDelta}_j(0)$ 是高斯的，$\boldsymbol{I}_{ij}(-1)=0$。假设 $\boldsymbol{\varDelta}_k \mid \boldsymbol{I}_{k-1}$ 是零均值高斯白噪声，其中它的协方差矩阵为 $\boldsymbol{\Sigma}_k$。

① $\gamma_k=0$，即来自邻居的数据是可疑的。

$$\begin{aligned}f(\boldsymbol{\varDelta}_k \mid \boldsymbol{I}_k) &= f(\boldsymbol{\varDelta}_k \mid \gamma_k=0,\boldsymbol{I}_{k-1})\\ &=\frac{\Pr(\gamma_k=0 \mid \boldsymbol{\varDelta}_k,\boldsymbol{I}_{k-1})f(\boldsymbol{\varDelta}_k \mid \boldsymbol{I}_{k-1})}{\Pr(\gamma_k=0 \mid \boldsymbol{I}_{k-1})}\\ &=\frac{\Pr(\gamma_k=0 \mid \boldsymbol{\varDelta}_k)f(\boldsymbol{\varDelta}_k \mid \boldsymbol{I}_{k-1})}{\Pr(\gamma_k=0)}\\ &=\frac{\Pr(\varphi(\boldsymbol{\varDelta}_k)<\xi \mid \boldsymbol{\varDelta}_k)f(\boldsymbol{\varDelta}_k \mid \boldsymbol{I}_{k-1})}{\Pr(\gamma_k=0)}\end{aligned} \tag{6-70}$$

很容易验证随机决策规则式 (6-65) 可以近似于：

$$\gamma_{ij}(k)=\begin{cases}1, & \xi \geqslant \varphi^*(\boldsymbol{\Delta}_k) \\ 0, & 其他\end{cases} \tag{6-71}$$

其中，$\varphi^*(\boldsymbol{\Delta}_k)=\exp(\frac{1}{2}\boldsymbol{\Delta}_k^{\mathrm{T}}\boldsymbol{Z}^{-1}\boldsymbol{\Delta}_k-p)$。$p$ 是一个充分大的常数。

然后我们继续沿着方程式 (6-70) 推导，于是有：

$$\begin{aligned}
f(\boldsymbol{\Delta}_k \mid \boldsymbol{I}_k) &= \frac{\Pr(\varphi^*(\boldsymbol{\Delta}_k)>\xi \mid \boldsymbol{\Delta}_k)f(\boldsymbol{\Delta}_k \mid \boldsymbol{I}_{k-1})}{\Pr(\gamma_k=0)} \\
&= \frac{\exp(\frac{1}{2}\boldsymbol{\Delta}_k^{\mathrm{T}}\boldsymbol{Z}^{-1}\boldsymbol{\Delta}_k-p)\exp(-\frac{1}{2}\boldsymbol{\Delta}_k^{\mathrm{T}}\boldsymbol{\Sigma}_k^{-1}\boldsymbol{\Delta}_k)}{\Pr(\gamma_k=0)\sqrt{(2\pi)^{m+n}\mid\boldsymbol{\Sigma}_k\mid}} \\
&= \frac{\mathrm{e}^{-p}\exp(\frac{1}{2}\boldsymbol{\Delta}_k^{\mathrm{T}}(\boldsymbol{Z}^{-1}-\boldsymbol{\Sigma}_k^{-1})\boldsymbol{\Delta}_k)}{\Pr(\gamma_k=0)\sqrt{(2\pi)^{m+n}\mid\boldsymbol{\Sigma}_k\mid}} \\
&= \alpha_k\exp(\frac{1}{2}\boldsymbol{\Delta}_k^{\mathrm{T}}\hat{\boldsymbol{\Sigma}}_k^{-1}\boldsymbol{\Delta}_k)
\end{aligned} \tag{6-72}$$

其中：

$$\alpha_k=\frac{1}{\mathrm{e}^{p}\Pr(\gamma_k=0)\sqrt{(2\pi)^{m+n}\mid\boldsymbol{\Sigma}_k\mid}}$$

$$\hat{\boldsymbol{\Sigma}}_k^{-1}=\boldsymbol{Z}^{-1}-\boldsymbol{\Sigma}_k^{-1}$$

因为 $f(\boldsymbol{\Delta}_k \mid \boldsymbol{I}_k)$ 是一个概率密度函数，所以 $\int_{\infty} f(\boldsymbol{\Delta}_k \mid \boldsymbol{I}_k)\mathrm{d}\boldsymbol{\Delta}_k=1$。因此，$\alpha_k=\frac{1}{\sqrt{(2\pi)^{m+n}\mid\hat{\boldsymbol{\Sigma}}_k\mid}}$。

② $\gamma_k=1$，即来自邻居的数据是安全的。

$$\begin{aligned}
f(\boldsymbol{\Delta}_k \mid \boldsymbol{I}_k) &= f(\boldsymbol{\Delta}_k \mid \gamma_k=1, \boldsymbol{\Delta}_k\boldsymbol{I}_{k-1}) \\
&= f(\boldsymbol{\Delta}_k \mid \boldsymbol{I}_{k-1})
\end{aligned} \tag{6-73}$$

所以当 $\gamma_k=1$ 时，新息是高斯的。

证毕。

上面的结果表明，这种新息是高斯分布的，所以我们可以应用文

献 [83] 的方法来通过最小化估计误差协方差来导出所提出的估计器式 (6-67) 的最优增益 $\boldsymbol{K}_p^{i*}(k)$，其中：

$$\boldsymbol{K}_p^{i*}(k)=\boldsymbol{A}\{\boldsymbol{P}_i(k)-\varepsilon\sum_{r\in N_i}\gamma_{ir}(k)[\boldsymbol{P}_{ir}(k)-\boldsymbol{P}_i(k)]\}\boldsymbol{H}_i\boldsymbol{M}_i^{-1}(k)$$

$$\boldsymbol{M}_i(k)=\boldsymbol{H}_i\boldsymbol{P}_i(k)\boldsymbol{H}_i^{\mathrm{T}}+\boldsymbol{R}_i$$

具体细节请参考文献 [83]。

当 $\boldsymbol{K}_p^i(k)=\boldsymbol{K}_p^{i*}(k)$ 时，$\boldsymbol{P}_i(k+1)$ 是最小化的，即：

$$\begin{aligned}\boldsymbol{P}_i(k+1)&=\mathbb{E}\left\{\boldsymbol{e}_i(k+1)\boldsymbol{e}_i^{\mathrm{T}}(k+1)\right\}\\&=\boldsymbol{F}_i(k)\boldsymbol{P}_i(k)\boldsymbol{F}_i^{\mathrm{T}}(k)+\boldsymbol{Q}+\boldsymbol{K}_p^i(k)\boldsymbol{R}_i(\boldsymbol{K}_p^i)^{\mathrm{T}}(k)+\varepsilon\boldsymbol{F}_i(k)\sum_{r\in N_i}\gamma_{ri}(k)\\&\quad\left[\boldsymbol{P}_{ir}(k)-\boldsymbol{P}_i(k)\right]\boldsymbol{A}^{\mathrm{T}}+\varepsilon\boldsymbol{A}\sum_{r\in N_i}\gamma_{ir}(k)\left[\boldsymbol{P}_{ri}-\boldsymbol{P}_i\right]\boldsymbol{F}_i^{\mathrm{T}}(k)\\&\quad+\varepsilon^2\boldsymbol{A}\sum_{\substack{r,s\in N_i\\r\neq s}}\gamma_{ri}(k)\gamma_{si}(k)[\boldsymbol{P}_{rs}(k)-\boldsymbol{P}_{si}(k)-\boldsymbol{P}_{ir}(k)+\boldsymbol{P}_i(k)]\boldsymbol{A}^{\mathrm{T}}\\&\quad+\varepsilon^2\boldsymbol{A}\sum_{r\in N_i}\gamma_{ri}^2(k)[\boldsymbol{P}_r(k)-\boldsymbol{P}_{ri}(k)-\boldsymbol{P}_{ir}(k)+\boldsymbol{P}_i(k)]\boldsymbol{A}^{\mathrm{T}}\\&\quad+\rho^2\varepsilon^2\boldsymbol{A}\sum_{r\in N_i}\gamma_{ir}(k)q_{ir}(k)\boldsymbol{\Theta}_r\boldsymbol{A}^{\mathrm{T}}\end{aligned}\tag{6-74}$$

其中，$\boldsymbol{F}_i(k)=\boldsymbol{A}-\boldsymbol{K}_p^i(k)\boldsymbol{H}_i$。

（2）收敛性分析

接下来，我们分析了攻击下配备有估计器的收敛性质。值得注意的是，因为引入了随机变量 $\gamma_{ij}(k)$，所以估计误差协方差 $\boldsymbol{P}_i(k)$ 的收敛性不能直接分析。为了避免这个问题，我们找到了估计误差协方差的一个上界，间接地分析它的收敛性。

定义 $\boldsymbol{e}(k)\triangleq[\boldsymbol{e}_1^{\mathrm{T}}(k),\boldsymbol{e}_2^{\mathrm{T}}(k),\cdots,\boldsymbol{e}_n^{\mathrm{T}}(k)]^{\mathrm{T}}\in\mathbb{R}^{nm}$ 和 $\boldsymbol{P}(k)\triangleq\mathbb{E}\left[\boldsymbol{e}(k)\boldsymbol{e}^{\mathrm{T}}(k)\right]$。通过将估计误差转换成向量形式，于是有：

$$\boldsymbol{e}(k+1)=\boldsymbol{\Gamma}(k)\boldsymbol{e}(k)+\boldsymbol{W}(k)\tag{6-75}$$

其中：

$$\boldsymbol{\Gamma}(k)=\boldsymbol{I}_n\otimes\boldsymbol{A}-\mathrm{diag}(\boldsymbol{K}_p^i(k)\boldsymbol{H}_i)-\varepsilon\boldsymbol{L}(k)\otimes\boldsymbol{A}$$

$$\boldsymbol{W}(k)=\mathrm{diag}(\boldsymbol{K}_p^i(k))\boldsymbol{v}_i-\boldsymbol{1}_n\otimes\boldsymbol{w}(k)-\rho\varepsilon(\boldsymbol{Y}(k)\otimes\boldsymbol{A})\boldsymbol{\alpha}(k)$$

$$
\boldsymbol{Y}(k)=\begin{bmatrix} 0 & \gamma_{12}(k)q_{12}(k) & \dots & \gamma_{1n}(k)q_{1n}(k) \\ \vdots & \vdots & \ddots & \vdots \\ \gamma_{n1}(k)q_{n1}(k) & \gamma_{n2}(k)q_{n2}(k) & \dots & 0 \end{bmatrix}
$$

回顾$\mathbb{E}\left[\boldsymbol{L}(k)\right]=\boldsymbol{\Lambda}$，$\boldsymbol{\Lambda}=[\lambda_{ij}]$。令$\gamma_{ij}(k)$的方差为$\sigma_{ij}^2$，于是有$\mathbb{E}[\gamma_{ij}^2(k)]=\lambda_{ij}^2+\sigma_{ij}^2$。令$\mathbb{E}[\boldsymbol{Y}(k)]=\overline{\boldsymbol{\Lambda}}=[\overline{\lambda}_{ij}]$。

定义估计器改进的算数里卡蒂方程：

$$
\begin{aligned}
\hat{\boldsymbol{P}}(k+1)=&[(\boldsymbol{I}_n-\varepsilon\boldsymbol{\Lambda})\otimes\boldsymbol{A}-\operatorname{diag}(\boldsymbol{K}_p^i(k)\boldsymbol{H}_i)]\hat{\boldsymbol{P}}(k)[\cdot]^{\mathrm{T}}+\mathbf{1}\mathbf{1}^{\mathrm{T}}\otimes\boldsymbol{Q}\\
&+[\operatorname{diag}(\boldsymbol{K}_p^i(k))]\boldsymbol{R}[\cdot]^{\mathrm{T}}+\sum_{i=1}^{n}\sum_{j=1}^{n}\sigma_{ij}^2(\varepsilon\boldsymbol{\theta}_i\otimes\boldsymbol{A})\hat{\boldsymbol{P}}(k)(\varepsilon\boldsymbol{\theta}_i\otimes\boldsymbol{A})^{\mathrm{T}}\\
&+\rho^2\varepsilon^2\operatorname{diag}(\overline{\boldsymbol{\Lambda}}\mathbf{1}_n)\otimes(\boldsymbol{A}\boldsymbol{A}^{\mathrm{T}})\boldsymbol{\Theta}
\end{aligned}\tag{6-76}
$$

其中，$\boldsymbol{\theta}_i$是n维单元列向量，也就是说，$\boldsymbol{\theta}_i$的第i个元素为1，其他元素都为零。类似于方程式(6-74)，于是我们可以很容易地验证，当$\hat{\boldsymbol{K}}_p^i(k)=\hat{\boldsymbol{K}}_p^{i*}(k)$时，$\hat{\boldsymbol{P}}_i(k+1)$是最小化的，其中：

$$
\begin{gathered}
\hat{\boldsymbol{K}}_p^{i*}(k)=\boldsymbol{A}\{\hat{\boldsymbol{P}}_i(k)-\varepsilon\sum_{r\in N_i}\lambda_{ir}(k)[\hat{\boldsymbol{P}}_{ir}(k)-\hat{\boldsymbol{P}}_i(k)]\}\boldsymbol{H}_i\boldsymbol{M}_i^{-1}(k)\\
\hat{\boldsymbol{M}}_i(k)=\boldsymbol{H}_i\hat{\boldsymbol{P}}_i(k)\boldsymbol{H}_i^{\mathrm{T}}+\boldsymbol{R}_i
\end{gathered}\tag{6-77}
$$

引理 6-1

考虑到下列算数里卡蒂方程：

$$
\begin{aligned}
\boldsymbol{\Psi}(k+1)\triangleq&[(\boldsymbol{I}_n-\varepsilon\boldsymbol{L}(k))\otimes\boldsymbol{A}-\operatorname{diag}(\boldsymbol{K}_p^i(k)\boldsymbol{H}_i)]\boldsymbol{\Psi}(k)[\cdot]^{\mathrm{T}}+\mathbf{1}\mathbf{1}^{\mathrm{T}}\otimes\boldsymbol{Q}\\
&+[\operatorname{diag}(\boldsymbol{K}_p^i(k))]\boldsymbol{R}[\cdot]^{\mathrm{T}}+\rho^2\varepsilon^2(\boldsymbol{Y}(k)\otimes\boldsymbol{A})(\cdot)^{\mathrm{T}}\boldsymbol{\Theta}
\end{aligned}
$$

其中，$\boldsymbol{K}_p^i(k)=\boldsymbol{K}_p^{i*}(k)$，当$\hat{\boldsymbol{K}}_p^i(k)=\hat{\boldsymbol{K}}_p^{i*}(k)$时，在初始条件为$\boldsymbol{\Psi}(0)=\hat{\boldsymbol{P}}(0)\geqslant 0$下，下列不等式成立：

$$
\mathbb{E}\left[\boldsymbol{\Psi}(k+1)\right]\leqslant\hat{\boldsymbol{P}}(k+1),\forall k
$$

证明

当$\boldsymbol{K}_p^i(k)=\boldsymbol{K}_p^{i*}(k)$时，$\boldsymbol{\Psi}(k+1)$最小化。给定初始条件$\boldsymbol{\Psi}(0)=\hat{\boldsymbol{P}}(0)\geqslant 0$，$k=0$，并满足$\mathbb{E}\left[\boldsymbol{\Psi}(0)\right]\leqslant\hat{\boldsymbol{P}}(0)$。首先，当$k=t$，$t=0,1,2,\cdots$时，假设

$\mathbb{E}\left[\boldsymbol{\Psi}(k)\right]\leqslant\hat{\boldsymbol{P}}(k)$ 成立。当 $k=t+1$ 时，于是有：

$$
\begin{aligned}
\mathbb{E}[\boldsymbol{\Psi}(k+1)]&=\mathbb{E}\{\left[(\boldsymbol{I}_n-\varepsilon\boldsymbol{L}(k))\otimes\boldsymbol{A}-\mathrm{diag}(\boldsymbol{K}_p^i(k)\boldsymbol{H}_i)\right]\boldsymbol{\Psi}(k)\left[\cdot\right]^{\mathrm{T}}+\mathbf{1}\mathbf{1}^{\mathrm{T}}\otimes\boldsymbol{Q}\\
&\quad+\left[\mathrm{diag}(\boldsymbol{K}_p^i(k))\right]\boldsymbol{R}\left[\mathrm{diag}(\boldsymbol{K}_p^i(k))\right]^{\mathrm{T}}+\rho^2\varepsilon^2(\boldsymbol{Y}(k)\otimes\boldsymbol{A})(\cdot)^{\mathrm{T}}\boldsymbol{\Theta}\}\\
&=\mathbb{E}\{\left[(\boldsymbol{I}_n-\varepsilon\boldsymbol{L}(k))\otimes\boldsymbol{A}-\mathrm{diag}(\boldsymbol{K}_p^i(k)\boldsymbol{H}_i)\right]\mathbb{E}\left[\boldsymbol{\Psi}(k)\right]\left[\cdot\right]^{\mathrm{T}}\\
&\quad+\mathbf{1}\mathbf{1}^{\mathrm{T}}\otimes\boldsymbol{Q}+\left[\mathrm{diag}(\boldsymbol{K}_p^i(k))\right]\boldsymbol{R}\left[\mathrm{diag}(\boldsymbol{K}_p^i(k))\right]^{\mathrm{T}}\\
&\leqslant\mathbb{E}\{\left[(\boldsymbol{I}_n-\varepsilon\boldsymbol{L}(k))\otimes\boldsymbol{A}-\mathrm{diag}(\hat{\boldsymbol{K}}_p^i(k)\boldsymbol{H}_i)\right]\hat{\boldsymbol{P}}(k)\left[\cdot\right]^{\mathrm{T}}+\mathbf{1}\mathbf{1}^{\mathrm{T}}\otimes\boldsymbol{Q}\\
&\quad+\left[\mathrm{diag}(\hat{\boldsymbol{K}}_p^i(k))\right]\boldsymbol{R}\left[\mathrm{diag}(\hat{\boldsymbol{K}}_p^i(k))\right]^{\mathrm{T}}+\rho^2\varepsilon^2\mathrm{diag}(\overline{\boldsymbol{\Lambda}}\mathbf{1}_n)\otimes(\boldsymbol{A}\boldsymbol{A}^{\mathrm{T}})\boldsymbol{\Theta}\}\\
&=\left[(\boldsymbol{I}_n-\varepsilon\boldsymbol{\Lambda})\otimes\boldsymbol{A}-\mathrm{diag}(\hat{\boldsymbol{K}}_p^i(k)\boldsymbol{H}_i)\right]\hat{\boldsymbol{P}}(k)\left[\cdot\right]^{\mathrm{T}}+\mathbf{1}\mathbf{1}^{\mathrm{T}}\otimes\boldsymbol{Q}\\
&\quad+\left[\mathrm{diag}(\hat{\boldsymbol{K}}_p^i(k))\right]\boldsymbol{R}\left[\mathrm{diag}(\hat{\boldsymbol{K}}_p^i(k))\right]^{\mathrm{T}}\\
&\quad+\sum_{i=1}^{n}\sum_{j=1}^{n}\sigma_{ij}^2\left(\varepsilon\boldsymbol{\theta}_i\otimes\boldsymbol{A}\right)\hat{\boldsymbol{P}}(k)\left(\varepsilon\boldsymbol{\theta}_i\otimes\boldsymbol{A}\right)^{\mathrm{T}}\\
&\quad+\rho^2\varepsilon^2\mathrm{diag}(\overline{\boldsymbol{\Lambda}}\mathbf{1}_n)\otimes(\boldsymbol{A}\boldsymbol{A}^{\mathrm{T}})\boldsymbol{\Theta}\\
&=\hat{\boldsymbol{P}}(k+1)
\end{aligned}
$$

证毕。

现在，我们已经推导出了状态估计误差协方差 $\boldsymbol{P}(k)$ 的上界。显然，如果 $\hat{\boldsymbol{P}}(k)$ 随 k 趋于无穷大时收敛，那么 $\mathbb{E}[\boldsymbol{P}(k)]$ 也能很好地收敛。

为了分析 $\hat{\boldsymbol{P}}(k)$ 的收敛性质，我们还需要下面的假设。

假设 6-4

对于与过程 $\boldsymbol{w}_{pr}$ 无关的任意 $\boldsymbol{s}(0)$，存在常数矩阵 $\boldsymbol{K}_c^i$ 使得下面离散时间随机系统是均方稳定的：

$$
\begin{aligned}
\boldsymbol{s}(k+1)=\{&[(\boldsymbol{I}_n-\varepsilon\boldsymbol{\Lambda})\otimes\boldsymbol{A}-\mathrm{diag}(\boldsymbol{K}_c^i(k)\boldsymbol{H}_i)]\\
&+\sum_{p=1}^{n}\sum_{r=1}^{n}(\varepsilon\boldsymbol{\theta}_i\otimes\boldsymbol{A})\boldsymbol{w}_{pr}(k)\}\boldsymbol{s}(k)
\end{aligned}
\tag{6-78}
$$

其中，$\mathbb{E}[\boldsymbol{w}_{pr}(k)]=0$，$\mathbb{E}[\boldsymbol{w}_{pr}(k)\boldsymbol{w}_{ij}^{\mathrm{T}}(k)]=\sigma_{pr}$。

定理 6-3

在假设 6-3 和假设 6-4 的条件下，如果 $\{(\boldsymbol{I}_n-\varepsilon\boldsymbol{L})\otimes\boldsymbol{A},\mathrm{diag}(\boldsymbol{H}_i)\}$ 是可控的，即存在矩阵 $\boldsymbol{K}_c^i(k)$，使得 $\left(\boldsymbol{I}_n-\varepsilon\boldsymbol{\Lambda}\right)\otimes\boldsymbol{A}-\mathrm{diag}(\boldsymbol{K}_c^i(k)\boldsymbol{H}_i)$ 是稳定的，那么在任意非负对称的初始值 $\hat{\boldsymbol{P}}(0)$ 下，$\hat{\boldsymbol{P}}(k)$ 是有界的，k 为任意值，并且收敛到唯一的上确界 $\bar{\boldsymbol{P}}>0$。

证明

在假设 6-4 下，始终可以找到使随机系统均方稳定的常数矩阵 $\boldsymbol{K}_c^i$。将 $\boldsymbol{K}_c^i$ 代入式 (6-76) 可得：

$$\begin{aligned}\boldsymbol{P}_c(k+1)=&[(\boldsymbol{I}_n-\varepsilon\boldsymbol{\Lambda})\otimes\boldsymbol{A}-\mathrm{diag}(\boldsymbol{K}_c^i\boldsymbol{H}_i)]\boldsymbol{P}_c(k)[\cdot]^{\mathrm{T}}+\mathbf{1}\mathbf{1}^{\mathrm{T}}\otimes\boldsymbol{Q}\\&+[\mathrm{diag}(\boldsymbol{K}_c^i)]\boldsymbol{R}[\cdot]^{\mathrm{T}}+\sum_{i=1}^{n}\sum_{j=1}^{n}\sigma_{ij}^2(\varepsilon\boldsymbol{\theta}_i\otimes\boldsymbol{A})\boldsymbol{P}_c(k)(\cdot)^{\mathrm{T}}\\&+\rho^2\varepsilon^2\mathrm{diag}(\bar{\boldsymbol{\Lambda}}\mathbf{1}_n)\otimes(\boldsymbol{A}\boldsymbol{A}^{\mathrm{T}})\boldsymbol{\Theta}\end{aligned}$$

令：

$$\begin{aligned}\boldsymbol{\Theta}(k+1)&=[(\boldsymbol{I}_n-\varepsilon\boldsymbol{\Lambda})\otimes\boldsymbol{A}-\mathrm{diag}(\boldsymbol{K}_c^i\boldsymbol{H}_i)]\boldsymbol{\Theta}(k)[\cdot]^{\mathrm{T}}\\&\quad+\sum_{i=1}^{n}\sum_{j=1}^{n}\sigma_{ij}^2(\varepsilon\boldsymbol{\theta}_i\otimes\boldsymbol{A})\boldsymbol{\Theta}(k)(\cdot)^{\mathrm{T}}\\&=\{[(\boldsymbol{I}_n-\varepsilon\boldsymbol{\Lambda})\otimes\boldsymbol{A}-\mathrm{diag}(\boldsymbol{K}_i(k)\boldsymbol{H}_i)]\\&\quad+\sum_{i=1}^{n}\sum_{j=1}^{n}(\varepsilon\boldsymbol{\theta}_i\otimes\boldsymbol{A})\boldsymbol{w}_{ij}(k)\}\boldsymbol{\Theta}(k)\{\cdot\}^{\mathrm{T}}\end{aligned}\tag{6-79}$$

根据系统式 (6-78)，上述方程是稳定的。然后，我们可以推导出 $\boldsymbol{P}_c(k)$ 是有界的并收敛于一个固定值。因为 $\hat{\boldsymbol{P}}(k)$ 是最小化的，所以 $\hat{\boldsymbol{K}}_p^i(k)=\hat{\boldsymbol{K}}_p^{i*}(k)$。因此 $\hat{\boldsymbol{P}}(k)\leqslant\hat{\boldsymbol{P}}_c(k)$ 成立。显而易见，$\hat{\boldsymbol{P}}(k)$ 是有界的并收敛于一个唯一的正定矩阵，即 $\lim\limits_{k\to\infty}\hat{\boldsymbol{P}}(k)=\bar{\boldsymbol{P}}\geqslant 0$。

接下来，我们验证上面的结果。首先，在零初始条件下，我们证明 $\hat{\boldsymbol{P}}(k)$ 是单调递增的，即对于任意 k，$\hat{\boldsymbol{P}}(0)=0$ 条件下，$\hat{\boldsymbol{P}}(k)\leqslant\hat{\boldsymbol{P}}(k+1)$ 成立。

给定初始条件 $\hat{\boldsymbol{P}}^1(k_0)=0$，$\hat{\boldsymbol{P}}^2(k_0-1)=0$ 以及 $\hat{\boldsymbol{P}}^1(k_{l+1})=\hat{\boldsymbol{P}}^2(k_l)$。因为 $\hat{\boldsymbol{P}}^2(k_0)$ 是非负的，$\hat{\boldsymbol{P}}^1(k_0)\leqslant\hat{\boldsymbol{P}}^2(k_0)$。对于 $k=k_0,k_1,\cdots,k_{l-1}$，假设

$\hat{\boldsymbol{P}}^1(k_l) \leqslant \hat{\boldsymbol{P}}^2(k_l)$ 成立。

基于以上条件，于是有：

$$
\begin{aligned}
\hat{\boldsymbol{P}}^2(k_l) = \min_{\boldsymbol{K}_p^i(k)} \{ & [(\boldsymbol{I}_n - \varepsilon \boldsymbol{\varLambda}) \otimes \boldsymbol{A} - \mathrm{diag}(\boldsymbol{K}_p^i(k)\boldsymbol{H}_i)]\hat{\boldsymbol{P}}^2(k_{l-1})[\cdot]^{\mathrm{T}} + \mathbf{1}\mathbf{1}^{\mathrm{T}} \otimes \boldsymbol{Q} \\
& + [\mathrm{diag}(\boldsymbol{K}_p^i(k))]\boldsymbol{R}[\cdot]^{\mathrm{T}} + \sum_{i=1}^{n}\sum_{j=1}^{n} \sigma_{ij}^2 (\varepsilon \boldsymbol{\theta}_i \otimes \boldsymbol{A})\hat{\boldsymbol{P}}^2(k_{l-1})(\cdot)^{\mathrm{T}} \\
& + \rho^2 \varepsilon^2 \mathrm{diag}(\overline{\boldsymbol{\varLambda}}\mathbf{1}_n) \otimes (\boldsymbol{A}\boldsymbol{A}^{\mathrm{T}})\boldsymbol{\varTheta} \} \\
= {} & [(\boldsymbol{I}_n - \varepsilon \boldsymbol{\varLambda}) \otimes \boldsymbol{A} - \mathrm{diag}(\hat{\boldsymbol{K}}_p^i(k)\boldsymbol{H}_i)]\hat{\boldsymbol{P}}^2(k_{l-1})[\cdot]^{\mathrm{T}} + \mathbf{1}\mathbf{1}^{\mathrm{T}} \otimes \boldsymbol{Q} \\
& + [\mathrm{diag}(\hat{\boldsymbol{K}}_p^i(k))]\boldsymbol{R}[\cdot]^{\mathrm{T}} + \sum_{i=1}^{n}\sum_{j=1}^{n} \sigma_{ij}^2 (\varepsilon \boldsymbol{\theta}_i \otimes \boldsymbol{A})\hat{\boldsymbol{P}}^2(k_{l-1})(\cdot)^{\mathrm{T}} \\
& + \rho^2 \varepsilon^2 \mathrm{diag}(\overline{\boldsymbol{\varLambda}}\mathbf{1}_n) \otimes (\boldsymbol{A}\boldsymbol{A}^{\mathrm{T}})\boldsymbol{\varTheta} \\
\geqslant {} & [(\boldsymbol{I}_n - \varepsilon \boldsymbol{\varLambda}) \otimes \boldsymbol{A} - \mathrm{diag}(\hat{\boldsymbol{K}}_p^i(k)\boldsymbol{H}_i)]\hat{\boldsymbol{P}}^1(k_{l-1})[\cdot]^{\mathrm{T}} + \mathbf{1}\mathbf{1}^{\mathrm{T}} \otimes \boldsymbol{Q} \\
& + [\mathrm{diag}(\hat{\boldsymbol{K}}_p^i(k))]\boldsymbol{R}[\cdot]^{\mathrm{T}} + \sum_{i=1}^{n}\sum_{j=1}^{n} \sigma_{ij}^2 (\varepsilon \boldsymbol{\theta}_i \otimes \boldsymbol{A})\hat{\boldsymbol{P}}^1(k_{l-1})(\cdot)^{\mathrm{T}} \\
& + \rho^2 \varepsilon^2 \mathrm{diag}(\overline{\boldsymbol{\varLambda}}\mathbf{1}_n) \otimes (\boldsymbol{A}\boldsymbol{A}^{\mathrm{T}})\boldsymbol{\varTheta} \\
= {} & \min_{\boldsymbol{K}_p^i(k)} \{ [(\boldsymbol{I}_n - \varepsilon \boldsymbol{\varLambda}) \otimes \boldsymbol{A} - \mathrm{diag}(\boldsymbol{K}_p^i(k)\boldsymbol{H}_i)]\hat{\boldsymbol{P}}^1(k_{l-1})[\cdot]^{\mathrm{T}} \\
& + \mathbf{1}\mathbf{1}^{\mathrm{T}} \otimes \boldsymbol{Q} + [\mathrm{diag}(\boldsymbol{K}_p^i(k))]\boldsymbol{R}[\cdot]^{\mathrm{T}} + \sum_{i=1}^{n}\sum_{j=1}^{n} \sigma_{ij}^2 (\varepsilon \boldsymbol{\theta}_i \otimes \boldsymbol{A}) \\
& \hat{\boldsymbol{P}}^1(k_{l-1})(\cdot)^{\mathrm{T}} + \rho^2 \varepsilon^2 \mathrm{diag}(\overline{\boldsymbol{\varLambda}}\mathbf{1}_n) \otimes (\boldsymbol{A}\boldsymbol{A}^{\mathrm{T}})\boldsymbol{\varTheta} \} \\
= {} & \hat{\boldsymbol{P}}^1(k_l)
\end{aligned}
$$

因为 $\hat{\boldsymbol{P}}^1(k_{l+1}) = \hat{\boldsymbol{P}}^2(k_l)$，于是 $\hat{\boldsymbol{P}}^1(k_l) \leqslant \hat{\boldsymbol{P}}^2(k_l) = \hat{\boldsymbol{P}}^1(k_{l+1})$，这表明，在零初始条件下，$\hat{\boldsymbol{P}}(k)$ 是单调递增的并且收敛于一个界。

接下来，在非零初始条件 $\hat{\boldsymbol{P}}(0) = \boldsymbol{N}_0 > \overline{\boldsymbol{P}}$ 下，$\lim\limits_{k\to\infty} \hat{\boldsymbol{P}}(k) = \overline{\boldsymbol{P}} \geqslant 0$ 成立被证明。

$$
\begin{aligned}
\hat{\boldsymbol{P}}_{N_0}(k+1) - \overline{\boldsymbol{P}} = \min_{\hat{\boldsymbol{K}}_p^i(k)} \{ & [(\boldsymbol{I}_n - \varepsilon \boldsymbol{\varLambda}) \otimes \boldsymbol{A} - \mathrm{diag}(\hat{\boldsymbol{K}}_p^i(k)\boldsymbol{H}_i)]\hat{\boldsymbol{P}}_{N_0}(k)[\cdot]^{\mathrm{T}} \\
& + [\mathrm{diag}(\hat{\boldsymbol{K}}_p^i(k))]\boldsymbol{R}[\cdot]^{\mathrm{T}} + \sum_{i=1}^{n}\sum_{j=1}^{n} \sigma_{ij}^2 (\varepsilon \boldsymbol{\theta}_i \otimes \boldsymbol{A})\hat{\boldsymbol{P}}_{N_0}(k)(\cdot)^{\mathrm{T}} \\
& - [(\boldsymbol{I}_n - \varepsilon \boldsymbol{\varLambda}) \otimes \boldsymbol{A} - \mathrm{diag}(\overline{\boldsymbol{K}}_p^i\boldsymbol{H}_i)]\overline{\boldsymbol{P}}[\cdot]^{\mathrm{T}} - \sum_{i=1}^{n}\sum_{j=1}^{n} \sigma_{ij}^2 (\varepsilon \boldsymbol{\theta}_i
\end{aligned}
$$

$$\otimes \boldsymbol{A})\bar{\boldsymbol{P}}(\cdot)^{\mathrm{T}} - [\mathrm{diag}(\bar{\boldsymbol{K}}_p^i)]\boldsymbol{R}[\cdot]^{\mathrm{T}}\}$$

$$\leqslant [(\boldsymbol{I}_n - \varepsilon\boldsymbol{\Lambda}) \otimes \boldsymbol{A} - \mathrm{diag}(\bar{\boldsymbol{K}}_p^i(k)\boldsymbol{H}_i)](\hat{\boldsymbol{P}}_{N_0}(k) - \bar{\boldsymbol{P}})[\cdot]^{\mathrm{T}}$$

$$+\sum_{i=1}^{n}\sum_{j=1}^{n}\sigma_{ij}^2(\varepsilon\boldsymbol{\theta}_i \otimes \boldsymbol{A})(\hat{\boldsymbol{P}}_{N_0}(k) - \bar{\boldsymbol{P}})(\cdot)^{\mathrm{T}}$$

因为：

$$[(\boldsymbol{I}_n - \varepsilon\boldsymbol{\Lambda}) \otimes \boldsymbol{A} - \mathrm{diag}(\bar{\boldsymbol{K}}_p^i(k)\boldsymbol{H}_i)]\bar{\boldsymbol{P}}[\cdot]^{\mathrm{T}} + \sum_{i=1}^{n}\sum_{j=1}^{n}\sigma_{ij}^2(\varepsilon\theta_i \otimes \boldsymbol{A})\bar{\boldsymbol{P}}(\cdot)^{\mathrm{T}} < \bar{\boldsymbol{P}}$$

显然，有关特征值的不等式：

$$\lambda_i[(\boldsymbol{I}_n - \varepsilon\boldsymbol{\Lambda}) \otimes \boldsymbol{A} - \mathrm{diag}(\boldsymbol{K}_c^i\boldsymbol{H}_i)][\cdot]^{\mathrm{T}} + \sum_{i=1}^{n}\sum_{j=1}^{n}\sigma_{ij}^2(\varepsilon\boldsymbol{\theta}_i \otimes \boldsymbol{A})(\cdot)^{\mathrm{T}} < 1$$

成立。因此，对于任意初始条件，$\lim_{k\to\infty}\hat{\boldsymbol{P}}(k) = \bar{\boldsymbol{P}} \geqslant 0$ 成立。

证毕。

注 6-9　$\boldsymbol{\Lambda}$ 表示受攻击概率 ξ_q 影响的保护变量的集合。不同于没有攻击的情况下的充分条件，定理 6-3 中的条件不仅与系统参数有关，而且也与攻击者有关。结果显示了收敛性与攻击概率之间的关系。然而在大多数应用情况下，我们不能确定系统的不稳定裕度，但希望能达到期望的估计误差协方差。这激励我们进一步调查攻击概率与估计误差协方差的关系。

（3）最小攻击概率

在前面的小节中，我们为每个传感器设计了一个保护器，并且找到了保证恶意攻击下估计误差协方差收敛的充分条件。如上所述，从攻击者和传感器的角度来看，攻击概率与估计性能之间的关系在实际应用中是重要的。具体来说，了解攻击概率的临界值有助于有效抵御敌对攻击。

本部分对于给定的估计误差协方差 $\boldsymbol{P}^*$，我们将发现一个边界值，使得当攻击概率大于它时，随着采样时刻 k 趋于无穷大时，估计误差协方差将低于 $\boldsymbol{P}^*$。定义 $\boldsymbol{K}^*$ 为对应于 $\boldsymbol{P}^*$ 的最优增益。

定理 6-4

对于初始条件 $\boldsymbol{P}_i(0) \geqslant 0$，总是可以找到一个常数 ξ_q^*，并且 $\xi_q \leqslant \xi_q^*$，使得状态估计误差协方差不会超过某一个临界值，即，$\hat{\boldsymbol{P}}(k) \leqslant \boldsymbol{P}^*$，$k \to \infty$，当：

$$\xi_q^* = \text{vec}(\boldsymbol{P}^*)(\boldsymbol{I} - \boldsymbol{X})\boldsymbol{Y}^{-1} \tag{6-80}$$

其中：

$$\boldsymbol{X} = [(\boldsymbol{I}_n - \varepsilon \boldsymbol{\Lambda}) \otimes \boldsymbol{A} - \text{diag}(\boldsymbol{K}^* \boldsymbol{H}_i)] \otimes [\cdot]^{\text{T}} + \sum_{i=1}^{n}\sum_{j=1}^{n} \sigma_{ij}^2 (\varepsilon \boldsymbol{\theta}_i \otimes \boldsymbol{A})(\cdot)^{\text{T}} \otimes [\cdot]^{\text{T}}$$

$$\boldsymbol{Y} = \text{vec}(\rho^2 \varepsilon^2 \text{diag}(\boldsymbol{\Lambda}) \otimes (\boldsymbol{A}\boldsymbol{A}^{\text{T}})\boldsymbol{\Theta} + \mathbf{1}\mathbf{1}^{\text{T}} \otimes \boldsymbol{Q} + [\text{diag}(\boldsymbol{K}^*)]\boldsymbol{R}[\cdot]^{\text{T}})$$

证明

首先，基于引理 6-1，有 $\mathbb{E}\left[\boldsymbol{\Psi}(k+1)\right] \leqslant \hat{\boldsymbol{P}}(k+1), \forall k$。当 $\hat{\boldsymbol{K}}_p^i(k) = \hat{\boldsymbol{K}}_p^{i*}(k)$ 时，状态估计误差协方差 $\hat{\boldsymbol{P}}_i(k+1)$ 可以被重写为：

$$\begin{aligned}\hat{\boldsymbol{P}}(k+1) = & [(\boldsymbol{I}_n - \varepsilon \boldsymbol{\Lambda}) \otimes \boldsymbol{A} - \text{diag}(\boldsymbol{K}_p^{i*}(k)\boldsymbol{H}_i)]\hat{\boldsymbol{P}}(k)[\cdot]^{\text{T}} + \mathbf{1}\mathbf{1}^{\text{T}} \otimes \boldsymbol{Q} \\ & + [\text{diag}(\boldsymbol{K}_p^{i*}(k))]\boldsymbol{R}[\cdot]^{\text{T}} + \sum_{i=1}^{n}\sum_{j=1}^{n} \sigma_{ij}^2 (\varepsilon \boldsymbol{\theta}_i \otimes \boldsymbol{A})\hat{\boldsymbol{P}}(k)(\varepsilon \boldsymbol{\theta}_i \otimes \boldsymbol{A})^{\text{T}} \\ & + \rho^2 \varepsilon^2 \text{diag}(\bar{\boldsymbol{\Lambda}}\mathbf{1}_n) \otimes (\boldsymbol{A}\boldsymbol{A}^{\text{T}})\boldsymbol{\Theta}\end{aligned} \tag{6-81}$$

显而易见，与攻击概率相关的部分是 $\text{diag}(\bar{\boldsymbol{\Lambda}}\mathbf{1}_n)$，其中：

$$\text{diag}(\bar{\boldsymbol{\Lambda}}\mathbf{1}_n) = \begin{bmatrix} \bar{\lambda}_{12} + \cdots + \bar{\lambda}_{1n} & \cdots & 0 \\ \vdots & \ddots & \vdots \\ 0 & \cdots & \bar{\lambda}_{n1} + \cdots + \bar{\lambda}_{n(n-1)} \end{bmatrix}$$

进一步推导有：

$$\begin{aligned}\bar{\lambda}_{ij} &= \mathbb{E}[\gamma_{ij}(k) q_{ij}(k)] \\ &= \mathbb{E}[\text{P}_{\text{r}}(q_{ij}(k) = 1, \gamma_{ij}(k) = 1)] \\ &= \mathbb{E}[\text{P}_{\text{r}}(q_{ij}(k) = 1)\,\text{P}_{\text{r}}(\gamma_{ij}(k) = 1 \mid q_{ij}(k) = 1)] \\ &= \xi_q (1 - \delta_{ij})\end{aligned}$$

其中，$\delta_{ij}=\mathbb{E}[\exp(-\frac{1}{2}(\boldsymbol{\varDelta}_i(k)+\rho\boldsymbol{\delta}_{ij}(k))_j^{\mathrm{T}}(k)\boldsymbol{Z}_j^{-1}(\boldsymbol{\varDelta}_i(k)+\rho\boldsymbol{\alpha}_{ij}(k)))]$。

因此，$\bar{\lambda}_{ij}=\xi_q(1-\delta_{ij})$，然后有：

$$\mathrm{diag}(\bar{\boldsymbol{\varLambda}}\mathbf{1}_n)=\xi_q\begin{bmatrix}\sum_{j=2}^{n}(1-\boldsymbol{\delta}_{1j}) & \cdots & 0\\ \vdots & \ddots & \vdots\\ 0 & \cdots & \sum_{j=2}^{n}(1-\boldsymbol{\delta}_{nj})\end{bmatrix}=\mathrm{diag}(\boldsymbol{\varLambda}_i)\xi_q$$

其中，$\boldsymbol{\varLambda}_i=\sum_{j=2}^{n}(1-\boldsymbol{\delta}_{ij}),i=1,2,\cdots,n$。

经过前面的部分推导铺垫，误差协方差的上界方程可以变换为如下方程：

$$\begin{aligned}\hat{\boldsymbol{P}}(k+1)=&[(\boldsymbol{I}_n-\varepsilon\boldsymbol{\varLambda})\otimes\boldsymbol{A}-\mathrm{diag}(\boldsymbol{K}_p^{i*}(k)\boldsymbol{H}_i)]\hat{\boldsymbol{P}}(k)[\cdot]^{\mathrm{T}}+\mathbf{11}^{\mathrm{T}}\otimes\boldsymbol{Q}\\&+[\mathrm{diag}(\boldsymbol{K}_p^{i*}(k))]\boldsymbol{R}[\cdot]^{\mathrm{T}}+\sum_{i=1}^{n}\sum_{j=1}^{n}\sigma_{ij}^2(\varepsilon\boldsymbol{\theta}_i\otimes\boldsymbol{A})\hat{\boldsymbol{P}}(k)(\varepsilon\boldsymbol{\theta}_i\otimes\boldsymbol{A})^{\mathrm{T}}\\&+\rho^2\varepsilon^2\mathrm{diag}(\tilde{\boldsymbol{\varLambda}}_i)\xi_q\otimes(\boldsymbol{A}\boldsymbol{A}^{\mathrm{T}})\boldsymbol{\varTheta}\end{aligned}\tag{6-82}$$

显然，误差协方差随着ξ_q值的增加而增加。对于给定的限制$\boldsymbol{P}^*$，存在$\xi_q\leqslant\xi_q^*$，使得$\hat{\boldsymbol{P}}_i(k)\leqslant\boldsymbol{P}^*$，$k\to\infty$成立。

接下来，对于给定的误差协方差的上界$\boldsymbol{P}^*$，我们继续推导最小攻击概率ξ_q^*。利用式(6-77)，当$\hat{\boldsymbol{P}}(k)=\boldsymbol{P}^*$时，可以获得$\boldsymbol{P}^*$的最优增益，将其定义为$\boldsymbol{K}^*$。将方程式(6-82)等号两边向量化，转换为一个列向量，如下所示：

$$\begin{aligned}\mathrm{vec}(\hat{\boldsymbol{P}}(k+1))=&[(\boldsymbol{I}_n-\varepsilon\boldsymbol{\varLambda})\otimes\boldsymbol{A}-\mathrm{diag}(\boldsymbol{K}_p^{i*}(k)\boldsymbol{H}_i)]\otimes[\cdot]^{\mathrm{T}}\mathrm{vec}(\hat{\boldsymbol{P}}(k))\\&+\sum_{i=1}^{n}\sum_{j=1}^{n}\sigma_{ij}^2(\varepsilon\boldsymbol{\theta}_i\otimes\boldsymbol{A})(\cdot)^{\mathrm{T}}\otimes[\cdot]^{\mathrm{T}}\mathrm{vec}(\hat{\boldsymbol{P}}(k))\\&+\xi_q\mathrm{vec}(\rho^2\varepsilon^2\mathrm{diag}(\tilde{\boldsymbol{\varLambda}}_i)\otimes(\boldsymbol{A}\boldsymbol{A}^{\mathrm{T}})\boldsymbol{\varTheta}\\&+\mathbf{11}^{\mathrm{T}}\otimes\boldsymbol{Q}+[\mathrm{diag}(\boldsymbol{K}_p^{i*}(k))]\boldsymbol{R}[\cdot]^{\mathrm{T}})\end{aligned}$$

令：

$$X=[(I_n-\varepsilon\Lambda)\otimes A-\operatorname{diag}(K^*H_i)]\otimes[\cdot]^{\mathrm T}+\sum_{i=1}^{n}\sum_{j=1}^{n}\sigma_{ij}^2(\varepsilon\theta_i\otimes A)(\cdot)^{\mathrm T}\otimes[\cdot]^{\mathrm T}$$

$$Y=\operatorname{vec}(\rho^2\varepsilon^2\operatorname{diag}(\tilde{\Lambda}_i)\otimes(AA^{\mathrm T})\Theta+\mathbf{1}\mathbf{1}^{\mathrm T}\otimes Q+[\operatorname{diag}(K^*)]R[\cdot]^{\mathrm T})$$

于是有：

$$\operatorname{vec}(P^*)=\xi_q\sum_{k=0}^{\infty}(X^k)Y$$

根据定理 6-3，$\hat{P}(k)$ 是收敛的。这表明 X 的收敛半径为 1。因此有 $\operatorname{vec}(P^*)=\xi_q Y(I-X)^{-1}$。

最终我们得到：

$$\xi_q^*=\operatorname{vec}(P^*)(I-X)Y^{-1}$$

证毕。

注 6-10　应该注意的是：

$$\Lambda=\mathbb{E}[\varphi(\Delta_j(k))]=\mathbb{E}[1-\exp(-\frac{1}{2}\Delta_j^{\mathrm T}(k)Z_j^{-1}\Delta_j(k))]$$

继而 $\Delta_i(k)=y_i(k)-H_i\hat{x}_i(k)=H_je_j(k)+v_j(k)$，于是有：

$$\begin{aligned}\mathbb{E}[\Delta_j^{\mathrm T}(k)Z_j^{-1}\Delta_j(k)]&=Z_j^{-1}\mathbb{E}[\Delta_j^{\mathrm T}(k)\Delta_j(k)]\\&=Z_j^{-1}\mathbb{E}[(H_je_j(k)+v_j(k))(H_je_j(k)+v_j(k))^{\mathrm T}]\\&=Z_j^{-1}\mathbb{E}[H_je_j(k)e_j^{\mathrm T}(k)H_j^{\mathrm T}+v_j(k)v_j^{\mathrm T}(k)]\\&=Z_j^{-1}(H_jP_j(k)H_j+R_j)\end{aligned}$$

因此，对于给定的估计误差协方差 P^*，于是有：

$$\Lambda=1-\exp(-\frac{1}{2}Z_j^{-1}(H_jP^*H_j+R_j))$$

另外，$\Lambda_i=\sum_{j=2}^{n}(1-\delta_{ij}),i=1,2,\cdots,n$，$\Lambda=\operatorname{diag}(\Lambda_i)$。

6.2.2 线性篡改攻击下基于 KL 散度的检测器设计

6.2.2.1 问题描述

（1）系统模型

继续考虑线性离散时不变系统，其表达式如下：

$$\begin{aligned}\boldsymbol{x}(k+1)&=\boldsymbol{A}\boldsymbol{x}(k)+\boldsymbol{w}(k)\\ \boldsymbol{y}_i(k)&=\boldsymbol{C}_i\boldsymbol{x}(k)+\boldsymbol{v}_i(k)\end{aligned} \tag{6-83}$$

其中，$\boldsymbol{x}\in\mathbb{R}^m$ 代表系统状态变量；$\boldsymbol{y}_i(k)\in\mathbb{R}^m$ 代表传感器 i 的测量值；$\boldsymbol{C}_i\in\mathbb{R}^{m\times m}$ 代表传感器 i 的测量矩阵；$\boldsymbol{A}\in\mathbb{R}^{m\times m}$ 代表系统矩阵；$\boldsymbol{w}(k)\in\mathbb{R}^m$ 与 $\boldsymbol{v}_i(k)\in\mathbb{R}^m$ 分别表示系统噪声与测量噪声，这两者均为独立同分布的高斯白噪声，并将其协方差矩阵定义为 $\boldsymbol{Q}>0$ 与 $\boldsymbol{R}_i>0$。$\boldsymbol{x}(0)$ 为系统的初始状态，服从零均值、协方差为 $\boldsymbol{\Pi}_0\geqslant 0$ 的高斯分布。且对于所有的 $k\geqslant 0$，系统噪声 $\boldsymbol{w}(k)$、测量噪声 $\boldsymbol{v}_i(k)$ 与初始状态 $\boldsymbol{x}(0)$ 三者互不相关，即满足下列条件：

$$\begin{aligned}&\mathbb{E}[\boldsymbol{v}_i(k)\boldsymbol{v}_j^{\mathrm{T}}(t)]=\boldsymbol{R}_i(k)\boldsymbol{\sigma}_{kt}\\ &\mathbb{E}[\boldsymbol{w}(k)\boldsymbol{w}^{\mathrm{T}}(t)]=\boldsymbol{Q}(k)\boldsymbol{\sigma}_{kt}\\ &\mathbb{E}[\boldsymbol{w}(k)\boldsymbol{v}_j^{\mathrm{T}}(t)]=0\end{aligned} \tag{6-84}$$

式中，$\boldsymbol{\sigma}$ 为布尔矩阵。

基于图论的知识对传感器网络的拓扑结构进行建模，用有向图 $G=(V, E)$ 来描述传感器网络，其中节点 $V=\{1,2,\cdots,n\}$ 与边 $E\subset V\times V$ 分别表示 n 个传感器节点的集合和相邻传感器节点的通信信道。边（i, j）意味着数据可以通过通信信道从传感器 j 传输到传感器 i，定义传感器 i 的入邻居节点集合为 $N_i=\{j:(i,j)\in E\}$，则所有的 j 满足 $j\in N_i$。同时，定义 $d_i=|N_i|$ 为传感器 i 的入邻居节点个数。同理，设定 $\tilde{N}_i=\{j:(i,j)\in E\}$ 为传感器 i 的出邻居节点集合，即可以通过传输信道从传感器 i 接收数据的节点。

（2）分布式状态估计器的设计

本节考虑一种基于传输新息值进行融合的一致性分布式状态估计，使传感器 i 融合信息：

$$\hat{\boldsymbol{x}}_i(k+1)=\boldsymbol{A}\hat{\boldsymbol{x}}_i(k)+\boldsymbol{K}_p^i(k)\boldsymbol{z}_i(k)+\varepsilon\boldsymbol{K}_p^i(k)\sum_{j\in N_i}\boldsymbol{z}_j(k) \tag{6-85}$$

式中，$\boldsymbol{z}_i(k)$ 表示在第 k 个采样时刻第 i 个传感器的新息值，其定义如下：

$$\boldsymbol{z}_i(k)=\boldsymbol{y}_i(k)-\boldsymbol{C}_i\hat{\boldsymbol{x}}_i(k) \tag{6-86}$$

ε 为一致性协议系数，其大小在 $(0,1/\varDelta)$ 范围之内，并且满足条件 $\varDelta=\max\limits_i(d_i)$。$\hat{\boldsymbol{x}}_i(k)$ 表示第 k 个采样时刻第 i 个传感器的状态估计值，$\boldsymbol{K}_p^i(k)$ 代表第 k 个采样时刻第 i 个传感器的卡尔曼滤波增益。为后续讨论需要，我们给出新息值统计特性的定理。

定理 6-5

基于上述系统的定义，其新息序列 $\boldsymbol{z}_i(k)$ 的统计特性性质总结如下：

① 不同传感器中的新息值互不相关，即 $\boldsymbol{z}_i(k)$ 与 $\boldsymbol{z}_j(k)$ 相互独立，$\forall i\neq j$；

② 新息值 $\boldsymbol{z}_i(k)$ 是服从零均值高斯分布的随机变量；

③ 新息序列的方差为 $\boldsymbol{\Sigma}_z\triangleq\mathbb{E}[\boldsymbol{z}_i(k)\boldsymbol{z}_i(k)^{\mathrm{T}}]$。

证明

由现有文献可知，在上述提及的离散线性时不变系统中，即满足式 (6-83) 与式 (6-84)，卡尔曼滤波算法迭代过程中产生的新息序列 $\boldsymbol{z}_i(k)$ 将是服从高斯分布的随机变量。接下来我们将证明 $\boldsymbol{z}_i(k)$ 为零均值的高斯变量。并且，我们将推导得出其方差，为后续的检测器的设计做铺垫。根据式 (6-83) 与式 (6-86) 有：

$$\begin{aligned}\boldsymbol{z}_i(k)&=\boldsymbol{y}_i(k)-\boldsymbol{C}_i\hat{\boldsymbol{x}}_i(k)\\&=\boldsymbol{C}_i\boldsymbol{x}_i(k)-\boldsymbol{C}_i\hat{\boldsymbol{x}}_i(k)+\boldsymbol{v}_i(k)\\&=\boldsymbol{C}_i(\boldsymbol{x}_i(k)-\hat{\boldsymbol{x}}_i(k))+\boldsymbol{v}_i(k)\end{aligned} \tag{6-87}$$

对新息求期望，我们可以得到新息序列 $\boldsymbol{z}_i(k)$ 的均值为：

$$\begin{aligned}\mathbb{E}(\boldsymbol{z}_i(k))&=\mathbb{E}[\boldsymbol{C}_i(\boldsymbol{x}_i(k)-\hat{\boldsymbol{x}}_i(k))+\boldsymbol{v}_i(k)]\\&=\mathbb{E}[(\boldsymbol{v}_i(k)]+\boldsymbol{C}_i\mathbb{E}[(\boldsymbol{x}_i(k)-\hat{\boldsymbol{x}}_i(k))]\\&=0\end{aligned} \tag{6-88}$$

接下来，通过推导得出新息序列 $\boldsymbol{z}_i(k)$ 的方差为：

$$
\begin{aligned}
\mathrm{Cov}[\boldsymbol{z}_i(k)] &= \mathbb{E}[(\boldsymbol{z}_i(k))(\cdot)^{\mathrm{T}}]+(\mathbb{E}[\boldsymbol{z}_i(k)])^2 \\
&= \mathbb{E}[\boldsymbol{v}_i(k))(\cdot)^{\mathrm{T}} + (\boldsymbol{C}_i(\boldsymbol{x}_i(k)-\hat{\boldsymbol{x}}_i(k))] \\
&= \mathbb{E}[\boldsymbol{v}_i(k)(\cdot)^{\mathrm{T}}] + \boldsymbol{C}_i\mathbb{E}[(\boldsymbol{x}_i(k)-\hat{\boldsymbol{x}}_i(k))(\cdot)^{\mathrm{T}}]\boldsymbol{C}_i^{\mathrm{T}} \\
&= \boldsymbol{R}_i + \boldsymbol{C}_i\boldsymbol{P}_i(k)\boldsymbol{C}_i^{\mathrm{T}}
\end{aligned} \tag{6-89}
$$

综上所述，$\boldsymbol{z}_i(k) \sim N(0, \boldsymbol{C}_i\boldsymbol{P}_i(k)\boldsymbol{C}_i^{\mathrm{T}} + \boldsymbol{R}_i)$。

至此，证明结束。

接下来，我们推导得出上述分布式估计器的最优卡尔曼滤波增益 $\boldsymbol{K}_p^i(k)$。首先，将第 i 个传感器的均方误差协方差定义为：

$$
\boldsymbol{P}_i(k+1) = \mathbb{E}[\{\boldsymbol{x}(k+1)-\hat{\boldsymbol{x}}_i(k+1)\}\{\}^{\mathrm{T}}] \tag{6-90}
$$

引理 6-2

给定系统参数 ε，通过最小化 MSEC $\boldsymbol{P}_i(k)$，则可得出最优估计增益：

$$
\boldsymbol{K}_p^{i*}(k) = \boldsymbol{A}\boldsymbol{V}\boldsymbol{M}^{-1} \tag{6-91}
$$

其中：

$$
\begin{aligned}
\boldsymbol{V} &= \boldsymbol{P}_i(k)\boldsymbol{C}_i^{\mathrm{T}} + \varepsilon\sum_{r\in N_i}\boldsymbol{P}_{i,r}(k)\boldsymbol{C}_r^{\mathrm{T}} \\
\boldsymbol{M} &= \varepsilon\sum_{r\in N_i}\boldsymbol{C}_r\boldsymbol{P}_{r,i}(k)\boldsymbol{C}_i^{\mathrm{T}} + \varepsilon\sum_{r\in N_i}\boldsymbol{R}_i + \boldsymbol{C}_i\boldsymbol{P}_{i,s}(k)\boldsymbol{C}_s^{\mathrm{T}} \\
&\quad + \boldsymbol{C}_i\boldsymbol{P}_i(k)\boldsymbol{C}_i^{\mathrm{T}} + \varepsilon^2\sum_{r,s\in N_i}(\boldsymbol{R}_{r,s} + \boldsymbol{C}_r\boldsymbol{P}_{r,s}(k)\boldsymbol{C}_s^{\mathrm{T}}), i,s,r = 1,2,\cdots,n
\end{aligned} \tag{6-92}
$$

证明

首先，我们定义网络中第 i 个传感器在第 k 个时刻时对系统状态值的估计误差为：

$$
\boldsymbol{e}_i(k|k-1) = \hat{\boldsymbol{x}}_i(k|k-1) - \boldsymbol{x}(k) \tag{6-93}
$$

为了后续的分析方便，我们将上式的符号作简化，记 $\boldsymbol{e}_i(k|k-1) = \boldsymbol{e}_i(k)$。根据式 (6-85)，可以通过简单的推导得出在第 k+1 个时刻时，第 i 个传感器的估计误差为：

$$
\begin{aligned}
\boldsymbol{e}_i(k+1) &= \boldsymbol{A}\boldsymbol{e}_i(k) - \boldsymbol{K}_p^i(k)[\boldsymbol{C}_i\boldsymbol{e}_i(k) + \boldsymbol{v}_i(k)] \\
&\quad - \varepsilon\boldsymbol{K}_p^i(k)\sum_{j\in N_i}[\boldsymbol{C}_j\boldsymbol{e}_j(k) + \boldsymbol{v}_j(k)] + \boldsymbol{w}(k)
\end{aligned} \tag{6-94}
$$

然后，可以从上式推导得出：

$$
\begin{aligned}
&\boldsymbol{e}_i(k+1)\boldsymbol{e}_j^{\mathrm{T}}(k+1)\\
&=\boldsymbol{A}\boldsymbol{e}_i(k)\boldsymbol{e}_j^{\mathrm{T}}(k)A^{\mathrm{T}}-\varepsilon\boldsymbol{K}_p^i(k)\sum_{r\in N_i}(\boldsymbol{C}_r\boldsymbol{e}_r(k)+\boldsymbol{v}_r(k))\boldsymbol{e}_j^{\mathrm{T}}(k)\boldsymbol{A}^{\mathrm{T}}-\boldsymbol{K}_p^i(k)\\
&(\boldsymbol{C}_i\boldsymbol{e}_i(k)+\boldsymbol{v}_i(k))\boldsymbol{e}_j^{\mathrm{T}}(k)\boldsymbol{A}^{\mathrm{T}}-\varepsilon\boldsymbol{K}_p^i(k)\sum_{r\in N_i}(\boldsymbol{C}_r\boldsymbol{e}_r(k)+\boldsymbol{v}_r(k))\boldsymbol{w}^{\mathrm{T}}(k)\\
&-\boldsymbol{K}_p^i(k)(\boldsymbol{C}_i\boldsymbol{e}_i(k)+\boldsymbol{v}_i(k))\boldsymbol{w}^{\mathrm{T}}(k)-\varepsilon\boldsymbol{A}\boldsymbol{e}_i(k)(\sum_{s\in N_j}(\boldsymbol{e}_s^{\mathrm{T}}(k)\boldsymbol{C}_s^{\mathrm{T}}+\boldsymbol{v}_s^{\mathrm{T}}(k)))\\
&[\boldsymbol{K}_p^j(k)]^{\mathrm{T}}-\boldsymbol{A}\boldsymbol{e}_i(k)(\boldsymbol{e}_j^{\mathrm{T}}(k)\boldsymbol{C}_j^{\mathrm{T}}+\boldsymbol{v}_j^{\mathrm{T}}(k))[\boldsymbol{K}_p^j(k)]^{\mathrm{T}}-\varepsilon\boldsymbol{w}(k)\\
&\sum_{s\in N_j}(\boldsymbol{e}_s^{\mathrm{T}}(k)\boldsymbol{C}_s^{\mathrm{T}}+\boldsymbol{v}_s^{\mathrm{T}}(k))[\boldsymbol{K}_p^j(k)]^{\mathrm{T}}-\boldsymbol{w}(k)(\boldsymbol{e}_j^{\mathrm{T}}(k)\boldsymbol{C}_j^{\mathrm{T}}+\boldsymbol{v}_j^{\mathrm{T}}(k))[\boldsymbol{K}_p^j(k)]^{\mathrm{T}}\\
&+\boldsymbol{K}_p^i(k)[\varepsilon\sum_{r\in N_i}(\boldsymbol{C}_r\boldsymbol{e}_r(k)+\boldsymbol{v}_r(k))+(\boldsymbol{C}_j\boldsymbol{e}_j(k)+\boldsymbol{v}_j(k))]\\
&[\varepsilon\sum_{s\in N_j}(\boldsymbol{e}_s^{\mathrm{T}}(k)\boldsymbol{C}_s^{\mathrm{T}}+\boldsymbol{v}_s^{\mathrm{T}}(k))+(\boldsymbol{e}_j^{\mathrm{T}}(k)\boldsymbol{C}_j^{\mathrm{T}}+\boldsymbol{v}_j^{\mathrm{T}}(k))][\boldsymbol{K}_p^j(k)]^{\mathrm{T}}\\
&+\boldsymbol{w}(k)\boldsymbol{w}^{\mathrm{T}}(k)+\boldsymbol{w}(k)\boldsymbol{e}_j^{\mathrm{T}}(k)\boldsymbol{A}^T+\boldsymbol{A}\boldsymbol{e}_i^{\mathrm{T}}(k)\boldsymbol{w}(k)
\end{aligned}
\tag{6-95}
$$

由 MSEC 的定义可知，$\boldsymbol{P}_{i,j}(k)=\mathbb{E}[\boldsymbol{e}_j(k)\boldsymbol{e}_j^{\mathrm{T}}(k)]$，有：

$$
\begin{aligned}
&\boldsymbol{P}_{i,j}(k+1)\\
&=\boldsymbol{A}\boldsymbol{P}_{i,j}(k)\boldsymbol{A}^{\mathrm{T}}+\varepsilon^2\boldsymbol{K}_p^i(k)\sum_{r\in N_i}\sum_{s\in N_j}(\boldsymbol{R}_{r,s}+\boldsymbol{C}_r\boldsymbol{P}_{r,s}\boldsymbol{C}_s^{\mathrm{T}})[\boldsymbol{K}_p^j(k)]^{\mathrm{T}}\\
&+\boldsymbol{K}_p^i(k)\Big(\varepsilon\sum_{s\in N_j}\boldsymbol{C}_i\boldsymbol{P}_{i,s}(k)\boldsymbol{C}_s^{\mathrm{T}}+\varepsilon\sum_{r\in N_i}\boldsymbol{C}_r\boldsymbol{P}_{r,j}(k)\boldsymbol{C}_j^{\mathrm{T}}+\boldsymbol{R}_i+\boldsymbol{C}_i\boldsymbol{P}_i\boldsymbol{C}_i^{\mathrm{T}}\Big)\\
&[\boldsymbol{K}_p^j(k)]^{\mathrm{T}}-\boldsymbol{A}(\boldsymbol{P}_{i,j}\boldsymbol{C}_j^{\mathrm{T}}+\varepsilon\sum_{s\in N_j}\boldsymbol{P}_{i,s}(k)\boldsymbol{C}_s^{\mathrm{T}})[\boldsymbol{K}_p^j(k)]^{\mathrm{T}}\\
&-\boldsymbol{K}_p^i(k)(\boldsymbol{C}_i\boldsymbol{P}_{i,j}+\varepsilon\sum_{r\in N_i}\boldsymbol{C}_r\boldsymbol{P}_{r,j}(k))\boldsymbol{A}^{\mathrm{T}}+\boldsymbol{Q}
\end{aligned}
\tag{6-96}
$$

当 $i=j$ 时，可以得出：

$$
\begin{aligned}
\boldsymbol{P}_i(k+1)=&\boldsymbol{A}\boldsymbol{P}_i(k)\boldsymbol{A}^{\mathrm{T}}+\boldsymbol{Q}-\boldsymbol{A}\boldsymbol{V}\boldsymbol{M}^{-1}\boldsymbol{C}^{\mathrm{T}}\boldsymbol{A}^{\mathrm{T}}\\
&+[\boldsymbol{K}_p^i(k)-\boldsymbol{A}\boldsymbol{V}\boldsymbol{M}^{-1}]\boldsymbol{M}[\boldsymbol{K}_p^i(k)-\boldsymbol{A}\boldsymbol{V}\boldsymbol{M}^{-1}]^{\mathrm{T}}
\end{aligned}
\tag{6-97}
$$

其中：

$$V=P_i(k)C_i^{\mathrm{T}}+\varepsilon\sum_{r\in N_i}P_{i,r}(k)C_r^{\mathrm{T}}$$

$$\begin{aligned}M=&\varepsilon\sum_{r\in N_i}C_rP_{r,i}(k)C_i^{\mathrm{T}}+\varepsilon\sum_{r\in N_i}C_iP_{i,s}(k)C_s^{\mathrm{T}}\\&+R_i+C_iP_i(k)C_i^{\mathrm{T}}+\varepsilon^2\sum_{r,s\in N_i}(C_rP_{r,s}(k)C_s^{\mathrm{T}}+R_{r,s}),i,s,r=1,2,\cdots,n\end{aligned}$$

根据式 (6-97)，我们可以很明显地看出，当 $K_p^i(k)=K_p^{i*}(k)=AVM^{-1}$ 时，$P_i(k+1)$ 取得最小值，至此，证明结束。

注 6-11　另外，为了推导出最优估计增益 $K_p^{i*}(k)$，我们还需要互协方差 $P_{r,s}(k)$，$P_{r,i}(k)$，$P_{i,s}(k)$ $(r\in N_i,s\in N_j)$。传感器 i 与传感器 j 之间的 MSEC 为：

$$\begin{aligned}&P_{i,j}(k+1)\\&=AP_{i,j}(k)A^{\mathrm{T}}+\varepsilon^2K_p^i(k)\sum_{r\in N_i}\sum_{s\in N_j}(R_{r,s}+C_rP_{r,s}C_s^{\mathrm{T}})[K_p^j(k)]^{\mathrm{T}}\\&+K_p^i(k)\Big(\varepsilon\sum_{s\in N_j}C_iP_{i,s}(k)C_s^{\mathrm{T}}+\varepsilon\sum_{r\in N_i}C_rP_{r,j}(k)C_j^{\mathrm{T}}+R_i\\&+C_iP_iC_i^{\mathrm{T}}\Big)[K_p^j(k)]^{\mathrm{T}}-A(P_{i,j}C_j^{\mathrm{T}}+\varepsilon\sum_{s\in N_j}P_{i,s}(k)C_s^{\mathrm{T}})[K_p^j(k)]^{\mathrm{T}}\\&-K_p^i(k)(C_iP_{i,j}+\varepsilon\sum_{r\in N_i}C_rP_{r,j}(k))A^{\mathrm{T}}+Q\end{aligned}\tag{6-98}$$

其中，$i,j=1,2,\cdots,n$。

为了进一步分析，我们将引入以下两个合理的假设。

假设 6-5

假设系统 $\{A,Q^{1/2}\}$ 可镇定。

假设 6-6

网络拓扑结构是有向图，且 G 为强连通的。

结合上述假设，与文献 [84] 类似，因为系统收敛速度极快，我们同样可以假设系统开始于稳定状态，即 $P_i(0)=\bar{P}_i$。

（3）攻击模型

在本部分中，我们假设恶意攻击者能够拦截并修改传输的数据，这种攻击方式类似于中间人攻击中使用的攻击模型[84]。我们定义经过恶意攻击者篡改后，传感器传输的新息序列为：

$$\tilde{\boldsymbol{z}}_i(k) = f_{i,k}(\boldsymbol{z}_i(k)) \tag{6-99}$$

式中，$\boldsymbol{z}_i(k)$ 表示传感器之间真实传输未经过攻击者篡改的新息值；$f_{i,k}(\cdot)$ 为任意的函数映射。

在本部分中，我们将专注于线性攻击策略，即 $f_{i,k}(\boldsymbol{z}_i(k))$ 为新息 $\boldsymbol{z}_i(k)$ 的线性变换，并且恶意攻击者将以一定的概率随机地发动攻击。令 $\varphi_{ij}(k)$，$j \in N_i$ 表示攻击者是否对边（i,j）发动攻击。

$$\varphi_{ij}(k) = \begin{cases} 1, \text{ 攻击者对连边}(i,j)\text{发动攻击}, j \in N_i \\ 0, \text{ 其他} \end{cases} \tag{6-100}$$

其中，攻击概率 $\Pr(\varphi_{ij}(k) = 1) = q$，当 $(i,j) \neq (r,s)$ 时，$\varphi_{ij}(k)$ 与 $\varphi_{rs}(k)$ 相互独立。

根据上述定义，我们重写式 (6-99) 为以下形式：

$$\begin{aligned} \tilde{\boldsymbol{z}}_i(k) &= (1 - \varphi_{ij}(k))\boldsymbol{z}_i(k) + \varphi_{ij}(k)[\boldsymbol{T}_k \boldsymbol{z}_i(k) + \boldsymbol{b}_i(k)] \\ &= \varphi_{ij}(k)(\boldsymbol{T}_k - \boldsymbol{I})\boldsymbol{z}_i(k) + \boldsymbol{z}_i(k) + \varphi_{ij}(k)\boldsymbol{b}_i(k) \end{aligned} \tag{6-101}$$

其中，$\boldsymbol{T}_k \in \mathbb{R}^{m \times m}$ 是一个任意的攻击矩阵；$\boldsymbol{b}_i(k) \in \mathbb{R}^m$ 为独立于新息 $\boldsymbol{z}_i(k)$ 的零均值高斯噪声序列，定义攻击噪声的协方差为 $\boldsymbol{\Sigma}_{\boldsymbol{b}_i} > 0$。

注 6-12

攻击者通常在尽可能降低估计性能的同时，又保持攻击的隐秘性，绕开检测器的检测。为了保持攻击的隐秘性，攻击者将采用随机攻击的策略，即以固定的概率 q 对传输信息的信道发起攻击。不同于注入任意变量的方法，在本节中我们将对传输的数据进行线性变换，这种攻击策略不会破坏数据的统计分布类型，这使得攻击可以尽可能欺骗根据数据分布形式进行检测的假数据检测器，并降低系统的估计性能。此外，在实际应用中，实施随机的线性攻击，对于攻击者来说会更加节省资源。因此，基于上述观察，这里重点介绍随机线性攻击策略。

（4）检测模型的设计

前面我们已经详细地介绍了正常情况下的系统模型与恶意攻击者的篡改攻击模型。接下来，为了防御恶意攻击者的攻击，保证系统的正常估计性能，减小对状态的估计误差，我们提出了一个基于 KL 散度的假数据检测器。接下来，我们先给出假数据检测器所用到的 KL 散度（相对熵）的相关信息。

定义 6-4

KL 散度是度量两个概率密度函数（Probability Density Function, PDF）之间的差异。对于两个随机序列 $\boldsymbol{z}_i(k)$ 与 $\tilde{\boldsymbol{z}}_i(k)$，其 PDF 分别为 f_z 与 $f_{\tilde{z}}$，则 $\boldsymbol{z}_i(k)$ 与 $\tilde{\boldsymbol{z}}_i(k)$ 之间的 KL 散度被定义为：

$$KLD(f_{\tilde{z}} \parallel f_z) = \int_{\mathbb{R}^{d_z}} \ln \frac{f_{\tilde{z}}(\boldsymbol{z})}{f_z(\boldsymbol{z})} f_{\tilde{z}}(\boldsymbol{z})\mathrm{d}\boldsymbol{z} \tag{6-102}$$

其中，$\ln(\cdot)$ 为自然对数。

KL 散度被广泛应用于衡量两个 PDF 之间的距离，包括人脸识别、信息热力学、信号检测与图像分类。通过观察上式很容易看出，当且仅当 $f_{\tilde{z}} = f_z$ 时，$KLD(f_{\tilde{z}} \parallel f_z) = 0$。此外，KL 散度是非对称的，即 $KLD(f_{\tilde{z}} \parallel f_z) \neq KLD(f_z \parallel f_{\tilde{z}})$。

引理 6-3

当系统达到稳定时，分布式估计器的新息序列服从高斯分布 $N(0, \boldsymbol{\Sigma}_{z_i})$，其中，$\boldsymbol{\Sigma}_{z_i} = \boldsymbol{C}_i \bar{\boldsymbol{P}}_i(k) \boldsymbol{C}_i^{\mathrm{T}} + \boldsymbol{R}_i$, $\mathbb{E}[\boldsymbol{z}_i \boldsymbol{z}_j^{\mathrm{T}}] = 0, \forall i \neq j$。

因此，攻击者篡改的新息序列相对于正常的新息序列的 KL 散度能够被用于检测恶意攻击。我们用如下假设检验事件描述 KL 散度检测器的检测过程：

$$\zeta_i(k) = KLD(f_{\tilde{z}_i} \parallel f_{z_i}) \lessgtr_{H_1}^{H_0} \delta \tag{6-103}$$

其中，零假设事件 H_0 表示传感器判定接收到的新息值是正常的。相反，假设事件 H_1 则代表系统受到了攻击。假设 KL 散度超过某个阈值 δ，假数据检测器就会被触发，且数据将不会被用作信息融合。基于 KL 散度的检测器设计方程如下：

$$\gamma_{ij}(k)=\begin{cases}1, & \zeta_i(k)<\delta \\ 0, & 其他\end{cases} \tag{6-104}$$

注 6-13

但是，上述的决策规则需要定义一个临界阈值 δ 来拒绝零假设。与卡方检验不同的是，基于 KL 散度的检测器暂时没有选择临界阈值的通用方法。在过往的一些工作中，在严格的假设且各数据维度互相独立的情况下，将 KL 散度的概率密度函数近似为 χ^2 分布，或者使用大量历史数据通过蒙特卡洛的实验方式对其进行近似。显然，由于传感器网络的性能限制，这些方法在分布式安全状态估计的情况下并不令人满意。因此，在下面的章节中，我们将简化高斯分布下的 KL 散度的形式，这允许使用多元分析的方法得到合适的阈值 δ。

现在，在系统遭受到随机线性攻击的情况下，我们为每个传感器设计一个带有 KL 散度检测器的分布式估计器，如下所示：

$$\hat{\boldsymbol{x}}_i(k+1)=\boldsymbol{A}\hat{\boldsymbol{x}}_i(k)+\boldsymbol{K}_p^i(k)[\boldsymbol{z}_i(k)+\varepsilon\sum_{j\in N_i}\gamma_{ij}(k)\tilde{\boldsymbol{z}}_j(k)] \tag{6-105}$$

其中，当 $i\neq r$、$j\neq s$ 或 $k\neq t$ 时，$\gamma_{ij}(k)$ 与 $\gamma_{rs}(t)$ 互相独立。

定义 6-5（动态通信拓扑图）

我们用一个动态通信拓扑图 $G(k)$ 来描述每个传感器中检测器的决策，若判定传输的信息受到攻击则丢弃，其拉普拉斯矩阵定义为 $\boldsymbol{L}(k)=[\boldsymbol{l}_{ij}(k)]$，其中：

$$\boldsymbol{l}_{ij}(k)=\begin{cases}-\gamma_{ij}(k), & (i,j)\in E,i\neq j \\ 0, & 其他\end{cases} \tag{6-106}$$

6.2.2.2 性能分析

在本节中，我们将在假设 6-5 和假设 6-6 下研究带有检测器的状态估计器的稳定性。首先，我们作以下定义：

$$\boldsymbol{B}(k)\triangleq[\boldsymbol{b}_1^{\mathrm{T}}(k),\boldsymbol{b}_2^{\mathrm{T}}(k),\cdots,\boldsymbol{b}_n^{T}(k)]^{\mathrm{T}}\in\mathbb{R}^{nm}$$

$$\boldsymbol{v}(k) \triangleq [\boldsymbol{v}_1^{\mathrm{T}}(k), \boldsymbol{v}_2^{\mathrm{T}}(k), \cdots, \boldsymbol{v}_n^{\mathrm{T}}(k)]^{\mathrm{T}} \in \mathbb{R}^{nm}$$

$$\boldsymbol{e}(k) \triangleq [\boldsymbol{e}_1^{\mathrm{T}}(k), \boldsymbol{e}_2^{\mathrm{T}}(k), \cdots, \boldsymbol{e}_n^{\mathrm{T}}(k)]^{\mathrm{T}} \in \mathbb{R}^{nm}$$

$$\boldsymbol{P}_i(k+1) \triangleq \mathbb{E}\left\{[\boldsymbol{x}(k+1) - \hat{\boldsymbol{x}}_i(k+1)][\cdot]^{\mathrm{T}}\right\}$$

$$\boldsymbol{P}(k) \triangleq \mathbb{E}\left[\boldsymbol{e}(k)\boldsymbol{e}^{\mathrm{T}}(k)\right]$$

（1）收敛性分析

下面我们分析在上述随机线性的篡改攻击下，具有 KL 散度检测器的估计器的算法收敛性。值得注意的是，MSEC 的表达式中含有随机变量 $\gamma_{ij}(k)$ 与 $\varphi_{ij}(k)$，故不能直接分析 MSEC $\boldsymbol{P}_i(k)$ 的收敛性。因此，作为代替，我们找到了 MSEC 的上限，并分析其收敛性。首先，传感器 i 的状态估计误差如下所示：

$$\boldsymbol{e}_i(k|k-1) = \hat{\boldsymbol{x}}_i(k|k-1) - \boldsymbol{x}(k) \tag{6-107}$$

为了方便说明，我们记 $\boldsymbol{e}_i(k|k-1) = \boldsymbol{e}_i(k)$。根据式 (6-105)，$\boldsymbol{e}_i(k)$ 推演如下所示：

$$\begin{aligned} \boldsymbol{e}_i(k+1) = &\boldsymbol{A}\boldsymbol{e}_i(k) - \boldsymbol{K}_p^i(k)(\boldsymbol{C}_i\boldsymbol{e}_i(k) + \boldsymbol{v}_i(k)) \\ &-\varepsilon\boldsymbol{K}_p^i(k)\sum_{j\in N_i}\gamma_{ij}(k)\left\{\boldsymbol{I} + [\varphi_{ij}(k)(\boldsymbol{T}_k - \boldsymbol{I})]\right. \\ &\left.[\boldsymbol{C}_j\boldsymbol{e}_j(k) + \boldsymbol{v}_j(k)] + \varphi_{ij}(k)\boldsymbol{b}_j(k)\right\} + \boldsymbol{w}(k) \end{aligned} \tag{6-108}$$

接下来，为了后续对整个网络的性能进行分析，我们将网络中所有节点的状态估计误差堆叠写成向量的形式，可以得出整个网络的估计误差为：

$$\boldsymbol{e}(k+1) = \boldsymbol{\varGamma}(k)\boldsymbol{e}(k) + \boldsymbol{W}(k) \tag{6-109}$$

其中：

$$\begin{aligned} \boldsymbol{\varGamma}(k) = &\boldsymbol{I}_n \otimes \boldsymbol{A} - \mathrm{diag}[\boldsymbol{K}_p^i(k)\boldsymbol{C}_i] - \varepsilon\mathrm{diag}[\boldsymbol{K}_p^i(k)] \\ &[\boldsymbol{L}(k)\circ\boldsymbol{\varPhi}(k)\otimes(\boldsymbol{T}_k - \boldsymbol{I}_m) + \boldsymbol{L}(k)\otimes\boldsymbol{I}_m]\mathrm{diag}(\boldsymbol{C}_i) \end{aligned}$$

$$\begin{aligned} \boldsymbol{W}(k) = &\{\mathrm{diag}[\boldsymbol{K}_p^i(k)] + \varepsilon\mathrm{diag}[\boldsymbol{K}_p^i(k)] \\ &[\boldsymbol{\varPhi}(k)\otimes(\boldsymbol{T}_k - \boldsymbol{I}_m) + \boldsymbol{L}(k)\otimes\boldsymbol{I}_m]\}\boldsymbol{v}(k) \\ &+\{\varepsilon\mathrm{diag}[\boldsymbol{K}_p^i(k)](\boldsymbol{\varPhi}(k)\otimes\boldsymbol{I}_m)\}\boldsymbol{B}(k) - \boldsymbol{1}_n\otimes\boldsymbol{\omega}(k) \end{aligned}$$

$$\boldsymbol{\Phi}(k)=\begin{bmatrix} 0 & l_{12}(k)\varphi_{12}(k) & \cdots & l_{1,n-1}(k)\varphi_{1,n-1}(k) & l_{1,n}(k)\varphi_{1,n}(k) \\ \vdots & \ddots & \cdots & \ddots & \vdots \\ l_{n,1}(k)\varphi_{n,1}(k) & l_{n,2}(k)\varphi_{n,2}(k) & \cdots & l_{n,n-1}(k)\varphi_{n,n-1}(k) & 0 \end{bmatrix}$$

我们使 $\mathbb{E}[\boldsymbol{L}(k)]=\boldsymbol{\Lambda}$ 且 $\boldsymbol{\Lambda}=[\lambda_{ij}]$，$\mathbb{E}[\boldsymbol{\Phi}(k)]=\bar{\boldsymbol{\Lambda}}$ 且 $\bar{\boldsymbol{\Lambda}}=[\bar{\lambda}_{ij}]$。定义 $l_{ij}(k)$ 与 $l_{ij}(k)\varphi_{ij}(k)$ 的协方差分别为 σ_{ij}^2 和 $\bar{\sigma}_{ij}^2$。所以我们可以得出 $\mathbb{E}[l_{ij}^2(k)]=\lambda_{ij}^2+\sigma_{ij}^2$ 以及 $\mathbb{E}[l_{ij}^2(k)\varphi_{ij}^2(k)]=\bar{\lambda}_{ij}^2+\bar{\sigma}_{ij}^2$，为提出的带有假数据检测器的状态估计器定义经过改进的里卡蒂方程：

$$\begin{aligned}\hat{\boldsymbol{P}}(k+1)=&\{\boldsymbol{I}_n\otimes\boldsymbol{A}-\mathrm{diag}(\hat{\boldsymbol{K}}_p^i(k)\boldsymbol{C}_i)-\varepsilon\mathrm{diag}(\boldsymbol{K}_p^i(k))\\&[\boldsymbol{\Lambda}\otimes\boldsymbol{I}_m+\bar{\boldsymbol{\Lambda}}\otimes(\boldsymbol{T}_k-\boldsymbol{I}_m)]\mathrm{diag}(\boldsymbol{C}_i)\}\hat{\boldsymbol{P}}(k)\{\cdot\}^{\mathrm{T}}\\&+\{\varepsilon\mathrm{diag}(\hat{\boldsymbol{K}}_p^i(k))+\mathrm{diag}(\hat{\boldsymbol{K}}_p^i(k))+\mathcal{P}(k)\\&[\boldsymbol{\Lambda}\otimes I_m+\bar{\boldsymbol{\Lambda}}\otimes(\boldsymbol{T}_k-\boldsymbol{I}_m)]\}\boldsymbol{R}\{\cdot\}^{\mathrm{T}}+\mathcal{R}(k)\\&+\varepsilon\{\mathrm{diag}(\hat{\boldsymbol{K}}_p^i(k))(\bar{\boldsymbol{\Lambda}}\otimes\boldsymbol{I}_m)\}\boldsymbol{\Sigma}_B\{\cdot\}^{\mathrm{T}}+\mathbf{1}\mathbf{1}^{\mathrm{T}}\otimes\boldsymbol{Q}\\&+\varepsilon^2\sum_{i=1}^{n}\sum_{j=1}^{n}\bar{\sigma}_{ij}^2(\boldsymbol{I}_i^j\otimes\hat{\boldsymbol{K}}_p^i(k))\boldsymbol{\Sigma}_B(\boldsymbol{I}_i^j\otimes\hat{\boldsymbol{K}}_p^i(k))\end{aligned}\tag{6-110}$$

其中：

$$\begin{aligned}\mathcal{P}(k)=\varepsilon^2\sum_{i=1}^{n}\sum_{j=1}^{n}\Big\{&\bar{\sigma}_{ij}^2\{\boldsymbol{I}_i^j\otimes(\hat{\boldsymbol{K}}_p^i(k)[(\boldsymbol{T}_k-\boldsymbol{I}_m)\boldsymbol{C}_j])\}\hat{\boldsymbol{P}}(k)\{\cdot\}^{\mathrm{T}}\\&+\sigma_{ij}^2\{\boldsymbol{I}_i^j\otimes(\hat{\boldsymbol{K}}_p^i(k)\boldsymbol{C}_j)\}\hat{\boldsymbol{P}}(k)\{\cdot\}^{\mathrm{T}}+(\bar{\lambda}_{ij}-\lambda_{ij}\bar{\lambda}_{ij})\\&\Big(\{\boldsymbol{I}_i^j\otimes(\hat{\boldsymbol{K}}_p^i(k)[(\boldsymbol{T}_k-\boldsymbol{I}_m)\boldsymbol{C}_j])\}\hat{\boldsymbol{P}}(k)\{\boldsymbol{I}_i^j\otimes(\hat{\boldsymbol{K}}_p^i(k)\boldsymbol{C}_j)\}^{\mathrm{T}}\\&+\{\boldsymbol{I}_i^j\otimes(\hat{\boldsymbol{K}}_p^i(k)\boldsymbol{C}_j)\}\hat{\boldsymbol{P}}(k)\{\boldsymbol{I}_i^j\otimes(\hat{\boldsymbol{K}}_p^i(k)[(\boldsymbol{T}_k-\boldsymbol{I}_m)\boldsymbol{C}_j])\}^{\mathrm{T}}\Big)\Big\}\end{aligned}$$

$$\begin{aligned}\mathcal{R}(k)=\varepsilon^2\sum_{i=1}^{n}\sum_{j=1}^{n}\Big\{&\bar{\sigma}_{ij}^2\{\boldsymbol{I}_i^j\otimes[\hat{\boldsymbol{K}}_p^i(k)(\boldsymbol{T}_k-\boldsymbol{I}_m)]\}\boldsymbol{R}\{\cdot\}^{\mathrm{T}}\\&+\sigma_{ij}^2\{\boldsymbol{I}_i^j\otimes\hat{\boldsymbol{K}}_p^i(k)\}\boldsymbol{R}\{\cdot\}^{\mathrm{T}}+(\bar{\lambda}_{ij}-\lambda_{ij}\bar{\lambda}_{ij})\\&\Big(\{\boldsymbol{I}_i^j\otimes[\hat{\boldsymbol{K}}_p^i(k)(\boldsymbol{T}_k-\boldsymbol{I}_m)]\}\boldsymbol{R}\{\boldsymbol{I}_i^j\otimes(\hat{\boldsymbol{K}}_p^i(k)\boldsymbol{C}_j)\}^{\mathrm{T}}\\&+\{\boldsymbol{I}_i^j\otimes(\hat{\boldsymbol{K}}_p^i(k)\boldsymbol{C}_j)\}\boldsymbol{R}\{\boldsymbol{I}_i^j\otimes[\hat{\boldsymbol{K}}_p^i(k)(\boldsymbol{T}_k-\boldsymbol{I}_m)]\}^{\mathrm{T}}\Big)\Big\}\end{aligned}$$

其中，$\boldsymbol{I}_i^j$ 是一个 $n\times n$ 维的矩阵，$\boldsymbol{I}_i^j$ 代表对于所有的 i 和 j，除了第 i 行第 j 列位置的元素为 1 之外，其余位置的元素都为零。与式 (6-91) 类似，我们同样可以轻易发现，当 $\hat{\boldsymbol{K}}_p^i(k)=\boldsymbol{K}_p^{i*}(k)$，$\boldsymbol{K}_p^{i*}(k)=\boldsymbol{A}\tilde{\boldsymbol{V}}\tilde{\boldsymbol{M}}^{-1}$ 时，MSEC $P_i(k)$ 取得最小值，其中：

$$\begin{aligned}
\tilde{\boldsymbol{V}} &= \boldsymbol{P}_i(k)\boldsymbol{C}_i^{\mathrm{T}}+\varepsilon\sum_{r\in N_i}\lambda_{is}\boldsymbol{P}_{i,r}(k)\boldsymbol{C}_r^{\mathrm{T}}, i,s,r=1,2,\cdots,n\\
\tilde{\boldsymbol{M}} &= \varepsilon^2\sum_{r,s\in N_i}\lambda_{is}\lambda_{ri}(\boldsymbol{R}_{r,s}+\boldsymbol{C}_r\boldsymbol{P}_{r,s}(k)\boldsymbol{C}_s^{\mathrm{T}})\\
&\quad+\varepsilon\sum_{r\in N_i}\lambda_{ri}\boldsymbol{C}_r\boldsymbol{P}_{r,i}(k)\boldsymbol{C}_i^{\mathrm{T}}+\varepsilon\sum_{s\in N_i}\lambda_{is}\boldsymbol{C}_i\boldsymbol{P}_{i,s}(k)\boldsymbol{C}_s^{\mathrm{T}}\\
&\quad+\boldsymbol{C}_i\boldsymbol{P}_i(k)\boldsymbol{C}_i^{\mathrm{T}}+\boldsymbol{R}_i
\end{aligned}$$

引理 6-4

考虑下面的代数里卡蒂方程，当 $\boldsymbol{K}_p^i(k)$=$\boldsymbol{K}_p^{i*}(k)=\boldsymbol{A}\tilde{\boldsymbol{V}}\tilde{\boldsymbol{M}}^{-1}$ 时，有：

$$\begin{aligned}
\boldsymbol{\varXi}(k+1) &= \{-\mathrm{diag}[\boldsymbol{K}_p^i(k)\boldsymbol{C}_i+\boldsymbol{I}_n\otimes\boldsymbol{A}]-\varepsilon\mathrm{diag}[\boldsymbol{K}_p^i(k)][\boldsymbol{L}(k)\circ\boldsymbol{\Phi}(k)\\
&\quad\otimes(\boldsymbol{T}_k-\boldsymbol{I}_m)+\boldsymbol{L}(k)\otimes\boldsymbol{I}_m]\mathrm{diag}(\boldsymbol{C}_i)\}\boldsymbol{P}(k)\{\cdot\}^{\mathrm{T}}+\boldsymbol{1}\boldsymbol{1}^{\mathrm{T}}\otimes\boldsymbol{Q}\\
&\quad+\{\varepsilon\mathrm{diag}[\boldsymbol{K}_p^i(k)](\boldsymbol{L}(k)\circ\boldsymbol{\Phi}(k)\otimes\boldsymbol{I}_m)\}\boldsymbol{\Sigma}_B\{\cdot\}^{\mathrm{T}}+\{\mathrm{diag}[\boldsymbol{K}_p^i(k)]\\
&\quad+\varepsilon\mathrm{diag}[\boldsymbol{K}_p^i(k)][\boldsymbol{L}(k)\circ\boldsymbol{\Phi}(k)\otimes(\boldsymbol{T}_k-\boldsymbol{I}_m)+\boldsymbol{L}(k)\otimes\boldsymbol{I}_m]\}\boldsymbol{R}\{\cdot\}^{\mathrm{T}}
\end{aligned}\tag{6-111}$$

然后，在初始条件 $\boldsymbol{\varXi}(0)=\hat{\boldsymbol{P}}(0)\geqslant 0$ 下，当 $\hat{\boldsymbol{K}}_p^i(k)=\hat{\boldsymbol{K}}_p^{i*}(k)$ 时，有：

$$\mathbb{E}[\boldsymbol{\varXi}(k+1)]\leqslant\hat{\boldsymbol{P}}(k+1),\forall k\tag{6-112}$$

证明

根据引理 6-2，易得当 $\boldsymbol{K}_p^i(k)=\boldsymbol{K}_p^{i*}(k)$ 时，$\boldsymbol{\varXi}(k+1)$ 取得最小值。在 $\boldsymbol{\varXi}(0)=\hat{\boldsymbol{P}}(0)\geqslant 0$ 的初始条件下，我们假设 $\mathbb{E}[\boldsymbol{\varXi}(k)]\leqslant\hat{\boldsymbol{P}}(k)$，我们有：

$$\begin{aligned}
&\mathbb{E}[\boldsymbol{\varXi}(k+1)]\\
&=\mathbb{E}\Big[\boldsymbol{W}(k)\boldsymbol{W}^{\mathrm{T}}(k)+\boldsymbol{\Gamma}(k)\boldsymbol{\varXi}(k)\boldsymbol{\Gamma}^{\mathrm{T}}(k)\Big]\\
&=\mathbb{E}\Big[\boldsymbol{W}(k)\boldsymbol{W}^{\mathrm{T}}(k)+\boldsymbol{\Gamma}(k)\mathbb{E}[\boldsymbol{\varXi}(k)]\boldsymbol{\Gamma}^{\mathrm{T}}(k)\Big]\\
&\leqslant\mathbb{E}\Big[\boldsymbol{W}(k)\boldsymbol{W}^{\mathrm{T}}(k)+\boldsymbol{\Gamma}(k)\hat{\boldsymbol{P}}(k)\boldsymbol{\Gamma}^{\mathrm{T}}(k)\Big]\\
&=\mathbb{E}\Big[\{\boldsymbol{I}_n\otimes\boldsymbol{A}-\mathrm{diag}[\boldsymbol{K}_p^i(k)\boldsymbol{C}_i]-\varepsilon\mathrm{diag}[\boldsymbol{K}_p^i(k)]
\end{aligned}$$

$$
\begin{aligned}
&[\boldsymbol{L}(k)\circ\boldsymbol{\Phi}(k)\otimes(\boldsymbol{T}_k-\boldsymbol{I}_m)+\boldsymbol{L}(k)\otimes\boldsymbol{I}_m]\mathrm{diag}(\boldsymbol{C}_i)\}\\
&\hat{\boldsymbol{P}}(k)\{\cdot\}^{\mathrm{T}}\Big]+\mathbb{E}\Big[\{\mathrm{diag}[\boldsymbol{K}_p^i(k)]+\varepsilon\mathrm{diag}[\boldsymbol{K}_p^i(k)]\\
&[\boldsymbol{L}(k)\circ\boldsymbol{\Phi}(k)\otimes(\boldsymbol{T}_k-\boldsymbol{I}_m)+\boldsymbol{L}(k)\otimes\boldsymbol{I}_m]\}\boldsymbol{R}\{\cdot\}^{\mathrm{T}}\Big]\\
&+\mathbb{E}\Big[\{\varepsilon\mathrm{diag}[\boldsymbol{K}_p^i(k)](\boldsymbol{L}(k)\circ\boldsymbol{\Phi}(k)\otimes\boldsymbol{I}_m)\}\boldsymbol{\Sigma}_B\{\cdot\}^{\mathrm{T}}\Big]+\mathbf{1}\mathbf{1}^{\mathrm{T}}\otimes\boldsymbol{Q}\\
&=\{\boldsymbol{I}_n\otimes\boldsymbol{A}-\mathrm{diag}[\boldsymbol{K}_p^i(k)\boldsymbol{C}_i]-\varepsilon\mathrm{diag}[\boldsymbol{K}_p^i(k)]\\
&[\bar{\boldsymbol{\Lambda}}\otimes(\boldsymbol{T}_k-\boldsymbol{I}_m)+\boldsymbol{\Lambda}\otimes\boldsymbol{I}_m]\mathrm{diag}(\boldsymbol{C}_i)\}\hat{\boldsymbol{P}}(k)\{\cdot\}^{\mathrm{T}}\\
&+\{\mathrm{diag}[\boldsymbol{K}_p^i(k)]+\varepsilon\mathrm{diag}[\boldsymbol{K}_p^i(k)][\bar{\boldsymbol{\Lambda}}\otimes(\boldsymbol{T}_k-\boldsymbol{I}_m)\\
&+\boldsymbol{\Lambda}\otimes\boldsymbol{I}_m]\}\boldsymbol{R}\{\cdot\}^{\mathrm{T}}+\{\varepsilon\mathrm{diag}[\boldsymbol{K}_p^i(k)](\bar{\boldsymbol{\Lambda}}\otimes\boldsymbol{I}_m)\}\boldsymbol{\Sigma}_B\{\cdot\}^{\mathrm{T}}\\
&+\varepsilon^2\sum_{i=1}^{n}\sum_{j=1}^{n}\Big\{\bar{\sigma}_{ij}^2\{\boldsymbol{I}_i^j\otimes(\boldsymbol{K}_p^i(k)[(\boldsymbol{T}_k-\boldsymbol{I}_m)\boldsymbol{C}_j])\}\hat{\boldsymbol{P}}(k)\{\cdot\}^{\mathrm{T}}\\
&+\sigma_{ij}^2\{\boldsymbol{I}_i^j\otimes(\boldsymbol{K}_p^i(k)\boldsymbol{C}_j)\}\hat{\boldsymbol{P}}(k)\{\cdot\}^{\mathrm{T}}+(\bar{\lambda}_{ij}-\lambda_{ij}\bar{\lambda}_{ij})\\
&\Big(\{\boldsymbol{I}_i^j\otimes(\boldsymbol{K}_p^i(k)[(\boldsymbol{T}_k-\boldsymbol{I}_m)\boldsymbol{C}_j])\}\hat{\boldsymbol{P}}(k)\{\boldsymbol{I}_i^j\otimes(\boldsymbol{K}_p^i(k)\boldsymbol{C}_j)\}^{\mathrm{T}}\\
&+\{\boldsymbol{I}_i^j\otimes(\boldsymbol{K}_p^i(k)\boldsymbol{C}_j)\}\hat{\boldsymbol{P}}(k)\{\boldsymbol{I}_i^j\otimes(\boldsymbol{K}_p^i(k)[(\boldsymbol{T}_k-\boldsymbol{I}_m)\boldsymbol{C}_j])\}^{\mathrm{T}}\Big)\Big\}\\
&+\mathbf{1}\mathbf{1}^{\mathrm{T}}\otimes\boldsymbol{Q}+\varepsilon^2\sum_{i=1}^{n}\sum_{j=1}^{n}\Big\{\bar{\sigma}_{ij}^2\{\boldsymbol{I}_i^j\otimes[\boldsymbol{K}_p^i(k)(\boldsymbol{T}_k-\boldsymbol{I}_m)]\}\boldsymbol{R}\{\cdot\}^{\mathrm{T}}\\
&+\sigma_{ij}^2\{\boldsymbol{I}_i^j\otimes\boldsymbol{K}_p^i(k)\}\boldsymbol{R}\{\cdot\}^{\mathrm{T}}+(\bar{\lambda}_{ij}-\lambda_{ij}\bar{\lambda}_{ij})\\
&\Big(\{\boldsymbol{I}_i^j\otimes[\boldsymbol{K}_p^i(k)(\boldsymbol{T}_k-\boldsymbol{I}_m)]\}\boldsymbol{R}\{\boldsymbol{I}_i^j\otimes\boldsymbol{K}_p^i(k)\}^{\mathrm{T}}\\
&+\{\boldsymbol{I}_i^j\otimes(\boldsymbol{K}_p^i(k)\boldsymbol{C}_j)\}\boldsymbol{R}\{\boldsymbol{I}_i^j\otimes[\boldsymbol{K}_p^i(k)(\boldsymbol{T}_k-\boldsymbol{I}_m)]\}^{\mathrm{T}}\Big)\Big\}\\
&+\varepsilon^2\sum_{i=1}^{n}\sum_{j=1}^{n}\bar{\sigma}_{ij}^2(\boldsymbol{I}_i^j\otimes\boldsymbol{K}_p^i(k))\boldsymbol{\Sigma}_B(\boldsymbol{I}_i^j\otimes\boldsymbol{K}_p^i(k))\\
&=\hat{\boldsymbol{P}}(k+1)
\end{aligned}
\tag{6-113}
$$

因此，我们可以得出 $\mathbb{E}[\boldsymbol{\Xi}(k+1)]\leqslant\hat{\boldsymbol{P}}(k+1)$。

现在，对于所提出的带有 KL 散度检测器的估计器，我们已经推导出了其 MSEC 的上界。显然，如果 $\hat{\boldsymbol{P}}(k)$ 随着 k 趋向于无穷大而收敛，则 $\mathbb{E}[\boldsymbol{P}(k)]$ 一定收敛。

接下来，为了分析 $\hat{\boldsymbol{P}}(k)$ 的收敛性，我们将给出如下假设。

假设 6-7

对于独立于过程 $\boldsymbol{\omega}_{pr}$ 与 $\bar{\boldsymbol{\omega}}_{pr}$ 的任意过程初始值 $\boldsymbol{s}(0)$，假设存在一个常数矩阵 $\boldsymbol{K}_c^i$，使得以下一个离散时间的随机系统是均方稳定的：

$$\begin{aligned}\boldsymbol{s}(k+1) = \Big\{&\boldsymbol{I}_n \otimes \boldsymbol{A} - \mathrm{diag}(\boldsymbol{K}_c^i \boldsymbol{C}_i) - \varepsilon \mathrm{diag}(\boldsymbol{K}_c^i) \\ &[\bar{\boldsymbol{\Lambda}} \otimes (\boldsymbol{T}_k - \boldsymbol{I}_m) + \boldsymbol{\Lambda} \otimes \boldsymbol{I}_m]\mathrm{diag}(\boldsymbol{C}_i) \\ &+ \varepsilon \sum_{p=1}^{n}\sum_{r=1}^{n}\Big([\boldsymbol{I}_p^r \otimes (\boldsymbol{K}_c^i(\boldsymbol{T}_k - \boldsymbol{I}_m)\boldsymbol{C}_r)]\bar{\boldsymbol{\omega}}_{pr} \\ &+ [\boldsymbol{I}_p^r \otimes (\boldsymbol{K}_c^i \boldsymbol{C}_r)\boldsymbol{\omega}_{pr}]\Big)\Big\}\boldsymbol{s}(k)\end{aligned} \tag{6-114}$$

在上述的公式中，$\mathbb{E}[\boldsymbol{\omega}_{pr}(k)\boldsymbol{\omega}_{pr}^{\mathrm{T}}(k)] = \sigma_{pr}$，$\mathbb{E}[\boldsymbol{\omega}_{pr}(k)] = 0$，$\mathbb{E}[\bar{\boldsymbol{\omega}}_{pr}(k)\bar{\boldsymbol{\omega}}_{pr}^{\mathrm{T}}(k)] = \bar{\sigma}_{pr}$，$\mathbb{E}[\bar{\boldsymbol{\omega}}_{pr}(k)] = 0$。

定理 6-6

在上述的假设6-5、假设6-6与假设6-7下，如果 $\{\boldsymbol{I}_n \otimes \boldsymbol{A}, \mathrm{diag}(\boldsymbol{K}_c^i \boldsymbol{C}_i) + \varepsilon \mathrm{diag}(\boldsymbol{K}_c^i)[\bar{\boldsymbol{\Lambda}} \otimes (\boldsymbol{T}_k - \boldsymbol{I}_m) + \boldsymbol{\Lambda} \otimes \boldsymbol{I}_m]\}$ 可检测，即存在常数矩阵 $\boldsymbol{K}_c^i$ 使得 $\boldsymbol{I}_n \otimes \boldsymbol{A} - \mathrm{diag}(\boldsymbol{K}_c^i \boldsymbol{C}_i) - \varepsilon \mathrm{diag}(\boldsymbol{K}_c^i)[\bar{\boldsymbol{\Lambda}} \otimes (\boldsymbol{T}_k - \boldsymbol{I}_m) + \boldsymbol{\Lambda} \otimes \boldsymbol{I}_m]\mathrm{diag}(\boldsymbol{C}_i)$ 赫尔维茨稳定，则 $\hat{\boldsymbol{P}}(k)$ 对所有 k 值均有界，并且在任意但固定的非负初始对称阵 $\hat{\boldsymbol{P}}(0)$ 下，收敛至唯一的上确界 $\bar{\boldsymbol{P}} > 0$。

证明

在假设 6-7 下，我们可以找到一个常数矩阵 $\boldsymbol{K}_c^i$，使得系统均方稳定的。通过将 $\boldsymbol{K}_c^i$ 代入式 (6-110)，我们有：

$$\begin{aligned}&\hat{\boldsymbol{P}}_c(k+1) \\ &= \{\boldsymbol{I}_n \otimes \boldsymbol{A} - \mathrm{diag}(\boldsymbol{K}_c^i \boldsymbol{C}_i) - \varepsilon \mathrm{diag}(\boldsymbol{K}_c^i) + \boldsymbol{1}\boldsymbol{1}^{\mathrm{T}} \otimes \boldsymbol{Q} \\ &[\bar{\boldsymbol{\Lambda}} \otimes (\boldsymbol{T}_k - \boldsymbol{I}_m) + \boldsymbol{\Lambda} \otimes \boldsymbol{I}_m]\mathrm{diag}(\boldsymbol{C}_i)\}\hat{\boldsymbol{P}}_c(k)\{\cdot\}^{\mathrm{T}} + \varepsilon^2 \sum_{i=1}^{n}\sum_{j=1}^{n}\Big\{\bar{\sigma}_{ij} \\ &[\boldsymbol{I}_i^j \otimes (\boldsymbol{K}_c^i(\boldsymbol{T}_k - \boldsymbol{I}_m)\boldsymbol{C}_j)] + \sigma_{ij}[\boldsymbol{I}_i^j \otimes (\boldsymbol{K}_c^i \boldsymbol{C}_j)]\Big\}\hat{\boldsymbol{P}}_c(k)\{\cdot\}^{\mathrm{T}} \\ &+ \{\mathrm{diag}(\boldsymbol{K}_c^i) + \varepsilon \mathrm{diag}(\boldsymbol{K}_c^i)[\bar{\boldsymbol{\Lambda}} \otimes (\boldsymbol{T}_k - \boldsymbol{I}_m) + \boldsymbol{\Lambda} \otimes \boldsymbol{I}_m]\}\boldsymbol{R}\{\cdot\}^{\mathrm{T}} + \boldsymbol{\mathcal{R}}_c \\ &+ \{\varepsilon \mathrm{diag}(\boldsymbol{K}_c^i)(\bar{\boldsymbol{\Lambda}} \otimes \boldsymbol{I}_m)\}\boldsymbol{\Sigma}_B\{\cdot\}^{\mathrm{T}} + \varepsilon^2 \sum_{i=1}^{n}\sum_{j=1}^{n}\bar{\sigma}_{ij}^2(\boldsymbol{I}_i^j \otimes \boldsymbol{K}_c^i)\boldsymbol{\Sigma}_B(\boldsymbol{I}_i^j \otimes \boldsymbol{K}_c^i)\end{aligned} \tag{6-115}$$

定义$\boldsymbol{M}(k)$，$\boldsymbol{M}(k) \triangleq \mathbb{E}[\boldsymbol{s}(k)\boldsymbol{s}^{\mathrm{T}}(k)]$。显然，$\boldsymbol{M}(k)$满足以下线性递归：

$$\begin{aligned}\boldsymbol{M}(k+1) = &\Big\{\boldsymbol{I}_n \otimes \boldsymbol{A} - \mathrm{diag}(\boldsymbol{K}_c^i \boldsymbol{C}_i) - \varepsilon \mathrm{diag}(\boldsymbol{K}_c^i)[\bar{\boldsymbol{\varLambda}} \otimes (\boldsymbol{T}_k - \boldsymbol{I}_m) \\ &+ \boldsymbol{\varLambda} \otimes \boldsymbol{I}_m]\mathrm{diag}(\boldsymbol{C}_i)\Big\}\boldsymbol{M}(k)\{\cdot\}^{\mathrm{T}} + \varepsilon^2 \sum_{p=1}^{n}\sum_{r=1}^{n}\Big\{[\boldsymbol{I}_p^r \\ &\otimes (\boldsymbol{K}_c^i(\boldsymbol{T}_k - \boldsymbol{I}_m)\boldsymbol{C}_r)]\bar{\sigma}_{pr} + [\boldsymbol{I}_p^r \otimes (\boldsymbol{K}_c^i \boldsymbol{C}_r)\sigma_{pr}]\Big\}\boldsymbol{M}(k)\{\cdot\}^{\mathrm{T}}\end{aligned} \tag{6-116}$$

根据控制理论的知识，上述等式是稳定的，这意味$\hat{\boldsymbol{P}}_c(k)$有界且会收敛于某一极限值。显然，我们还可以得出$\hat{\boldsymbol{P}}(k) < \hat{\boldsymbol{P}}_c(k)$。

对所有的k值，我们证明在零初始条件下单调递增。给定以下初始条件：$\hat{\boldsymbol{P}}^1(k_0) = 0$，$\hat{\boldsymbol{P}}^2(k_0 - 1) = 0$，$\hat{\boldsymbol{P}}^1(k+1) = \hat{\boldsymbol{P}}^2(k)$与$\hat{\boldsymbol{P}}^2(k_0) \geqslant \hat{\boldsymbol{P}}^1(k_0)$。对于$\hat{\boldsymbol{P}}^2(k_0) = 0$，假设，当$k = k_0, k_1, \cdots, k_{l-1}$时，$\hat{\boldsymbol{P}}^1(k) \leqslant \hat{\boldsymbol{P}}^2(k)$，根据上述的条件，有：

$$\begin{aligned}&\hat{\boldsymbol{P}}^2(k_l) \\ &= \min_{\boldsymbol{K}_p^i(k)}\{\boldsymbol{I}_n \otimes \boldsymbol{A} - \mathrm{diag}(\boldsymbol{K}_p^i(k)\boldsymbol{C}_i) - \varepsilon \mathrm{diag}(\boldsymbol{K}_p^i(k)) \\ &[\bar{\boldsymbol{\varLambda}} \otimes (\boldsymbol{T}_k - \boldsymbol{I}_m) + \boldsymbol{\varLambda} \otimes \boldsymbol{I}_m]\mathrm{diag}(\boldsymbol{C}_i)\}\hat{\boldsymbol{P}}^2(k_{l-1})\{\cdot\}^{\mathrm{T}} \\ &+\{\mathrm{diag}(\boldsymbol{K}_p^i(k)) - \varepsilon \mathrm{diag}(\boldsymbol{K}_p^i(k))[\bar{\boldsymbol{\varLambda}} \otimes (\boldsymbol{T}_k - \boldsymbol{I}_m) + \boldsymbol{\varLambda} \otimes \boldsymbol{I}_m] \\ &\mathrm{diag}(\boldsymbol{C}_i)\}\boldsymbol{R}\{\cdot\}^{\mathrm{T}} + \boldsymbol{\mathcal{R}}_{\boldsymbol{K}_p^i}(k) + \{\varepsilon \mathrm{diag}(\boldsymbol{K}_p^i(k)(\bar{\boldsymbol{\varLambda}} \otimes \boldsymbol{I}_m)\}\boldsymbol{\varSigma}_B\{\cdot\}^{\mathrm{T}} \\ &+\boldsymbol{\mathcal{P}}^2(k_{l-1}) + \varepsilon^2 \sum_{i=1}^{n}\sum_{j=1}^{n}\bar{\sigma}_{ij}^2(\boldsymbol{I}_i^j \otimes \boldsymbol{K}_p^i(k))\boldsymbol{\varSigma}_B(\cdot)^{\mathrm{T}} + \boldsymbol{1}\boldsymbol{1}^{\mathrm{T}} \otimes \boldsymbol{Q} \\ &= \{\boldsymbol{I}_n \otimes \boldsymbol{A} - \mathrm{diag}(\tilde{\boldsymbol{K}}_p^i(k)\boldsymbol{C}_i) - \varepsilon \mathrm{diag}(\tilde{\boldsymbol{K}}_p^i(k)) \\ &[\bar{\boldsymbol{\varLambda}} \otimes (\boldsymbol{T}_k - \boldsymbol{I}_m) + \boldsymbol{\varLambda} \otimes \boldsymbol{I}_m]\mathrm{diag}(\boldsymbol{C}_i)\}\hat{\boldsymbol{P}}^2(k_{l-1})\{\cdot\}^{\mathrm{T}} \\ &+\{\mathrm{diag}(\tilde{\boldsymbol{K}}_p^i(k)) - \varepsilon \mathrm{diag}(\tilde{\boldsymbol{K}}_p^i(k))[\bar{\boldsymbol{\varLambda}} \otimes (\boldsymbol{T}_k - \boldsymbol{I}_m) + \boldsymbol{\varLambda} \otimes \boldsymbol{I}_m] \\ &\mathrm{diag}(\boldsymbol{C}_i)\}\boldsymbol{R}\{\cdot\}^{\mathrm{T}} + \boldsymbol{\mathcal{R}}_{\tilde{\boldsymbol{K}}_p^i}(k) + \{\varepsilon \mathrm{diag}(\tilde{\boldsymbol{K}}_p^i(k))(\bar{\boldsymbol{\varLambda}} \otimes \boldsymbol{I}_m)\}\boldsymbol{\varSigma}_B\{\cdot\}^{\mathrm{T}} \\ &+\varepsilon^2 \sum_{i=1}^{n}\sum_{j=1}^{n}\bar{\sigma}_{ij}^2(\boldsymbol{I}_i^j \otimes \tilde{\boldsymbol{K}}_p^i(k))\boldsymbol{\varSigma}_B(\cdot)^{\mathrm{T}} + \boldsymbol{\mathcal{P}}^2(k_{l-1}) + \boldsymbol{1}\boldsymbol{1}^{\mathrm{T}} \otimes \boldsymbol{Q} \\ &\geqslant \{\boldsymbol{I}_n \otimes \boldsymbol{A} - \mathrm{diag}(\tilde{\boldsymbol{K}}_p^i(k)\boldsymbol{C}_i) - \varepsilon \mathrm{diag}(\tilde{\boldsymbol{K}}_p^i(k))[\bar{\boldsymbol{\varLambda}} \otimes (\boldsymbol{T}_k - \boldsymbol{I}_m) \\ &+\boldsymbol{\varLambda} \otimes \boldsymbol{I}_m]\mathrm{diag}(\boldsymbol{C}_i)\}\hat{\boldsymbol{P}}^1(k_{l-1})\{\cdot\}^{\mathrm{T}} + \{\mathrm{diag}(\tilde{\boldsymbol{K}}_p^i(k))\end{aligned}$$

$$
\begin{aligned}
&-\varepsilon \operatorname{diag}(\boldsymbol{K}_p^i(k))[\bar{\boldsymbol{\Lambda}} \otimes (\boldsymbol{T}_k - \boldsymbol{I}_m) + \boldsymbol{\Lambda} \otimes \boldsymbol{I}_m] \operatorname{diag}(\boldsymbol{C}_i)\}\boldsymbol{R}\{\cdot\}^{\mathrm{T}} \\
&+\mathcal{R}_{\tilde{\boldsymbol{K}}_p^i}(k) + \{\varepsilon \operatorname{diag}(\tilde{\boldsymbol{K}}_p^i(k))(\bar{\boldsymbol{\Lambda}} \otimes \boldsymbol{I}_m)\}\boldsymbol{\Sigma}_B\{\cdot\}^{\mathrm{T}} \\
&+\mathbf{1}\mathbf{1}^{\mathrm{T}} \otimes \boldsymbol{Q} + \varepsilon^2 \sum_{i=1}^{n}\sum_{j=1}^{n} \bar{\sigma}_{ij}^2 (\boldsymbol{I}_i^j \otimes \tilde{\boldsymbol{K}}_p^i(k))\boldsymbol{\Sigma}_B(\cdot)^{\mathrm{T}} + \mathcal{P}^1(k_{l-1}) \\
&\geqslant \min_{\boldsymbol{K}_p^i(k)} \{\boldsymbol{I}_n \otimes \boldsymbol{A} - \operatorname{diag}(\boldsymbol{K}_p^i(k)\boldsymbol{C}_i) - \varepsilon \operatorname{diag}(\boldsymbol{K}_p^i(k)) \\
&[\bar{\boldsymbol{\Lambda}} \otimes (\boldsymbol{T}_k - \boldsymbol{I}_m) + \boldsymbol{\Lambda} \otimes \boldsymbol{I}_m] \operatorname{diag}(\boldsymbol{C}_i)\}\hat{\boldsymbol{P}}^1(k_{l-1})\{\cdot\}^{\mathrm{T}} \\
&+\{\operatorname{diag}(\boldsymbol{K}_p^i(k)) - \varepsilon \operatorname{diag}(\boldsymbol{K}_p^i(k))[\bar{\boldsymbol{\Lambda}} \otimes (\boldsymbol{T}_k - \boldsymbol{I}_m) + \boldsymbol{\Lambda} \otimes \boldsymbol{I}_m] \\
&\operatorname{diag}(\boldsymbol{C}_i)\}\boldsymbol{R}\{\cdot\}^{\mathrm{T}} + \mathcal{R}_{\boldsymbol{K}_p^i}(k) + \{\varepsilon \operatorname{diag}(\boldsymbol{K}_p^i(k))(\bar{\boldsymbol{\Lambda}} \otimes \boldsymbol{I}_m)\}\boldsymbol{\Sigma}_B\{\cdot\}^{\mathrm{T}} \\
&+\mathbf{1}\mathbf{1}^{\mathrm{T}} \otimes \boldsymbol{Q} + \varepsilon^2 \sum_{i=1}^{n}\sum_{j=1}^{n} \bar{\sigma}_{ij}^2 (\boldsymbol{I}_i^j \otimes \boldsymbol{K}_p^i(k))\boldsymbol{\Sigma}_B(\cdot)^{\mathrm{T}} + \mathcal{P}^1(k_{l-1}) \\
&= \hat{\boldsymbol{P}}^1(k_l)
\end{aligned}
\tag{6-117}
$$

因为 $\hat{\boldsymbol{P}}^1(k_{l+1}) = \hat{\boldsymbol{P}}^2(k_l)$，我们有 $\hat{\boldsymbol{P}}^1(k_l) \leqslant \hat{\boldsymbol{P}}^2(k_l) = \boldsymbol{P}^1(k_{l+1})$，这意味着在零初始条件下单调递增，结合假设 6-5，有 $\hat{\boldsymbol{P}}(k)\lim\limits_{k\to\infty}\hat{\boldsymbol{P}}(k) \to \bar{\boldsymbol{P}}$。

接下来，我们将证明上述极限在初始条件 $\hat{\boldsymbol{P}}(0) = \boldsymbol{N}_0 > \bar{\boldsymbol{P}}$ 下，依然成立。我们有：

$$
\begin{aligned}
&\hat{\boldsymbol{P}}_{N_0}(k+1) - \bar{\boldsymbol{P}} \\
&= \min_{\boldsymbol{K}_p^i(k)} \{\boldsymbol{I}_n \otimes \boldsymbol{A} - \operatorname{diag}(\boldsymbol{K}_p^i(k)\boldsymbol{C}_i) - \varepsilon \operatorname{diag}(\boldsymbol{K}_p^i(k)) \\
&[\bar{\boldsymbol{\Lambda}} \otimes (\boldsymbol{T}_k - \boldsymbol{I}_m) + \boldsymbol{\Lambda} \otimes \boldsymbol{I}_m] \operatorname{diag}(\boldsymbol{C}_i)\}\hat{\boldsymbol{P}}_{N_0}(k)\{\cdot\}^{\mathrm{T}} \\
&+\{\operatorname{diag}(\boldsymbol{K}_p^i(k)) - \varepsilon \operatorname{diag}(\boldsymbol{K}_p^i(k))[\bar{\boldsymbol{\Lambda}} \otimes (\boldsymbol{T}_k - \boldsymbol{I}_m) \\
&+\boldsymbol{\Lambda} \otimes \boldsymbol{I}_m] \operatorname{diag}(\boldsymbol{C}_i)\}\boldsymbol{R}\{\cdot\}^{\mathrm{T}} + \mathcal{P}_{\boldsymbol{K}_p^i}(k) + \mathcal{R}_{\boldsymbol{K}_p^i}(k) \\
&+\varepsilon^2 \sum_{i=1}^{n}\sum_{j=1}^{n} \bar{\sigma}_{ij}^2 (\boldsymbol{I}_i^j \otimes \boldsymbol{K}_p^i(k))\boldsymbol{\Sigma}_B(\cdot)^{\mathrm{T}} + \{\varepsilon \operatorname{diag}(\boldsymbol{K}_p^i(k) \\
&(\bar{\boldsymbol{\Lambda}} \otimes \boldsymbol{I}_m)\}\boldsymbol{\Sigma}_B\{\cdot\}^{\mathrm{T}} - \{\boldsymbol{I}_n \otimes \boldsymbol{A} - \operatorname{diag}(\bar{\boldsymbol{K}}_p^i(k)\boldsymbol{C}_i) \\
&-\varepsilon \operatorname{diag}(\bar{\boldsymbol{K}}_p^i(k))[\bar{\boldsymbol{\Lambda}} \otimes (\boldsymbol{T}_k - \boldsymbol{I}_m) + \boldsymbol{\Lambda} \otimes \boldsymbol{I}_m] \operatorname{diag}(\boldsymbol{C}_i)\}
\end{aligned}
\tag{6-118}
$$

$$\bar{\boldsymbol{P}}(k)\{\cdot\}^{\mathrm{T}}-\{\mathrm{diag}(\bar{\boldsymbol{K}}_p^i(k))-\varepsilon\mathrm{diag}(\bar{\boldsymbol{K}}_p^i(k))$$

$$[\bar{\boldsymbol{\Lambda}}\otimes(\boldsymbol{T}_k-\boldsymbol{I}_m)+\boldsymbol{\Lambda}\otimes\boldsymbol{I}_m]\mathrm{diag}(\boldsymbol{C}_i)\}\boldsymbol{R}\{\cdot\}^{\mathrm{T}}$$

$$-\{\varepsilon\mathrm{diag}(\bar{\boldsymbol{K}}_p^i(k)(\bar{\boldsymbol{\Lambda}}\otimes\boldsymbol{I}_m)\}\boldsymbol{\Sigma}_B\{\cdot\}^{\mathrm{T}}-\boldsymbol{\mathcal{R}}_{\bar{\boldsymbol{K}}_p^i}(k)$$

$$-\varepsilon^2\sum_{i=1}^{n}\sum_{j=1}^{n}\bar{\sigma}_{ij}^2(\boldsymbol{I}_i^j\otimes\bar{\boldsymbol{K}}_p^i(k))\boldsymbol{\Sigma}_B(\cdot)^{\mathrm{T}}-\hat{\boldsymbol{\mathcal{P}}}_{\bar{\boldsymbol{K}}_p^i}(k)$$

$$\leqslant\{\boldsymbol{I}_n\otimes\boldsymbol{A}-\mathrm{diag}(\bar{\boldsymbol{K}}_p^i(k)\boldsymbol{H}_i)-\varepsilon\mathrm{diag}(\bar{\boldsymbol{K}}_p^i(k))$$

$$[\bar{\boldsymbol{\Lambda}}\otimes(\boldsymbol{T}_k-\boldsymbol{I}_m)+\boldsymbol{\Lambda}\otimes\boldsymbol{I}_m]\mathrm{diag}(\boldsymbol{C}_i)\}(\hat{\boldsymbol{P}}_{N_0}(k)-\bar{\boldsymbol{P}})\{\cdot\}^{\mathrm{T}}$$

$$+\varepsilon^2\sum_{i=1}^{n}\sum_{j=1}^{n}\Big\{\bar{\sigma}_{ij}^2\{\boldsymbol{I}_i^j\otimes(\bar{\boldsymbol{K}}_p^i(k)[(\boldsymbol{T}_k-\boldsymbol{I}_m)\boldsymbol{C}_j])\}$$

$$(\hat{\boldsymbol{P}}_{N_0}(k)-\bar{\boldsymbol{P}})\{\cdot\}^{\mathrm{T}}+\sigma_{ij}^2\{\boldsymbol{I}_i^j\otimes(\boldsymbol{K}_p^i(k)\boldsymbol{C}_j)\}$$

$$(\hat{\boldsymbol{P}}_{N_0}(k)-\bar{\boldsymbol{P}})\{\cdot\}^{\mathrm{T}}+(\bar{\lambda}_{ij}-\lambda_{ij}\bar{\lambda}_{ij})\Big(\{\boldsymbol{I}_i^j\otimes(\boldsymbol{K}_p^i(k)$$

$$[(\boldsymbol{T}_k-\boldsymbol{I}_m)\boldsymbol{C}_j])\}(\hat{\boldsymbol{P}}_{N_0}(k)-\bar{\boldsymbol{P}})\{\boldsymbol{I}_i^j\otimes(\boldsymbol{K}_p^i(k)\boldsymbol{C}_j)\}^{\mathrm{T}}$$

$$+\{\boldsymbol{I}_i^j\otimes(\boldsymbol{K}_p^i(k)\boldsymbol{H}_j)\}(\hat{\boldsymbol{P}}_{N_0}(k)-\bar{\boldsymbol{P}})\{\boldsymbol{I}_i^j\otimes(\boldsymbol{K}_p^i(k)$$

$$[(\boldsymbol{T}_k-\boldsymbol{I}_m)\boldsymbol{C}_j])\}^{\mathrm{T}}\Big)\Big\}$$

因为：

$$\begin{aligned}&\{\boldsymbol{I}_n\otimes\boldsymbol{A}-\mathrm{diag}(\bar{\boldsymbol{K}}_p^i(k)\boldsymbol{C}_i)-\varepsilon\mathrm{diag}(\bar{\boldsymbol{K}}_p^i(k))\\&[\bar{\boldsymbol{\Lambda}}\otimes(\boldsymbol{T}_k-\boldsymbol{I}_m)+\boldsymbol{\Lambda}\otimes\boldsymbol{I}_m]\mathrm{diag}(\boldsymbol{C}_i)\}\bar{\boldsymbol{P}}\{\cdot\}^{\mathrm{T}}\\&+\varepsilon^2\sum_{i=1}^{n}\sum_{j=1}^{n}\Big\{\bar{\sigma}_{ij}^2\{\boldsymbol{I}_i^j\otimes(\bar{\boldsymbol{K}}_p^i(k)[(\boldsymbol{T}_k-\boldsymbol{I}_m)\boldsymbol{C}_j])\}\bar{\boldsymbol{P}}\{\cdot\}^{\mathrm{T}}\\&+\sigma_{ij}^2\{\boldsymbol{I}_i^j\otimes(\boldsymbol{K}_p^i(k)\boldsymbol{C}_j)\}\bar{\boldsymbol{P}}\{\cdot\}^{\mathrm{T}}+(\bar{\lambda}_{ij}-\lambda_{ij}\bar{\lambda}_{ij})\\&\Big(\{\boldsymbol{I}_i^j\otimes(\boldsymbol{K}_p^i(k)[(\boldsymbol{T}_k-\boldsymbol{I}_m)\boldsymbol{C}_j])\}\bar{\boldsymbol{P}}\{\boldsymbol{I}_i^j\otimes(\boldsymbol{K}_p^i(k)\boldsymbol{C}_j)\}^{\mathrm{T}}\\&+\{\boldsymbol{I}_i^j\otimes(\boldsymbol{K}_p^i(k)\boldsymbol{C}_j)\}\bar{\boldsymbol{P}}\{\boldsymbol{I}_i^j\otimes(\boldsymbol{K}_p^i(k)[(\boldsymbol{T}_k-\boldsymbol{I}_m)\boldsymbol{C}_j])\}^{\mathrm{T}}\Big)\Big\}<\bar{\boldsymbol{P}}\end{aligned}\tag{6-119}$$

$\bar{\boldsymbol{K}}_p^i(k)$ 的特征值为：

$$
\begin{aligned}
&\lambda_i\Big[\{\boldsymbol{I}_n \otimes \boldsymbol{A} - \mathrm{diag}(\bar{\boldsymbol{K}}_p^i(k)\boldsymbol{H}_i) - \varepsilon\mathrm{diag}(\bar{\boldsymbol{K}}_p^i(k)) \\
&[\bar{\boldsymbol{\Lambda}} \otimes (\boldsymbol{T}_k - \boldsymbol{I}_m) + \boldsymbol{\Lambda} \otimes \boldsymbol{I}_m]\mathrm{diag}(\boldsymbol{C}_i)\}\{\cdot\}^{\mathrm{T}} \\
&+\varepsilon^2 \sum_{i=1}^{n}\sum_{j=1}^{n}\Big\{\bar{\sigma}_{ij}^2\{\boldsymbol{I}_i^j \otimes (\bar{\boldsymbol{K}}_p^i(k)[(\boldsymbol{T}_k - \boldsymbol{I}_m)\boldsymbol{C}_j])\}\{\cdot\}^{\mathrm{T}} \\
&+\sigma_{ij}^2\{\boldsymbol{I}_i^j \otimes (\boldsymbol{K}_p^i(k)\boldsymbol{C}_j)\}\{\cdot\}^{\mathrm{T}} + (\bar{\lambda}_{ij} - \lambda_{ij}\bar{\lambda}_{ij}) \\
&\Big(\{\boldsymbol{I}_i^j \otimes (\boldsymbol{K}_p^i(k)[(\boldsymbol{T}_k - \boldsymbol{I}_m)\boldsymbol{C}_j])\} \\
&\{\boldsymbol{I}_i^j \otimes (\boldsymbol{K}_p^i(k)\boldsymbol{C}_j)\}^{\mathrm{T}}\Big) + (\cdot)^{\mathrm{T}}\Big\}\Big] < 1
\end{aligned}
\tag{6-120}
$$

因此，对于任何初始状态，$\lim\limits_{k\to\infty}\hat{\boldsymbol{P}}(k) = \bar{\boldsymbol{P}} \geqslant 0$ 均成立，至此证明已完成。

> **注 6-14** 根据上述的定义，$\boldsymbol{\Lambda}$ 与 $\bar{\boldsymbol{\Lambda}}$ 中包含了由检测阈值 δ 决定的检测变量。在定理 6-6 中，我们可以看出系统的收敛性与阈值 δ 间的关系。这进一步地说明，阈值的选择是检测器在实际应用中能有效抵抗恶意攻击的关键，下面我们将研究检测阈值 δ 的选择。

（2）基于 KL 散度的攻击检测

下面我们使用多元分析方法来研究在采用 KL 散度形式下的临界阈值 δ，以拒绝假设检验的空假设。

引理 6-5

所提出的基于 KL 散度的检验统计量与 T^2 分布以及 χ^2 分布相关。选取合适的窗口长度，KL 散度近似服从以下分布：

$$
\begin{aligned}
&KLD[f_{\tilde{z}}(\boldsymbol{z}) \,\|\, f_z(\boldsymbol{z})] \\
&\to \frac{1}{2l}T_{m,l-1}^2 + \frac{1}{2(l-1)\left(1-\dfrac{1}{6l-7}(2m+1-\dfrac{2}{m+1})\right)}\chi^2_{\frac{1}{2}m(m+1)}
\end{aligned}
\tag{6-121}
$$

证明

如引理 6-3 所述，由于新息值与被篡改的新息值均服从高斯分布，被

篡改的新息值 $\tilde{f}_z(z)$ 相对于正常新息值 $f_z(z)$ 的 KL 散度表达式可重写为：

$$KLD[f_{\tilde{z}}(z)\,\|\,f_z(z)] = \underbrace{\frac{1}{2}(\tilde{\boldsymbol{\mu}}_z - \boldsymbol{\mu}_z)^{\mathrm{T}}\boldsymbol{\Sigma}_z^{-1}(\tilde{\boldsymbol{\mu}}_z - \boldsymbol{\mu}_z)}_{\alpha} + \underbrace{\frac{1}{2}[\ln(\frac{|\boldsymbol{\Sigma}_z|}{|\tilde{\boldsymbol{\Sigma}}_z|}) + \mathrm{Tr}(\boldsymbol{\Sigma}_z^{-1}\tilde{\boldsymbol{\Sigma}}_z) - m]}_{\beta} \tag{6-122}$$

如果我们将 KL 散度的表达式看作是两项的总和，并分别进行分析，则可以获得两种假设检验的检验统计量，如下所示：

① 多元情况下协方差未知的均值检验：

$$S_\alpha = 2l\alpha = l(\tilde{\boldsymbol{\mu}}_z - \boldsymbol{\mu}_z)^{\mathrm{T}}\boldsymbol{\Sigma}_z^{-1}(\tilde{\boldsymbol{\mu}}_z - \boldsymbol{\mu}_z) \tag{6-123}$$

S_α 是已知均值而协方差未知的霍特林 T^2 检验统计量，其分布有两个参数（自由度和维数）；l 是样本窗口大小。T^2 统计量可以看作所观察到的样本均值向量与理论均值向量之间的样本标准化距离。若样本的均值向量与正常情况相距较远，我们就合理地怀疑数据被篡改了。

② 均值未指定，多元协方差矩阵检验：

$$S_\beta = 2(l-1)\beta = (l-1)\left[\ln(\frac{|\boldsymbol{\Sigma}_z|}{|\tilde{\boldsymbol{\Sigma}}_z|}) + \mathrm{Tr}(\boldsymbol{\Sigma}_z^{-1}\tilde{\boldsymbol{\Sigma}}_z) - m\right] \tag{6-124}$$

S_β 是似然比的变形，其分布近似于卡方分布 $\chi^2_{\frac{1}{2}m(m+1)}$。值得注意的是，若 $\boldsymbol{\Sigma}_z = \tilde{\boldsymbol{\Sigma}}_z$，则 $S_\beta = 0$。否则，S_β 会随着 $\tilde{\boldsymbol{\Sigma}}_z$ 相对于 $\boldsymbol{\Sigma}_z$ 的差异的增大而增大。为了更好地近似卡方分布 $\chi^2_{\frac{1}{2}m(m+1)}$，我们选取一个合适的样本窗口长度，使得：

$$S_{\beta'} = \left[1 - \frac{1}{6l-7}\left(2m+1-\frac{2}{m+1}\right)\right]S_\beta \tag{6-125}$$

通过组合 S_α 与 S_β 两部分，我们可以推导出：

$$\begin{aligned} &KLD[f_{\tilde{z}}(z)\,\|\,f_z(z)] = \alpha + \beta \\ &\to \frac{1}{2l}T^2_{m,l-m} + \frac{1}{2(l-1)\left(1-\frac{1}{6l-7}(2m+1-\frac{2}{m+1})\right)}\chi^2_{\frac{1}{2}m(m+1)} \end{aligned} \tag{6-126}$$

至此，证明结束。

不失一般性，类似于卡方检测，我们只需要选择所需的显著性水平 α 和窗口长度 l 即可确定式 (6-103) 中的检测阈值 δ。

6.2.3 结合水印加密的 KL 散度检测器设计

6.2.3.1 水印加密

本节介绍一个基于伪随机数的水印加密模型，通过放大受到恶意篡改的新息序列与真实新息序列的 KL 散度“距离”来检测攻击。传感器 i 在传输新息之前，对其进行加密，具体形式如下所示：

$$\boldsymbol{z}_i^{\text{Enc}}(k) = G\boldsymbol{z}_i(k) + \boldsymbol{m}(k) \tag{6-127}$$

其中，随机水印序列 $\boldsymbol{m}(k)$ 服从均值为 $\boldsymbol{\mu}_m$、协方差为 $\boldsymbol{\Sigma}_m$ 的高斯分布，G 为水印常数。由于完全随机的序列在实际中并不存在，故参考对称加密的方式生成伪随机序列。伪随机序列的生成方式与安全性的验证在密码学中已经有较为成熟的研究，故不在本节赘述，只针对伪随机序列的性质展开讨论。

传感器 j 在接收到传感器 i 的数据后，对其进行解密。若传输过程中受到上文中提及的线性攻击，即：

$$\tilde{\boldsymbol{z}}_i^{\text{Enc}}(k) = \boldsymbol{T}_k\left[G\boldsymbol{z}_i(k) + \boldsymbol{m}(k)\right] + \boldsymbol{b}_i(k) \tag{6-128}$$

则传感器 j 收到的数据经解密后为：

$$\tilde{\boldsymbol{z}}_i^{\text{Dec}}(k) = \boldsymbol{T}_k\boldsymbol{z}_i(k) + \frac{1}{G}\boldsymbol{b}_i(k) + \left(\boldsymbol{T}_k - \boldsymbol{I}\right)\frac{\boldsymbol{m}(k)}{G} \tag{6-129}$$

可以看出，经过解密后的数据仍然服从高斯分布，其期望可以表示为：

$$\boldsymbol{\mu}_{\tilde{z}} = \left(\boldsymbol{T}_k - \boldsymbol{I}\right)\frac{\boldsymbol{\mu}_m}{G} \tag{6-130}$$

其协方差可以表示为：

$$\boldsymbol{\Sigma}_{\tilde{z}} = \boldsymbol{T}_k\boldsymbol{\Sigma}_z\boldsymbol{T}_k' + \frac{\boldsymbol{\Sigma}_b}{G^2} + \left(\boldsymbol{T}_k - \boldsymbol{I}\right)\frac{\boldsymbol{\Sigma}_m}{G^2}\left(\boldsymbol{T}_k - \boldsymbol{I}\right)' \tag{6-131}$$

显然，当通信信道没有受到攻击时，即 $\boldsymbol{T}_k = \boldsymbol{I}, \boldsymbol{b}_i(k) = 0$，可以得出：

$$z_i^{\text{Dec}}(k) = z_i(k) \tag{6-132}$$

即当系统没有受到恶意攻击时，经过解密后，传感器间传输的新息值与真实值相同，水印的加密对传输的数据不产生任何影响。

水印的加密与解密过程的流程示意图如图 6-2 所示。

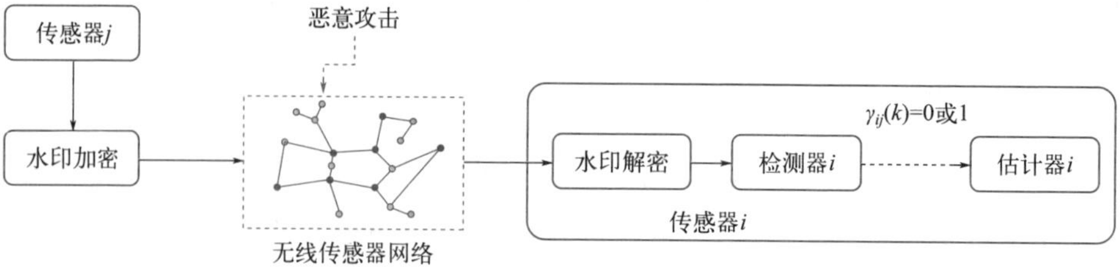

图 6-2　水印加密与解密过程的流程示意图

注 6-15　当式 (6-129) 中的 $\boldsymbol{m}(k)$ 为常数时，定义为 $\boldsymbol{m}(k)=\bar{\boldsymbol{m}}$，则数据经过解密后，其均值与方差分别为 $\boldsymbol{\mu}_{\tilde{z}}=(\boldsymbol{T}_k-\boldsymbol{I})\dfrac{\bar{\boldsymbol{m}}}{G}$ 与 $\boldsymbol{\Sigma}_{\tilde{z}}=\boldsymbol{T}_k\boldsymbol{\Sigma}_z\boldsymbol{T}_k'+\dfrac{\boldsymbol{\Sigma}_b}{G^2}$。若恶意攻击者发动攻击，即 $\boldsymbol{T}_k\neq 0$ 或者 $\boldsymbol{b}_i(k)\neq 0$，则可以轻易地发现，攻击者发动的攻击将会改变新息值的均值或方差，这意味着当随机序列 $\boldsymbol{m}(k)$ 为常数时，此防御策略依然能够起作用。但值得注意的是，当攻击不存在时，根据式 (6-130) 与式 (6-131)，传输的数据将服从均值为 $\bar{\boldsymbol{m}}$、方差为 $\boldsymbol{\Sigma}_m/G^2$ 的正态分布。如果恶意攻击者截获传输的数据进行监听，在足够长的一段时间内，结合对新息序列的先验知识，那么攻击者就可以估计出水印参数 $\bar{\boldsymbol{m}}$ 与 G 的值，从而获取到新息的值，并能够重新设计隐秘攻击，使得结合水印的检测器完全失去作用。所以在本节中，我们将采用伪随机序列作为水印，而不是一个常数。

6.2.3.2　最优线性攻击下水印加密性能分析

（1）水印加密信息无泄露的情况分析

在这一小节中，我们假设恶意攻击者并没有发现传输的信息被加密，恶意攻击者依然对系统发动隐秘线性攻击。

为了更好地分析加密水印的特性，在下面的章节中，我们假设 $\boldsymbol{\Sigma}_m=\tau\boldsymbol{\Sigma}_z$，其中，$\tau\in\mathbb{R}$。然后，我们设攻击模型中，攻击参数 $\boldsymbol{T}_k=\boldsymbol{T}_k^*$、$\boldsymbol{\Sigma}_b=\boldsymbol{\Sigma}_b^*$ 时，恶意攻击者发动的攻击能够绕开检测器的检测，并使得系统 MSEC 最大，即最优的线性攻击。在这种情况下，我们重写式 (6-129) 与式 (6-131)，有：

$$\tilde{\boldsymbol{z}}_i^{\text{Dec}}(k)=\boldsymbol{T}_k^*\boldsymbol{z}_i(k)+\frac{1}{G}\boldsymbol{b}_i^*(k)+\left(\boldsymbol{T}_k^*-\boldsymbol{I}\right)\frac{\boldsymbol{m}(k)}{G} \tag{6-133}$$

$$\boldsymbol{\Sigma}_{\tilde{z}}=\boldsymbol{T}_k^*\boldsymbol{\Sigma}_z\boldsymbol{T}_k^{*\prime}+\frac{\boldsymbol{\Sigma}_b^*}{G^2}+\left(\boldsymbol{T}_k^*-\boldsymbol{I}\right)\frac{\tau\boldsymbol{\Sigma}_z}{G^2}\left(\boldsymbol{T}_k^*-\boldsymbol{I}\right)' \tag{6-134}$$

引理 6-6

对于给定的 n 维正定矩阵 $\boldsymbol{A}$ 与 $\boldsymbol{B}$，我们定义矩阵 $\boldsymbol{A}$ 和 $\boldsymbol{B}$ 的特征值为：

$$\begin{gathered}\lambda_1(\boldsymbol{A})\geqslant\lambda_2(\boldsymbol{A})\geqslant\cdots\geqslant\lambda_n(\boldsymbol{A})\\ \lambda_1(\boldsymbol{B})\geqslant\lambda_2(\boldsymbol{B})\geqslant\cdots\geqslant\lambda_n(\boldsymbol{B})\end{gathered} \tag{6-135}$$

则有：

$$\begin{gathered}\sum_{i=1}^n\lambda_n(\boldsymbol{A})\lambda_i(\boldsymbol{B})\leqslant\sum_{i=1}^n\lambda_i(\boldsymbol{AB})\leqslant\sum_{i=1}^n\lambda_1(\boldsymbol{A})\lambda_i(\boldsymbol{B})\\ \sum_{i=1}^n\ln\left[\lambda_n(\boldsymbol{A})\lambda_i(\boldsymbol{B})\right]\leqslant\sum_{i=1}^n\ln\left[\lambda_i(\boldsymbol{AB})\right]\leqslant\sum_{i=1}^n\ln\left[\lambda_1(\boldsymbol{A})\lambda_i(\boldsymbol{B})\right]\end{gathered} \tag{6-136}$$

证明

首先我们定义 $\boldsymbol{z}=(z_1,z_2,\cdots,z_n)$ 为 n 维向量，则经过重排，定义 $\boldsymbol{z}$ 的非增重排为 $\boldsymbol{z}^{\downarrow}=\left(z_1^{\downarrow},z_2^{\downarrow},\cdots,z_n^{\downarrow}\right)$，其中 $z_1^{\downarrow}\geqslant z_2^{\downarrow}\geqslant\cdots\geqslant z_n^{\downarrow}$。同理，$\boldsymbol{z}$ 的非降重排为 $\boldsymbol{z}^{\uparrow}=\left(z_1^{\uparrow},z_2^{\uparrow},\cdots,z_n^{\uparrow}\right)$。根据矩阵理论，对于 n 维 Hermite 矩阵 $\boldsymbol{A}$ 与 $\boldsymbol{B}$，设其特征值分别为 $\lambda(\boldsymbol{A})=\left[\lambda_i(\boldsymbol{A})\right]_{i=1}^n$ 与 $\lambda(\boldsymbol{B})=\left[\lambda_i(\boldsymbol{B})\right]_{i=1}^n$，则有：

$$\sum_{i=1}^n\lambda_i(\boldsymbol{A})^{\downarrow}\lambda_i(\boldsymbol{B})^{\uparrow}\leqslant\operatorname{Tr}(\boldsymbol{AB})\leqslant\sum_{i=1}^n\lambda_i(\boldsymbol{A})^{\downarrow}\lambda_i(\boldsymbol{B})^{\downarrow} \tag{6-137}$$

因为 $\lambda_1(\boldsymbol{A})\geqslant\cdots\geqslant\lambda_n(\boldsymbol{A})$，$\lambda_1(\boldsymbol{B})\geqslant\cdots\geqslant\lambda_n(\boldsymbol{B})$，根据观察，明显有：

$$\begin{gathered}\sum_{i=1}^{n}\lambda_n(\boldsymbol{A})\lambda_i(\boldsymbol{B})\leqslant\sum_{i=1}^{n}\lambda_i(\boldsymbol{A})^{\downarrow}\lambda_i(\boldsymbol{B})^{\uparrow}\\ \sum_{i=1}^{n}\lambda_i(\boldsymbol{A})^{\downarrow}\lambda_i(\boldsymbol{B})^{\downarrow}\leqslant\sum_{i=1}^{n}\lambda_1(\boldsymbol{A})\lambda_i(\boldsymbol{B})\end{gathered}\tag{6-138}$$

则：

$$\sum_{i=1}^{n}\lambda_n(\boldsymbol{A})\lambda_i(\boldsymbol{B})\leqslant\sum_{i=1}^{n}\lambda_i(\boldsymbol{AB})\leqslant\sum_{i=1}^{n}\lambda_1(\boldsymbol{A})\lambda_i(\boldsymbol{B})\tag{6-139}$$

同理可得：

$$\sum_{i=1}^{n}\ln\left[\lambda_n(\boldsymbol{A})\lambda_i(\boldsymbol{B})\right]\leqslant\sum_{i=1}^{n}\ln\left[\lambda_i(\boldsymbol{AB})\right]\leqslant\sum_{i=1}^{n}\ln\left[\lambda_1(\boldsymbol{A})\lambda_i(\boldsymbol{B})\right]\tag{6-140}$$

至此，证明结束。

定理 6-7

在上述提及的线性攻击下，当参数 τ/G^2 的值趋向于无穷大时，传输的新息与真实新息间的 KL 散度值会趋向于无穷，将会触发 KL 散度检测器，拒绝所接收的数据。

证明

根据式 (6-122)，有：

$$\begin{aligned}\beta&=\frac{1}{2}\left[\ln\left(\frac{|\boldsymbol{\Sigma}_z|}{|\tilde{\boldsymbol{\Sigma}}_z|}\right)+\operatorname{Tr}(\boldsymbol{\Sigma}_z^{-1}\tilde{\boldsymbol{\Sigma}}_z)-m\right]\\&=\frac{1}{2}\ln\left(\frac{|\boldsymbol{I}|}{|\boldsymbol{\Sigma}_z^{-1}\tilde{\boldsymbol{\Sigma}}_z|}\right)+\frac{1}{2}\operatorname{Tr}(\boldsymbol{\Sigma}_z^{-1}\tilde{\boldsymbol{\Sigma}}_z)-\frac{m}{2}\end{aligned}$$

接下来，令 $\lambda_1^{\Sigma}\geqslant\lambda_2^{\Sigma}\geqslant\cdots\geqslant\lambda_n^{\Sigma}>0$ 为 $\boldsymbol{\Sigma}_z^{-1}\tilde{\boldsymbol{\Sigma}}_z$ 的特征值，则我们可以将上式改写为：

$$\beta=\frac{1}{2}\left(\sum_{i=1}^{n}(\lambda_i-\ln\lambda_i)\right)-\frac{m}{2}\tag{6-141}$$

由引理可知：

$$\sum_{i=1}^{n}\lambda_n\left(\boldsymbol{\Sigma}_z^{-1}\right)\lambda_i\left(\tilde{\boldsymbol{\Sigma}}_z\right)\leqslant\sum_{i=1}^{n}\lambda_i^{\Sigma}\leqslant\sum_{i=1}^{n}\lambda_1\left(\boldsymbol{\Sigma}_z^{-1}\right)\lambda_i\left(\tilde{\boldsymbol{\Sigma}}_z\right)\tag{6-142}$$

$$\sum_{i=1}^{n}\ln\left[\lambda_n(\boldsymbol{\Sigma}_z^{-1})\lambda_i(\tilde{\boldsymbol{\Sigma}}_z)\right]\leqslant\sum_{i=1}^{n}\ln\lambda_i^{\Sigma}\leqslant\sum_{i=1}^{n}\ln\left[\lambda_1(\boldsymbol{\Sigma}_z^{-1})\lambda_i(\tilde{\boldsymbol{\Sigma}}_z)\right] \tag{6-143}$$

则以下不等式成立：

$$\beta\geqslant\frac{1}{2}\sum_{i=1}^{n}\lambda_n(\boldsymbol{\Sigma}_z^{-1})\lambda_i(\tilde{\boldsymbol{\Sigma}}_z)-\sum_{i=1}^{n}\ln\left[\lambda_1(\boldsymbol{\Sigma}_z^{-1})\lambda_i(\tilde{\boldsymbol{\Sigma}}_z)\right]-\frac{m}{2} \tag{6-144}$$

并且显然，$\alpha=\frac{1}{2}(\tilde{\boldsymbol{\mu}}_z-\boldsymbol{\mu}_z)^{\mathrm{T}}\boldsymbol{\Sigma}_z^{-1}(\tilde{\boldsymbol{\mu}}_z-\boldsymbol{\mu}_z)\geqslant 0$，则：

$$KLD[f_{\tilde{z}}(\boldsymbol{z})\,\|\,f_z(\boldsymbol{z})]\geqslant\frac{1}{2}\sum_{i=1}^{n}\lambda_n(\boldsymbol{\Sigma}_z^{-1})\lambda_i(\tilde{\boldsymbol{\Sigma}}_z)-\sum_{i=1}^{n}\ln\left[\lambda_1(\boldsymbol{\Sigma}_z^{-1})\lambda_i(\tilde{\boldsymbol{\Sigma}}_z)\right]-\frac{m}{2} \tag{6-145}$$

令 $f(s)\,\|\,\lambda_n(\boldsymbol{\Sigma}_z^{-1})s-\ln\lambda_1(\boldsymbol{\Sigma}_z^{-1})s$，当 s 趋向于无穷时，有：

$$\begin{aligned}\lim_{s\to+\infty}f(s)&=\lim_{s\to+\infty}\lambda_n(\boldsymbol{\Sigma}_z^{-1})s-\ln\lambda_1(\boldsymbol{\Sigma}_z^{-1})s\\&=\lim_{s\to+\infty}\ln\left(\mathrm{e}^{\lambda_n\left(\boldsymbol{\Sigma}_z^{-1}\right)s}/\lambda_1(\boldsymbol{\Sigma}_z^{-1})s\right)\\&=\ln\lim_{s\to+\infty}\mathrm{e}^{\lambda_n\left(\boldsymbol{\Sigma}_z^{-1}\right)s}/\lambda_1(\boldsymbol{\Sigma}_z^{-1})s\\&=\ln\lim_{s\to+\infty}\lambda_n\left(\boldsymbol{\Sigma}_z^{-1}\right)\mathrm{e}^{\lambda_n\left(\boldsymbol{\Sigma}_z^{-1}\right)s}/\lambda_1(\boldsymbol{\Sigma}_z^{-1})\\&=+\infty\end{aligned} \tag{6-146}$$

结合式 (6-146) 可知：

$$\lim_{\lambda_i\left(\tilde{\boldsymbol{\Sigma}}_z\right)\to+\infty}\lambda_n(\boldsymbol{\Sigma}_z^{-1})\lambda_i(\tilde{\boldsymbol{\Sigma}}_z)-\ln\lambda_1(\boldsymbol{\Sigma}_z^{-1})\lambda_i(\tilde{\boldsymbol{\Sigma}}_z)=+\infty \tag{6-147}$$

设 $\boldsymbol{\Sigma}_z'=\left(\boldsymbol{T}_k-\boldsymbol{I}\right)\boldsymbol{\Sigma}_z\left(\boldsymbol{T}_k-\boldsymbol{I}\right)'$，根据式 (6-134)，有：

$$\tilde{\boldsymbol{\Sigma}}_z=\boldsymbol{T}_k\boldsymbol{\Sigma}_z\boldsymbol{T}_k'+\frac{\boldsymbol{\Sigma}_b}{G^2}+\frac{\tau}{G^2}\boldsymbol{\Sigma}_z'\geqslant\frac{\tau}{G^2}\boldsymbol{\Sigma}_z' \tag{6-148}$$

即 $\lambda_i(\tilde{\boldsymbol{\Sigma}}_z)\geqslant\lambda_i\left(\frac{\tau}{G^2}\boldsymbol{\Sigma}_z'\right)$，其中 $i=1,2,\cdots,n$。

当 $\boldsymbol{T}_k\neq\boldsymbol{I}$，$\frac{\tau}{G^2}\boldsymbol{\Sigma}_z'$ 为正定矩阵，则存在一个非零特征值 $\lambda_i\left(\frac{\tau}{G^2}\boldsymbol{\Sigma}_z'\right)$ 满足：

$$\lim_{\tau/G^2\to+\infty}f\left(\lambda_i(\tilde{\boldsymbol{\Sigma}}_z)\right)=+\infty \tag{6-149}$$

显然，当 $G>0,\tau/G^2\to+\infty$ 时，有：

$$KLD[f_{\tilde{z}}(z)\|f_z(z)]\to+\infty \tag{6-150}$$

综上所述，当恶意攻击者采取最优的线性控制策略时，若选择合适的参数，则 KL 散度的值将会趋向于无限大，触发 KL 散度检测器。

注 6-16 在证明过程中，我们使用了放缩法，故实际上参数 τ/G^2 的值并不需要取无穷大便可以使得 KL 散度的值趋向于无穷。值得注意的是，在 6.2.2 节中，我们给出了 KL 散度检测器的阈值选择方法，通过观察可知，阈值一般为一个较小的值，故在参数适当大时，经过攻击者篡改的数据便会触发 KL 散度检测器，丢弃该时刻接收到的数据。而且在没有攻击时，水印加密并不会对系统造成影响。

注 6-17 根据上述的证明，若水印参数 τ/G^2 的值取得越大，则当受到攻击时，KL 散度的值越大，越容易超过我们设定的阈值，触发 KL 散度检测器。但在实际应用中，若水印参数为只需满足 $\tau/G^2\to+\infty$ 的任意取值，由式 (6-127) 可知，传输的数据会接近主动添加的水印信息。若恶意攻击者具有新息值的先验知识，经过对传输数据的截取，经过足够长时间的监听，恶意攻击者容易轻易地发现传输的数据与现有的先验知识不符，泄露水印参数的信息。接下来，我们将讨论在水印参数泄露的情况下，结合了水印参数的检测器的性能。

（2）水印加密信息泄露的情况分析

我们依然考虑这样一个问题，恶意攻击者意图发动隐秘攻击，即该攻击能够不触发检测器的检测，尽可能地使 MSEC 增大。现在我们假设恶意攻击者能够结合先验知识，截取到传感器间传输的数据，并分析出水印参数的取值，然后重新设计最优的线性攻击。根据上述说明，我们可以推断出，被篡改后的数据将满足以下不等式：

$$\boldsymbol{\Sigma}_{\tilde{z}}-\boldsymbol{\Sigma}_{z}^{*}=\boldsymbol{T}_{k}\boldsymbol{\Sigma}_{z}\boldsymbol{T}_{k}'+\frac{\boldsymbol{\Sigma}_{b}}{G^{2}}+\left(\boldsymbol{T}_{k}-\boldsymbol{I}\right)\frac{\tau\boldsymbol{\Sigma}_{z}}{G^{2}}\left(\boldsymbol{T}_{k}-\boldsymbol{I}\right)'-\boldsymbol{\Sigma}_{z}^{*}\leqslant\boldsymbol{M} \tag{6-151}$$

其中，$\boldsymbol{\Sigma}_z^*$ 为 KL 散度值达到临界阈值时，传输的数据的方差；矩阵 $\boldsymbol{M}$ 为有界正定矩阵，即矩阵中每一个元素均有界。我们将通过以下定理来分析水印加密信息已泄露的情况。

定理 6-8

当水印参数 $\tau/G^2\to+\infty$、$G\to 0$ 时，在水印参数的信息泄露的情况下，攻击者重构的最优隐秘线性攻击需满足：

$$\boldsymbol{T}_k\to\boldsymbol{I},\boldsymbol{b}_i(k)\to 0 \tag{6-152}$$

即恶意攻击者不对系统发动攻击。

证明

考虑到恶意攻击者获知了水印参数，并重新设计了隐秘线性攻击，则需在满足式 (6-151) 的情况下，求得攻击参数 $\boldsymbol{T}_k^*$ 与 $\boldsymbol{b}_i^*(k)$ 使得 MSEC 最大。在式 (6-151) 中，由于矩阵 $\boldsymbol{\Sigma}_z$ 与 $\boldsymbol{\Sigma}_z^*$ 均为协方差矩阵，则矩阵 $\boldsymbol{\Sigma}_z$ 与 $\boldsymbol{\Sigma}_z^*$ 一定为正定矩阵，即：

$$\boldsymbol{\Sigma}_z>0,\boldsymbol{\Sigma}_z^*>0 \tag{6-153}$$

同时，当检测器的阈值 δ 给定时，$\boldsymbol{\Sigma}_z^*$ 矩阵有界，即矩阵中每一个元素都有界。显然，被篡改后数据的协方差矩阵 $\boldsymbol{\Sigma}_{\tilde{z}}$ 也有界，即：

$$\boldsymbol{T}_{k}\boldsymbol{\Sigma}_{z}\boldsymbol{T}_{k}'+\frac{\boldsymbol{\Sigma}_{b}}{G^{2}}+\left(\boldsymbol{T}_{k}-\boldsymbol{I}\right)\frac{\tau\boldsymbol{\Sigma}_{z}}{G^{2}}\left(\boldsymbol{T}_{k}-\boldsymbol{I}\right)'\leqslant\boldsymbol{M}+\boldsymbol{\Sigma}_{z}^{*} \tag{6-154}$$

由式 (6-153) 可知，$\boldsymbol{T}_{k}\boldsymbol{\Sigma}_{z}\boldsymbol{T}_{k}'$ 与 $\left(\boldsymbol{T}_{k}-\boldsymbol{I}\right)\frac{\tau\boldsymbol{\Sigma}_{z}}{G^{2}}\left(\boldsymbol{T}_{k}-\boldsymbol{I}\right)'$ 均为正定矩阵，$\frac{\boldsymbol{\Sigma}_{b}}{G^{2}}$ 为半正定矩阵，结合式 (6-154)，则显然有 $\boldsymbol{T}_{k}\boldsymbol{\Sigma}_{z}\boldsymbol{T}_{k}'$、$\left(\boldsymbol{T}_{k}-\boldsymbol{I}\right)\frac{\tau\boldsymbol{\Sigma}_{z}}{G^{2}}\left(\boldsymbol{T}_{k}-\boldsymbol{I}\right)'$ 与 $\frac{\boldsymbol{\Sigma}_{b}}{G^{2}}$ 这三个矩阵分别有界，即：

$$\begin{aligned}&\left(\boldsymbol{T}_{k}-\boldsymbol{I}\right)\frac{\tau\boldsymbol{\Sigma}_{z}}{G^{2}}\left(\boldsymbol{T}_{k}-\boldsymbol{I}\right)'\leqslant\boldsymbol{M}_1\\&\boldsymbol{T}_{k}\boldsymbol{\Sigma}_{z}\boldsymbol{T}_{k}'\leqslant\boldsymbol{M}_2\\&\frac{\boldsymbol{\Sigma}_{b}}{G^{2}}\leqslant\boldsymbol{M}_3\end{aligned} \tag{6-155}$$

其中，$\boldsymbol{M}_1$、$\boldsymbol{M}_2$、$\boldsymbol{M}_3$ 为有界正定矩阵。

则当水印参数 $\tau / G^2 \to +\infty$、$G \to 0$ 时，有：

$$\lim_{\tau/G^2 \to +\infty} \boldsymbol{T}_k - \boldsymbol{I} \to 0$$
$$\lim_{G \to 0} \boldsymbol{\Sigma}_b \to 0 \tag{6-156}$$

即：

$$\lim_{\tau/G^2 \to +\infty} \boldsymbol{T}_k \to \boldsymbol{I}, \lim_{G \to 0} \boldsymbol{\Sigma}_b \to 0 \tag{6-157}$$

至此，证明结束。

从上述定理可以得知，尽管攻击者获取了水印参数，但水印参数的存在会大大地限制恶意攻击者重构最优的隐秘线性攻击。

注 6-18　在上述的章节中，我们已经证明了当 $\tau / G^2 \to +\infty$、$G \to 0$ 时，无论水印参数的信息是否泄露，我们都可以防御恶意攻击者发动的隐秘线性攻击。但对于系统方来说，其并不希望攻击者得知系统方预先对传输的数据已经进行了保护，因为这样会使得攻击者尝试寻找系统的其他漏洞进行攻击。所以，在此我们不加证明地给出一个最优的水印参数选择方案，即：

$$\tau = 1, G \to 0 \tag{6-158}$$

在上述的方案中，相当于我们尽量减少真实的信息值，利用一段统计特性与真实信息值相同的伪随机噪声覆盖传输的数据。显然，经过上述方案加密的数据，其均值与方差都与真实的信息十分接近，恶意攻击者难以结合信息的先验知识推算出系统方对传输的数据进行了水印加密，并且能够满足定理 6-7 与定理 6-8 的条件，依然能够放大攻击者发动的攻击，使 KL 散度的值超过规定的阈值，触发检测器的警报，使得传感器丢弃此时刻收到的数据，并进入下一步的迭代。

（3）一般攻击形式下的情况分析

我们已经讨论了水印加密防御策略结合 KL 散度检测器的有效性。但在上述的讨论中，我们都在围绕线性攻击这一攻击形式展开讨论。在实际情况中，恶意攻击者自由度很大，可以使用多种形式的攻击手段，甚至可以采用非线性的攻击方式。对于防御者来说，难以设计防御手段去抵御各种形式的攻击，特别是没有具体数学形式的非线性攻击，这大大地增大了理论研究的难度，无法给出相应的数学证明。同时，在攻击分布未知的情况下，我们将不能通过简化 KL 散度的数学表达式来计算得出准确的值，这对于攻击检测造成了很大的困难。

针对上述提到的情况，我们尝试将本节提及的防御策略推广至遭受更加一般的攻击形式的情况，甚至是受到非线性攻击的情况。但由于攻击的形式多样，而且在实际情况中，攻击者在攻击时依然会受到各种限制。故在接下来的讨论中，我们将做出合理的假设，在一定的限制条件下讨论结合了水印加密的 KL 散度检测器在更加一般攻击下的效果。

首先，无论恶意攻击者采用何种形式的攻击手段，其目的都是在不被 KL 散度检测器发现的情况下使得系统的 MSEC 最大。即信息经过攻击者篡改后，依然满足 $KLD[f_{\tilde{z}}(z)\|f_z(z)]<\delta$。由 KL 散度的数学表达式可知，经过攻击者篡改的新息值 $\tilde{z}_i(k)$ 服从期望为 0、方差为 $\boldsymbol{\Sigma}_{\tilde{z}}$ 的分布。其中，该期望与方差为满足 $KLD[f_{\tilde{z}}(z)\|f_z(z)]<\delta$ 下的期望与方差，在系统参数一定的情况下，仅与阈值有关。在此情况下，攻击者能够骗过检测器进行攻击。这类型的攻击还可以扩展到其他针对统计特性的检测器。这表明，攻击的形式并不重要，只要满足一定的条件即可绕过检测器，故在此情况下有必要讨论水印加密的效果。

下面我们将考虑这样一种攻击方式，与式 (6-99) 相同，假设恶意攻击者能够截获数据。在截获数据之后，攻击者可以用原来的数据构造攻击序列，或者直接生成假数据代替原有的数据，只要攻击序列满足一定的统计特性即可。这种攻击方式极大地扩展了攻击讨论的范围，在上文中提及的攻击形式可以归类为此种攻击的特殊情况。在此，我们无须关心攻击者如何构造攻击。接下来，我们将讨论结合水印加密的 KL 散度检测器在这类隐秘攻击下的有效性。

我们首先将上述讨论转化为一个优化问题，对于隐秘攻击者，其需要找到一组最优的假数据序列，使得 KL 散度统计量不超过阈值，同时最大化 MSEC，根据式 (6-154)，此优化问题可写为：

$$
\begin{aligned}
&\max_{\tilde{z}_i(k)} \operatorname{Tr}[\tilde{\boldsymbol{P}}(k)] \\
&\text{s.t. } KLD[f_{\tilde{z}}(z) \| f_z(z)] < \delta, \forall k
\end{aligned} \tag{6-159}
$$

其中，$\tilde{\boldsymbol{P}}(k)$ 为受到攻击后的 MSEC。

定理 6-9

令 $\tilde{z}_i(k)$ 为上述优化问题的最优解，则 $\tilde{z}_i(k)$ 服从高斯分布。

证明

$$
\begin{aligned}
&KLD(f_{\tilde{z}} \| f_z) \\
&\quad = \int \ln \frac{f_{\tilde{z}}(z)}{f_z(z)} f_{\tilde{z}}(z) \mathrm{d}z \\
&\quad = -h(\tilde{z}) - \int f_{\tilde{z}}(z) \ln \left[\frac{1}{\sqrt{(2\pi)^m |\boldsymbol{\Sigma}|}} \exp\left(-\frac{1}{2} z' \boldsymbol{\Sigma}^{-1} z \right) \right] \mathrm{d}z \\
&\quad = -h(\tilde{z}) + \frac{1}{2} \ln[(2\pi)^m |\boldsymbol{\Sigma}|] + \frac{1}{2} \mathbb{E}[\tilde{z}' \boldsymbol{\Sigma}^{-1} \tilde{z}]
\end{aligned} \tag{6-160}
$$

其中，$h(\tilde{z}) = -\int f_{\tilde{z}}(z) \ln f_{\tilde{z}}(z) \mathrm{d}z$ 为 $\tilde{z}$ 的微分熵。

现在，我们引入一个高斯随机变量$\boldsymbol{\vartheta} \sim N(\tilde{\boldsymbol{\mu}}_z, \tilde{\boldsymbol{\Sigma}}_z)$，其中，$\tilde{\boldsymbol{\Sigma}}_z = \mathbb{E}[\tilde{z}_i \tilde{z}_i']$，则：

$$
\begin{aligned}
&\mathbb{E}[\boldsymbol{\vartheta}' \boldsymbol{\vartheta}] = \operatorname{Tr}(\tilde{\boldsymbol{\Sigma}}_z) = \mathbb{E}[\tilde{z}_i' \tilde{z}_i] \\
&\mathbb{E}[\boldsymbol{\vartheta}' \boldsymbol{\Sigma}^{-1} \boldsymbol{\vartheta}] = \operatorname{Tr}(\boldsymbol{\Sigma}^{-1} \tilde{\boldsymbol{\Sigma}}_z) = \mathbb{E}[\tilde{z}_i' \boldsymbol{\Sigma}^{-1} \tilde{z}_i]
\end{aligned} \tag{6-161}
$$

根据最大熵原理，在已知均值与方差的情况下，高斯分布的信息熵最大，我们有：

$$
h(\boldsymbol{\vartheta}) \geqslant h(\tilde{z}) \tag{6-162}
$$

当且仅当，$\tilde{z}_i(k)$ 服从高斯分布时，等号成立。

则根据式 (6-160) ～式 (6-162)，我们可以得出：

$$
\begin{aligned}
&KLD(\boldsymbol{\vartheta} \| f_z) \\
&\quad = -h(\boldsymbol{\vartheta}) + \frac{1}{2} \ln[(2\pi)^m |\boldsymbol{\Sigma}|] + \frac{1}{2} \mathbb{E}[\boldsymbol{\vartheta}' \boldsymbol{\Sigma}^{-1} \boldsymbol{\vartheta}] \\
&\quad \leqslant -h(\tilde{z}) + \frac{1}{2} \ln[(2\pi)^m |\boldsymbol{\Sigma}|] + \frac{1}{2} \mathbb{E}[\tilde{z}' \boldsymbol{\Sigma}^{-1} \tilde{z}] \\
&\quad \leqslant KLD(f_{\tilde{z}} \| f_z)
\end{aligned} \tag{6-163}
$$

因此，要使得 MSEC 最大，则 $\tilde{z}_i(k)$ 将服从高斯分布。至此，证明结束。

若系统受到上述隐秘攻击 $\tilde{z}_i(k)$，传感器 j 在接收到传感器 i 的数据后，对其进行解密，有：

$$\tilde{z}_i^{\text{Dec}}(k)=\frac{1}{G}\tilde{z}_i(k)-\frac{\boldsymbol{m}(k)}{G} \tag{6-164}$$

显然，传感器 j 接收到的数据将服从均值为 $-\frac{\boldsymbol{\mu}_m}{G}$、方差为 $\frac{1}{G^2}\boldsymbol{\Sigma}_{\tilde{z}_i}+\frac{1}{G^2}\boldsymbol{\Sigma}_m$ 的高斯分布，则我们可以给出以下的定理。

定理 6-10

当攻击者采取上述攻击形式 $\tilde{z}_i(k)$、水印参数 τ/G^2 的值趋向于无穷大时，传输的新息与真实新息间的 KL 散度值会趋向于无穷，将会触发结合水印加密的 KL 散度检测器。

证明

在这种攻击方式下，攻击的具体形式未知，但在受到恶意攻击后的攻击序列服从均值为 0、协方差为 $\boldsymbol{\Sigma}_{\tilde{z}_i}^*$ 的高斯分布。其中，$\boldsymbol{\Sigma}_{\tilde{z}_i}^*$ 为 $KLD[f_{\tilde{z}}(z)\|f_z(z)]=\delta$ 时，$\tilde{z}_i(k)$ 的协方差。则经过解密后，数据的均值为 $-\frac{\boldsymbol{\mu}_m}{G}$，协方差为 $\frac{1}{G^2}\boldsymbol{\Sigma}_{\tilde{z}_i}^*+\frac{1}{G^2}\boldsymbol{\Sigma}_m$，由此，根据定理 6-7 的证明过程可知，选择合适的参数 τ/G^2，KL 散度的值将会超过设定的阈值，从而触发检测器。

目前已有的研究，都可以归纳为上述的攻击模型，是上述所提及攻击形式的特殊情况之一。根据上述的分析可知，加入水印后，传感器 j 接收到数据解密后，其均值与协方差会因水印的存在而与原本设想的值产生差异，使得 KL 散度的值被放大，从而触发检测器的警告。同时，结合了水印加密的 KL 散度检测器不仅能增强检测攻击的能力，还可以极大地限制攻击者，增大攻击的难度，极大地减少对系统的影响。

6.2.4 一类复杂混杂攻击下安全分布式滤波算法研究

6.2.4.1 问题描述

（1）系统模型

考虑 n 个节点组成的一个分布式网络系统：

$$\begin{cases} \boldsymbol{x}(k+1)=\boldsymbol{A}\boldsymbol{x}(k)+\boldsymbol{w}(k) \\ \boldsymbol{y}_i(k)=\boldsymbol{H}_i\boldsymbol{x}(k)+\boldsymbol{v}_i(k) \end{cases} \tag{6-165}$$

式中，$\boldsymbol{x}(k)\in\mathbb{R}^m$ 为系统状态；$\boldsymbol{y}_i(k)\in\mathbb{R}^m$ 为传感器 i 的测量值；$\boldsymbol{w}(k)\in\mathbb{R}^m$ 为过程噪声，$\boldsymbol{v}_i(k)\in\mathbb{R}^m$ 为传感器 i 的测量噪声，它们都是独立同分布的 ZMG 白噪声且分别具有已知的协方差矩阵 $\boldsymbol{Q}$>0 和 $\boldsymbol{R}_i$>0。初始状态 $\boldsymbol{x}(0)$ 为协方差为 $\boldsymbol{\Pi}(0)$ 的 ZMG 随机向量，且独立于 $\boldsymbol{w}(k)$ 和 $\boldsymbol{v}_i(k)$。此外，$\boldsymbol{A}\in\mathbb{R}^m$ 和 $\boldsymbol{H}_i\in\mathbb{R}^{m\times m}$ 为已知状态转移矩阵和测量矩阵。

基于图论知识，对传感器网络进行拓扑结构建模，并考虑有向拓扑图 $G=(V,E)$，令 $\vec{N}_i=\{j:(i,j)\in E\}$ 表示可以向传感器 i 发送信息的内邻居集合，$\bar{N}_i=\{j:(j,i)\in E\}$ 表示传感器 i 可以向外发送信息对象的外邻居集合，d_i 表示传感器 i 的内邻居个数，即 $d_i=|\vec{N}_i|$。在一个智能传感器网络中，每个传感器都配备有一个滤波器和一个检测器，滤波器利用从其邻居接收到的状态滤波进行状态滤波，检测器利用新息判别异常数据。具体滤波系统工作机制如图 6-3 所示。

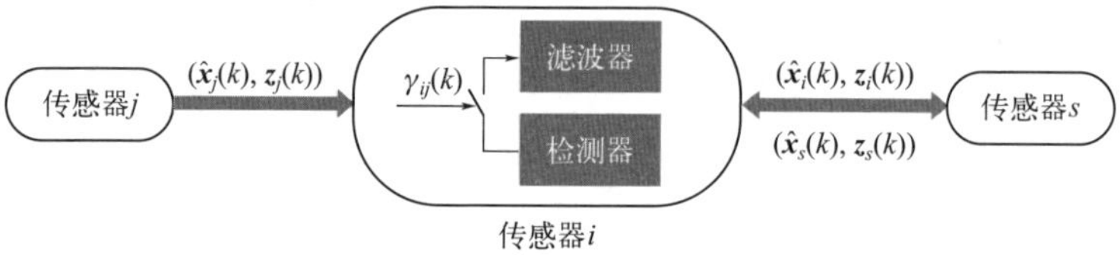

图 6-3 滤波系统工作机制

在第 k 时刻，滤波器 i 的滤波过程可分为四个步骤：

步骤 1：收集本地测量值 $\boldsymbol{y}_i(k)$ 和前一时刻的状态滤波 $\hat{\boldsymbol{x}}_i(k)$，计算滤波器 i 的新息值，即 $\boldsymbol{z}_i(k)=\boldsymbol{y}_i(k)-\boldsymbol{H}_i\hat{\boldsymbol{x}}_i(k)$。

步骤 2：将状态滤波 $\hat{\boldsymbol{x}}_i(k)$ 和新息值 $\boldsymbol{z}_i(k)$ 打包并将该数据包发送到

传感器 $j \in \tilde{N}_i$。

步骤 3：检测从邻居传感器 $j \in \vec{N}_i$ 接收到的数据包，并决定是否融合该数据包内的状态滤波 $\hat{\boldsymbol{x}}_j^{\mathrm{a}}(k)$。

步骤 4：利用本地测量值 $\boldsymbol{y}_i(k)$、状态滤波 $\hat{\boldsymbol{x}}_i(k)$ 和从传感器 $j \in \vec{N}_i$ 接收到的状态滤波 $\hat{\boldsymbol{x}}_j^{\mathrm{a}}(k)$（部分状态滤波可能已被丢弃）计算下一时刻的状态滤波 $\hat{\boldsymbol{x}}_i(k+1)$。

（2）混杂攻击模型

本部分考虑这样一类复杂混杂攻击：攻击者能随机发起两类攻击——DoS 攻击和数据完整性攻击。由于攻击者是智能型的，为了节省攻击能量，攻击者采用这样一种决策方法：在每个时刻 k，攻击者首先确定是否在通道 $i \to j$ 上发起 DoS 攻击，如果攻击者没有发起 DoS 攻击，则攻击者确定是否发起数据完整性攻击。基于攻击者的上述方案，两种攻击不能同时发起，传感器 i 向传感器 j 传输的数据包有三种可能的情况：①传感器 j 不接收任何数据；②传感器 j 接收正常数据；③传感器 j 接收篡改数据。该类攻击下的分布式滤波系统框架如图 6-4 所示。

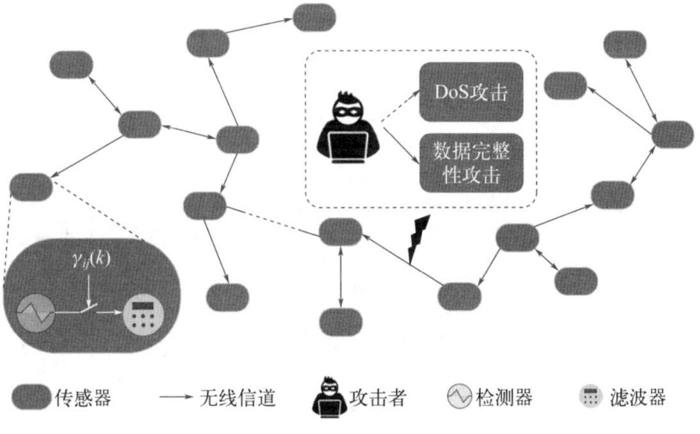

图 6-4　攻击环境下分布式滤波系统框架

本节采用了一种以线性攻击形式进行攻击的数据完整性攻击，将在第 k 时刻从传感器 i 发送到其外邻居的数据包表示为 $\boldsymbol{p}_i(k)$。假设攻击者对无线信道 $i \to j$ 发起攻击，则攻击者修改信道 $i \to j$ 中的数据包，具体修改方式如下所示：

$$\boldsymbol{p}_i^*(k)=\boldsymbol{T}(k)\boldsymbol{p}_i(k)+\boldsymbol{b}_i(k) \tag{6-166}$$

式中，$\boldsymbol{T}(k)\in\mathbb{R}^{m\times m}$ 是系统未知的任意矩阵；$\boldsymbol{b}_i(k)$ 是 ZMG 随机变量。

用二元变量 $\phi_{ij}(k)\in\{0,1\}, j\in\vec{N}_i$ 表示 DoS 攻击事件，如果 $\phi_{ij}(k)=1$，则攻击者成功在信道 $i\to j$ 上发起 DoS 攻击，否则攻击失败。与 DoS 攻击类似，引入二元变量 $\theta_{ij}(k)\in\{0,1\}, j\in\vec{N}_i$ 来表示线性攻击事件，$\boldsymbol{\theta}_{ij}(k)=1$ 表示攻击者成功地对信道 $i\to j$ 发起线性攻击，否则攻击失败。令 DoS 攻击事件发生的概率为 β，线性攻击事件发生的概率为 α。实际上，在这种攻击决策模式中，攻击发生的概率可以表示为 $\Pr(\phi_{ij}(k)=1)=\beta$ 和 $\Pr(\theta_{ij}(k)=1)=(1-\beta)\alpha$，且攻击者在一个时间间隔内只能发起一种类型的攻击，即 $\Pr(\phi_{ij}(k)\theta_{ij}(k)=1)=0$。此外，不同信道上的攻击序列不相关，即当 $(i,j)\neq(r,s)$ 时，$\phi_{ij}(k)$ 独立于 $\phi_{rs}(k)$，$\theta_{ij}(k)$ 独立于 $\theta_{rs}(k)$。

在这样的攻击方式下，每个时刻传感器 i 从其内邻居处接收到的实际数据包为：

$$\begin{aligned}\boldsymbol{p}_j^{\mathrm{a}}(k)&=\left[1-\phi_{ij}(k)\right]\left\{\left[1-\theta_{ij}(k)\right]\boldsymbol{p}_j(k)+\theta_{ij}(k)\boldsymbol{p}_j^*(k)\right\}\\&=\left[1-\phi_{ij}(k)\right]\left\{\boldsymbol{p}_j(k)+\theta_{ij}(k)\left[\boldsymbol{p}_j^*(k)-\boldsymbol{p}_j(k)\right]\right\}\end{aligned} \tag{6-167}$$

为了保证线性攻击的隐蔽性，攻击者以一种约束形式进行攻击，即 $\left\|\boldsymbol{p}_j^*(k)-\boldsymbol{p}_j(k)\right\|\leqslant\delta$，其中 δ 是一个已知常数。

注 6-19　无线信道上传输的数据包由状态滤波和新息两部分组成，而这两类数据没有标记，攻击者很难区分状态滤波和新息。因此，数据包被攻击时包中的所有数据将会被同时丢弃或篡改，并且传感器 i 从其内邻居处实际接收到的状态滤波 $\hat{\boldsymbol{x}}_j^{\mathrm{a}}(k)$ 和新息 $\boldsymbol{z}_j^{\mathrm{a}}(k)$ 在数值上要分别满足 $\left\|\hat{\boldsymbol{x}}_j^*(k)-\hat{\boldsymbol{x}}_j(k)\right\|\leqslant\delta$ 和 $\left\|\boldsymbol{z}_j^*(k)-\boldsymbol{z}_j(k)\right\|\leqslant\delta$。

（3）异常数据检测器

系统方一定会知道 DoS 攻击的存在但无法识别线性攻击是否存在，为此，本部分为每个传感器配备一个异常数据检测器来抵抗潜在的恶意线性攻击。根据新息的定义，可知新息序列 $\boldsymbol{z}_i(k), i=1,\cdots,n$ 服从协方差为

$\boldsymbol{\Sigma}_{z_i}=\mathbb{E}[\boldsymbol{z}_i\boldsymbol{z}_i^{\mathrm{T}}]$ 的 ZMG 分布，并且对所有 $i\neq j$ 都满足 $\mathbb{E}[\boldsymbol{z}_i(k)\boldsymbol{z}_j(k)^{\mathrm{T}}]=0$。此外，如果在 $i\leftarrow j, j\in\vec{N}_i$ 无线信道上传输的数据被攻击者以线性形式篡改，则被篡改后的新息也有类似的性质，即 $\boldsymbol{z}_i^*(k), i=1,\cdots,n$ 服从协方差为 $\boldsymbol{\Sigma}_{z_i^*}=\mathbb{E}[\boldsymbol{z}_i^*\boldsymbol{z}_i^{*\mathrm{T}}]$ 的 ZMG 分布，并且对所有 $i\neq j$ 都满足 $\mathbb{E}[\boldsymbol{z}_i^*(k)\boldsymbol{z}_j^*(k)^{\mathrm{T}}]=0$。这是因为新息在经过线性变换后不改变其高斯分布的特性，它只改变分布的振幅。因此，新息及其统计特性可用于异常检测。

在故障诊断方面，χ^2 检测被广泛应用于流程工业领域[85,86]，本部分详细介绍 χ^2 检测在分布式滤波系统中的应用方法。在 J 采样时间内，它利用滑动窗口上的正常攻击序列来进行决策，具体决策过程可以描述为基于假设检验的过程，即：

$$\xi_{ij}(k)=\sum_{s=k-J+1}^{k}[\boldsymbol{z}_j^{\mathrm{a}}(s)]^{\mathrm{T}}\boldsymbol{\Sigma}_{z_j}^{-1}\boldsymbol{z}_j^{\mathrm{a}}(s)\lesseqgtr_{H_1}^{H_0}\eta \tag{6-168}$$

式中，$j\in\vec{N}_i$ 并且 $\xi_{ij}(k)$ 表示检测器 i 对其内邻居 j 的数据的检测统计变量；H_0 表示假设接收到的数据正常，而 H_1 表示假设接收到的数据被篡改；η 是可以通过查阅卡方表得到的某个常量阈值。如果 $\xi_{ij}(k)>\eta$，则接受假设 H_1，表示无线信道 $i\leftarrow j$ 上发生了线性攻击，否则接受假设 H_0，表示检测器判断接收到的数据为正常数据。因此，使用以下检测规则来确定是否使用接收到的数据包：

$$\gamma_{ij}(k)=\begin{cases}1, & \xi_{ij}(k)<\eta\\ 0, & \text{其他}\end{cases} \tag{6-169}$$

其中，$\gamma_{ij}(k), j\in\vec{N}_i$ 是检测器 i 的输出，是表示检测结果的二元变量。如果滤波器 i 的检测器认为从传感器 j 接收的数据被篡改，则 $\gamma_{ij}(k)=0$，否则，$\gamma_{ij}(k)=1$。可以注意到，检测结果的时间序列相互独立，不同信道上的检测结果也相互独立，即当 $i\neq r$、$j\neq s$ 或 $k\neq t$ 时 $\gamma_{ij}(k)$ 独立于 $\gamma_{rs}(t)$。

注 6-20　一般来说，当 J=1 时，变量 $\xi_{ij}(k)$ 可以被简化为 $\xi_{ij}(k)=[\boldsymbol{z}_j^{\mathrm{a}}(k)]^{\mathrm{T}}\boldsymbol{\Sigma}_{z_j}^{-1}\boldsymbol{z}_j^{\mathrm{a}}(k)$，这意味着检测器只使用最新接收到的新息来判断其是否受到攻击；当 $J\neq 1$ 时，检测器使用最近接收到的 J 个新息来判断最新的数据是否被篡改，此时关注的是最新数据

对历史数据的影响。此外，置信度也会直接影响检测器的误报率和漏报率。因此，选择合适的 J 和置信度可以大大提高检测性能。

注 6-21　与攻击存在的情况相似，当系统本身出现异常时，传感器在传输数据时存在两类异常情况：①丢包。丢包情况与系统受到 DoS 攻击的表现相同，均为无法收到任何数据，这种情况下相当于检测器输出 $\gamma_{ij}(k)=0$，即判定系统受到 DoS 攻击。②系统计算数据异常。当系统本身计算错误而出现异常数据时，该数据不可估计，既可能是很明显的异常也可能是微小的异常，χ^2 检测本身就适用于异常检测，在这种情况下同样适用，只是在参数选取上需要变化。本部分主要针对由攻击产生的异常数据，且系统本身出现异常的概率较低，为探索提出的基于新息的 χ^2 检测对复杂混杂攻击的检测效果，暂不考虑系统本身存在异常的情况。

（4）分布式滤波器

本部分再次使用基于交换状态数据的分布式状态估计算法，并将其调整为以下形式：

$$\begin{aligned}\hat{\boldsymbol{x}}_i(k+1)=&\boldsymbol{A}\hat{\boldsymbol{x}}_i(k)+\boldsymbol{K}_p^i(k)[\boldsymbol{y}_i(k)-\boldsymbol{H}_i\hat{\boldsymbol{x}}_i(k)]\\&-\varepsilon\boldsymbol{A}\sum_{j\in\bar{N}_i}\gamma_{ij}(k)[1-\phi_{ij}(k)][\hat{\boldsymbol{x}}_i(k)-\hat{\boldsymbol{x}}_j^{\mathrm{a}}(k)]\end{aligned}\tag{6-170}$$

式中，$\boldsymbol{K}_p^i(k)$ 为滤波增益；$\varepsilon\in(0,1/\varDelta)$ 为一致性增益，其中 $\varDelta=\max\limits_i d_i$；$\gamma_{ij}(k)$ 为滤波器 i 的检测器的输出。

根据式 (6-167)，分布式滤波器式 (6-170) 可以写成：

$$\begin{aligned}\hat{\boldsymbol{x}}_i(k+1)=&\boldsymbol{A}\hat{\boldsymbol{x}}_i(k)+\boldsymbol{K}_p^i(k)[\boldsymbol{y}_i(k)-\boldsymbol{H}_i\hat{\boldsymbol{x}}_i(k)]-\varepsilon\boldsymbol{A}\sum_{j\in\bar{N}_i}\gamma_{ij}(k)\\&[1-\phi_{ij}(k)][\hat{\boldsymbol{x}}_i(k)-\hat{\boldsymbol{x}}_j(k)-\theta_{ij}(k)\boldsymbol{\rho}_j(k)]\end{aligned}\tag{6-171}$$

式中，$\boldsymbol{\rho}_j(k)=\hat{\boldsymbol{x}}_j^*(k)-\hat{\boldsymbol{x}}_j(k)$。

基于物理网络拓扑，进一步定义一个动态通信网络来描述检测结果，该网络拉普拉斯矩阵为 $\boldsymbol{L}(k)=[l_{ij}(k)]$，其中：

$$l_{ij}(k)=\begin{cases}\gamma_{ij}(k), & (i,j)\in\mathbb{E}, i\neq j\\ -\sum\limits_{j\in\vec{N}_i} l_{ij}(k), & i=j\\ 0, & 其他\end{cases} \tag{6-172}$$

定义滤波器 i 的滤波误差为 $\boldsymbol{e}_i(k)=\boldsymbol{x}(k)-\hat{\boldsymbol{x}}_i(k)$，则可以推得第 $k+1$ 时刻的滤波误差表达式为：

$$\begin{aligned}\boldsymbol{e}_i(k+1)=&[\boldsymbol{A}-\boldsymbol{K}_p^i(k)\boldsymbol{H}_i]\boldsymbol{e}_i(k)+\boldsymbol{w}(k)-\boldsymbol{K}_p^i(k)\boldsymbol{v}_i(k)\\&+\varepsilon\boldsymbol{A}\sum_{j\in N_i}\gamma_{ij}(k)[1-\phi_{ij}(k)][\boldsymbol{e}_j(k)-\boldsymbol{e}_i(k)]\\&-\varepsilon\boldsymbol{A}\sum_{j\in N_i}\gamma_{ij}(k)\theta_{ij}(k)\boldsymbol{\rho}_j(k)\end{aligned} \tag{6-173}$$

最后，定义滤波器 i 的滤波误差协方差为 $\boldsymbol{P}_i(k)\triangleq\mathbb{E}[(\boldsymbol{x}(k)-\hat{\boldsymbol{x}}_i(k))(\cdot)^{\mathrm{T}}]$，最优滤波器设计的标准为最小化滤波误差协方差 $\boldsymbol{P}_i(k)$。

在进行滤波器性能分析之前，有必要引入以下假设和引理。

假设 6-8

$(\boldsymbol{A},\boldsymbol{H}_i)$ 可检测。

假设 6-9

拉普拉斯矩阵 $\boldsymbol{L}(k)$ 的对角线元素小于等于 -1，即对所有的 i 都满足 $|l_{ii}(k)|\geqslant 1$。

引理 6-7

给定任意向量 $\boldsymbol{x},\boldsymbol{y}\in\mathbb{R}^n$ 和标量 $\kappa>0$，下列不等式成立：

$$\boldsymbol{x}\boldsymbol{y}^{\mathrm{T}}+\boldsymbol{y}\boldsymbol{x}^{\mathrm{T}}\leqslant\kappa\boldsymbol{x}\boldsymbol{x}^{\mathrm{T}}+\kappa^{-1}\boldsymbol{y}\boldsymbol{y}^{\mathrm{T}} \tag{6-174}$$

引理 6-8

假设 $\boldsymbol{A}=\boldsymbol{A}^{\mathrm{T}}>0$，令 $f_k(\cdot)$ 和 $g_k(\cdot)$ 表示在时间 $0\leqslant k<N$ 内的两个矩阵函数序列且满足 $f_k(\boldsymbol{A})=f_k^{\mathrm{T}}(\boldsymbol{A})$ 和 $g_k(\boldsymbol{A})=g_k^{\mathrm{T}}(\boldsymbol{A})$，如果存在矩阵

$\boldsymbol{B}=\boldsymbol{B}^{\mathrm{T}}>\boldsymbol{A}$ 使得 $f_k(\boldsymbol{B})\geqslant f_k(\boldsymbol{A})$ 和 $g_k(\boldsymbol{B})\geqslant f_k(\boldsymbol{B})$ 成立，则下列差分方程的解 $\{\boldsymbol{A}_k\}_{0\leqslant k<N}$ 和 $\{\boldsymbol{B}_k\}_{0\leqslant k<N}$ 在 $0\leqslant k<N$ 内都要要满足 $\boldsymbol{A}_k\leqslant\boldsymbol{B}_k$ 。

$$\boldsymbol{A}_{k+1}=f_k(\boldsymbol{A}_k),\quad \boldsymbol{B}_{k+1}=f_k(\boldsymbol{B}_k),\quad \boldsymbol{A}_0=\boldsymbol{B}_0>0 \tag{6-175}$$

6.2.4.2 性能分析

（1）最优分布式滤波器设计

为了便于书写与分析，首先定义几个向量：

$$\begin{aligned}
\boldsymbol{e}(k)&=[\boldsymbol{e}_1^{\mathrm{T}}(k),\boldsymbol{e}_2^{\mathrm{T}}(k),\cdots,\boldsymbol{e}_n^{\mathrm{T}}(k)]^{\mathrm{T}}\in\mathbb{R}^{nm}\\
\boldsymbol{\rho}(k)&=[\boldsymbol{\rho}_1^{\mathrm{T}}(k),\boldsymbol{\rho}_2^{\mathrm{T}}(k),\cdots,\boldsymbol{\rho}_n^{\mathrm{T}}(k)]^{\mathrm{T}}\in\mathbb{R}^{nm}\\
\boldsymbol{v}(k)&=[\boldsymbol{v}_1^{\mathrm{T}}(k),\boldsymbol{v}_2^{\mathrm{T}}(k),\cdots,\boldsymbol{v}_n^{\mathrm{T}}(k)]^{\mathrm{T}}\in\mathbb{R}^{nm}
\end{aligned} \tag{6-176}$$

将所有滤波器的滤波误差式 (6-173) 重写到一个大向量中，其表达式为：

$$\boldsymbol{e}(k+1)=\boldsymbol{\Gamma}(k)\boldsymbol{e}(k)+\boldsymbol{\Omega}(k)\boldsymbol{\rho}(k)+\boldsymbol{W}(k) \tag{6-177}$$

式中：

$$\begin{aligned}
\boldsymbol{\Gamma}(k)&=\boldsymbol{I}_n\otimes\boldsymbol{A}-\operatorname{diag}[\boldsymbol{K}_p^i(k)\boldsymbol{H}_i]+\varepsilon\bar{\boldsymbol{L}}(k)\otimes\boldsymbol{A}\\
\boldsymbol{\Omega}(k)&=-\varepsilon\bar{\boldsymbol{Y}}(k)\otimes\boldsymbol{A}\\
\boldsymbol{W}(k)&=-\operatorname{diag}[\boldsymbol{K}_p^i(k)]\boldsymbol{v}(k)+\boldsymbol{1}_n\otimes\boldsymbol{w}(k)\\
\bar{\boldsymbol{L}}(k)&=[l_{ij}(k)(1-\phi_{ij}(k))]\\
\bar{\boldsymbol{Y}}(k)&=\begin{bmatrix}0&\gamma_{12}(k)\theta_{12}(k)&\cdots&\gamma_{1n}(k)\theta_{1n}(k)\\ \gamma_{21}(k)\theta_{21}(k)&0&\cdots&\gamma_{2n}(k)\theta_{2n}(k)\\ \vdots&\vdots&\ddots&\vdots\\ \gamma_{n1}(k)\theta_{n1}(k)&\gamma_{n2}(k)\theta_{n2}(k)&\cdots&0\end{bmatrix}
\end{aligned}$$

定义 $\boldsymbol{P}(k)\triangleq\mathbb{E}[\boldsymbol{e}(k)\boldsymbol{e}^{\mathrm{T}}(k)\mid\boldsymbol{y}(k),\bar{\boldsymbol{L}}(k),\bar{\boldsymbol{Y}}(k)]$ 且 $\boldsymbol{P}_i(k),i=1,\cdots,n$ 为 $\boldsymbol{P}(k)$ 的对角块矩阵，由此可以得到 $\boldsymbol{P}(k+1)$ 的表达式：

$$\begin{aligned}
\boldsymbol{P}(k+1)&=\mathbb{E}\{[\boldsymbol{\Gamma}(k)\boldsymbol{e}(k)+\boldsymbol{\Omega}(k)\boldsymbol{\rho}(k)+\boldsymbol{W}(k)][\boldsymbol{\Gamma}(k)\boldsymbol{e}(k)+\boldsymbol{\Omega}(k)\boldsymbol{\rho}(k)+\boldsymbol{W}(k)]^{\mathrm{T}}\}\\
&=\{[\boldsymbol{I}_n+\varepsilon\bar{\boldsymbol{L}}(k)]\otimes\boldsymbol{A}-\operatorname{diag}[\boldsymbol{K}_p^i(k)\boldsymbol{H}_i]\}\boldsymbol{P}(k)\{\cdot\}^{\mathrm{T}}+\operatorname{diag}[\boldsymbol{K}_p^i(k)]\boldsymbol{R}[\cdot]^{\mathrm{T}}\\
&\quad+\boldsymbol{11}_n\otimes\boldsymbol{Q}+\boldsymbol{A}(k)+\boldsymbol{A}^{\mathrm{T}}(k)+\boldsymbol{B}(k)
\end{aligned} \tag{6-178}$$

式中：

$$\boldsymbol{A}(k)=\mathbb{E}\left\{\{[\boldsymbol{I}_n+\varepsilon\bar{\boldsymbol{L}}(k)]\otimes\boldsymbol{A}-\mathrm{diag}[\boldsymbol{K}_p^i(k)\boldsymbol{H}_i]\}\boldsymbol{e}(k)\boldsymbol{\rho}^{\mathrm{T}}(k)[-\varepsilon\bar{\boldsymbol{Y}}(k)\otimes\boldsymbol{A}]^{\mathrm{T}}\right\}$$

$$\boldsymbol{B}(k)=\mathbb{E}\left\{[\varepsilon\bar{\boldsymbol{Y}}(k)\otimes\boldsymbol{A}]\boldsymbol{\rho}(k)\boldsymbol{\rho}^{\mathrm{T}}(k)[\varepsilon\bar{\boldsymbol{Y}}(k)\otimes\boldsymbol{A}]^{\mathrm{T}}\right\}$$

注 6-22 注意到 $\boldsymbol{P}(k+1)$ 无法直接从式 (6-178) 中计算出来，因为式 (6-178) 中的 $\boldsymbol{\rho}(k)$ 包含了攻击者的信息，而系统方不知道这些信息。为了解决这个问题，可以通过放缩方法推导出一个大于 $\boldsymbol{P}(k+1)$ 的协方差矩阵，该矩阵包含攻击者发动攻击的限制条件。

定理 6-11

考虑协方差矩阵 $\boldsymbol{P}(k+1)$，给定任意标量 $c>0$，存在一个矩阵 $\hat{\boldsymbol{P}}(k+1)$ 在初始条件 $\boldsymbol{P}(0)\leqslant\hat{\boldsymbol{P}}(0)$ 下满足 $\boldsymbol{P}(k+1)\leqslant\hat{\boldsymbol{P}}(k+1)$，则这个 $\hat{\boldsymbol{P}}(k+1)$ 的表达式为：

$$\begin{aligned}\hat{\boldsymbol{P}}(k+1)=&(1+c)\{[\boldsymbol{I}_n+\varepsilon\bar{\boldsymbol{L}}(k)]\otimes\boldsymbol{A}-\mathrm{diag}[\boldsymbol{K}_p^i(k)\boldsymbol{H}_i]\}\hat{\boldsymbol{P}}(k)\{\cdot\}^{\mathrm{T}}\\&+(1+c^{-1})\varepsilon^2[\bar{\boldsymbol{Y}}(k)\otimes\boldsymbol{A}]\boldsymbol{\delta}^2\boldsymbol{I}[\cdot]^{\mathrm{T}}+\mathbf{1}\mathbf{1}_n\otimes\boldsymbol{Q}\\&+\mathrm{diag}[\boldsymbol{K}_p^i(k)]\boldsymbol{R}[\cdot]^{\mathrm{T}}\end{aligned}\tag{6-179}$$

在这个条件下，次优滤波增益 $\boldsymbol{K}_p^*(k)=\mathrm{diag}[\boldsymbol{K}_p^i(k)]^*,i=1,\cdots,n$ 可以推得：

$$\begin{aligned}&\boldsymbol{K}_p^i(k)^*=(1+c)\boldsymbol{A}\{\hat{\boldsymbol{P}}_i(k)-\varepsilon\sum_{j\in N_i}\gamma_{ij}(k)[1-\phi_{ij}(k)][\hat{\boldsymbol{P}}_i(k)-\hat{\boldsymbol{P}}_{ji}(k)]\boldsymbol{H}_i^{\mathrm{T}}\boldsymbol{M}_i^{-1}(k)\\&\boldsymbol{M}_i(k)=(1+c)\boldsymbol{H}_i\hat{\boldsymbol{P}}(k)\boldsymbol{H}_i^{\mathrm{T}}+\boldsymbol{R}_i\end{aligned}\tag{6-180}$$

证明

根据攻击者的限制条件，可知 $\|\boldsymbol{\rho}_j\|\leqslant\delta$，由此可以推导出：

$$\boldsymbol{B}(k)\leqslant\varepsilon^2[\bar{\boldsymbol{Y}}(k)\otimes\boldsymbol{A}]\boldsymbol{\delta}^2\boldsymbol{I}[\cdot]^{\mathrm{T}}\tag{6-181}$$

结合 $\|\boldsymbol{\rho}_j\|\leqslant\delta$ 和引理 6-7，能推导出存在一个常数 c 使得 $\boldsymbol{A}(k)+\boldsymbol{A}^{\mathrm{T}}(k)$ 满足下列不等式。

$$A(k)+A^{\mathrm{T}}(k)\leqslant c\{[I_n+\varepsilon\bar{L}(k)]\otimes A-\mathrm{diag}[K_p^i(k)H_i]\}P(k)\{\cdot\}^{\mathrm{T}}$$
$$+c^{-1}\varepsilon^2[\bar{Y}(k)\otimes A]\delta^2 I[\cdot]^{\mathrm{T}} \tag{6-182}$$

由此，可以将滤波误差协方差 $P(k+1)$ 重写为：

$$P(k+1)\leqslant(1+c)\{[I_n+\varepsilon\bar{L}(k)]\otimes A-\mathrm{diag}[K_p^i(k)H_i]\}P(k)\{\cdot\}^{\mathrm{T}}$$
$$+(1+c^{-1})\varepsilon^2[\bar{Y}(k)\otimes A]\delta^2 I[\cdot]^{\mathrm{T}}+\mathrm{diag}[K_p^i(k)]R[\cdot]^{\mathrm{T}} \tag{6-183}$$
$$+\mathbf{11}_n\otimes Q$$

根据引理 6-8 的结论，结合式 (6-178)、式 (6-179) 和式 (6-183)，可以推导出 $P(k+1)\leqslant\hat{P}(k+1)$。

接下来，通过最小化 $\hat{P}(k+1)$ 的对角块矩阵 $\hat{P}_i(k+1), i=1,\cdots,n$ 来设计相应的滤波增益。将 $\mathrm{trace}(\hat{P}(k+1))$ 对 $\mathrm{diag}[K_p^i(k)]$ 求偏导，并令其对角块矩阵的偏导数等于零，可得：

$$-(1+c)\{[A-K_p^i(k)H_i]\hat{P}_i(k)-\varepsilon\sum_{j\in N_i}\gamma_{ij}(k)[1-\phi_{ij}(k)]A[\hat{P}_i(k)$$
$$-\hat{P}_{ji}(k)]\}H_i^{\mathrm{T}}+K_p^i(k)R_i=0 \tag{6-184}$$

至此，可以得到次优滤波增益如式 (6-180) 所示。

注 6-23　在集中式网络中，传统的卡尔曼滤波通常通过最小化滤波误差协方差来获得最优滤波。然而，在分布式系统中，每个传感器将自己的数据和内邻居的数据进行融合，而不是所有传感器的数据。因此，本节通过最小化 $\hat{P}(k+1)$ 的对角块矩阵 $\hat{P}_i(k+1)$，$i=1,\cdots,n$ 而不是 $\hat{P}(k+1)$ 来设计相应的滤波增益矩阵 $K_p^*(k)=\mathrm{diag}[K_p^i(k)]^*, i=1,\cdots,n$，而 $\hat{P}(k+1)$ 是对 $P(k+1)$ 进行放缩后的结果，故由此方法获得的滤波增益是次优滤波增益。

注 6-24　注意到放缩参数 c 的选择会直接影响到 $\hat{P}(k+1)$ 的值，而 $\hat{P}(k+1)$ 的值与攻击策略和检测方案都有关。

（2）滤波器收敛性分析

显然，由于元素全为二元变量的矩阵 $\bar{L}(k)$ 和 $\bar{Y}(k)$ 的存在，不能直

接用 $\hat{\boldsymbol{P}}(k+1)$ 分析滤波器的收敛性。注意到 $\hat{\boldsymbol{P}}(k+1)$ 和 $\boldsymbol{P}(k+1)$ 的收敛性一致，故本节通过推导得到 $\hat{\boldsymbol{P}}(k+1)$ 的上界，该上界也是 $\boldsymbol{P}(k+1)$ 的上界，并且利用该上界来分析滤波器的收敛性。首先，记 $\mathbb{E}[(\bar{\boldsymbol{L}}(k))]=\bar{\boldsymbol{\Lambda}}$ 和 $\mathbb{E}[(\bar{\boldsymbol{Y}}(k))]=\underline{\boldsymbol{\Lambda}}$，其中 $\bar{\boldsymbol{\Lambda}}=[\bar{\lambda}_{ij}]$ 且 $\underline{\boldsymbol{\Lambda}}=[\underline{\lambda}_{ij}]$，记 $\gamma_{ij}(k)[(1-\phi_{ij}(k))]$ 和 $\gamma_{ij}(k)\theta_{ij}(k)$ 的方差分别为 $\bar{\sigma}_{ij}^2$ 和 $\underline{\sigma}_{ij}^2$，由此，可以推得 $\mathbb{E}\{\gamma_{ij}^2(k)[(1-\phi_{ij}(k))^2]\}=\bar{\lambda}_{ij}^2+\bar{\sigma}_{ij}^2$ 和 $\mathbb{E}\{\gamma_{ij}^2(k)\theta_{ij}^2(k)]\}=\underline{\lambda}_{ij}^2+\underline{\sigma}_{ij}^2$。

定义上节所提滤波器的代数里卡蒂方程为：

$$\begin{aligned}\hat{\boldsymbol{S}}(k+1)=&(1+c)\{(\boldsymbol{I}_n+\varepsilon\bar{\boldsymbol{\Lambda}})\otimes\boldsymbol{A}-\mathrm{diag}[\hat{\boldsymbol{K}}_p^i(k)\boldsymbol{H}_i]\}\hat{\boldsymbol{S}}(k)\{\cdot\}^{\mathrm{T}}\\&+(1+c^{-1})\varepsilon^2(\underline{\boldsymbol{\Lambda}}\otimes\boldsymbol{A})\delta^2\boldsymbol{I}(\cdot)^{\mathrm{T}}+\mathrm{diag}[\hat{\boldsymbol{K}}_p^i(k)]\boldsymbol{R}[\cdot]^{\mathrm{T}}\\&+(1+c)\varepsilon^2\sum_{i=1}^{n}\sum_{j=1}^{n}\bar{\sigma}_{ij}^2(\boldsymbol{I}_i^j\otimes\boldsymbol{A})\hat{\boldsymbol{S}}(k)(\boldsymbol{I}_i^j\otimes\boldsymbol{A})^{\mathrm{T}}\\&+(1+c^{-1})\varepsilon^2\sum_{\substack{i=1\\i\neq j}}^{n}\sum_{j=1}^{n}\underline{\sigma}_{ij}^2(\boldsymbol{I}_i^j\otimes\boldsymbol{A})\delta^2\boldsymbol{I}(\boldsymbol{I}_i^j\otimes\boldsymbol{A})^{\mathrm{T}}\\&+\boldsymbol{1}\boldsymbol{1}_n\otimes\boldsymbol{Q}\end{aligned}\tag{6-185}$$

其中，$\boldsymbol{I}_i^j$ 为 $n\times n$ 维的矩阵，该矩阵第 i 行第 j 列的元素等于 1，其余元素全为 0。根据定理 6-11，通过最小化 $\hat{\boldsymbol{S}}(k+1)$ 的对角块矩阵可以得到里卡蒂方程式 (6-185) 的次优滤波增益：

$$\begin{aligned}&\hat{\boldsymbol{K}}_p^i(k)^*=(1+c)\boldsymbol{A}\{\hat{\boldsymbol{S}}_i(k)-\varepsilon\sum_{j\in N_i}\lambda_{ij}[\hat{\boldsymbol{S}}_i(k)-\hat{\boldsymbol{S}}_{ji}(k)]\boldsymbol{H}_i^{\mathrm{T}}\hat{\boldsymbol{M}}_i^{-1}(k)\\&\hat{\boldsymbol{M}}_i(k)=(1+c)\boldsymbol{H}_i\hat{\boldsymbol{S}}(k)\boldsymbol{H}_i^{\mathrm{T}}+\boldsymbol{R}_i\end{aligned}\tag{6-186}$$

引理 6-9

考虑取次优滤波增益 $\mathrm{diag}[\boldsymbol{K}_p^i(k)]=\mathrm{diag}[\boldsymbol{K}_p^i(k)]^*$ 时的矩阵 $\hat{\boldsymbol{P}}(k+1)$，在初始条件 $\hat{\boldsymbol{P}}(0)=\hat{\boldsymbol{S}}(0)\geqslant 0$ 下，当 $\mathrm{diag}[\hat{\boldsymbol{K}}_p^i(k)]=\mathrm{diag}[\hat{\boldsymbol{K}}_p^i(k)]^*$ 时，下列不等式成立。

$$\mathbb{E}\{\hat{\boldsymbol{P}}(k+1)\}\leqslant\hat{\boldsymbol{S}}(k+1),\forall k\tag{6-187}$$

证明

由于 $\hat{\boldsymbol{P}}(k+1)$ 的对角块矩阵在 $\mathrm{diag}[\boldsymbol{K}_p^i(k)]=\mathrm{diag}[\boldsymbol{K}_p^i(k)]^*$ 时取到最小值，给定初始条件 $\hat{\boldsymbol{P}}(0)=\hat{\boldsymbol{S}}(0)\geqslant 0$，一定满足 $\mathbb{E}\{\hat{\boldsymbol{P}}(0)\}\leqslant\hat{\boldsymbol{S}}(0)$。假设

$\mathbb{E}\{\hat{\boldsymbol{P}}(l)\} \leqslant \hat{\boldsymbol{S}}(l), l=0,1,2,\cdots,k$ 成立，则当 $l=k+1$ 时，可以得到：

$$\begin{aligned}
&\mathbb{E}\{\hat{\boldsymbol{P}}(k+1)\}\\
&=\mathbb{E}\Big\{(1+c)\{\boldsymbol{I}_n \otimes \boldsymbol{A} - \mathrm{diag}[\boldsymbol{K}_p^i(k)\boldsymbol{H}_i] + \varepsilon \bar{\boldsymbol{L}}(k) \otimes \boldsymbol{A}\}\hat{\boldsymbol{P}}(k)\{\cdot\}^{\mathrm{T}}\\
&+(1+c^{-1})\varepsilon^2[\bar{\boldsymbol{Y}}(k) \otimes \boldsymbol{A}]\delta^2\boldsymbol{I}[\cdot]^{\mathrm{T}} + \mathrm{diag}[\boldsymbol{K}_p^i(k)]\boldsymbol{R}[\cdot]^{\mathrm{T}} + \mathbf{1}\mathbf{1}_n \otimes \boldsymbol{Q}\}\Big\}\\
&=\mathbb{E}\Big\{(1+c)\{\boldsymbol{I}_n \otimes \boldsymbol{A} - \mathrm{diag}[\boldsymbol{K}_p^i(k)\boldsymbol{H}_i] + \varepsilon \bar{\boldsymbol{L}}(k) \otimes \boldsymbol{A}\}\mathbb{E}[\hat{\boldsymbol{P}}(k)]\{\cdot\}^{\mathrm{T}}\\
&+(1+c^{-1})\varepsilon^2[\bar{\boldsymbol{Y}}(k) \otimes \boldsymbol{A}]\delta^2\boldsymbol{I}[\cdot]^{\mathrm{T}} + \mathrm{diag}[\boldsymbol{K}_p^i(k)]\boldsymbol{R}[\cdot]^{\mathrm{T}} + \mathbf{1}\mathbf{1}_n \otimes \boldsymbol{Q}\}\Big\}\\
&\leqslant\mathbb{E}\Big\{(1+c)\{\boldsymbol{I}_n \otimes \boldsymbol{A} - \mathrm{diag}[\boldsymbol{K}_p^i(k)\boldsymbol{H}_i] + \varepsilon \bar{\boldsymbol{L}}(k) \otimes \boldsymbol{A}\}\hat{\boldsymbol{S}}(k)\{\cdot\}^{\mathrm{T}}\\
&+(1+c^{-1})\varepsilon^2[\bar{\boldsymbol{Y}}(k) \otimes \boldsymbol{A}]\delta^2\boldsymbol{I}[\cdot]^{\mathrm{T}} + \mathrm{diag}[\boldsymbol{K}_p^i(k)]\boldsymbol{R}[\cdot]^{\mathrm{T}} + \mathbf{1}\mathbf{1}_n \otimes \boldsymbol{Q}\}\Big\}\\
&=(1+c)\{(\boldsymbol{I}_n + \varepsilon\bar{\boldsymbol{\Lambda}}) \otimes \boldsymbol{A} - \mathrm{diag}[\hat{\boldsymbol{K}}_p^i(k)\boldsymbol{H}_i]\}\hat{\boldsymbol{S}}(k)\{\cdot\}^{\mathrm{T}} + \mathbf{1}\mathbf{1}_n \otimes \boldsymbol{Q}\\
&+(1+c^{-1})\varepsilon^2(\underline{\boldsymbol{\Lambda}} \otimes \boldsymbol{A})\delta^2\boldsymbol{I}(\cdot)^{\mathrm{T}} + (1+c)\varepsilon^2\sum_{i=1}^{n}\sum_{j=1}^{n}\bar{\sigma}_{ij}^2(\boldsymbol{I}_i^j \otimes \boldsymbol{A})\hat{\boldsymbol{S}}(k)(\boldsymbol{I}_i^j \otimes \boldsymbol{A})^{\mathrm{T}}\\
&+(1+c^{-1})\varepsilon^2\sum_{\substack{i=1\\ i\neq j}}^{n}\sum_{j=1}^{n}\underline{\sigma}_{ij}^2(\boldsymbol{I}_i^j \otimes \boldsymbol{A})\delta^2\boldsymbol{I}(\boldsymbol{I}_i^j \otimes \boldsymbol{A})^{\mathrm{T}} + \mathrm{diag}[\hat{\boldsymbol{K}}_p^i(k)]\boldsymbol{R}[\cdot]^{\mathrm{T}}\\
&=\hat{\boldsymbol{S}}(k+1)
\end{aligned} \tag{6-188}$$

至此，可以得到 $\hat{\boldsymbol{S}}(k+1)$ 是 $\hat{\boldsymbol{P}}(k+1)$ 的上界，如果在 k 趋向于无穷大时 $\hat{\boldsymbol{S}}(k+1)$ 收敛，则可以证明 $\hat{\boldsymbol{P}}(k+1)$ 也收敛。

假设 6-10

假设对任意 $\boldsymbol{s}(0)$ 独立于 $\boldsymbol{\omega}_{pr}$ 都存在一个常矩阵 $\boldsymbol{K}_c = \mathrm{diag}(\boldsymbol{K}_c^i)$ 使得下列离散随机系统均方稳定：

$$\boldsymbol{s}(k+1) = \{[(\boldsymbol{I}_n + \varepsilon\bar{\boldsymbol{\Lambda}}) \otimes \boldsymbol{A} - \mathrm{diag}(\boldsymbol{K}_c^i\boldsymbol{H}_i)] + \varepsilon\sum_{i=1}^{n}\sum_{j=1}^{n}(\boldsymbol{I}_i^j \otimes \boldsymbol{A})\boldsymbol{\omega}_{ij}(k)\}\boldsymbol{s}(k)$$

其中，$\mathbb{E}[\boldsymbol{\omega}_{ij}(k)] = 0$ 且 $\mathbb{E}[\boldsymbol{\omega}_{ij}(k)\boldsymbol{\omega}_{ij}^{\mathrm{T}}(k)] = \bar{\sigma}_{ij}^2$。

定理 6-12

在假设 6-8 和假设 6-10 的前提下，对任意初始对称矩阵 $\hat{\boldsymbol{P}}(0) \geqslant 0$ 都存在常矩阵 $\boldsymbol{K}_c(k) = \mathrm{diag}(\boldsymbol{K}_c^i(k))$ 使得 $(\boldsymbol{I}_n + \varepsilon\bar{\boldsymbol{\Lambda}}) \otimes \boldsymbol{A} - \mathrm{diag}(\boldsymbol{K}_c^i(k)\boldsymbol{H}_i)$ 稳定，

即 $((\boldsymbol{I}_n+\varepsilon\bar{\boldsymbol{\Lambda}})\otimes\boldsymbol{A},\mathrm{diag}(\boldsymbol{H}_i))$ 可检测，则 $\lim\limits_{k\to\infty}\hat{\boldsymbol{S}}(k)=\bar{\boldsymbol{S}}\geqslant 0$ 成立。

证明

在假设 6-10 的前提下，将矩阵 $\hat{\boldsymbol{K}}_c=\mathrm{diag}(\hat{\boldsymbol{K}}_c^i)$ 代入式 (6-185)，可以得到：

$$
\begin{aligned}
&\hat{\boldsymbol{S}}_c(k+1)\\
&=(1+c)[(\boldsymbol{I}_n+\varepsilon\bar{\boldsymbol{\Lambda}})\otimes\boldsymbol{A}-\mathrm{diag}(\hat{\boldsymbol{K}}_c^i\boldsymbol{H}_i)]\hat{\boldsymbol{S}}_c(k)[\cdot]^{\mathrm{T}}+\mathbf{1}\mathbf{1}_n\otimes\boldsymbol{Q}\\
&+(1+c^{-1})\varepsilon^2(\underline{\boldsymbol{\Lambda}}\otimes\boldsymbol{A})\delta^2\boldsymbol{I}(\cdot)^{\mathrm{T}}+(1+c)\varepsilon^2\sum_{i=1}^{n}\sum_{j=1}^{n}\bar{\sigma}_{ij}^2(\boldsymbol{I}_i^j\otimes\boldsymbol{A})\hat{\boldsymbol{S}}_c(k)(\boldsymbol{I}_i^j\otimes\boldsymbol{A})^{\mathrm{T}}\\
&+(1+c^{-1})\varepsilon^2\sum_{\substack{i=1\\ i\neq j}}^{n}\sum_{j=1}^{n}\underline{\sigma}_{ij}^2(\boldsymbol{I}_i^j\otimes\boldsymbol{A})\delta^2\boldsymbol{I}(\boldsymbol{I}_i^j\otimes\boldsymbol{A})^{\mathrm{T}}+\mathrm{diag}(\hat{\boldsymbol{K}}_c^i)\boldsymbol{R}(\cdot)^{\mathrm{T}}\\
&=(1+c)\Big\{[(\boldsymbol{I}_n+\varepsilon\bar{\boldsymbol{\Lambda}})\otimes\boldsymbol{A}-\mathrm{diag}(\hat{\boldsymbol{K}}_c^i\boldsymbol{H}_i)]+\varepsilon\sum_{i=1}^{n}\sum_{j=1}^{n}(\boldsymbol{I}_i^j\otimes\boldsymbol{A})\boldsymbol{\omega}_{ij}(k)\Big\}\hat{\boldsymbol{S}}(k)\{\cdot\}^{\mathrm{T}}\\
&+(1+c^{-1})\varepsilon^2\Big\{\sum_{\substack{i=1\\ i\neq j}}^{n}\sum_{j=1}^{n}\underline{\sigma}_{ij}^2(\boldsymbol{I}_i^j\otimes\boldsymbol{A})\delta^2\boldsymbol{I}(\boldsymbol{I}_i^j\otimes\boldsymbol{A})^{\mathrm{T}}+(\underline{\boldsymbol{\Lambda}}\otimes\boldsymbol{A})\delta^2\boldsymbol{I}(\cdot)^{\mathrm{T}}\Big\}\\
&+\mathrm{diag}(\hat{\boldsymbol{K}}_c^i)\boldsymbol{R}(\cdot)^{\mathrm{T}}+\mathbf{1}\mathbf{1}_n\otimes\boldsymbol{Q}
\end{aligned}
\tag{6-189}
$$

显然 $\hat{\boldsymbol{S}}_c(k+1)$ 有界且收敛到一个固定矩阵，当 $\mathrm{diag}[\hat{\boldsymbol{K}}_p^i(k)]=\mathrm{diag}[\hat{\boldsymbol{K}}_p^i(k)]^*$ 时，$\hat{\boldsymbol{S}}(k+1)$ 达到最小值，即 $\hat{\boldsymbol{S}}(k+1)\leqslant\hat{\boldsymbol{S}}_c(k+1)$，因此，$\hat{\boldsymbol{S}}(k+1)$ 和 $\hat{\boldsymbol{S}}_c(k+1)$ 具有相同的收敛性且 $\lim\limits_{k\to\infty}\hat{\boldsymbol{S}}(k)=\bar{\boldsymbol{S}}\geqslant 0$ 成立。为此，通过证明任意初始条件下 $\hat{\boldsymbol{S}}(k)$ 的单调性可以得出上述结论。

首先，给定初始条件 $\hat{\boldsymbol{S}}_0^{(1)}(k_0)=0$、$\hat{\boldsymbol{S}}_0^{(2)}(k_0-1)=0$ 和 $\hat{\boldsymbol{S}}_0^{(1)}(k+1)=\hat{\boldsymbol{S}}_0^{(2)}(k)$，在这里，可以得到 $0\leqslant\hat{\boldsymbol{S}}_0^{(1)}(k_0)\leqslant\hat{\boldsymbol{S}}_0^{(2)}(k_0)$。假设在 $l=k_0,\cdots,k-1$ 时 $\hat{\boldsymbol{S}}_0^{(1)}(l)\leqslant\hat{\boldsymbol{S}}_0^{(2)}(l)$ 成立，则根据上述条件，可以得到：

$$
\begin{aligned}
&\hat{\boldsymbol{S}}_0^{(2)}(k)\\
&=\min_{\hat{\boldsymbol{K}}_p^{2i}(k-1)}\Big\{(1+c)\{(\boldsymbol{I}_n+\varepsilon\bar{\boldsymbol{\Lambda}})\otimes\boldsymbol{A}-\mathrm{diag}[\hat{\boldsymbol{K}}_p^{2i}(k-1)\boldsymbol{H}_i]\}\hat{\boldsymbol{S}}_0^{(2)}(k-1)\{\cdot\}^{\mathrm{T}}+\mathbf{1}\mathbf{1}_n\otimes\boldsymbol{Q}\\
&+(1+c^{-1})\varepsilon^2(\underline{\boldsymbol{\Lambda}}\otimes\boldsymbol{A})\delta^2\boldsymbol{I}(\cdot)^{\mathrm{T}}+(1+c)\varepsilon^2\sum_{i=1}^{n}\sum_{j=1}^{n}\bar{\sigma}_{ij}^2(\boldsymbol{I}_i^j\otimes\boldsymbol{A})\hat{\boldsymbol{S}}_0^{(2)}(k-1)(\boldsymbol{I}_i^j\otimes\boldsymbol{A})^{\mathrm{T}}
\end{aligned}
$$

$$
\begin{aligned}
&+(1+c^{-1})\varepsilon^2\sum_{\substack{i=1\\ i\neq j}}^{n}\sum_{j=1}^{n}\underline{\sigma}_{ij}^2(\boldsymbol{I}_i^j\otimes\boldsymbol{A})\delta^2\boldsymbol{I}(\boldsymbol{I}_i^j\otimes\boldsymbol{A})^{\mathrm{T}}\Big\}+\mathrm{diag}[\hat{\boldsymbol{K}}_p^{2i}(k-1)]\boldsymbol{R}[\cdot]^{\mathrm{T}}\\
&=(1+c)\{(\boldsymbol{I}_n+\varepsilon\overline{\boldsymbol{\Lambda}})\otimes\boldsymbol{A}-\mathrm{diag}[\hat{\boldsymbol{K}}_p^{2i*}(k-1)\boldsymbol{H}_i]\}\hat{\boldsymbol{S}}_0^{(2)}(k-1)\{\cdot\}^{\mathrm{T}}+\boldsymbol{1}\boldsymbol{1}_n\otimes\boldsymbol{Q}\\
&+(1+c^{-1})\varepsilon^2(\underline{\boldsymbol{\Lambda}}\otimes\boldsymbol{A})\delta^2\boldsymbol{I}(\cdot)^{\mathrm{T}}+(1+c)\varepsilon^2\sum_{i=1}^{n}\sum_{j=1}^{n}\overline{\sigma}_{ij}^2(\boldsymbol{I}_i^j\otimes\boldsymbol{A})\hat{\boldsymbol{S}}_0^{(2)}(k-1)(\boldsymbol{I}_i^j\otimes\boldsymbol{A})^{\mathrm{T}}\\
&+(1+c^{-1})\varepsilon^2\sum_{\substack{i=1\\ i\neq j}}^{n}\sum_{j=1}^{n}\underline{\sigma}_{ij}^2(\boldsymbol{I}_i^j\otimes\boldsymbol{A})\delta^2\boldsymbol{I}(\boldsymbol{I}_i^j\otimes\boldsymbol{A})^{\mathrm{T}}+\mathrm{diag}[\hat{\boldsymbol{K}}_p^{2i*}(k-1)]\boldsymbol{R}[\cdot]^{\mathrm{T}}\\
&\geqslant(1+c)\{(\boldsymbol{I}_n+\varepsilon\overline{\boldsymbol{\Lambda}})\otimes\boldsymbol{A}-\mathrm{diag}[\hat{\boldsymbol{K}}_p^{2i*}(k-1)\boldsymbol{H}_i]\}\hat{\boldsymbol{S}}_0^{(1)}(k-1)\{\cdot\}^{\mathrm{T}}+\boldsymbol{1}\boldsymbol{1}_n\otimes\boldsymbol{Q}\\
&+(1+c^{-1})\varepsilon^2(\underline{\boldsymbol{\Lambda}}\otimes\boldsymbol{A})\delta^2\boldsymbol{I}(\cdot)^{\mathrm{T}}+(1+c)\varepsilon^2\sum_{i=1}^{n}\sum_{j=1}^{n}\overline{\sigma}_{ij}^2(\boldsymbol{I}_i^j\otimes\boldsymbol{A})\hat{\boldsymbol{S}}_0^{(1)}(k-1)(\boldsymbol{I}_i^j\otimes\boldsymbol{A})^{\mathrm{T}}\\
&+(1+c^{-1})\varepsilon^2\sum_{\substack{i=1\\ i\neq j}}^{n}\sum_{j=1}^{n}\underline{\sigma}_{ij}^2(\boldsymbol{I}_i^j\otimes\boldsymbol{A})\delta^2\boldsymbol{I}(\boldsymbol{I}_i^j\otimes\boldsymbol{A})^{\mathrm{T}}+\mathrm{diag}[\hat{\boldsymbol{K}}_p^{2i*}(k-1)]\boldsymbol{R}[\cdot]^{\mathrm{T}}\\
&\geqslant\min_{\hat{\boldsymbol{K}}_p^{1i}(k-1)}\Big\{(1+c)\{(\boldsymbol{I}_n+\varepsilon\overline{\boldsymbol{\Lambda}})\otimes\boldsymbol{A}-\mathrm{diag}[\hat{\boldsymbol{K}}_p^{1i}(k-1)\boldsymbol{H}_i]\}\hat{\boldsymbol{S}}_0^{(1)}(k-1)\{\cdot\}^{\mathrm{T}}+\boldsymbol{1}\boldsymbol{1}_n\otimes\boldsymbol{Q}\\
&+(1+c^{-1})\varepsilon^2(\underline{\boldsymbol{\Lambda}}\otimes\boldsymbol{A})\delta^2\boldsymbol{I}(\cdot)^{\mathrm{T}}+(1+c)\varepsilon^2\sum_{i=1}^{n}\sum_{j=1}^{n}\overline{\sigma}_{ij}^2(\boldsymbol{I}_i^j\otimes\boldsymbol{A})\hat{\boldsymbol{S}}_0^{(1)}(k-1)(\boldsymbol{I}_i^j\otimes\boldsymbol{A})^{\mathrm{T}}\\
&+(1+c^{-1})\varepsilon^2\sum_{\substack{i=1\\ i\neq j}}^{n}\sum_{j=1}^{n}\underline{\sigma}_{ij}^2(\boldsymbol{I}_i^j\otimes\boldsymbol{A})\delta^2\boldsymbol{I}(\boldsymbol{I}_i^j\otimes\boldsymbol{A})^{\mathrm{T}}+\mathrm{diag}[\hat{\boldsymbol{K}}_p^{1i}(k-1)]\boldsymbol{R}[\cdot]^{\mathrm{T}}\\
&=\hat{\boldsymbol{S}}_0^{(1)}(k)
\end{aligned}
\tag{6-190}
$$

由于 $\hat{\boldsymbol{S}}_0^{(1)}(k+1)=\hat{\boldsymbol{S}}_0^{(2)}(k)$，可以得到 $\hat{\boldsymbol{S}}_0^{(1)}(k+1)\geqslant\hat{\boldsymbol{S}}_0^{(1)}(k)$。与上述证法相似，可以证得在初始条件 $\hat{\boldsymbol{S}}(0)=\boldsymbol{G}>\overline{\boldsymbol{S}}$ 下 $\hat{\boldsymbol{S}}(k)$ 单调递减。

接下来，证明 $\hat{\boldsymbol{S}}(k)$ 收敛到 $\overline{\boldsymbol{S}}$，在非零初始条件 $\hat{\boldsymbol{S}}(0)=\boldsymbol{G}$ 下，有：

$$
\begin{aligned}
&\hat{\boldsymbol{S}}_{\boldsymbol{G}}(k+1)-\overline{\boldsymbol{S}}\\
&=\min_{\boldsymbol{K}_p^i(k)}\Big\{(1+c)\{(\boldsymbol{I}_n+\varepsilon\overline{\boldsymbol{\Lambda}})\otimes\boldsymbol{A}-\mathrm{diag}[\boldsymbol{K}_p^i(k)\boldsymbol{H}_i]\}\hat{\boldsymbol{S}}_{\boldsymbol{G}}(k)\{\cdot\}^{\mathrm{T}}\\
&+(1+c)\varepsilon^2\sum_{i=1}^{n}\sum_{j=1}^{n}\overline{\sigma}_{ij}^2(\boldsymbol{I}_i^j\otimes\boldsymbol{A})\hat{\boldsymbol{S}}_{\boldsymbol{G}}(k)(\boldsymbol{I}_i^j\otimes\boldsymbol{A})^{\mathrm{T}}+\mathrm{diag}[\boldsymbol{K}_p^i(k)]\boldsymbol{R}[\cdot]^{\mathrm{T}}\Big\}
\end{aligned}
$$

$$
\begin{aligned}
&-(1+c)[(\boldsymbol{I}_n+\varepsilon\bar{\boldsymbol{\Lambda}})\otimes\boldsymbol{A}-\mathrm{diag}(\bar{\boldsymbol{K}}_p^i\boldsymbol{H}_i)]\bar{\boldsymbol{S}}[\cdot]^{\mathrm{T}}-\mathrm{diag}(\bar{\boldsymbol{K}}_p^i)\boldsymbol{R}(\cdot)^{\mathrm{T}}\\
&-(1+c)\varepsilon^2\sum_{i=1}^{n}\sum_{j=1}^{n}\bar{\sigma}_{ij}^2(\boldsymbol{I}_i^j\otimes\boldsymbol{A})\bar{\boldsymbol{S}}(\boldsymbol{I}_i^j\otimes\boldsymbol{A})^{\mathrm{T}}\\
&\leqslant(1+c)[(\boldsymbol{I}_n+\varepsilon\bar{\boldsymbol{\Lambda}})\otimes\boldsymbol{A}-\mathrm{diag}(\bar{\boldsymbol{K}}_p^i\boldsymbol{H}_i)]\hat{\boldsymbol{S}}_{\boldsymbol{G}}(k)[\cdot]^{\mathrm{T}}+\mathrm{diag}(\bar{\boldsymbol{K}}_p^i)\boldsymbol{R}(\cdot)^{\mathrm{T}}\\
&+(1+c)\varepsilon^2\sum_{i=1}^{n}\sum_{j=1}^{n}\bar{\sigma}_{ij}^2(\boldsymbol{I}_i^j\otimes\boldsymbol{A})\hat{\boldsymbol{S}}_{\boldsymbol{G}}(k)(\boldsymbol{I}_i^j\otimes\boldsymbol{A})^{\mathrm{T}}\\
&-(1+c)[(\boldsymbol{I}_n+\varepsilon\bar{\boldsymbol{\Lambda}})\otimes\boldsymbol{A}-\mathrm{diag}(\bar{\boldsymbol{K}}_p^i\boldsymbol{H}_i)]\bar{\boldsymbol{S}}\{\}^{\mathrm{T}}-\mathrm{diag}(\bar{\boldsymbol{K}}_p^i)\boldsymbol{R}(\cdot)^{\mathrm{T}}\\
&-(1+c)\varepsilon^2\sum_{i=1}^{n}\sum_{j=1}^{n}\bar{\sigma}_{ij}^2(\boldsymbol{I}_i^j\otimes\boldsymbol{A})\bar{\boldsymbol{S}}(\boldsymbol{I}_i^j\otimes\boldsymbol{A})^{\mathrm{T}}\\
&=(1+c)[(\boldsymbol{I}_n+\varepsilon\bar{\boldsymbol{\Lambda}})\otimes\boldsymbol{A}-\mathrm{diag}(\bar{\boldsymbol{K}}_p^i\boldsymbol{H}_i)][\hat{\boldsymbol{S}}_{\boldsymbol{G}}(k)-\bar{\boldsymbol{S}}][\cdot]^{\mathrm{T}}\\
&+(1+c)\varepsilon^2\sum_{i=1}^{n}\sum_{j=1}^{n}\bar{\sigma}_{ij}^2(\boldsymbol{I}_i^j\otimes\boldsymbol{A})[\hat{\boldsymbol{S}}_{\boldsymbol{G}}(k)-\bar{\boldsymbol{S}}](\boldsymbol{I}_i^j\otimes\boldsymbol{A})^{\mathrm{T}}
\end{aligned}
\tag{6-191}
$$

由于 $(1+c)[(\boldsymbol{I}_n+\varepsilon\bar{\boldsymbol{\Lambda}})\otimes\boldsymbol{A}-\mathrm{diag}(\bar{\boldsymbol{K}}_p^i\boldsymbol{H}_i)]\bar{\boldsymbol{S}}[\cdot]^{\mathrm{T}}+(1+c)\varepsilon^2\sum_{i=1}^{n}\sum_{j=1}^{n}\bar{\sigma}_{ij}^2(\boldsymbol{I}_i^j\otimes\boldsymbol{A})$ $\bar{\boldsymbol{S}}(\boldsymbol{I}_i^j\otimes\boldsymbol{A})^{\mathrm{T}}<\bar{\boldsymbol{S}}$，可以得到下列矩阵的特征根小于 1。

$$
\begin{aligned}
&\Big\{(1+c)[(\boldsymbol{I}_n+\varepsilon\bar{\boldsymbol{\Lambda}})\otimes\boldsymbol{A}-\mathrm{diag}(\bar{\boldsymbol{K}}_p^i\boldsymbol{H}_i)]^{\mathrm{T}}[\cdot]\\
&+(1+c)\varepsilon^2\sum_{i=1}^{n}\sum_{j=1}^{n}\bar{\sigma}_{ij}^2(\boldsymbol{I}_i^j\otimes\boldsymbol{A})^{\mathrm{T}}(\boldsymbol{I}_i^j\otimes\boldsymbol{A})\Big\}
\end{aligned}
\tag{6-192}
$$

所以，在任意初始条件下，$\lim_{k\to\infty}\hat{\boldsymbol{S}}(k)=\bar{\boldsymbol{S}}\geqslant 0$ 成立。

注 6-25 由于 $(\boldsymbol{A},\boldsymbol{H}_i)$ 是可检测的，可知 $(\boldsymbol{I}_n\otimes\boldsymbol{A},\mathrm{diag}(\boldsymbol{H}_i))$ 也是可检测的，然而该结论无法直接推导出 $((\boldsymbol{I}_n+\varepsilon\bar{\boldsymbol{\Lambda}})\otimes\boldsymbol{A},\mathrm{diag}(\boldsymbol{H}_i))$ 是可检测的，故本节采取如上证明方法。注意到 $\bar{\boldsymbol{L}}(k)$ 包含了通信拓扑、随机攻击以及检测结果等信息，换句话说，即使不能写出明确的表达式，物理拓扑、攻击概率和检测阈值等信息也会反映在 $\bar{\boldsymbol{\Lambda}}$ 中。因此系统参数、攻击参数和检测参数将直接影响定理 6-12 中的充分条件。

6.2.5 一类复杂数据完整性攻击下安全分布式滤波算法研究

考虑如下线性离散系统：

$$\begin{cases} \boldsymbol{x}(k+1)=\boldsymbol{A}\boldsymbol{x}(k)+\boldsymbol{w}(k) \\ \boldsymbol{y}_i(k)=\boldsymbol{H}_i\boldsymbol{x}(k)+\boldsymbol{v}_i(k) \end{cases} \tag{6-193}$$

其中，$\boldsymbol{w}(k)\in\mathbb{R}^m\sim N(0,\boldsymbol{Q})$ 为过程噪声；$\boldsymbol{v}_i(k)\in\mathbb{R}^m\sim N(0,\boldsymbol{R}_i)$ 为传感器 i 的测量噪声；初始状态 $\boldsymbol{x}(0)$ 为独立于 $\boldsymbol{w}(k)$ 和 $\boldsymbol{v}_i(k)$ 的高斯随机向量。

根据过程噪声和测量噪声的性质，可以利用卡尔曼滤波对系统过程进行状态滤波。本节采用基于一致性的分布式滤波算法：

$$\hat{\boldsymbol{x}}_i(k+1)=\boldsymbol{A}\hat{\boldsymbol{x}}_i(k)+\boldsymbol{K}_p^i(k)[\boldsymbol{y}_i(k)-\boldsymbol{H}_i\hat{\boldsymbol{x}}_i(k)]-\varepsilon\boldsymbol{A}\sum_{j\in\bar{N}_i}\gamma_{ij}(k)[\hat{\boldsymbol{x}}_i(k)-\hat{\boldsymbol{x}}_j(k)] \tag{6-194}$$

其中，$\boldsymbol{K}_p^i(k)$ 为滤波增益；$\varepsilon\in(0,1/\varDelta)$ 为一致性增益，且 $\varDelta=\max\limits_i d_i$；$\gamma_{ij}(k)$ 为通信变量，代表传感器 j 到传感器 i 之间是否进行通信，即在没有外部或者人为干扰的情况下，$\gamma_{ij}(k)=a_{ij}$。

在式 (6-194) 所示系统中，滤波器进行数据融合时所需的数据包括本地测量值、本地状态滤波和内邻居状态滤波，考虑最简传输方式下的滤波系统工作机制如图 6-5 所示。

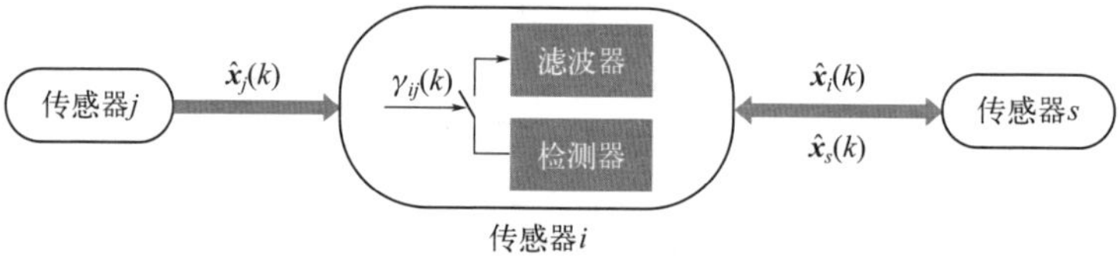

图 6-5 最简传输方式下的滤波系统工作机制

不同于上一节，此处传感器只传输状态滤波而不再传输新息，大大节省了传输能量，此时滤波器 i 在第 k 时刻的滤波过程为：

步骤 1：获得本地状态滤波 $\hat{\boldsymbol{x}}_i(k)$ 与本地测量值 $\boldsymbol{y}_i(k)$ 并将 $\hat{\boldsymbol{x}}_i(k)$ 发送到传感器 $j\in\bar{N}_i$。

步骤 2：检测从邻居传感器 $j\in\vec{N}_i$ 接收到的状态滤波，并判断是否融合该数据。

步骤 3：利用本地测量值 $\boldsymbol{y}_i(k)$ 、状态滤波 $\hat{\boldsymbol{x}}_i(k)$ 和从传感器 $j \in \vec{N}_i$ 接收到的状态滤波 $\hat{\boldsymbol{x}}_j^{\mathrm{a}}(k)$ （部分状态滤波可能已被丢弃）计算下一时刻状态滤波 $\hat{\boldsymbol{x}}_i(k+1)$ 。

在安全的情况下，上述分布滤波问题的研究重点是设计最优滤波增益 $\boldsymbol{K}_p^i(k)$，以保证滤波器的滤波性能并抵抗随机噪声。然而，由于通信网络的开放性，滤波过程可能会受到攻击，从而影响滤波结果。此时，有必要判断从传感器 j 到传感器 i 的通信信道是否可信，其传输数据是否可用，即滤波系统中的 $\gamma_{ij}(k)$ 可能不等于 a_{ij} ，而具体 $\gamma_{ij}(k)$ 的取值需要在滤波过程中进行实时确定，因此，检测机制对滤波系统至关重要。

在传统故障诊断或异常数据检测中，卡方检测的应用十分广泛，但其对被检测数据的分布有很大要求，对于一些没有分布规律的数据有很大的限制。在本节所提出的滤波系统中，由于传感器在传输数据时只传输了状态滤波，而各个滤波器的状态滤波是趋向于系统真实值的随机值，在数值上和分布上都没有确切的规律，此时卡方检测就无法利用分布差异来检测异常数据。另外，对于一些复杂的攻击，卡方检测器的检测性能可能达不到要求。因此，对于智能攻击者来说，强隐蔽性使其对检测器有更好的适应性，而系统方潜在的威胁也更大。

6.2.5.1 问题描述

（1）复杂数据完整性攻击

考虑这样一个智能数据完整性攻击者：攻击者有两种攻击形式，每次发动攻击时都可以随机选择一种方式来攻击并篡改无线信道上的数据。具体地说，攻击者采取这样的攻击策略：首先，攻击者确定是否在无线信道 $j \to i$ 上发起 FDI 攻击[87]。如果发起该种攻击，则攻击者生成攻击矩阵 $\boldsymbol{T}_j(k)$ 和随机向量 $\boldsymbol{b}_j(k)$，并将信道上传输的数据篡改为 $\hat{\boldsymbol{x}}_j(k)+\boldsymbol{T}_j(k)\boldsymbol{b}_j(k)$，否则，攻击者再决定是否发起线性攻击[88]。如果是，则将无线信道 $j \to i$ 上的数据篡改为 $\boldsymbol{T}_j(k)\hat{\boldsymbol{x}}_j(k)+\boldsymbol{b}_j(k)$ 。攻击者具体攻击方案如图 6-6 所示。

为了描述 FDI 攻击和线性攻击的过程，分别用二元变量 $\phi_{ij}(k) \in \{0,1\}$，$j \in \vec{N}_i$ 和 $\theta_{ij}(k) \in \{0,1\}$， $j \in \vec{N}_i$ 表示 FDI 攻击和线性攻击的成功与失败。

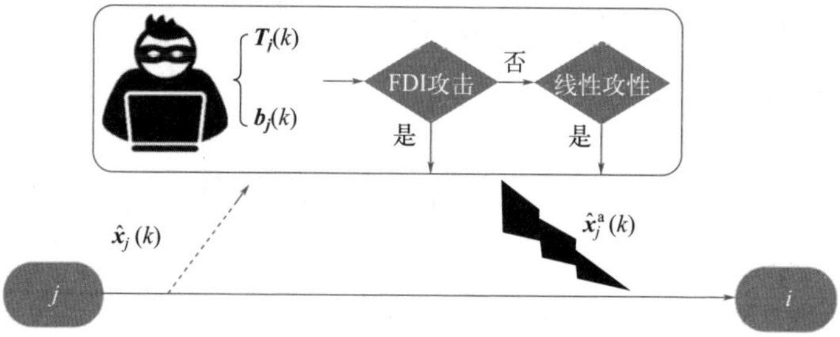

图 6-6　复杂数据完整性攻击的具体攻击方案

当 $\phi_{ij}(k)=1$［或 $\theta_{ij}(k)=1$］时，表示在无线信道 $j \to i$ 上成功发动了 FDI 攻击（或线性攻击）。否则，表示攻击者没有发动 FDI 攻击（或线性攻击）。记 FDI 攻击的概率为 β，线性攻击的概率为 α。根据攻击者的攻击策略，两种攻击形式的概率可以分别表示为 $\Pr(\phi_{ij}(k)=1)=\beta$ 和 $\Pr(\theta_{ij}(k)=1)=(1-\beta)\alpha$，且 $\Pr(\phi_{ij}(k)\theta_{ij}(k)=1)=0$，这意味着不能在同一个时刻对同一条无线信道上的数据同时发起 FDI 攻击和线性攻击。另外，两种攻击在时间上和空间上都相互独立，即当 $(i,j)\neq(r,s)$ 时，$\phi_{ij}(k)$ 独立于 $\phi_{rs}(k)$，$\theta_{ij}(k)$ 独立于 $\theta_{rs}(k)$。

在上述攻击下，传感器 i 从传感器 $j\in\vec{N}_i$ 处实际接收到的状态滤波为：

$$\begin{aligned}\hat{\boldsymbol{x}}_j^{a}(k)&=[1-\phi_{ij}(k)-\theta_{ij}(k)]\hat{\boldsymbol{x}}_j(k)+\phi_{ij}(k)[\hat{\boldsymbol{x}}_j(k)+\boldsymbol{T}_j(k)\boldsymbol{b}_j(k)]\\&\quad+\theta_{ij}(k)[\boldsymbol{T}_j(k)\hat{\boldsymbol{x}}_j(k)+\boldsymbol{b}_j(k)]\\&=\hat{\boldsymbol{x}}_j(k)+\theta_{ij}(k)\boldsymbol{\rho}_j(k)+\phi_{ij}(k)\boldsymbol{T}_j(k)\boldsymbol{b}_j(k)\end{aligned} \tag{6-195}$$

其中，$\boldsymbol{\rho}_j(k)=\boldsymbol{T}_j(k)\hat{\boldsymbol{x}}_j(k)+\boldsymbol{b}_j(k)-\hat{\boldsymbol{x}}_j(k)$，且 $\boldsymbol{T}_j(k)\in\mathbb{R}^{m\times m}$，$\boldsymbol{b}_j(k)\sim N(0,\boldsymbol{D}_j)$。为保证攻击隐蔽性以及节省能耗，攻击者采用一种约束攻击策略，即 $\|\hat{\boldsymbol{x}}_j^{a}(k)-\boldsymbol{x}_j(k)\|\leqslant\delta$，式中的 δ 为已知常数。

注 6-26　根据攻击者的约束条件 $\|\hat{\boldsymbol{x}}_j^{a}(k)-\boldsymbol{x}_j(k)\|\leqslant\delta$，可知攻击前后的状态滤波之差的范数不能超过 δ，即当 $\theta_{ij}(k)=1$ 时，攻击者攻击时要满足 $\|\boldsymbol{T}_j(k)\hat{\boldsymbol{x}}_j(k)+\boldsymbol{b}_j(k)-\hat{\boldsymbol{x}}_j(k)\|\leqslant\delta$，当 $\phi_{ij}(k)=1$ 时，满足 $\|\boldsymbol{T}_j(k)\boldsymbol{b}_j(k)\|\leqslant\delta$。

（2）攻击场景下的安全滤波分析

在第 k 时刻，滤波器 i 可以利用的数据包括本地测量值 $\boldsymbol{y}_i(k)$、本地状态滤波 $\hat{\boldsymbol{x}}_i(k)$ 及其内邻居状态滤波 $\hat{\boldsymbol{x}}_j^{\mathrm{a}}(k)$，滤波器利用卡尔曼滤波和一致性原则对上述可利用数据进行融合，从而对下一时刻的状态滤波进行滤波。然而，在该过程中，内邻居状态滤波 $\hat{\boldsymbol{x}}_j^{\mathrm{a}}(k)$ 在传输时可能已被篡改，若该数据确已被篡改且用于下一时刻状态的滤波，则最终状态滤波大概率会偏移真实值，此时的一致性原则非但不能减小滤波误差，反而会损坏系统滤波性能。为检测内邻居状态滤波 $\hat{\boldsymbol{x}}_j^{\mathrm{a}}(k)$ 的可用性，本部分介绍一种基于局部离群因子的检测器来对其进行可用性检测并用二元变量 $\gamma_{ij}(k)$ 来表示检测器输出，当 $\gamma_{ij}(k)=1$ 时，表示检测器认定内邻居状态滤波 $\hat{\boldsymbol{x}}_j^{\mathrm{a}}(k)$ 未被攻击且该数据可用，而当 $\gamma_{ij}(k)=0$ 时，表示检测器认定内邻居状态滤波 $\hat{\boldsymbol{x}}_j^{\mathrm{a}}(k)$ 已被篡改且该数据不可用。因此，对滤波器 i 来说，其内邻居状态滤波 $\hat{\boldsymbol{x}}_j^{\mathrm{a}}(k)$ 的可用性检测结果可用如下检测规则来表示：

$$\gamma_{ij}(k)=\begin{cases}1, & \mathrm{LOF}_K(j)<\tau \\ 0, & \text{其他}\end{cases} \tag{6-196}$$

其中，$\mathrm{LOF}_K(j)$ 为需要计算的局部离群因子；τ 为检测阈值。

考虑前面提出的攻击者及其攻击策略，结合本部分的检测规则式 (6-196)，分布式滤波器式 (6-194) 将转变为如下形式：

$$\begin{aligned}\hat{\boldsymbol{x}}_i(k+1)=&\boldsymbol{A}\hat{\boldsymbol{x}}_i(k)+\boldsymbol{K}_p^i(k)[\boldsymbol{y}_i(k)-\boldsymbol{H}_i\hat{\boldsymbol{x}}_i(k)]-\varepsilon\boldsymbol{A}\sum_{j\in\vec{N}_i}\gamma_{ij}(k)[\hat{\boldsymbol{x}}_i(k)-\hat{\boldsymbol{x}}_j(k)]\\&+\varepsilon\boldsymbol{A}\sum_{j\in\vec{N}_i}\gamma_{ij}(k)\theta_{ij}(k)\boldsymbol{\rho}_j(k)+\varepsilon\boldsymbol{A}\sum_{j\in\vec{N}_i}\gamma_{ij}(k)\phi_{ij}(k)\boldsymbol{T}_j(k)\boldsymbol{b}_j(k)\end{aligned} \tag{6-197}$$

问题陈述：对传感器 i 来说，为保证滤波器式 (6-197) 的滤波性能，需要解决下述两个问题。

① 设计最优滤波增益 $\boldsymbol{K}_p^i(k)$，以使滤波器的滤波误差协方差达到最小；

② 计算每个内邻居状态滤波 $\hat{\boldsymbol{x}}_j^{\mathrm{a}}(k)$ 的局部离群因子，以此判别该状态滤波是否可以用于数据融合并计算下一时刻的状态滤波。

6.2.5.2 主要结果

（1）基于局部离群因子的检测机制

当一个传感器接收到来自其内邻居传感器的状态滤波时，由于这些状态滤波没有分布上的规律，故无法用传统的卡方检测进行异常检测。为判断接收到的状态滤波是否为正常数据，本节参考局部离群因子算法的主要思想，即通过比较每个数据点及其邻居的局部密度来判断该点是否为正常数据点。在给出具体的检测机制之前，先定义几个概念来分析局部离群因子算法。

定义 6-6

令 $\boldsymbol{D}_i(k)=\{\hat{\boldsymbol{x}}_i(k),\hat{\boldsymbol{x}}_j(k)\mid j\in\vec{N}_i\}$ 代表传感器 i 在第 k 时刻获得的状态滤波数据集。为简化描述，令 p、q、o 表示数据集 $\boldsymbol{D}_i(k)$ 中的一些对象，定义对象 p 和对象 q 之间的距离 $d(p,q)$ 为欧几里得距离，即 $d(p,q)=\|p-q\|_2$。

定义 6-7

记对象 p 的第 K 距离为 $d_K(p)$，并将其定义为对象 p 和数据集 $\boldsymbol{D}_i(k)$ 中一个对象 o 之间的距离，即 $d_K(p)=d(p,o)$。对象 o 要满足下述两个条件：

① 在数据集 $\boldsymbol{D}_i(k)$ 中至少有 K 个不包括对象 p 在内的对象 $o'\in\boldsymbol{D}_i(k)\setminus p$，即 $o'\in\boldsymbol{D}_i(k)$ 且 $o'\neq p$ 满足 $d(p,o')\leqslant d(p,o)$；

② 在数据集 $\boldsymbol{D}_i(k)$ 中至多有 $K-1$ 个不包括对象 p 在内的对象 $o'\in\boldsymbol{D}_i(k)\setminus p$ 满足 $d(p,o')<d(p,o)$。

如以上定义，对象 p 的第 K 距离即为距离对象 p 第 K 远且不包括对象 p 的对象的距离，例如，如图 6-7 所示，取 $K=5$，对象 p 的第 K 距离为 $d_5(p)=d(p,o_2)=d(p,o_5)$。

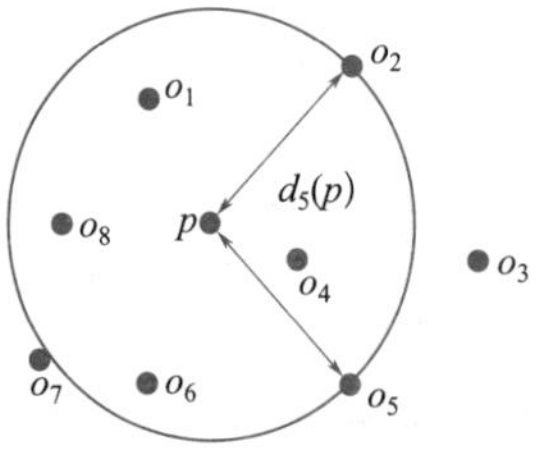

图 6-7　对象 p 的第 5 距离示意图

定义 6-8

给定 $d_K(p)$，对象 p 的第 K 距离邻域 $N_K(p)$ 包括至少 K 个对象，这些对象是数据集 $\boldsymbol{D}_i(k)$ 中所有与对象 p 的距离不大于其第 K 距离 $d_K(p)$的对象，即 $N_K(p)=\{q\in \boldsymbol{D}_i(k)\setminus p \mid d(p,q)\leqslant d_K(p)\}$。

根据定义 6-8，在图 6-7 中，对象 p 的第 K 距离邻域 $N_K(p)$ 包括对象 o_1、o_2、o_4、o_5、o_6、o_8，即 $N_5(p)=\{o_1, o_2, o_4, o_5, o_6, o_8\}$，对象 p 的第 K 距离邻域内的所有对象都称为对象 p 的 K 近邻。此外，根据上述定义，可以推出在任何情况下 $|N_K(p)|\geqslant K$ 成立。

定义 6-9

对象 o 到对象 p 的第 K 可达距离可定义为：

$$\text{reach}-\text{dist}_K(p,o)=\max\left\{d_K(o),d(p,o)\right\} \tag{6-198}$$

根据定义 6-9，可知对象 o 到对象 p 的第 K 可达距离至少为对象 o 的第 K 距离。对象 o 到对象 p 的第 K 可达距离可以理解为当对象 o 与对象 p 之间的距离很大时，该可达距离即为对象 o 与对象 p 之间的真实距离 $d(p, o)$，而当对象 o 与对象 p 之间的距离小于对象 o 的第 K 距离时，则直接将对象 o 的第 K 距离视为对象 o 到对象 p 的第 K 可达距离。这就意味着对象 o 到其最近的 K 个对象的可达距离都为 $d_K(o)$。如图 6-8 所示，对象 o 到对象 p 的第 K 可达距离有如下三种情况，当取 K=5 时：在图 6-8(a) 中，对象 p 在对象 o_1 的第 5 距离邻域内而在对象 o_2 的第 5 距离邻域外，则第 5 可达距离 $\text{reach}-\text{dist}_5(p,o_1)=d_5(o_1)$， $\text{reach}-\text{dist}_5(p,o_2)=d(p,o_2)$；

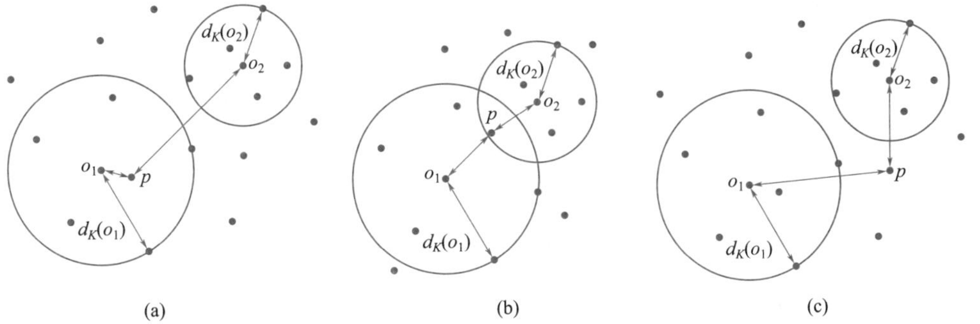

图 6-8 第 5 可达距离示意图

在图 6-8(b) 中，对象 p 在对象 o_1 和对象 o_2 的第 5 距离邻域内，则 $\text{reach}-\text{dist}_5(p,o_1)=d_5(o_1)$， $\text{reach}-\text{dist}_5(p,o_2)=d_5(o_2)$；在图 6-8(c) 中，对象 p 在对象 o_1 和对象 o_2 的第 5 距离邻域外，则 $\text{reach}-\text{dist}_5(p,o_1)=d(p,o_1)$， $\text{reach}-\text{dist}_5(p,o_2)=d(p,o_2)$。

定义 6-10

对象 p 的局部可达密度可以定义为对象 p 的第 K 距离邻域内所有对象到对象 p 的平均第 K 可达距离的倒数，即：

$$\text{lrd}_K(p)=\left\{\frac{\sum\limits_{o\in N_K(p)}\text{reach}-\text{dist}_K(p,o)}{|N_K(p)|}\right\}^{-1} \tag{6-199}$$

根据定义 6-10，在图 6-7 所示的例子中，对象 p 的第 K 距离邻域内所有对象 o_1、o_2、o_4、o_5、o_6、o_8，到对象 p 的第 K 可达距离如图 6-9 所示，可知： $\text{reach}-\text{dist}_5(p,o_1)=d_5(o_1)$， $\text{reach}-\text{dist}_5(p,o_2)=d(p,o_2)$， $\text{reach}-\text{dist}_5(p,o_4)=d_5(p,o_4)$， $\text{reach}-\text{dist}_5(p,o_5)=d(p,o_5)$， $\text{reach}-\text{dist}_5(p,o_6)=d_5(o_6)$， $\text{reach}-\text{dist}_5(p,o_8)=d_5(p,o_8)$，则对象 p 的局部可达密度为：

$$\text{lrd}_5(p)=\left\{\frac{d_5(o_1)+d(p,o_2)+d_5(o_4)+d(p,o_5)+d_5(o_6)+d_5(p,o_8)}{6}\right\}^{-1}$$

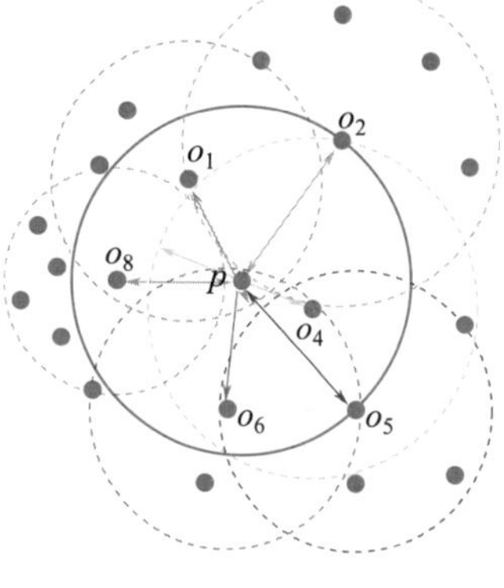

图 6-9　对象 p 的局部可达密度计算示意图

注 6-27

局部可达密度 $\mathrm{lrd}_K(p)$ 可以理解为：若对象 p 与其邻居对象之间的距离小，则该对象到对象 p 的第 K 可达距离能够取到较小值 $d_K(o)$，如上例中的对象 o_1、o_4 和 o_6，这意味着能够取到较小的可达距离之和，即取到较大的局部密度。若对象 p 与其邻居对象之间的距离较大，则该对象到对象 p 的第 K 可达距离即为两者之间的真实距离，如上例中的对象 o_2 和 o_5，这意味着取到的可达距离之和较大，即局部密度较小，此时则更有可能将对象 o_2 和 o_5 视为离群点。

定义 6-11

对象 p 的局部离群因子可定义为对象 p 的第 K 距离邻域 $N_K(p)$ 内所有对象的局部可达密度与对象 p 的局部可达密度之比的平均数，即：

$$\mathrm{LOF}_K(p)=\frac{\sum\limits_{o\in N_K(p)}\dfrac{\mathrm{lrd}_K(o)}{\mathrm{lrd}_K(p)}}{|N_K(p)|}=\frac{\sum\limits_{o\in N_K(p)}\mathrm{lrd}_K(o)}{|N_K(p)|}/\,\mathrm{lrd}_K(p) \qquad (6\text{-}200)$$

根据局部可达密度的理解以及定义 6-11，可知当对象 p 不动时，若其第 K 距离邻域 $N_K(p)$ 内的对象的局部可达密度小，即该对象的 K 近邻对象分布散时，对象 p 被视为正常点的可能性大，而当对象 p 的第 K 距离邻域 $N_K(p)$ 内的对象的局部可达密度大，即该对象的 K 近邻对象分布密时，对象 p 有更大的可能性被视为离群点。综上可知，局部离群因子 $\mathrm{LOK}_K(p)$ 越小，代表对象 p 越有可能为正常点。确切地说，$\mathrm{LOK}_K(p)$ 越小于 1，代表对象 p 的局部密度大于其邻域 $N_K(p)$ 内其他对象的局部密度，对象 p 越有可能为正常点；$\mathrm{LOK}_K(p)$ 越接近 1，代表对象 p 的局部密度与其邻域 $N_K(p)$ 内其他对象的局部密度差别不大，对象 p 既有可能为正常点，也有可能为离群点；$\mathrm{LOK}_K(p)$ 越大于 1，代表对象 p 的局部密度小于其邻域 $N_K(p)$ 内其他对象的局部密度，对象 p 越有可能为离群点。这就是本节设计的检测机制的主要检测思想。

到目前为止，本节已经分析了局部离群因子算法的主要思想以及工作机制，上述算法能够实现对数据集中各数据点的检测与分类，下面介绍本节提出的分布式滤波系统中该算法的应用方法。在任意一个时刻，当传感器 i 接收到来自其内邻居传感器的状态滤波时，传感器 i 将本地状态滤波与内邻居状态滤波统一放置到一个状态滤波数据集 $\boldsymbol{D}_i(k)$ 中，并利用算法 6-1 来检测该数据集中每个内邻居状态滤波的可用性，只有当某个状态滤波的 $\gamma_{ij}(k)$ 被判定为 1 时才将该数据融合进滤波器中并用于计算下一时刻的状态滤波。算法 6-1 的具体内容如图 6-10 所示。

算法 6-1 基于局部离群因子的检测机制

输入：对传感器 i：

状态滤波数据集 $\boldsymbol{D}_i(k)$：

参数 K；

阈值 τ。

输出：对每个内邻居传感器 $j \in \vec{N}_i$：得到检测结果 $\gamma_{ij}(k)$。

1. for all r, $s \in \vec{N}_i$ or $r, s=i$ do
2. 计算数据集 $\boldsymbol{D}_i(k)$ 中任意两个滤波值的欧几里得距离 $d(\hat{x}_r(k), \hat{x}_s(k))$；
3. 计算每个滤波值的第 K 距离 $d_K(r)$，系统中第 K 距离领域内滤波值个数 $|N_K(r)|=K$；
4. end for
5. for all j, $q \in \vec{N}_i$ and $j \neq q$ do
6. 计算传感器 j 对应滤波值的第 K 可达距离 *reach-dist*$_K(j,q)$ 和局部可达密度 $\mathrm{lrd}_K(j)$；
7. end for
8. for all $j \in \vec{N}_i$ do
9. 计算传感器 j 对应滤波值的局部离群因子 $\mathrm{LOF}_K(j)$；
10. if $\mathrm{LOF}_K(j)<\tau$ then
11. $\gamma_{ij}(k)=1$;
12. else
13. $\gamma_{ij}(k)=0$;
14. end if
15. end for
16. return $\gamma_{ij}(k)$；

图 6-10　基于局部离群因子的检测算法

注 6-28

对象 p 的第 K 距离代表距离对象 p 第 K 远的对象与对象 p 之间的距离，而在滤波系统中，状态滤波为随机值，两个状态滤波与其他任意状态滤波之间的欧几里得距离相等的可能性微乎其微，故算法中直接取对象 p 的第 K 距离邻域 $|N_K(p)| = K$ 。

此外，参数 K 的选择很大程度上会干扰对状态滤波的检测结果，故本节将在仿真实例章节探讨参数 K 对检测结果的影响及其选择方案。

注 6-29

在算法 6-1 中，阈值 τ 需要系统给定。当数据处于理想状态，即正常数据与异常数据分为两簇，两者互不干扰且有明显分界线时，阈值 τ 可以直接给定理想值 1。然而在分布式滤波系统中，各状态滤波为正常数据或异常数据是随机产生的，两类数据相互穿插，没有明显的分界线，此时针对正常数据偏移真实值和异常数据接近真实值两种情况，需要有一定的容忍度，则阈值 τ 的选择应大于 1。

（2）最优安全分布式滤波器

本部分在采用前文所设计的基于局部离群因子的检测机制的基础上，进一步优化分布式滤波算法，设计能最大幅度提高滤波性能的最优分布式滤波器。在此之前，先介绍几个必要的定义、假设和引理。

定义 6-12

分布式滤波系统的拉普拉斯矩阵可以定义为 $\boldsymbol{L}(k)=[l_{ij}(k)]$，其中：

$$
l_{ij}(k)=\begin{cases}\gamma_{ij}(k), & (i,j)\in\mathbb{E}, i\neq j\\ -\sum\limits_{j\in\vec{N}_i} l_{ij}(k), & i=j\\ 0, & \text{其他}\end{cases} \tag{6-201}
$$

假设 6-11

拉普拉斯矩阵 $\boldsymbol{L}(k)$ 的对角线元素小于等于 -1，即对所有的 i 都满足 $|l_{ii}(k)|\geqslant 1$。

引理 6-10

给定任意向量 $\boldsymbol{x},\boldsymbol{y}\in\mathbb{R}^n$ 和标量 $\kappa>0$，下列不等式成立：

$$xy^{\mathrm{T}} + yx^{\mathrm{T}} \leqslant \kappa xx^{\mathrm{T}} + \kappa^{-1} yy^{\mathrm{T}} \tag{6-202}$$

引理 6-11

当 $0 \leqslant k < N$ 时，假设 $\boldsymbol{A} = \boldsymbol{A}^{\mathrm{T}} > 0$，令 $\boldsymbol{f}_k(\cdot)$ 和 $\boldsymbol{g}_k(\cdot)$ 表示两个矩阵函数序列且满足 $\boldsymbol{f}_k(\boldsymbol{A}) = \boldsymbol{f}_k^{\mathrm{T}}(\boldsymbol{A})$ 和 $\boldsymbol{g}_k(\boldsymbol{A}) = \boldsymbol{g}_k^{\mathrm{T}}(\boldsymbol{A})$。若存在矩阵 $\boldsymbol{B} = \boldsymbol{B}^{\mathrm{T}} > \boldsymbol{A}$ 使得下式成立：

$$\boldsymbol{f}_k(\boldsymbol{B}) \geqslant \boldsymbol{f}_k(\boldsymbol{A}),\ \ \boldsymbol{g}_k(\boldsymbol{B}) \geqslant \boldsymbol{f}_k(\boldsymbol{B}) \tag{6-203}$$

则在 $0 \leqslant k < N$ 内，下列差分方程的解 $\{\boldsymbol{A}_k\}_{0 \leqslant k < N}$ 和 $\{\boldsymbol{B}_k\}_{0 \leqslant k < N}$ 都满足 $\boldsymbol{A}_k \leqslant \boldsymbol{B}_k$。

$$\boldsymbol{A}_{k+1} = \boldsymbol{f}_k(\boldsymbol{A}_k),\quad \boldsymbol{B}_{k+1} = \boldsymbol{f}_k(\boldsymbol{B}_k),\quad \boldsymbol{A}_0 = \boldsymbol{B}_0 > 0 \tag{6-204}$$

考虑分布式滤波器式 (6-197) 和检测机制式 (6-196)，定义滤波器 i 的滤波误差为 $\boldsymbol{e}_i(k) = \boldsymbol{x}(k) - \hat{\boldsymbol{x}}_i(k)$，则第 $k+1$ 时刻的滤波误差 $\boldsymbol{e}_i(k+1)$ 的表达式为：

$$\begin{aligned}
\boldsymbol{e}_i(k+1) = {} & [\boldsymbol{A} - \boldsymbol{K}_p^i(k)\boldsymbol{H}_i]\boldsymbol{e}_i(k) + \varepsilon \boldsymbol{A} \sum_{j \in N_i} \gamma_{ij}(k)[\boldsymbol{e}_j(k) - \boldsymbol{e}_i(k)] \\
& -\varepsilon \boldsymbol{A} \sum_{j \in N_i} \gamma_{ij}(k)\theta_{ij}(k)\boldsymbol{\rho}_j(k) + \boldsymbol{w}(k) - \boldsymbol{K}_p^i(k)\boldsymbol{v}_i(k) \\
& -\varepsilon \boldsymbol{A} \sum_{j \in N_i} \gamma_{ij}(k)\phi_{ij}(k)\boldsymbol{T}_j(k)\boldsymbol{b}_j(k)
\end{aligned} \tag{6-205}$$

为便于分析和表达，定义以下几个向量形式：

$$\begin{aligned}
& \boldsymbol{e}(k) = [\boldsymbol{e}_1^{\mathrm{T}}(k), \boldsymbol{e}_2^{\mathrm{T}}(k), \cdots, \boldsymbol{e}_n^{\mathrm{T}}(k)]^{\mathrm{T}} \in \mathbb{R}^{nm} \\
& \boldsymbol{\rho}(k) = [\boldsymbol{\rho}_1^{\mathrm{T}}(k), \boldsymbol{\rho}_2^{\mathrm{T}}(k), \cdots, \boldsymbol{\rho}_n^{\mathrm{T}}(k)]^{\mathrm{T}} \in \mathbb{R}^{nm} \\
& \boldsymbol{v}(k) = [\boldsymbol{v}_1^{\mathrm{T}}(k), \boldsymbol{v}_2^{\mathrm{T}}(k), \cdots, \boldsymbol{v}_n^{\mathrm{T}}(k)]^{\mathrm{T}} \in \mathbb{R}^{nm} \\
& \boldsymbol{b}(k) = \begin{bmatrix} \boldsymbol{T}_1(k)\boldsymbol{b}_1(k) \\ \boldsymbol{T}_2(k)\boldsymbol{b}_2(k) \\ \vdots \\ \boldsymbol{T}_n(k)\boldsymbol{b}_n(k) \end{bmatrix} \in \mathbb{R}^{nm}
\end{aligned} \tag{6-206}$$

至此，可以将分布式滤波系统中所有滤波器的滤波误差式 (6-205) 重写为如下形式：

$$
\begin{aligned}
\boldsymbol{e}(k+1) = & \{\boldsymbol{I}_n \otimes \boldsymbol{A} - \mathrm{diag}[\boldsymbol{K}_p^i(k)\boldsymbol{H}_i] + \varepsilon \boldsymbol{L}(k) \otimes \boldsymbol{A}\}\boldsymbol{e}(k) \\
& - \varepsilon \bar{\boldsymbol{Y}}(k) \otimes \boldsymbol{A}\boldsymbol{\rho}(k) - \mathrm{diag}[\boldsymbol{K}_p^i(k)]\boldsymbol{v}(k) \\
& - \varepsilon \bar{\boldsymbol{\Psi}}(k) \otimes \boldsymbol{A}\boldsymbol{b}(k) + \boldsymbol{1}_n \otimes \boldsymbol{w}(k)
\end{aligned}
\tag{6-207}
$$

其中：

$$
\bar{\boldsymbol{Y}}(k) = \begin{bmatrix} 0 & \gamma_{12}(k)\theta_{12}(k) & \cdots & \gamma_{1n}(k)\theta_{1n}(k) \\ \gamma_{21}(k)\theta_{21}(k) & 0 & \cdots & \gamma_{2n}(k)\theta_{2n}(k) \\ \vdots & \vdots & \ddots & \vdots \\ \gamma_{n1}(k)\theta_{n1}(k) & \gamma_{n2}(k)\theta_{n2}(k) & \cdots & 0 \end{bmatrix}
$$

$$
\bar{\boldsymbol{\Psi}}(k) = \begin{bmatrix} 0 & \gamma_{12}(k)\phi_{12}(k) & \cdots & \gamma_{1n}(k)\phi_{1n}(k) \\ \gamma_{21}(k)\phi_{21}(k) & 0 & \cdots & \gamma_{2n}(k)\phi_{2n}(k) \\ \vdots & \vdots & \ddots & \vdots \\ \gamma_{n1}(k)\phi_{n1}(k) & \gamma_{n2}(k)\phi_{n2}(k) & \cdots & 0 \end{bmatrix}
$$

定义分布式滤波系统的滤波误差协方差为 $\boldsymbol{P}(k) \triangleq \mathbb{E}[\boldsymbol{e}(k)\boldsymbol{e}^{\mathrm{T}}(k) \mid \boldsymbol{y}(k), \boldsymbol{L}(k), \bar{\boldsymbol{Y}}(k), \bar{\boldsymbol{\Psi}}(k)]$，且 $\boldsymbol{P}_i(k), i=1,\cdots,n$ 为 $\boldsymbol{P}(k)$ 的对角块矩阵，该矩阵代表滤波器 i 的滤波误差协方差，即 $\boldsymbol{P}_i(k) \triangleq \mathbb{E}[\boldsymbol{e}_i(k)\boldsymbol{e}_i^{\mathrm{T}}(k)] \in \mathbb{R}^{m\times m}$。因此，可以推得分布式滤波系统在第 k+1 时刻的滤波误差协方差的表达式为：

$$
\begin{aligned}
\boldsymbol{P}(k+1) = & \{[\boldsymbol{I}_n + \varepsilon \boldsymbol{L}(k)] \otimes \boldsymbol{A} - \mathrm{diag}[\boldsymbol{K}_p^i(k)\boldsymbol{H}_i]\}\boldsymbol{P}(k)\{\cdot\}^{\mathrm{T}} \\
& + \varepsilon^2[\bar{\boldsymbol{\Psi}}(k) \otimes \boldsymbol{A}]\mathrm{diag}[\boldsymbol{T}_i(k)\boldsymbol{D}_i\boldsymbol{T}_i^{\mathrm{T}}(k)][\cdot]^{\mathrm{T}} + \boldsymbol{11}_n \otimes \boldsymbol{Q} \\
& + \mathrm{diag}[\boldsymbol{K}_p^i(k)]\boldsymbol{R}[\cdot]^{\mathrm{T}} + \boldsymbol{A}(k) + \boldsymbol{A}^{\mathrm{T}}(k) + \boldsymbol{B}(k)
\end{aligned}
\tag{6-208}
$$

其中：

$$
\boldsymbol{A}(k) = \mathbb{E}\left\{ \{[\boldsymbol{I}_n + \varepsilon \boldsymbol{L}(k)] \otimes \boldsymbol{A} - \mathrm{diag}[\boldsymbol{K}_p^i(k)\boldsymbol{H}_i]\}\boldsymbol{e}(k)\boldsymbol{\rho}^{\mathrm{T}}(k)[-\varepsilon \bar{\boldsymbol{Y}}(k) \otimes \boldsymbol{A}]^{\mathrm{T}} \right\}
$$

$$
\boldsymbol{B}(k) = \mathbb{E}\left\{ [\varepsilon \bar{\boldsymbol{Y}}(k) \otimes \boldsymbol{A}]\boldsymbol{\rho}(k)\boldsymbol{\rho}^{\mathrm{T}}(k)[\varepsilon \bar{\boldsymbol{Y}}(k) \otimes \boldsymbol{A}]^{\mathrm{T}} \right\}
$$

对于分布式滤波系统来说，每个传感器只融合其内邻居传感器对应滤波器的状态滤波而不是所有滤波器的状态滤波，并由此滤波下一时刻的状态值。因此，每个传感器对应的滤波器都有其对应的最优滤波增益，即能够使滤波器 i 的滤波误差协方差取到最小值时的滤波增益。根据上述分析可知，设计最优滤波增益的关键是解决以下问题：

$$\min_{K_p^i(k)} \text{trace}[P_i(k)], i = 1, \cdots, n \tag{6-209}$$

定理 6-13

考虑分布式滤波系统的滤波误差协方差 $P(k+1)$，给定任意标量 $c>0$ 和初始条件 $P(0) \leqslant \hat{P}(0)$，存在一个矩阵 $\hat{P}(k+1)$ 的表达式如式 (6-210) 所示，使得不等式 $P(k+1) \leqslant \hat{P}(k+1)$ 一直成立。

$$\begin{aligned} \hat{P}(k+1) &= (1+c)\{[I_n + \varepsilon L(k)] \otimes A - \text{diag}[K_p^i(k)H_i]\}\hat{P}(k)\{\cdot\}^{\mathrm{T}} \\ &\quad + \varepsilon^2[\bar{\Psi}(k) \otimes A]\text{diag}[T_i(k)D_i T_i^{\mathrm{T}}(k)][\cdot]^{\mathrm{T}} + \mathbf{11}_n \otimes Q \\ &\quad + (1+c^{-1})\varepsilon^2[\bar{Y}(k) \otimes A]\delta^2 I[\cdot]^{\mathrm{T}} + \text{diag}[K_p^i(k)]R[\cdot]^{\mathrm{T}} \end{aligned} \tag{6-210}$$

在这个条件下，次优滤波增益 $K_p^*(k) = \text{diag}[K_p^i(k)]^*, i = 1, \cdots, n$ 可以推得：

$$\begin{aligned} &K_p^i(k)^* = (1+c)A\{\hat{P}_i(k) - \varepsilon \sum_{j \in N_i} \gamma_{ij}(k)[\hat{P}_i(k) - \hat{P}_{ji}(k)]H_i^{\mathrm{T}} M_i^{-1}(k) \\ &M_i(k) = (1+c)H_i \hat{P}(k) H_i^{\mathrm{T}} + R_i \end{aligned} \tag{6-211}$$

证明

根据攻击者攻击的限制条件 $\| \hat{x}_j^{\mathrm{a}}(k) - \hat{x}_j(k) \| \leqslant \delta$，可知 $\| \rho_j \| \leqslant \delta$，因此，可以推导出：

$$B(k) \leqslant \varepsilon^2[\bar{Y}(k) \otimes A]\delta^2 I[\cdot]^{\mathrm{T}} \tag{6-212}$$

结合 $\| \rho_j \| \leqslant \delta$ 和引理 6-10，能够得出结论：存在一个常数 c 使得 $A(k) + A^{\mathrm{T}}(k)$ 满足下列不等式。

$$\begin{aligned} A(k) + A^{\mathrm{T}}(k) &\leqslant c\{[I_n + \varepsilon L(k)] \otimes A - \text{diag}[K_p^i(k)H_i]\}P(k)\{\cdot\}^{\mathrm{T}} \\ &\quad + c^{-1}\varepsilon^2[\bar{Y}(k) \otimes A]\delta^2 I[\cdot]^{\mathrm{T}} \end{aligned} \tag{6-213}$$

现在，可以将分布式滤波系统的滤波误差协方差 $P(k+1)$ 重写为：

$$\begin{aligned} P(k+1) &\leqslant (1+c)\{[I_n + \varepsilon L(k)] \otimes A - \text{diag}[K_p^i(k)H_i]\}P(k)\{\cdot\}^{\mathrm{T}} \\ &\quad + \varepsilon^2[\bar{\Psi}(k) \otimes A]\text{diag}[T_i(k)D_i T_i^{\mathrm{T}}(k)][\cdot]^{\mathrm{T}} + \mathbf{11}_n \otimes Q \\ &\quad + (1+c^{-1})\varepsilon^2[\bar{Y}(k) \otimes A]\delta^2 I[\cdot]^{\mathrm{T}} + \text{diag}[K_p^i(k)]R[\cdot]^{\mathrm{T}} \end{aligned} \tag{6-214}$$

根据引理 6-11 的结论，结合式 (6-210)、式 (6-211) 和式 (6-214)，可

以推导出 $\boldsymbol{P}(k+1) \leqslant \hat{\boldsymbol{P}}(k+1)$。

为设计最优滤波增益，需要解决问题式 (6-209)，而 $\boldsymbol{P}(k+1)$ 无法直接求得，根据上述结论，本节通过解决问题式 (6-215) 而不是式 (6-209) 来设计滤波增益，该种情况下求得的滤波增益为次优滤波增益。

$$\min_{\boldsymbol{K}_p^i(k)} \operatorname{trace}[\hat{\boldsymbol{P}}_i(k)], i=1,\cdots,n \tag{6-215}$$

将 $\operatorname{trace}[\hat{\boldsymbol{P}}(k+1)]$ 对 $\operatorname{diag}[\boldsymbol{K}_p^i(k)]$ 求偏导，并令其对角块矩阵的偏导数等于零，可得：

$$-(1+c)\{[\boldsymbol{A}-\boldsymbol{K}_p^i(k)\boldsymbol{H}_i]\hat{\boldsymbol{P}}_i(k)-\varepsilon\sum_{j\in N_i}\gamma_{ij}(k)\boldsymbol{A}[\hat{\boldsymbol{P}}_i(k)-\hat{\boldsymbol{P}}_{ji}(k)]\}\boldsymbol{H}_i^{\mathrm{T}}+\boldsymbol{K}_p^i(k)\boldsymbol{R}_i=0 \tag{6-216}$$

由此，可以得到次优滤波增益 $\boldsymbol{K}_p^*(k)=\operatorname{diag}[\boldsymbol{K}_p^i(k)]^*$，如式 (6-211) 所示。

注 6-30 由于 $\boldsymbol{P}(k+1)$ 中未知攻击前后的状态之差 $\rho(k)$ 的存在，在计算系统滤波误差协方差时不能实时地直接计算出每个时刻的 $\boldsymbol{P}(k+1)$。然而定理 6-13 中证明总是可以找到一个大于 $\boldsymbol{P}(k+1)$ 的矩阵 $\hat{\boldsymbol{P}}(k+1)$，该矩阵和 $\boldsymbol{P}(k+1)$ 具有相似的性质且包含了攻击者攻击的限制条件等信息。换句话说，最优滤波增益也可以利用 $\hat{\boldsymbol{P}}(k+1)$ 来获得，但利用该种方式获得的滤波增益为次优滤波增益。

6.3 隐私保护

6.3.1 窃听攻击下的不同拓扑结构的分布式网络系统的安全性分析

6.3.1.1 问题描述

（1）系统模型

考虑一个由有向加权图描述的分布式网络，其中每个节点的动力学

方程为

$$\dot{\boldsymbol{x}}_i = \boldsymbol{A}\boldsymbol{x}_i + \sum_{j=1}^{N} \beta_{ij} \boldsymbol{H}\boldsymbol{x}_j \tag{6-217}$$

其中，$\boldsymbol{x}_i \in \mathbb{R}^n$ 是系统状态向量；$\boldsymbol{H} \in \mathbb{R}^{n \times n}$ 是节点与节点之间的内部耦合矩阵；$\beta_{ij} \in \mathbb{R}^n$ 是一对相邻节点之间的连边权重。对于所有 $i, j \in \boldsymbol{V}$，如果从节点 j 到节点 i 存在一条边，则有 $\beta_{ij} \neq 0$，否则 $\beta_{ii} = 0$，且节点与节点本身不存在自环，即 $\beta_{ii} = 0$。

假定具有动力学方程式 (6-217) 的节点 i 的测量方程为 $\boldsymbol{y}_i = \boldsymbol{C}\boldsymbol{x}_i$。根据经典的控制系统的可观性理论，如果在有限的时间间隔内，根据某一段测量值可以唯一地确定初始状态，则可以推断出具有动力学式 (6-217) 的节点 i 的全部状态。在这种情况下，认为该节点的系统是可观的，即 $(\boldsymbol{A}, \boldsymbol{C})$ 是可观的。

（2）窃听模型

随着信息物理系统的广泛推广，网络中的节点越来越丰富，网络规模越来越庞大，这也带来了安全隐患，假使存在一个窃听者，具有拦截无线信道的能力，就可以获知某一节点的信息。如果这些信息是采用明文传输的，或是易于破解的密码，那么就更容易了解到该节点的确切信息。且窃听攻击是被动的，并不一定会对网络造成进一步变化，这使得窃听攻击的暴露与防范更加困难。

假设存在一个窃听者的网络如图 6-11 所示，该窃听者旨在通过观察网络中某些节点的状态来推断整个网络系统的初始状态。在图 6-11 中，如果窃听者可以通过某种手段测量到节点 4 的状态，则认为窃听者能够监视节点 4。

定义窃听方程：

$$\boldsymbol{s}_i = \delta_i \boldsymbol{\Gamma} \boldsymbol{x}_i \tag{6-218}$$

其中，$\boldsymbol{s}_i \in \mathbb{R}^n$ 是窃听者监视的节点 i 的测量状态，而 $\boldsymbol{\Gamma} \in \mathbb{R}^{m \times n}$ 表示窃听者的观察矩阵。在这里，如果窃听者可以测量节点状态，则定义 $\delta_i = 1$；否则 $\delta_i = 0$，即窃听者无法测量节点 i 的状态。

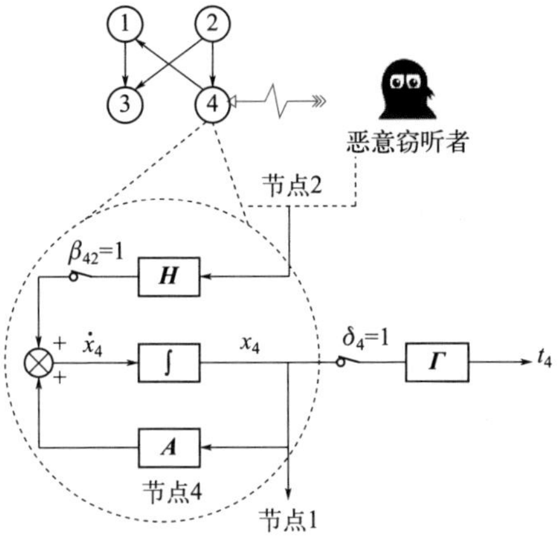

图 6-11　存在窃听者的系统模型

令 $\boldsymbol{L}=(\beta_{ij})\in\mathbb{R}^{N\times N}$ 和 $\boldsymbol{\Sigma}=\mathrm{diag}(\delta_1,\cdots,\delta_N)\in\mathbb{R}^{N\times N}$ 分别表示该分布式网络的物理网络拓扑结构和窃听矩阵。

显然，窃听矩阵 $\boldsymbol{\Sigma}$ 对于窃听者至关重要，它表征了窃听行为的成本。换句话说，对于系统设计者而言，了解窃听者将如何设置窃听矩阵，意味着了解窃听者将对哪些节点进行监视行动，从而更准确地采取防御措施。

令 $\boldsymbol{X}=(\boldsymbol{x}_1^{\mathrm{T}},\boldsymbol{x}_2^{\mathrm{T}},\cdots,\boldsymbol{x}_N^{\mathrm{T}})^{\mathrm{T}}$ 表示整个网络系统的状态，则整个网络系统可以描述为：

$$\dot{\boldsymbol{X}}=\tilde{\boldsymbol{A}}\boldsymbol{X} \tag{6-219}$$

其中，$\tilde{\boldsymbol{A}}=[\boldsymbol{I}_N\otimes\boldsymbol{A}+\boldsymbol{L}\otimes\boldsymbol{H}]$。

类似地，将所有节点的监听状态集成描述为：

$$\boldsymbol{T}=\boldsymbol{\Upsilon}\boldsymbol{X} \tag{6-220}$$

其中，$\boldsymbol{\Upsilon}=[\boldsymbol{\Sigma}\otimes\boldsymbol{\Gamma}]$。

对于系统式 (6-217)、式 (6-218)，如果可以从有限时间间隔的测量输出值 $\boldsymbol{s}_i(t),t\in[t_0,t_1]$ 唯一地确定 $\boldsymbol{x}_i(t_0)$，则认为节点 i 可观，即窃听者可以完全观察到节点 i。

类似地，对于系统式 (6-129)、式 (6-220)，如果可以从有限时间间隔的测量输出值 $\boldsymbol{T}(t),t\in[t_0,t_1]$ 唯一地确定 $\boldsymbol{X}(t_0)$，则认为该分布式网络系统可观，即窃听者可以完全观察到整个网络系统。

这里的主要目的是在窃听者的窃听状态周期内找到确定网络系统初始状态的条件。从本质上讲，此问题等效于找到该网络系统与窃听系统组成的整体系统可观的充要条件。研究表明，对于网络系统式 (6-219)，从窃听者的窃听状态中获取其初始状态，不仅与单个节点的可观性有关，而且与网络系统的内部耦合结构有关。

6.3.1.2 主要结论

（1）通用网络拓扑

首先介绍本节研究成果。

引理 6-12

当且仅当对任意 $s \in \mathbb{C}$ 均有 $[(s\boldsymbol{I}-\boldsymbol{A})^{\mathrm{T}} \quad \boldsymbol{C}^{\mathrm{T}}]^{\mathrm{T}}$ 满秩时，$(\boldsymbol{A},\boldsymbol{C})$ 是可观的。

因此，网络系统式 (6-219)、式 (6-220) 可被窃听者完全窃听的条件是当且仅当：

$$\operatorname{rank}\left(\begin{bmatrix} s\boldsymbol{I}_{Nn}-\tilde{\boldsymbol{A}} \\ \boldsymbol{Y} \end{bmatrix}\right)=Nn \tag{6-221}$$

根据现有理论，此处可以得出以下定理。

定理 6-14

分布式网络系统式 (6-219)、式 (6-220) 可以被窃听者完全窃听的条件是当且仅当对于任何复数 $s \in \mathbb{C}$，方程

$$(s\boldsymbol{I}_n-\boldsymbol{A})F=\boldsymbol{HFL}^{\mathrm{T}},\boldsymbol{\varGamma F\varSigma}^{\mathrm{T}}=0 \tag{6-222}$$

只有一个唯一的零解 $\boldsymbol{F}=0 \in \mathbb{C}^{n \times N}$。

证明

基于式 (6-221)，要使网络系统式 (6-219)、式 (6-220) 可观，当且仅当：

$$\operatorname{rank}\left(\begin{bmatrix} s\boldsymbol{I}_{Nn}-[\boldsymbol{I}_N \otimes \boldsymbol{A}+\boldsymbol{L} \otimes \boldsymbol{H}] \\ \boldsymbol{\varSigma} \otimes \boldsymbol{\varGamma} \end{bmatrix}\right)=Nn \tag{6-223}$$

根据上式，此处可以得到：

$$
\begin{bmatrix} s\boldsymbol{I}_{Nn}-[\boldsymbol{I}_N\otimes\boldsymbol{A}+\boldsymbol{L}\otimes\boldsymbol{H}] & \boldsymbol{I}_{Nn} \\ \boldsymbol{\Sigma}\otimes\boldsymbol{\Gamma} & 0 \\ 0 & \boldsymbol{I}_{Nn} \end{bmatrix}\begin{bmatrix} \boldsymbol{I}_{Nn} & 0 \\ \boldsymbol{L}\otimes\boldsymbol{H} & \boldsymbol{I}_{Nn} \end{bmatrix}
$$

$$
=\begin{bmatrix} \boldsymbol{I}_N\otimes(s\boldsymbol{I}_n-\boldsymbol{A}) & \boldsymbol{I}_{Nn} \\ \boldsymbol{\Sigma}\otimes\boldsymbol{\Gamma} & 0 \\ \boldsymbol{L}\otimes\boldsymbol{H} & \boldsymbol{I}_{Nn} \end{bmatrix} \tag{6-224}
$$

$$
\equiv\boldsymbol{\Xi}
$$

则当且仅当 $\boldsymbol{\Xi}$ 列满秩时，网络系统式 (6-219)、式 (6-220) 可观。

定义：

$$
\boldsymbol{\xi}=\left(\boldsymbol{\xi}_1,\cdots,\boldsymbol{\xi}_N\right)^{\mathrm{T}}\in\mathbb{C}^{nN\times 1} \tag{6-225}
$$

和

$$
\boldsymbol{\eta}=\left(\boldsymbol{\eta}_1,\cdots,\boldsymbol{\eta}_N\right)^{\mathrm{T}}\in\mathbb{C}^{nN\times 1} \tag{6-226}
$$

其中，$\boldsymbol{\xi}_i=\left(\boldsymbol{\xi}_i^1,\cdots,\boldsymbol{\xi}_i^n\right)^{\mathrm{T}}\in\mathbb{C}^{n\times 1}$；$\boldsymbol{\eta}_i=\left(\boldsymbol{\eta}_i^1,\cdots,\boldsymbol{\eta}_i^n\right)^{\mathrm{T}}\in\mathbb{C}^{n\times 1}$。

则当且仅当以下等式具有唯一的零解时，$\boldsymbol{\Xi}$ 列满秩：

$$
\begin{cases} \boldsymbol{I}_N\otimes(s\boldsymbol{I}_n-\boldsymbol{A})\boldsymbol{\xi}+\boldsymbol{\eta}=0 \\ (\boldsymbol{\Sigma}\otimes\boldsymbol{\Gamma})\boldsymbol{\xi}=0 \\ (\boldsymbol{L}\otimes\boldsymbol{H})\boldsymbol{\xi}+\boldsymbol{\eta}=0 \end{cases}\Rightarrow\begin{cases} \boldsymbol{\xi}=0 \\ \boldsymbol{\eta}=0 \end{cases} \tag{6-227}
$$

对称地，可以定义：

$$
\boldsymbol{F}=\left(\boldsymbol{\xi}_1,\cdots,\boldsymbol{\xi}_N\right)\in\mathbb{C}^{nN} \tag{6-228}
$$

和

$$
\boldsymbol{P}=(\boldsymbol{\eta}_1,\cdots,\boldsymbol{\eta}_N)\in\mathbb{C}^{n\times N} \tag{6-229}
$$

则当且仅当以下等式具有唯一的零解时，$\boldsymbol{\Xi}$ 列满秩：

$$
\begin{cases} (s\boldsymbol{I}_n-\boldsymbol{A})\boldsymbol{F}+\boldsymbol{P}=0 \\ \boldsymbol{\Gamma}\boldsymbol{F}\boldsymbol{\Sigma}^{\mathrm{T}}=0 \\ \boldsymbol{H}\boldsymbol{F}\boldsymbol{L}^{\mathrm{T}}+\boldsymbol{P}=0 \end{cases}\Rightarrow\begin{cases} \boldsymbol{F}=0 \\ \boldsymbol{P}=0 \end{cases} \tag{6-230}
$$

即：

$$
\begin{cases} (s\boldsymbol{I}_n-\boldsymbol{A})\boldsymbol{F}=\boldsymbol{H}\boldsymbol{F}\boldsymbol{L}^{\mathrm{T}} \\ \boldsymbol{\Gamma}\boldsymbol{F}\boldsymbol{\Sigma}^{\mathrm{T}}=0 \end{cases}\Rightarrow\boldsymbol{F}=0 \tag{6-231}
$$

定理 6-14 得证。

然后，可以得出以下结果。

定理 6-15

如果在网络中存在至少一个节点无法被窃听者监视，那么窃听者要完全观察网络系统式 (6-219) 的必要条件是 $(\boldsymbol{A}, \boldsymbol{H})$ 可观。

证明

不失一般性地，此处假定窃听者未对节点 i 进行窃听，即 $\delta_i = 0$。则矩阵

$$\begin{pmatrix} s\boldsymbol{I}_{Nn} - (\boldsymbol{I}_N \otimes \boldsymbol{A} + \boldsymbol{L} \otimes \boldsymbol{H}) \\ \boldsymbol{\Sigma} \otimes \boldsymbol{\Gamma} \end{pmatrix} \tag{6-232}$$

的第 i 个块列为：

$$[\boldsymbol{\gamma}_1 \quad \cdots \quad \boldsymbol{\gamma}_N \quad \cdots \quad \boldsymbol{\gamma}_{2N}] \tag{6-233}$$

其中：

$$\boldsymbol{\gamma}_j = \begin{cases} s\boldsymbol{I} - \boldsymbol{A}, \ j = i \\ -\beta_{ji}\boldsymbol{H}, \ j \neq i, 1 \leqslant j \leqslant N \\ 0, \ N < j \leqslant 2N \end{cases} \tag{6-234}$$

如果 $(\boldsymbol{A}, \boldsymbol{H})$ 是不可观的，则必存在 $s_0 \in \sigma(\boldsymbol{A})$ 和非零向量 $\boldsymbol{\eta} \in \mathbb{C}^{n \times 1}$，使 $(s_0\boldsymbol{I} - \boldsymbol{A})\boldsymbol{\eta} = 0$ 和 $\boldsymbol{H}\boldsymbol{\eta} = 0$。令 $\boldsymbol{\mu} = (0, \cdots, 0, \boldsymbol{\eta}, 0, \cdots, 0)^{\mathrm{T}}$，其中 $\boldsymbol{\eta}$ 位于第 i 块列，然后，可以很容易验证 $(s\boldsymbol{I}_{Nn} - (\boldsymbol{I}_N \otimes \boldsymbol{A} + \boldsymbol{L} \otimes \boldsymbol{H}))\boldsymbol{\mu} = 0$ 和 $((\boldsymbol{\Sigma} \otimes \boldsymbol{\Gamma})\boldsymbol{\mu} = 0$。

实际上，节点之间的内部耦合提供了在任何两个间接连接的节点之间传输信息的路径。$(\boldsymbol{A}, \boldsymbol{H})$ 的可观性使得那些不受监视的节点的信息可能被窃听者从间接连接到它们的节点中推论得出。

定理 6-16

如果网络中存在尾节点 i，则完全观察网络系统的必要条件是 $(\boldsymbol{A}, \boldsymbol{\Gamma})$ 可观，并且节点 i 被窃听者监视，即 $\delta_i = 1$。

证明

假定节点 i 没有邻居，即 $\beta_{ki} = 0, \forall k \in V$。同时，方程

$$\begin{pmatrix} s\boldsymbol{I}_{Nn}-(\boldsymbol{I}_N\otimes\boldsymbol{A}+\boldsymbol{L}\otimes\boldsymbol{H}) \\ \boldsymbol{\Sigma}\otimes\boldsymbol{\Gamma} \end{pmatrix} \tag{6-235}$$

的第 i 个块列为：

$$(0,\cdots,0,s\boldsymbol{I}-\boldsymbol{A},0,\cdots,0,\delta_i\boldsymbol{\Gamma},0,\cdots,0)^{\mathrm{T}} \tag{6-236}$$

如果该节点不受窃听者监视，即 $\delta_i=0$，则对于 $s_0\in\sigma(\boldsymbol{A})$，必将导致该矩阵的秩减少。同样地，如果 $(\boldsymbol{A},\boldsymbol{\Gamma})$ 是不可观的，则存在 $s_0\in\sigma(\boldsymbol{A})$，必将导致该矩阵的秩减少。

直观而言，要完全监视整个网络系统，窃听者必须监视尾节点。因为尾节点不会向其他节点传递任何信息，这代表窃听者无法通过任何其他节点来获取尾节点的任何信息。

（2）典型的网络结构

复杂的网络大多都具有环状结构的子网，这会对网络的可观性产生特殊影响。因此，本节将单独考虑当网络中存在环状子网的窃听情况。

在这里，首先考虑一个简单的环状网络，其邻接矩阵如下：

$$\boldsymbol{L}_{V_{\text{ring}}}=\begin{bmatrix} 0 & 0 & \cdots & 0 & 1 \\ 1 & 0 & \cdots & 0 & 0 \\ 0 & 1 & \cdots & 0 & 0 \\ \vdots & \vdots & \ddots & \vdots & \vdots \\ 0 & \cdots & 0 & 1 & 0 \end{bmatrix} \tag{6-237}$$

定理 6-17

当分布式网络系统的物理拓扑结构是环状时，要完全窃听网络系统式 (6-219)，充分必要条件是窃听者可以测量环中任何一个节点的状态。

证明

根据定理 6-15，首先确定 $(\boldsymbol{A},\boldsymbol{H})$ 必须是可观的。

其次，窃听者至少必须监视网络中的一个节点。否则，$\boldsymbol{\Upsilon}=[\boldsymbol{\Sigma}\otimes\boldsymbol{\Gamma}]=0$，显然 $(\tilde{\boldsymbol{A}},\boldsymbol{\Upsilon})$ 不可观。

环状网络上所有节点的连接情况都是相同的，因此在不失一般性的前提下，假定节点 1 由窃听者监视，则环状网络系统有：

$$\tilde{\boldsymbol{A}} = \begin{bmatrix} \boldsymbol{A} & 0 & \cdots & 0 & \beta_{1N}\boldsymbol{H} \\ \beta_{21}\boldsymbol{H} & \boldsymbol{A} & 0 & \cdots & 0 \\ 0 & \beta_{32}\boldsymbol{H} & \boldsymbol{A} & \ddots & \vdots \\ \vdots & \ddots & \ddots & \ddots & 0 \\ 0 & \cdots & 0 & \beta_{N,N-1}\boldsymbol{H} & \boldsymbol{A} \end{bmatrix} \tag{6-238}$$

和

$$\boldsymbol{\varUpsilon} = [\boldsymbol{\Sigma} \otimes \boldsymbol{\Gamma}] = [\boldsymbol{\Gamma} \quad 0 \quad \cdots \quad 0] \tag{6-239}$$

因此，可以得到：

$$\boldsymbol{\varUpsilon}\tilde{\boldsymbol{A}}^{N-1} = [\gamma_1 \quad \gamma_2 \quad \gamma_3 \quad \cdots \quad \gamma_N] \tag{6-240}$$

其中：

$$\begin{aligned} &\gamma_1 = \boldsymbol{\Gamma}\boldsymbol{A}^{N-1} \\ &\gamma_2 = \boldsymbol{\Gamma}\beta_{1N}\beta_{N,N-1}\cdots\beta_{32}\boldsymbol{H}^{N-1} \\ &\gamma_3 = (N-1)\boldsymbol{\Gamma}\boldsymbol{A}\beta_{1N}\beta_{N,N-1}\cdots\beta_{43}\boldsymbol{H}^{N-2} \\ &\cdots \\ &\gamma_N = (N-1)\boldsymbol{\Gamma}\boldsymbol{A}^{N-2}\beta_{1N}\boldsymbol{H} \end{aligned} \tag{6-241}$$

由上式可知，$(\tilde{\boldsymbol{A}}, \boldsymbol{\varUpsilon})$ 可观，即该分布式网络系统可被窃听者完全监视。

接下来，考虑一个可以分为两个子网络的更为普遍的网络，其中一个子网络是环状结构的网络。

假设在由两个子网络 G_1 和 G_2 组成的网络 G 中，G_1 是一个环状结构网络，两个子网络之间只有一条从 G_2 到 G_1 的边，而具有节点动力学式 (6-217) 的子网络 G_2 是可观的。根据定理 6-17，如果监听到环状子网络中的任何节点，就可以完全监视该环状子网络。显然，如果在上述假设成立的条件下，可以同时观察到另一个子网络，则由这两个子网络组成的整个网络都可以被完全监视。接下来，基于以上讨论，分析如何监听到整个网络。

推论 6-1

在上述假设下，如果窃听者可以监视环状子网络 G_1 中的任何一个节点，则可以观察到具有网络拓扑 G 的整个系统式 (6-219)。

证明

首先，假设 G_1 是带有 $\boldsymbol{L}_1$ 和 $\boldsymbol{\Sigma}_1$ 的可观子网络，而 G_2 是带有 $\boldsymbol{L}_2$ 和 $\boldsymbol{\Sigma}_2$ 的可观子网络，且从 G_2 到 G_1 只有一条路径。

显然，对于整个网络，邻接矩阵为：

$$\boldsymbol{L}=\begin{bmatrix}\boldsymbol{L}_1 & \boldsymbol{L}_3\\ \boldsymbol{L}_4 & \boldsymbol{L}_2\end{bmatrix} \tag{6-242}$$

其中，$\boldsymbol{L}_3$ 和 $\boldsymbol{L}_4$ 中分别只有一个非零元素。不失一般性地，将非零元素放在右上角。因此，网络系统转移矩阵和窃听者观测矩阵可表示为：

$$\tilde{\boldsymbol{A}}=\boldsymbol{I}_N\otimes\boldsymbol{A}+\begin{bmatrix}\boldsymbol{L}_1\otimes\boldsymbol{H} & \begin{matrix}0 & \boldsymbol{H}\\ 0 & 0\end{matrix}\\ 0 & \boldsymbol{L}_2\otimes\boldsymbol{H}\end{bmatrix} \tag{6-243}$$

和

$$\boldsymbol{\varUpsilon}=\begin{bmatrix}\boldsymbol{\Sigma}_1\otimes\boldsymbol{\Gamma} & 0\\ 0 & \boldsymbol{\Sigma}_2\otimes\boldsymbol{\Gamma}\end{bmatrix} \tag{6-244}$$

显然，$(\tilde{\boldsymbol{A}},\boldsymbol{\varUpsilon})$ 是可观的。

以上结果针对网络只有一个环状子网络的情况进行了分析。在实际中，一个分布式网络中不一定只有一个环状子网络，而是存在多个环状子网络。推论 6-2 将其扩展到具有多个环状子网络的分布式结构网络系统中。

推论 6-2

假设一个网络具有多个不直接相互连接的环状子网，并且任何循环子网中的任何节点都没有指向该循环之外的节点。在这种情况下，完全观察该整个分布式网络系统的必要条件是每个环状子网络中的至少一个节点可以被窃听者监视。

该推论可以直接由定理 6-17 得证。

接下来，考虑更具有实际使用意义的技术问题，即：找到窃听者需要监视的最小节点集，在窃听者监视的节点包含该节点集的情况下，可以完全监视整个分布式网络系统式 (6-219) 的状态。

从窃听者的角度来看，它必定希望监视尽可能少的节点，以减少时间、精力和金钱的可能成本。从网络安全保护者的角度来看，同样希望有尽可能少的必须设置保护的节点，以降低集中保护的能源成本，精准设防。在这种情况下，以下结果是十分有意义的。

为了能够完全监视整个分布式网络系统，窃听者必须监视以下节点：

① 尾节点 i，其 $\mathbb{N}_{out}(i)=\varnothing$ 且 $\mathbb{N}_{in}(i)\neq\varnothing$；

② 孤立节点 j，其 $\mathbb{N}_{out}(j)=\varnothing$ 且 $\mathbb{N}_{in}(j)\neq\varnothing$；

③ 环 V_{ring} 上的任意至少一个节点 k，其 V_{ring} 满足对于每一个 $k\subseteq V_{ring}$，必有 $\mathbb{N}_{out}(k)\subseteq V_{ring}$。

将上述三种类型节点的集合的并集表示为 $\breve{\varepsilon}$，并由 ε 表示窃听者监视的节点集合。

推论 6-3

完全观察网络系统的必要条件是 $\varepsilon\supseteq\breve{\varepsilon}$。

该推论可以直接由定理 6-16 得证。

在复杂的网络中，可能会有几组头节点。在这种情况下，可以从每个头节点组中选择一个节点构成头节点集，由 Φ 表示。

推论 6-4

存在一组受监视节点 ε 满足 $\varepsilon\subseteq\breve{\varepsilon}$，其中 $\hat{\varepsilon}=V-\Phi$，在这种情况下，窃听者仍然可以完全监视整个分布式网络系统。

证明

在每组头节点中，头节点的信息可以通过指向它们的任何节点获取，因此一定至少存在一个不需要监视的头节点。

6.3.2 窃听攻击下的离散分布式网络系统的安全性分析

6.3.2.1 问题描述

（1）系统建模

考虑一个离散分布式网络系统，其中每个节点的状态更新动力学方程为：

$$\boldsymbol{x}_i(k+1)=\boldsymbol{A}\boldsymbol{x}_i(k)+\epsilon\sum_{j\in\mathbb{N}(i)}\boldsymbol{x}_j(k) \tag{6-245}$$

其中，$\boldsymbol{x}_i(k)\in\mathbb{R}^n$是状态向量；$\epsilon$是节点间的连接权重。

在连续时间系统中，采用耦合矩阵来表征节点间的连接情况，但在离散时间系统中，大部分网络系统直接采用一个固定常数来表征节点间的连接权重。本节中也选择采用这种方法，以提高离散时间系统建模的普适性。本节将物理拓扑结构的图的邻接矩阵$\boldsymbol{L}$定义为：

$$\boldsymbol{L}_{ij}=\begin{cases}1, & (i,j)\in E\\ 0, & \text{其他}\end{cases} \tag{6-246}$$

其中，$\boldsymbol{L}_{ii}=0,\forall i$。

本节选择使用克罗内克乘积来表示整个网络的状态。令$\boldsymbol{X}(k)=(\boldsymbol{x}_1^{\mathrm{T}}(k),\boldsymbol{x}_2^{\mathrm{T}}(k),\cdots,\boldsymbol{x}_N^{\mathrm{T}}(k))^{\mathrm{T}}$表示整个网络系统的状态向量。然后，可以将整个网络系统的系统方程重写为：

$$\boldsymbol{X}(k+1)=\tilde{\boldsymbol{A}}\boldsymbol{X}(k) \tag{6-247}$$

其中，$\tilde{\boldsymbol{A}}=[\boldsymbol{I}_N\otimes\boldsymbol{A}+\epsilon\boldsymbol{L}\otimes\boldsymbol{I}_n]$。

（2）窃听模型

在实际应用中，网络正朝着更大规模、更开放的方向发展，这同时也引发了信息遭受窃听的潜在风险。对于分布式网络系统，窃听者很容易访问通信通道，以收集传输的数据。与此同时，由于窃听者能力的限制和网络系统的巨大规模，拦截所有传输的数据是不切实际的。

本节认为窃听者可以监视网络系统中部分节点的状态，然后使用这些获得的信息来推断整个分布式网络系统的初始状态。值得一提的是，如果窃听者可以推断出整个网络系统的初始状态，那么它可以进一步推断出整个网络系统任意时刻的状态。

在图 6-12 中，如果窃听者可以观察到节点 3 的状态，那么本书认为窃听者可以监视节点 3 并获取有关节点 3 的信息。

现有的安全文献中，很少有研究工作致力于通过观察网络系统的部分信息来估计所有全局信息。

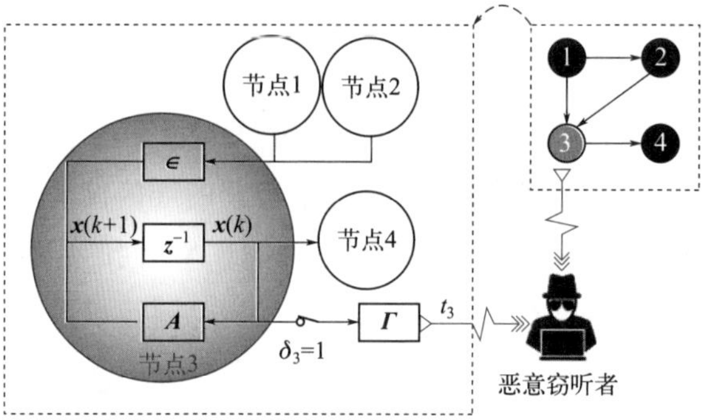

图 6-12　存在窃听者的系统模型

如果窃听者可以观察节点 i 的状态，则令 $\delta_i=1$。例如，在图 6-12 中，本节定义为窃听者可以监视节点 3，即 $\delta_3=1$。

令 $\boldsymbol{\Sigma}=\mathrm{diag}(\delta_1,\cdots,\delta_N)\in\mathbb{R}^{N\times N}$ 表示窃听矩阵。

定义：

$$\boldsymbol{s}_i(k)=\delta_i\boldsymbol{\Gamma}\boldsymbol{x}_i(k) \tag{6-248}$$

其中，$\boldsymbol{s}_i(k)\in\mathbb{R}^n$ 是窃听者在第 k 个时间点观察到的节点 i 的状态；$\boldsymbol{\Gamma}\in\mathbb{R}^{m\times n}$ 表示窃听者的观察矩阵。

令 $\boldsymbol{S}(k)=(\boldsymbol{s}_1^{\mathrm{T}}(k),\boldsymbol{s}_2^{\mathrm{T}}(k),\cdots,\boldsymbol{s}_N^{\mathrm{T}}(k))^{\mathrm{T}}$ 是整个网络系统的观测状态。进一步整合所有节点的窃听者的观测状态为：

$$\boldsymbol{S}(k)=\boldsymbol{\Upsilon}\boldsymbol{X}(k) \tag{6-249}$$

其中，$\boldsymbol{\Upsilon}=[\boldsymbol{\Sigma}\otimes\boldsymbol{\Gamma}]$。

首先，此处引入一个在离散时间系统中普适且公认的引理，该引理将在以下分析中使用。

引理 6-13

如果对于任何初始状态 $\boldsymbol{x}_0$ 和某个最终时间 k，初始状态 $\boldsymbol{x}_0$ 可以通过获取时间范围 $i\in[0,k]$ 的输出 $\boldsymbol{y}_i$ 来唯一确定，则认为该离散时间系统可观。

鉴于该引理及本节设定的窃听模型，以下定义在本节的进一步分析中起着至关重要的作用。

对于系统式 (6-245) 和式 (6-248)，如果对于任何 k，$\boldsymbol{x}_i(k)$ 可以从 $\boldsymbol{s}_i(k),\boldsymbol{s}_i(k+1),\cdots,\boldsymbol{s}_i(k+n-1)$ 中得出，则认为窃听者可以完全监视节点 i，即节点 i 是可观的。对于系统式 (6-247) 和式 (6-249)，如果对于任何 k，$\boldsymbol{X}(k)$ 可以从 $\boldsymbol{S}(k),\boldsymbol{S}(k+1),\cdots,\boldsymbol{S}(k+n-1)$ 中得出，则认为窃听者可以完全观察到整个离散时间分布式网络系统，即该网络系统是可观的。

众所周知，在系统理论中，如果具有动力学式 (6-245) 的节点 i 的测量方程为 $\boldsymbol{y}_i(k)=\boldsymbol{C}\boldsymbol{x}_i(k)$，则如果可以在有限时间内通过测量值唯一地推断确定其初始状态，即 $(\boldsymbol{A}, \boldsymbol{C})$ 是可观的。实际上，本节所考虑的问题旨在通过观察部分节点来找到窃听者可以推断整个网络系统状态的条件，这类似于为结构可观性找到条件。有趣的是，所有节点都是可观的条件并不等于整个分布式网络系统都是可观的条件。部分结果甚至与常规直觉相反，这促使我们进一步探索单节点的可观性与整个分布式网络系统的可观性之间的关系。

6.3.2.2 主要结论

（1）收敛分析

在研究可观性条件之前，本节将首先分析分布式网络系统式 (6-247) 的收敛性。

引理 6-14

对于离散常数系统 $\boldsymbol{X}(k+1)=\boldsymbol{A}\boldsymbol{X}(k),k\geqslant 0$，$\lim\limits_{k\to\infty}\boldsymbol{X}(k)$ 收敛的充分条件是 $\rho(\boldsymbol{A})<1$。

引理 6-15

对于矩阵 $\boldsymbol{A}\in\mathbb{C}^{n\times m}$，必有 $\rho(\boldsymbol{A})\leqslant\|\boldsymbol{A}\|_\infty$，其中 $\|\boldsymbol{A}\|_\infty=\max\limits_{1\leqslant i\leqslant n}\sum\limits_{j=1}^{n}|a_{ij}|$ 表示矩阵 $\boldsymbol{A}$ 的行元素之和。

引理 6-16

对于模型 $\boldsymbol{F}(k+1)=\boldsymbol{P}\boldsymbol{F}(k)$，$k\geqslant 0$，若有 $p_{ij}\geqslant 0$ 和 $\sum\limits_{j=1}^{k}p_{ij}=1$，则其无穷状态 $\lim\limits_{k\to\infty}\boldsymbol{F}(k)$ 将收敛为共识或聚类。

定义：

$$a_{\max} = \max_{1 \leqslant i \leqslant n} a_i \tag{6-250}$$

其中，$[a_1, a_2, \cdots, a_n]^{\mathrm{T}} = \boldsymbol{A}\mathbf{1}_n$，且：

$$d_{\max} = \max_{1 \leqslant j \leqslant N} d_j \tag{6-251}$$

其中，$d_j = \mathrm{card}(\mathbb{N}_{\mathrm{in}}(j))$。

根据以上引理及数学定义，在此处可以得出以下定理：

定理 6-18

如果系统状态式 (6-247) 最终将收敛到稳态，则必须有：

$$0 < \epsilon \leqslant \frac{1 - a_{\max}}{d_{\max}} \tag{6-252}$$

证明

很容易得到的是，系统矩阵

$$\begin{aligned} \tilde{\boldsymbol{A}} &= [\boldsymbol{I}_N \otimes \boldsymbol{A} + \epsilon \boldsymbol{L} \otimes \boldsymbol{I}_n] \\ &= \begin{bmatrix} \boldsymbol{A} & \epsilon \boldsymbol{L}_{12} \boldsymbol{I}_n & \cdots & \epsilon \boldsymbol{L}_{1N} \boldsymbol{I}_n \\ \epsilon \boldsymbol{L}_{21} \boldsymbol{I}_n & \boldsymbol{A} & \cdots & \epsilon \boldsymbol{L}_{2N} \boldsymbol{I}_n \\ \vdots & \vdots & \ddots & \vdots \\ \epsilon \boldsymbol{L}_{N1} \boldsymbol{I}_n & \epsilon \boldsymbol{L}_{N2} \boldsymbol{I}_n & \cdots & \boldsymbol{A} \end{bmatrix} \begin{matrix} \rightarrow 分块1 \\ \rightarrow 分块2 \\ \vdots \\ \rightarrow 分块N \end{matrix} \end{aligned} \tag{6-253}$$

的第 j 块的第 i 行中元素的总和为：

$$a_i + \epsilon \sum_{k=1}^{N} \boldsymbol{L}_{jk} \tag{6-254}$$

即：

$$a_i + \epsilon d_j \tag{6-255}$$

根据引理 6-14 ～引理 6-16，如果满足 $a_i + \epsilon d_j \leqslant 1$，则网络系统将收敛到稳态，其中 $1 \leqslant i \leqslant n, 1 \leqslant j \leqslant N$。因此，在此处考虑限制行元素的最大和。

根据 $a_{\max} + \epsilon d_{\max} \leqslant 1$，可以得到 $0 < \epsilon \leqslant \dfrac{1 - a_{\max}}{d_{\max}}$。上述定理得证。

（2）可观条件

为了获得主要结论，在此处需要引入以下引理。该可观性引理与连续时间分布式系统的可观性引理形式相似。

引理 6-17

在离散时间分布式系统中，要使 $(\boldsymbol{A}, \boldsymbol{C})$可观，当且仅当对于在 $s \in \mathbb{C}^n$ 中的任何复数 s，$[(s\boldsymbol{I}-\boldsymbol{A})^{\mathrm{T}} \quad \boldsymbol{C}^{\mathrm{T}}]^{\mathrm{T}}$ 都是满秩的。

根据引理 6-17，式 (6-247) ～式 (6-249) 可被窃听者完全监视信息，当且仅当 $\begin{bmatrix} s\boldsymbol{I}_{Nn}-\tilde{\boldsymbol{A}} \\ \boldsymbol{\Upsilon} \end{bmatrix}$的秩为 Nn。

使用以上所有引理，此处可以获得以下结果。

定理 6-19

窃听者可以完全监视到整个离散时间分布式网络系统式 (6-247) ～式 (6-249) 的所有状态，当且仅当对于任何复数 s，下述方程矩阵

$$\begin{cases} (s\boldsymbol{I}_n-\boldsymbol{A})\boldsymbol{F}=\epsilon \boldsymbol{F}\boldsymbol{L}^{\mathrm{T}} \\ \boldsymbol{\Gamma}\boldsymbol{F}\boldsymbol{\Sigma}^{\mathrm{T}}=0 \end{cases} \tag{6-256}$$

的唯一解 $\boldsymbol{F} \in \mathbb{C}^{n\times N}$ 是 $\boldsymbol{F}=0$。

证明

根据上述引理可以轻易得出，离散时间分布式网络系统式(6-247)～式 (6-249) 可观，当且仅当：

$$\operatorname{rank}\left(\begin{bmatrix} s\boldsymbol{I}_{Nn}-[\boldsymbol{I}_N \otimes \boldsymbol{A}+\epsilon \boldsymbol{L}\otimes \boldsymbol{I}_n] \\ \boldsymbol{\Sigma}\otimes\boldsymbol{\Gamma} \end{bmatrix}\right)=\boldsymbol{Nn} \tag{6-257}$$

因此，上式改写为：

$$\begin{aligned} &\begin{bmatrix} s\boldsymbol{I}_{Nn}-[\boldsymbol{I}_N \otimes \boldsymbol{A}+\epsilon \boldsymbol{L}\otimes \boldsymbol{I}_n] & \boldsymbol{I}_{Nn} \\ \boldsymbol{\Sigma}\otimes\boldsymbol{\Gamma} & 0 \\ 0 & \boldsymbol{I}_{Nn} \end{bmatrix}\begin{bmatrix} \boldsymbol{I}_{Nn} & 0 \\ \epsilon\boldsymbol{L}\otimes\boldsymbol{I}_n & \boldsymbol{I}_{Nn} \end{bmatrix} \\ &=\begin{bmatrix} \boldsymbol{I}_N\otimes(s\boldsymbol{I}_n-\boldsymbol{A}) & \boldsymbol{I}_{Nn} \\ \boldsymbol{\Sigma}\otimes\boldsymbol{\Gamma} & 0 \\ \epsilon\boldsymbol{L}\otimes\boldsymbol{I}_n & \boldsymbol{I}_{Nn} \end{bmatrix} \\ &\equiv \boldsymbol{\Xi} \end{aligned} \tag{6-258}$$

如果 $\boldsymbol{\varXi}$ 具有列满秩，则离散分布式网络系统式 (6-247) ～式 (6-249) 可观。

定义 $\boldsymbol{\xi}=\begin{pmatrix}\boldsymbol{\xi}_1\\ \vdots \\ \boldsymbol{\xi}_N\end{pmatrix}\in\mathbb{C}^{nN\times 1}$，其中 $\boldsymbol{\xi}_i=\begin{pmatrix}\boldsymbol{\xi}_i^1\\ \vdots \\ \boldsymbol{\xi}_i^n\end{pmatrix}\in\mathbb{C}^{n\times 1}$。定义 $\boldsymbol{\eta}=\begin{pmatrix}\boldsymbol{\eta}_1\\ \vdots \\ \boldsymbol{\eta}_N\end{pmatrix}\in\mathbb{C}^{nN\times 1}$，

其中 $\boldsymbol{\eta}_i=\begin{pmatrix}\boldsymbol{\eta}_i^1\\ \vdots \\ \boldsymbol{\eta}_i^n\end{pmatrix}\in\mathbb{C}^{n\times 1}$。

那么，$\boldsymbol{\varXi}$ 具有列满秩，当且仅当以下方程

$$\begin{cases}\boldsymbol{I}_N\otimes(s\boldsymbol{I}_n-\boldsymbol{A})\boldsymbol{\xi}+\boldsymbol{\eta}=0\\ (\boldsymbol{\Sigma}\otimes\boldsymbol{\Gamma})\boldsymbol{\xi}=0\\ (\epsilon\boldsymbol{L}\otimes\boldsymbol{I}_n)\xi+\boldsymbol{\eta}=0\end{cases}\tag{6-259}$$

的解为：

$$\begin{cases}\boldsymbol{\xi}=0\\ \boldsymbol{\eta}=0\end{cases}\tag{6-260}$$

定义 $\boldsymbol{F}=(\xi_1,\cdots,\xi_N)\in\mathbb{C}^{n\times N}$ 和 $\boldsymbol{P}=(\boldsymbol{\eta}_1,\cdots,\boldsymbol{\eta}_N)\in\mathbb{C}^{n\times N}$，则式 (6-259) 可转换为：

$$\begin{cases}(s\boldsymbol{I}_n-\boldsymbol{A})\boldsymbol{F}+\boldsymbol{P}=0\\ \boldsymbol{\Gamma}\boldsymbol{F}\boldsymbol{\Sigma}^T=0\\ \epsilon\boldsymbol{I}_n\boldsymbol{F}\boldsymbol{L}^{\mathrm{T}}+\boldsymbol{P}=0\end{cases}$$

即下列方程

$$\begin{cases}(s\boldsymbol{I}_n-\boldsymbol{A})\boldsymbol{F}-\epsilon\boldsymbol{F}\boldsymbol{L}^{\mathrm{T}}=0\\ \boldsymbol{\Gamma}\boldsymbol{F}\boldsymbol{\Sigma}^{\mathrm{T}}=0\end{cases}\tag{6-261}$$

的唯一解为 $\boldsymbol{F}$=0。上述定理得证。

在定理 6-19 中，窃听者在只能观察到少量节点的情况下，获得了推断整个离散分布式网络系统的初始状态的充分必要条件。该条件探讨了系统参数、网络拓扑结构以及窃听者观察到的节点选择之间的关系。

显然，窃听矩阵 $\boldsymbol{\Sigma}$ 的选择是获得整个系统状态的关键。在下文中，将进一步研究节点在网络中的作用及其对网络系统可观性的影响。

定理 6-20

如果网络中存在满足 $V_{\text{in}}=\{i\mid\mathbb{N}_{\text{out}}(i)=\varnothing\}$ 的尾节点 i，则完全监视整个离散分布式网络系统的必要条件为 $(\boldsymbol{A},\boldsymbol{\Gamma})$ 可观且 $\delta_i=1$。

证明

很容易得到，如果节点 i 没有邻居，则

$$\begin{pmatrix} s\boldsymbol{I}_{Nn}-[\boldsymbol{I}_N\otimes\boldsymbol{A}+\epsilon\boldsymbol{L}\otimes\boldsymbol{I}_n] \\ \boldsymbol{\Sigma}\otimes\boldsymbol{\Gamma} \end{pmatrix} \tag{6-262}$$

的第 i 个块列为：

$$(0,\cdots,0,s\boldsymbol{I}-\boldsymbol{A},0,\cdots,0,\delta_i\boldsymbol{\Gamma},0,\cdots,0)^{\mathrm{T}} \tag{6-263}$$

首先，如果节点 i 未被窃听者监视，即 $\delta_i=0$，则对于 $s_0\in\sigma(\boldsymbol{A})$，可以很容易发现，上述矩阵的列的秩将减少。其次，如果 $(\boldsymbol{A},\boldsymbol{\Gamma})$ 是不可观的，则必然在存在 $s_0\in\sigma(\boldsymbol{A})$，导致上述矩阵的列的秩减少。

根据上述结论，可以完成定理 6-20 的证明。

显然，以上结果符合直觉认知。如果节点未将信息发送到其他节点，则窃听者无法从任何其他节点推断该节点的信息。因此，没有邻居的节点必须由窃听者监视，才能够满足窃听者的监视需求。

此外，对于具有特定拓扑结构的网络系统，可以直接确定窃听者需要观察哪些节点。根据定理 6-20，进一步获得以下推论。

推论 6-5

为了确定整个联网系统的状态信息，在典型结构中应监视下述节点：

①当网络拓扑为链状时，窃听者仅需要监视不发送信息的尾部节点。

②当网络拓扑为环状时，窃听者仅需要监视环状网络中的任意一个节点。

③当网络拓扑为星形时，窃听者需要监视除中心节点以外的所有节点。

④当网络拓扑是树状时，窃听者需要监视所有叶节点。

上述推论可以直接由定理 6-19 得出。

6.3.3 一种用于远程状态估计隐私保护的编码机制

6.3.3.1 隐私保护编码机制的描述

（1）基本隐私保护编码机制

考虑由 n 个传感器构成的系统，每个传感器测得标量输出为 $y_i(k)=\boldsymbol{h}_i^{\mathrm{T}}x(k)+v_i(k)$，我们为每一个传感器 S_i 设计安全的测量值传输机制，由以下步骤描述。

① 对于传感器 S_i, i=1,2,…,n，为其装备一个输出为随机标量序列的噪声发生器 G_i。该随机标量序列记为 $\xi_i(k)$，其方差记为 D_{ξ_i}，即 $D_{\xi_i}=\mathbb{E}\left\{\xi_i(k)-E\left[\xi_i(k)\right]\right\}^2$。

② 使用多路复用器，将观测值 $\boldsymbol{y}_i(k)$ 和人工噪声序列 $\xi_i(k)$ 加载到同一信号中，该信号中所包含的信息用二维向量 $\boldsymbol{y}_i(k)$ 表示，即 $\boldsymbol{y}_i(k)=\left[y_i(k),\xi_i(k)\right]^{\mathrm{T}}$。

③ 给传感器 S_i 和噪声发生器 G_i 分配一个非奇异矩阵 $\boldsymbol{M}_i\in\mathbb{R}^{2\times2}$，称为编码矩阵。在信源端，$\boldsymbol{M}_i$ 已经被预设在编码器当中；在信宿端，其逆矩阵 $\boldsymbol{M}_i^{-1}$ 被预设在解码器中；窃听器不知道 $\boldsymbol{M}_i$ 和 $\boldsymbol{M}_i^{-1}$ 的值。

④ 编码器用编码矩阵 $\boldsymbol{M}_i$ 对测量值和噪声序列的组合向量 $\boldsymbol{y}_i(k)$ 进行线性变换，得到：

$$\boldsymbol{y}_i^*(k)=\boldsymbol{M}_i\boldsymbol{y}_i(k) \tag{6-264}$$

其中，$\boldsymbol{y}_i^*(k)$ 是经过编码的观测值，右上角的星号表示其是经过加密的。

⑤ 将经过编码的观测值 $\boldsymbol{y}_i^*(k)$ 上传至无线信道，而非上传真实的测量值 $\boldsymbol{y}_i(k)$。

注：$\boldsymbol{y}_i^*(k)$ 是一个二维向量，其第一维用 $\boldsymbol{y}_i^{*1}(k)$ 表示，第二维用 $\boldsymbol{y}_i^{*2}(k)$ 表示。

应用式 (6-264) 所示的编码机制后，在进行解码之前，估计器无法直接读取真实的测量值 $y_i(k)$。由于信道是无干扰的，且编码矩阵的逆矩阵已经写入解码器，相应的解码方式由下式给出：

$$y_i(k) = \boldsymbol{e}_1^{\mathrm{T}} \boldsymbol{M}_i^{-1} \boldsymbol{y}_i^*(k) \tag{6-265}$$

其中，$\boldsymbol{e}_1 = [1,0]^{\mathrm{T}}$。

可以看出，由于编码矩阵 $\boldsymbol{M}_i$ 的值不被窃听器所掌握，且信道上传输的是经过编码后的数据 $\boldsymbol{y}_i^*(k)$，因此窃听器无法从信道上直接获取传感器的测量值 $y_i(k)$。

关于本节中步骤①至⑤所描述的用于状态远程传输隐私保护的编码机制，一个值得指出的点是，对编码矩阵的逆矩阵的求解并不会给解码器带来额外的计算复杂度，因为求解逆矩阵这一步骤不必在每一个采样周期内进行，$\boldsymbol{M}_i^{-1}$ 只需在部署整个系统时计算一次，然后写入解码器即可。

此外，在密码学中，一段随机序列的不可预测性是保证一个加密算法的有效性和可靠性的基础。当足够长的样本被提供时，由一个确定的算法（通常包含一个随机数种子和模运算）所生成的随机序列可以被解密。为了获取真实的随机序列而不是由某个随机数种子生成，一种方法是将一个对数增益为零的模拟电路的输出信号减去其输入信号，以获得电路中的电阻热噪声。此时，所获得的随机序列的均值为零。将电阻热噪声经过放大和采样，得到真实的离散随机序列。

（2）能量优化编码机制

在前面描述的基本隐私保护编码机制中，对于每一时刻的 $\boldsymbol{y}_i(k)$，其第一个元素是该时刻的传感器观测结果 $y_i(k)$，第二个元素是噪声发生器的输出 $\xi_i(k)$。由于 $\xi_i(k)$ 的引入是为了混淆信道上所传输的观测数据，$\xi_i(k)$ 在向量 $\boldsymbol{y}_i(k)$ 中的位置可以是任意的。因此，一个噪声发生器的输出可以用于两个传感器的编码过程，因为 $\xi_i(k)$ 可以插入多路复用向量 $\boldsymbol{y}_i(k)$ 的第一维或者第二维。对于相邻的两个传感器 S_{2i-1} 和 S_{2i}，它们连接同一个噪声发生器 G_i，所共同使用的噪声序列为 $\xi_i(k)$。S_{2i-1} 和 S_{2i} 对应的多路复用向量分别为 $\boldsymbol{y}_{2i-1}(k) = \left[y_{2i-1}(k), \xi_i(k)\right]^{\mathrm{T}}$，以及 $\boldsymbol{y}_{2i}(k) = \left[\xi_i(k), y_{2i}(k)\right]^{\mathrm{T}}$。分别地，$S_{2i-1}$ 和 S_{2i} 经过改进的编码机制为：

$$\boldsymbol{y}_{2i-1}^*(k) = \boldsymbol{M}_i \boldsymbol{y}_{2i-1}(k) = M_i \left[y_{2i-1}(k), \xi_i(k)\right]^{\mathrm{T}} \tag{6-266}$$

$$\boldsymbol{y}_{2i}^*(k) = \boldsymbol{M}_i \boldsymbol{y}_{2i}(k) = M_i \left[\xi_i(k), y_{2i}(k)\right]^{\mathrm{T}} \tag{6-267}$$

如此便节省了噪声发生器的使用，从而减少了能量的使用。可将能量优化的编码机制（Energy-Saving Encoding Mechanism, ESEM）总结成如图 6-13 所示的伪代码。

算法 6-2 能量优化编码机制 (ESEM)

输入：观测值 $y_1(k), y_2(k), \cdots, y_n(k)$

输出：每一时刻的编码后的观测值数据包

$k=1$；

while k do

packet = [] ；$i=1$ ；　　// 初始化

while $2*i<=n$ do

　　$\boldsymbol{y}_{2i-1}(k)=\left[y_{2i-1}(k), \xi_i(k)\right]^{\mathrm{T}}$ ；　// 多路复用

　　$\boldsymbol{y}_{2i}(k)=\left[\xi_i(k), y_{2i}(k)\right]^{\mathrm{T}}$ ；　// 多路复用

　　$\boldsymbol{y}_{2i-1}^{*}(k)=\boldsymbol{M}_i \boldsymbol{y}_{2i-1}$ ；　// 编码

　　$\boldsymbol{y}_{2i}^{*}(k)=\boldsymbol{M}_i \boldsymbol{y}_{2i}$ ；　// 编码

　　$i=i+1$ ；

if $n==2*i-1$ then

　　$\boldsymbol{y}_n=\left[y_n(k), \xi_i(k)\right]^{\mathrm{T}}$ ；　// 多路复用

　　$\boldsymbol{y}_n^{*}(k)=\boldsymbol{M}_i \boldsymbol{y}_n$ ；　// 编码

for $j=1:n$ do

　　packet $=\left[\text{packet}, \boldsymbol{y}_n^{*}(k)\right]^{\mathrm{T}}$ ；// 多路复用

upload packet;

$k=k+1$ ；

图 6-13　能量优化编码机制

相应地，针对算法 6-2 的解码机制为：

$$y_{2i-1}(k)=\boldsymbol{e}_1^{\mathrm{T}} \boldsymbol{M}_i^{-1} \boldsymbol{y}_{2i-1}^{*}(k) \tag{6-268}$$

$$y_{2i}(k)=\boldsymbol{e}_2^{\mathrm{T}} \boldsymbol{M}_i^{-1} \boldsymbol{y}_{2i}^{*}(k) \tag{6-269}$$

其中，$\boldsymbol{e}_1=[1,0]^{\mathrm{T}}$，$\boldsymbol{e}_2=[0,1]^{\mathrm{T}}$。

算法 6-2 包括了传感器的数量分别为奇数和偶数两种情形：对于为奇数的情形，最后一个传感器 S_n 无法和其相邻的传感器匹配，因此处于

未分组的状态，将单独使用一个噪声发生器 $G_{\frac{n+1}{2}}$；对于为偶数的情形，所有的传感器都与其相邻传感器分为一组，共用该组内的一个噪声发生器。尽管 S_n 有可能未被分组，其观测值 $y_n(k)$ 仍然可以按照式 (6-266) 方式被编码。由于使用了能量优化的编码机制 ESEM，无论传感器的数量 n 是奇数还是偶数，观测值 $y_i(k)$ 都无法被直接访问。由于估计器端的解码器拥有 $\boldsymbol{M}_i^{-1}$，其可根据式 (6-268) 和式 (6-269) 计算每一组的传感器观测值；而窃听器不具有 $\boldsymbol{M}_i^{-1}$，因此窃听器无法获取传感器的观测值。

图 6-14 展示了第 i 个传感器组的内部连接结构。与前面介绍的编码机制相比，ESEM 在运行时会消耗更少的能量。对于存在 n 个传感器的情形，前者需要 n 个噪声发生器，而 ESEM 需要 $\frac{n}{2}$（n 为偶数）或 $\frac{n+1}{2}$（n 为奇数）个噪声发生器。

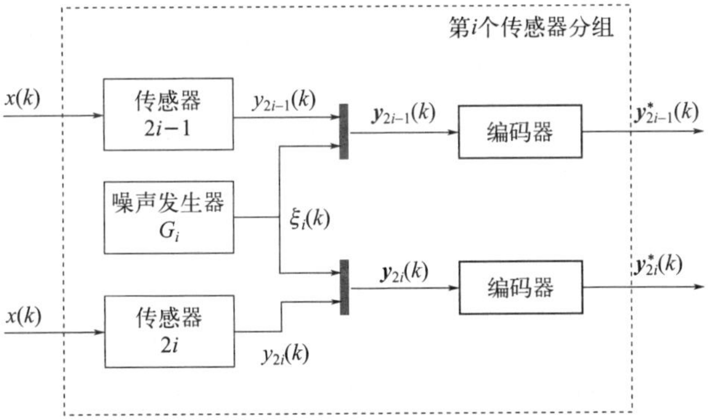

图 6-14　传感器分组 i 的内部结构

为了进一步降低能量损耗，一个直观的想法是在一个传感器分组内包括更多的传感器。如此，一个噪声发生器就可以被更多的传感器利用，从而节省数量。然而，对于编码矩阵 $\boldsymbol{M}_i \in \mathbb{R}^{2\times 2}$ 的情形，在一个分组内包含多于两个的传感器可能会导致隐私泄露，因为多路复用向量 $\boldsymbol{y}_i(k)$ 只有二维，噪声序列 $\xi_i(k)$ 在 $\boldsymbol{y}_i(k)$ 中的位置只有两种可能。如果有三个传感器位于同一分组，那么其中至少有两个传感器的噪声序列所在的位置相同，当窃听器从信道获取到具有这样结构的数据时，可以借助高斯消去法（Gaussian Elimination）计算系统的状态，导致隐私泄露。

下面一个数值例子说明了此情形。

例：考虑一个具有三个状态变量 $x_1(k)$、$x_2(k)$、$x_3(k)$ 的线性系统，其状态由三个传感器观测。观测方程分别为

$$y_1(k)=x_1(k)+2x_2(k)+x_3(k)+v_1(k)$$

$$y_2(k)=2x_1(k)+x_2(k)+x_3(k)+v_2(k)$$

$$y_3(k)=x_1(k)+x_2(k)+x_3(k)+v_3(k)$$

假设这些传感器足够精确，测量噪声 $v_1(k)$、$v_2(k)$、$v_3(k)$ 可以忽略不计。如果这三个传感器被分配在同一分组，共用一个噪声序列 $\xi(k)$，并且用于这个分组的编码矩阵为 $\boldsymbol{M}=\begin{bmatrix}2 & 1\\ 1 & 2\end{bmatrix}$，则有 $\boldsymbol{y}_1^*(k)=\boldsymbol{M}\left[y_1(k),\xi(k)\right]^{\mathrm{T}}$，$\boldsymbol{y}_2^*(k)=\boldsymbol{M}\left[\xi(k),y_2(k)\right]^{\mathrm{T}}$。

为了对余下的观测数据 $y_3(k)$ 进行编码，需要将其与噪声序列 $\xi(k)$ 组合成多路复用向量。如此，$\xi(k)$ 要么处于多路复用向量的第一维，要么处于多路复用向量的第二维。不妨设为前者，那么有 $\boldsymbol{y}_3^*(k)=\boldsymbol{M}\left[\xi(k),y_3(k)\right]^{\mathrm{T}}$。于是，对于 $\boldsymbol{y}_2^*(k)$ 的第一个元素 $y_2^{*1}(k)$ 和 $\boldsymbol{y}_3^*(k)$ 的第一个元素 $y_3^{*1}(k)$，有：

$$y_2^{*1}(k)=2\xi(k)+y_2(k)$$
$$y_3^{*1}(k)=2\xi(k)+y_3(k)$$

在窃听器知道传感器的观测方程的情况下，由于窃听器可以直接从信道上获取 $y_2^{*1}(k)$ 和 $y_3^{*1}(k)$，下面的运算可以被窃听器运行：

$$y_2^{*1}(k)-y_3^{*1}(k)=y_2(k)-y_3(k)=x_1(k)$$

如此，系统的状态变量 $x_1(k)$ 可以被窃听器计算出。同理，如果 $\xi(k)$ 被放置在多路复用向量的第二维，则 $x_2(k)$ 可以被窃听器计算出。由此可见，在编码矩阵是一个二阶方阵的情形下，如果一个传感器分组包含的传感器数量大于 2，则系统的部分状态信息可能会被泄露。

6.3.3.2 人工噪声序列的方差下界

本节从信噪比的角度考虑所引入的人工噪声应当具有何种幅度。当信噪比过高时，噪声所占的比例较小，可能不足以达到隐私保护效果；

当噪声过高时，由于使用人工噪声发生器，可能会带来更多的能量消耗。

（1）信噪比问题的描述

在信号处理中，信噪比（Signal to Noise Ratio, SNR）被描述为信号功率与噪声功率之比。给定编码矩阵：

$$\boldsymbol{M}_i=\begin{bmatrix} m_{11}^i & m_{12}^i \\ m_{21}^i & m_{22}^i \end{bmatrix}$$

其中，$m_{11}^i m_{22}^i \neq m_{12}^i m_{21}^i$，$m_{11}^i m_{22}^i m_{12}^i m_{21}^i \neq 0$。在算法 6-2 中，对于传感器 S_{2i-1}，其观测值 $y_{2i-1}(k)$ 与噪声序列 ξ_i 复用并编码后的向量为 $\boldsymbol{y}_{2i-1}^*(k)$。根据式 (6-266)，有：

$$\begin{aligned}\boldsymbol{y}_{2i-1}^*(k)&=\begin{bmatrix} y_{2i-1}^{*1}(k) \\ y_{2i-1}^{*2}(k) \end{bmatrix}=\begin{bmatrix} m_{11}^i & m_{12}^i \\ m_{21}^i & m_{22}^i \end{bmatrix}\begin{bmatrix} y_{2i-1}(k) \\ \xi_i(k) \end{bmatrix} \\ &=\begin{bmatrix} m_{11}^i y_{2i-1}(k)+m_{12}^i \xi_i(k) \\ m_{21}^i y_{2i-1}(k)+m_{22}^i \xi_i(k) \end{bmatrix}\end{aligned} \tag{6-270}$$

可以看出，对于 $y_{2i-1}^{*1}(k)$ 而言，其信号分量为 $m_{11}^i y_{2i-1}(k)$，噪声分量为 $m_{12}^i \xi_i(k)$。由于 $\xi_i(k)$ 的均值为零，其方差可表示为 $D_{\xi_i}=\mathbb{E}\left[\xi_i(k)\right]^2$，因此，$y_{2i-1}^{*1}(k)$ 的 SNR 可计算为：

$$\mathrm{SNR}\left[y_{2i-1}^{*1}(k)\right]=\frac{\mathbb{E}\left[m_{11}^i y_{2i-1}(k)\right]^2}{\mathbb{E}\left[m_{12}^i \xi_i(k)\right]^2}=\left(\frac{m_{11}^i}{m_{12}^i}\right)^2\frac{\mathbb{E}\left[y_{2i-1}(k)\right]^2}{\mathbb{E}\left[\xi_i(k)\right]^2} \tag{6-271}$$

同理，$y_{2i-1}^{*2}(k)$ 的 SNR 可计算为：

$$\mathrm{SNR}\left[y_{2i-1}^{*2}(k)\right]=\frac{\mathbb{E}\left[m_{21}^i y_{2i-1}(k)\right]^2}{\mathbb{E}\left[m_{22}^i \xi_i(k)\right]^2}=\left(\frac{m_{21}^i}{m_{22}^i}\right)^2\frac{\mathbb{E}\left[y_{2i-1}(k)\right]^2}{\mathbb{E}\left[\xi_i(k)\right]^2} \tag{6-272}$$

对于传感器 S_{2i}，与上述类似地有：

$$\boldsymbol{y}_{2i}^*(k)=\begin{bmatrix} m_{11}^i \xi_i(k)+m_{12}^i y_{2i}(k) \\ m_{21}^i \xi_i(k)+m_{22}^i y_{2i}(k) \end{bmatrix} \tag{6-273}$$

$$\mathrm{SNR}\left[y_{2i}^{*1}(k)\right]=\left(\frac{m_{12}^i}{m_{11}^i}\right)^2\frac{\mathbb{E}\left[y_{2i}(k)\right]^2}{\mathbb{E}\left[\xi_i(k)\right]^2} \tag{6-274}$$

$$\mathrm{SNR}\left[y_{2i}^{*1}(k)\right]=\left(\frac{m_{22}^{i}}{m_{21}^{i}}\right)^{2}\frac{\mathbb{E}\left[y_{2i}(k)\right]^{2}}{\mathbb{E}\left[\xi_{i}(k)\right]^{2}} \tag{6-275}$$

由式 (6-271)、式 (6-272)、式 (6-274) 和式 (6-275) 可以写出信道上传输数据的 SNR 的通用形式，即：

$$\mathrm{SNR}\left[y_{j}^{*\gamma}(k)\right]=K(j,\gamma)\frac{\mathbb{E}[y_{j}(k)]^{2}}{\mathbb{E}[\xi_{i}(k)]^{2}} \tag{6-276}$$

其中，当二元组 (j,γ) 分别为 $(2i-1,1)$、$(2i-1,2)$、$(2i,1)$ 和 $(2i,2)$ 时，$K(j,\gamma)$ 的值分别取为 $\left(\frac{m_{11}^{i}}{m_{12}^{i}}\right)^{2}$、$\left(\frac{m_{21}^{i}}{m_{22}^{i}}\right)^{2}$、$\left(\frac{m_{12}^{i}}{m_{11}^{i}}\right)^{2}$ 和 $\left(\frac{m_{22}^{i}}{m_{21}^{i}}\right)^{2}$。

可以看出，编码后的向量 $\boldsymbol{y}_{j}^{*}(k), j=1,2,\cdots,n$ 的每一个维度都是观测值 $y_j(k)$ 和人工噪声序列 $\xi_i(k)$ 的线性组合。因此，真实的观测值被淹没在噪声之中，使得窃听器无法直接获取真实的观测值。如果所加入噪声的方差不够大，窃听器可能会根据积分平滑滤波器来消除信道上所传输的数据中的噪声，从而产生隐私泄露。因此要确保信道传输的信号中噪声的分量足够大以掩盖所传输的测量值，从而超出窃听器中的积分平滑滤波器的滤波能力。假设窃听器的滤波能力以 T 表示，当 SNR 小于 T 时，窃听器无法滤除噪声的影响；当 SNR 大于 T 时，窃听器可以滤除噪声，提取信道上传输的测量值。据此，可将人工噪声幅值的下界问题整理如下。

问题 6-3

给定 SNR 的阈值 T，试确定噪声序列的方差的下界 $\bar{D}_{\xi_i}$，使得当噪声序列 $\xi_i(k)$ 的方差 $D_{\xi_i}>\bar{D}_{\xi_i}$ 时，对任意 $j\in\{2i-1,2i\}$，$\gamma\in\{1,2\}$，$k>0$，有不等式 $\mathrm{SNR}\left[y_{j}^{*\gamma}(k)\right]<T$ 成立。

（2）求解噪声序列的方差下界

本小节对问题 6-3 提出的问题进行讨论。欲使窃听器无法通过积分滤波器获取信道上传输的观测值，所添加的人工噪声必须有足够的幅值，使得信道上传输的数据具有较低的 SNR。因此，除了要考虑噪声的幅值，还要考虑所传输的测量值数据的幅值。根据这一原则，为解答问题 6-3，应考虑以下两种情形。

情形 6-1

观测值 $y_j(k)$ 包含不稳定子系统的状态的线性组合，即在传感器 S_j 的观测方程中，存在一个不稳定状态，其系数不为零。

在情形 6-1 下，$y_j(k)$ 会随着时间步长 k 的增大而发散。根据式(6-276)，有：

$$\lim_{k\to\infty}\text{SNR}\left[y_j^{*\gamma}(k)\right]=\frac{K(j,\gamma)}{\mathbb{E}\left[\xi_i(k)\right]^2}\lim_{k\to\infty}\mathbb{E}\left[y_j(k)\right]^2=\frac{K(j,\gamma)}{D_{\xi_i}}\lim_{k\to\infty}\mathbb{E}\left[y_j(k)\right]^2=\infty$$

可见，对于方差有限的噪声序列 $\xi_i(k)$ 和有限的 SNR 阈值 T，无论方差 D_{ξ_i} 取何值，总存在正整数 N，使得当 $k>N$ 时，有 $\text{SNR}\left[y_j^{*\gamma}(k)\right]>T$。因此，在情形 6-1 下，问题 6-3 是无解的。

情形 6-2

观测值 $y_j(k)$ 是稳定子系统的状态的线性组合，即在传感器 S_j 的观测方程中，所有不稳定的状态的系数都为零。

在情形 6-2 下，包含稳定子系统的系统动态方程可以描述为：

$$\begin{bmatrix}\boldsymbol{x}_1(k+1)\\ \boldsymbol{x}_2(k+1)\end{bmatrix}=\begin{bmatrix}A_1 & O\\ A_2 & A_3\end{bmatrix}\begin{bmatrix}\boldsymbol{x}_1(k)\\ \boldsymbol{x}_2(k)\end{bmatrix}+\begin{bmatrix}\boldsymbol{w}_1(k)\\ \boldsymbol{w}_2(k)\end{bmatrix}\tag{6-277}$$

其中，$\boldsymbol{x}_1(k)=\left[x_1(k),x_2(k),\cdots,x_r(k)\right]^{\mathrm{T}}$ 是稳定子系统的状态向量；$\boldsymbol{x}_2(k)=\left[x_{r+1}(k),x_{r+2}(k),\cdots,x_m(k)\right]^{\mathrm{T}}$ 是不稳定子系统的状态向量；$\boldsymbol{w}_1(k)=[\boldsymbol{w}_1(k),\boldsymbol{w}_2(k),\cdots,\boldsymbol{w}_r(k)]^{\mathrm{T}}$ 是稳定子系统的过程噪声；$\boldsymbol{w}_2(k)=[\boldsymbol{w}_{r+1}(k),\boldsymbol{w}_{r+2}(k),\cdots,\boldsymbol{w}_m(k)]^{\mathrm{T}}$ 是不稳定子系统的过程噪声。

根据协方差矩阵的性质，可以推导：

$$\begin{aligned}\boldsymbol{Q}&=\mathbb{E}\left[\boldsymbol{w}(k)\boldsymbol{w}^{\mathrm{T}}(k)\right]\\&=\begin{bmatrix}\mathbb{E}\left[\boldsymbol{w}_1(k)\boldsymbol{w}_1^{\mathrm{T}}(k)\right] & \mathbb{E}\left[\boldsymbol{w}_1(k)\boldsymbol{w}_2^{\mathrm{T}}(k)\right]\\ \mathbb{E}\left[\boldsymbol{w}_2(k)\boldsymbol{w}_1^{\mathrm{T}}(k)\right] & \mathbb{E}\left[\boldsymbol{w}_2(k)\boldsymbol{w}_2^{\mathrm{T}}(k)\right]\end{bmatrix}\\&=\begin{bmatrix}\boldsymbol{Q}_1 & \text{Cov}\left[\boldsymbol{w}_1(k),\boldsymbol{w}_2(k)\right]\\ \text{Cov}\left[\boldsymbol{w}_2(k),\boldsymbol{w}_1(k)\right] & \boldsymbol{Q}_2\end{bmatrix}\end{aligned}\tag{6-278}$$

由于稳定状态 $\boldsymbol{x}_1(k)$ 的变化与不稳定状态 $\boldsymbol{x}_2(k)$ 无关，根据式 (6-277)，稳定子系统的动态方程可以写为：

$$\boldsymbol{x}_1(k+1)=\boldsymbol{A}_1\boldsymbol{x}_1(k)+\boldsymbol{w}_1(k) \tag{6-279}$$

其中，矩阵 $\boldsymbol{A}_1$ 的谱半径小于 1，即 $\rho(\boldsymbol{A}_1)<1$。由式 (6-278) 可知，随机向量 $\boldsymbol{w}_1(k)$ 的协方差矩阵为 $\boldsymbol{Q}_1$。由于观测值 $y_j(k)$ 是稳定子系统的状态的线性组合，因此有：

$$y_j(k)=\boldsymbol{h}_j^{\mathrm{T}}\boldsymbol{x}(k)+v_j(k)=\left[\tilde{\boldsymbol{h}}_j^{\mathrm{T}},\boldsymbol{0}\right]\begin{bmatrix}\boldsymbol{x}_1(k)\\ \boldsymbol{x}_2(k)\end{bmatrix}+v_j(k)=\tilde{\boldsymbol{h}}_j^{\mathrm{T}}\boldsymbol{x}_1(k)+v_j(k) \tag{6-280}$$

其中，$\tilde{\boldsymbol{h}}_j=\left[h_1^j,h_2^j,\cdots,h_r^j\right]^{\mathrm{T}}$

值得指出的是，如果系统 $\boldsymbol{x}(k+1)=\boldsymbol{A}\boldsymbol{x}(k)+v(k)$ 是稳定系统，则不稳定子系统的维度坍缩为零。在这种情况下，可以知道 $m=r$, $\boldsymbol{A}=\boldsymbol{A}_1$，$\boldsymbol{x}(k)=\boldsymbol{x}_1(k)$，$\boldsymbol{w}(k)=\boldsymbol{w}_1(k)$ 且 $\tilde{\boldsymbol{h}}_j=\boldsymbol{h}_j$。

根据以上分析，我们给出一些定理或引理作为问题 6-3 在情形 6-2 下的解。

引理 6-18

如果矩阵 $\boldsymbol{A}\in\mathbb{R}^{n\times n}$ 的谱半径小于 1，且矩阵 $\boldsymbol{Q}\in\mathbb{R}^{n\times n}$ 为对称正定矩阵，则矩阵级数 $\sum_{i=0}^{k}\boldsymbol{A}^i\boldsymbol{Q}(\boldsymbol{A}^{\mathrm{T}})^i$ 收敛，且收敛的值为矩阵方程 $\boldsymbol{\Sigma}-\boldsymbol{A\Sigma A}=\boldsymbol{Q}$ 的解 $\boldsymbol{\Sigma}\in\mathbb{R}^{n\times n}$。

证明

令 $\boldsymbol{a}_k=\boldsymbol{A}^k$，$\boldsymbol{b}_k=\boldsymbol{Q}(\boldsymbol{A}^{\mathrm{T}})^k$，$\boldsymbol{B}_k=\sum_{i=0}^{k}\boldsymbol{b}_k$，可知 $\boldsymbol{b}_k=\boldsymbol{B}_k-\boldsymbol{B}_{k-1}$，则有：

$$\begin{aligned}\sum_{i=0}^{k}\boldsymbol{A}^i\boldsymbol{Q}(\boldsymbol{A}^{\mathrm{T}})^i&=\sum_{i=0}^{k}\boldsymbol{a}_i\boldsymbol{b}_i\\&=\boldsymbol{a}_0\boldsymbol{B}_0+\boldsymbol{a}_1\left(\boldsymbol{B}_1-\boldsymbol{B}_0\right)+\cdots+\boldsymbol{a}_k\left(\boldsymbol{B}_k-\boldsymbol{B}_{k-1}\right)\\&=\left(\boldsymbol{a}_0-\boldsymbol{a}_1\right)\boldsymbol{B}_0+\cdots+\left(\boldsymbol{a}_{k-1}-\boldsymbol{a}_k\right)\boldsymbol{B}_{k-1}+\boldsymbol{a}_k\boldsymbol{B}_k\\&=\boldsymbol{a}_k\boldsymbol{B}_k+\sum_{i=0}^{k-1}\left(\boldsymbol{a}_i-\boldsymbol{a}_{i+1}\right)\boldsymbol{B}_i\end{aligned}$$

$$= \boldsymbol{A}^k \sum_{i=0}^{k} \boldsymbol{Q}(\boldsymbol{A}^{\mathrm{T}})^i + \sum_{i=0}^{k-1} \left[\left(\boldsymbol{A}^i - \boldsymbol{A}^{i+1} \right) \sum_{j=0}^{i} \boldsymbol{Q}(\boldsymbol{A}^{\mathrm{T}})^j \right]$$

对上式两边取极限，由于$\rho(\boldsymbol{A}) < 1$，根据矩阵级数收敛相关性质，有：

$$\begin{aligned}
&\lim_{k\to\infty} \sum_{i=0}^{k} \boldsymbol{A}^i \boldsymbol{Q}(\boldsymbol{A}^{\mathrm{T}})^i \\
&= \boldsymbol{A}^{\infty} \boldsymbol{Q} \sum_{i=0}^{\infty} (\boldsymbol{A}^{\mathrm{T}})^i + \sum_{i=0}^{\infty} \left[\left(\boldsymbol{A}^i - \boldsymbol{A}^{i+1} \right) \sum_{j=0}^{i} \boldsymbol{Q} \left(\boldsymbol{A}^{\mathrm{T}} \right)^j \right] \\
&= \boldsymbol{O} + \left(\boldsymbol{I} - \boldsymbol{A} \right) \sum_{i=0}^{\infty} \left[\boldsymbol{A}^i \boldsymbol{Q} \sum_{j=0}^{i} \left(\boldsymbol{A}^{\mathrm{T}} \right)^j \right] < \left(\boldsymbol{I} - \boldsymbol{A} \right) \sum_{i=0}^{\infty} \left[\boldsymbol{A}^i \boldsymbol{Q} \left(\boldsymbol{I} - \boldsymbol{A}^{\mathrm{T}} \right)^{-1} \right] \\
&= \left(\boldsymbol{I} - \boldsymbol{A} \right) \left(\sum_{i=0}^{\infty} \boldsymbol{A}^i \right) \boldsymbol{Q} \left(\boldsymbol{I} - \boldsymbol{A}^{\mathrm{T}} \right)^{-1} \\
&= \left(\boldsymbol{I} - \boldsymbol{A} \right) \left(\boldsymbol{I} - \boldsymbol{A} \right)^{-1} \boldsymbol{Q} \left(\boldsymbol{I} - \boldsymbol{A}^{\mathrm{T}} \right)^{-1} \\
&= \boldsymbol{Q} \left(\boldsymbol{I} - \boldsymbol{A}^{\mathrm{T}} \right)^{-1}
\end{aligned}$$

此外，对任意非零向量$\boldsymbol{\alpha} \in \mathbb{R}^n$，令$\boldsymbol{\beta} = (\boldsymbol{A}^{\mathrm{T}})^i \boldsymbol{\alpha}$，由于$\boldsymbol{Q}$是正定矩阵，有：

$$\boldsymbol{\alpha}^{\mathrm{T}} \boldsymbol{A}^i \boldsymbol{Q} (\boldsymbol{A}^{\mathrm{T}})^i \boldsymbol{\alpha} = \left[(\boldsymbol{A}^{\mathrm{T}})^i \boldsymbol{\alpha} \right]^{\mathrm{T}} \boldsymbol{Q} \left[(\boldsymbol{A}^{\mathrm{T}})^i \boldsymbol{\alpha} \right] = \boldsymbol{\beta}^{\mathrm{T}} \boldsymbol{Q} \boldsymbol{\beta} \geqslant 0$$

当$\boldsymbol{\alpha}$在$(\boldsymbol{A}^{\mathrm{T}})^i$的零空间时，等号成立；因此，$\boldsymbol{A}^i \boldsymbol{Q} (\boldsymbol{A}^{\mathrm{T}})^i$是半正定矩阵。故可知：

$$0 \leqslant \lim_{k\to\infty} \sum_{i=0}^{k} \boldsymbol{A}^i \boldsymbol{Q} (\boldsymbol{A}^{\mathrm{T}})^i < \boldsymbol{Q} (\boldsymbol{I} - \boldsymbol{A}^{\mathrm{T}})^{-1}$$

故$\lim\limits_{k\to\infty} \sum\limits_{i=0}^{k} \boldsymbol{A}^i \boldsymbol{Q} (\boldsymbol{A}^{\mathrm{T}})^i$是有界的。接下来计算$\lim\limits_{k\to\infty} \sum\limits_{i=0}^{k} \boldsymbol{A}^i \boldsymbol{Q} (\boldsymbol{A}^{\mathrm{T}})^i$的收敛值，令：

$$\boldsymbol{\Sigma}_k=\sum_{i=0}^{k}\boldsymbol{A}^i\boldsymbol{Q}(\boldsymbol{A}^{\mathrm{T}})^i \tag{6-281}$$

两边左乘以 $\boldsymbol{A}$，再右乘以 $\boldsymbol{A}^{\mathrm{T}}$，有：

$$\boldsymbol{A}\boldsymbol{\Sigma}_k\boldsymbol{A}^{\mathrm{T}}=\sum_{i=1}^{k+1}\boldsymbol{A}^i\boldsymbol{Q}(\boldsymbol{A}^{\mathrm{T}})^i \tag{6-282}$$

将式 (6-281) 减去式 (6-282)，得到：

$$\boldsymbol{\Sigma}_k-\boldsymbol{A}\boldsymbol{\Sigma}_k\boldsymbol{A}^{\mathrm{T}}=\boldsymbol{Q}-\boldsymbol{A}^{k+1}\boldsymbol{Q}(\boldsymbol{A}^{\mathrm{T}})^{k+1}$$

上式两边同取极限 $k\to\infty$，有：

$$\boldsymbol{\Sigma}_\infty-\boldsymbol{A}\boldsymbol{\Sigma}_\infty\boldsymbol{A}^{\mathrm{T}}=\boldsymbol{Q}$$

即 $\lim\limits_{k\to\infty}\sum\limits_{i=0}^{k}\boldsymbol{A}^i\boldsymbol{Q}(\boldsymbol{A}^{\mathrm{T}})^i=\lim\limits_{k\to\infty}\boldsymbol{\Sigma}_k=\boldsymbol{\Sigma}_\infty$，证毕。

定理 6-21

如果 $y_i(k)$ 所包含的状态的线性组合全部来自稳定子系统，且人工噪声序列 $\xi_i(k)$ 方差 D_{ξ_i} 的下界由下式给出：

$$\bar{D}_{\xi_i}=\frac{K(j,\gamma)}{T}\left\{\tilde{\boldsymbol{h}}_j^{\mathrm{T}}\left[\boldsymbol{x}_1(0)\boldsymbol{x}_1^{\mathrm{T}}(0)+\boldsymbol{V}_\infty\right]\tilde{\boldsymbol{h}}_j+[R]_{jj}\right\} \tag{6-283}$$

其中，$j\in\{2i-1,2i\}$，$\gamma\in\{1,2\}$，$\boldsymbol{V}_\infty$ 是矩阵方程

$$\boldsymbol{V}_\infty-\boldsymbol{A}_1\boldsymbol{V}_\infty\boldsymbol{A}_1^{\mathrm{T}}=\boldsymbol{Q}_1 \tag{6-284}$$

的解，其中 $[R]_{jj}$ 是矩阵传感器 S_j 测量噪声 $v_j(k)$ 的方差，那么，当人工噪声序列 $\xi_i(k)$ 的方差 D_{ξ_i} 大于等于 $\bar{D}_{\xi_i}$ 时，不等式 $\mathrm{SNR}\left[y_j^{*\gamma}(k)\right]\leqslant T$ 对任意 $j\in\{2i-1,2i\}$、$\gamma\in\{1,2\}$、$k>0$ 成立。

证明

欲使得 $\mathrm{SNR}\left[y_j^{*\gamma}(k)\right]\leqslant T$，根据式 (6-276)，应有：

$$K(j,\gamma)\frac{\mathbb{E}\left[y_j(k)\right]^2}{\mathbb{E}\left[\xi_i(k)\right]^2}\leqslant T$$

由式 (6-280) 可知上式等价于：

$$
\begin{aligned}
D_{\xi_i} &= \mathbb{E}\left[\xi_i(k)\right]^2 \geqslant \frac{K(j,\gamma)}{T}\mathbb{E}\left[y_j(k)\right]^2 \\
&= \frac{K(j,\gamma)}{T}\mathbb{E}\left[\tilde{\boldsymbol{h}}_j^{\mathrm{T}}\boldsymbol{x}_1(k)+v_j(k)\right]^2 \\
&= \frac{K(j,\gamma)}{T}\left\{\mathbb{E}\left[\tilde{\boldsymbol{h}}_j^{\mathrm{T}}\boldsymbol{x}_1(k)\right]^2+2\mathbb{E}\left[v_j(k)\tilde{\boldsymbol{h}}_j^{\mathrm{T}}\boldsymbol{x}_1(k)\right]+\mathbb{E}\left[v_j^2(k)\right]\right\}
\end{aligned}
$$

由于 $v_j(k)$ 与 $\boldsymbol{x}_1(k)$ 无关，$\mathbb{E}\left[v_j(k)\tilde{\boldsymbol{h}}_j^{\mathrm{T}}\boldsymbol{x}_1(k)\right]=0$，故上式等价于：

$$
D_{\xi_i} \geqslant \frac{K(j,\gamma)}{T}\left\{\mathbb{E}\left[\tilde{\boldsymbol{h}}_j^{\mathrm{T}}\boldsymbol{x}_1(k)\right]^2+\left[R\right]_{jj}\right\} \tag{6-285}
$$

由式 (6-278)、式 (6-279) 和噪声的统计特性

$$
\begin{cases}
\mathbb{E}[\boldsymbol{w}(k)\boldsymbol{w}^{\mathrm{T}}(k)]=\boldsymbol{Q}\delta_{kl} \\
\mathbb{E}[\boldsymbol{v}(k)\boldsymbol{v}^{\mathrm{T}}(k)]=R\delta_{kl} \\
\mathbb{E}[\boldsymbol{w}(k)\boldsymbol{v}^{\mathrm{T}}(l)]=0
\end{cases}
$$

可以推导如下：

$$
\begin{aligned}
E\left[\tilde{\boldsymbol{h}}_j^{\mathrm{T}}\boldsymbol{x}_1(k)\right]^2 &= \tilde{\boldsymbol{h}}_j^{\mathrm{T}}E\left[\boldsymbol{x}_1(k)\boldsymbol{x}_1^{\mathrm{T}}(k)\right]\tilde{\boldsymbol{h}}_j \\
&= \tilde{\boldsymbol{h}}_j^{\mathrm{T}}E\left[\boldsymbol{A}_1^k\boldsymbol{x}_1(0)+\boldsymbol{A}_1^{k-1}\boldsymbol{w}_1(0)+\cdots+\boldsymbol{A}_1\boldsymbol{w}_1(k-2)+\boldsymbol{w}_1(k-1)\right] \\
&\quad \left[\boldsymbol{A}_1^k\boldsymbol{x}_1(0)+\boldsymbol{A}_1^{k-1}\boldsymbol{w}_1(0)+\cdots+\boldsymbol{A}_1\boldsymbol{w}_1(k-2)+\boldsymbol{w}_1(k-1)\right]^{\mathrm{T}}\tilde{\boldsymbol{h}}_j \\
&= \tilde{\boldsymbol{h}}_j^{\mathrm{T}}\left[\boldsymbol{A}_1^k\boldsymbol{x}_1(0)\boldsymbol{x}_1^{\mathrm{T}}(0)\left(\boldsymbol{A}_1^{\mathrm{T}}\right)^k+\sum_{i=0}^{k}\boldsymbol{A}_1^i\boldsymbol{Q}_1(\boldsymbol{A}_1^{\mathrm{T}})^i\right]\tilde{\boldsymbol{h}}_j \\
&\leqslant \max\left\{\tilde{\boldsymbol{h}}_j^{\mathrm{T}}\left[\boldsymbol{A}_1^k\boldsymbol{x}_1(0)\boldsymbol{x}_1^{\mathrm{T}}(0)(\boldsymbol{A}_1^{\mathrm{T}})^k\right]\tilde{\boldsymbol{h}}_j\right\}+\max\left\{\tilde{\boldsymbol{h}}_j^{\mathrm{T}}\left[\sum_{i=0}^{k}\boldsymbol{A}_1^i\boldsymbol{Q}_1(\boldsymbol{A}_1^{\mathrm{T}})^i\right]\tilde{\boldsymbol{h}}_j\right\}
\end{aligned} \tag{6-286}
$$

根据半正定矩阵的定义，由于对任意向量 $\boldsymbol{\alpha}$，有：

$$\boldsymbol{\alpha}^{\mathrm{T}}\left[\boldsymbol{A}_1^k\boldsymbol{x}_1(0)\boldsymbol{x}_1^{\mathrm{T}}(0)(\boldsymbol{A}_1^{\mathrm{T}})^k\right]\boldsymbol{\alpha}=\left[\boldsymbol{x}_1^{\mathrm{T}}(0)(\boldsymbol{A}_1^{\mathrm{T}})^k\boldsymbol{\alpha}\right]^2\geqslant 0$$

故 $\boldsymbol{A}_1^k\boldsymbol{x}_1(0)\boldsymbol{x}_1^{\mathrm{T}}(0)(\boldsymbol{A}_1^{\mathrm{T}})^k$ 是半正定矩阵，且由于 $\rho(\boldsymbol{A})<1$，可以推出：

$$\max\left\{\tilde{\boldsymbol{h}}_j^{\mathrm{T}}\left[\boldsymbol{A}_1^k\boldsymbol{x}_1(0)\boldsymbol{x}_1^{\mathrm{T}}(0)(\boldsymbol{A}_1^{\mathrm{T}})^k\right]\tilde{\boldsymbol{h}}_j\right\}=\tilde{\boldsymbol{h}}_j^{\mathrm{T}}\boldsymbol{x}_1(0)\boldsymbol{x}_1^{\mathrm{T}}(0)\tilde{\boldsymbol{h}}_j \tag{6-287}$$

又因为 $\boldsymbol{Q}_1$ 是协方差矩阵，$\boldsymbol{Q}_1$ 是正定的，在引理 6-18 的证明过程中论述过，当 $\boldsymbol{Q}_1$ 正定时，$\boldsymbol{A}_1^i\boldsymbol{Q}_1(\boldsymbol{A}_1^{\mathrm{T}})^i$ 是半正定的，因此有：

$$\tilde{\boldsymbol{h}}_j^{\mathrm{T}}\left[\sum_{i=0}^{k}\boldsymbol{A}_1^i\boldsymbol{Q}_1(\boldsymbol{A}_1^{\mathrm{T}})^i\right]\tilde{\boldsymbol{h}}_j\leqslant\tilde{\boldsymbol{h}}_j^{\mathrm{T}}\left[\sum_{i=0}^{k+1}\boldsymbol{A}_1^i\boldsymbol{Q}_1(\boldsymbol{A}_1^{\mathrm{T}})^i\right]\tilde{\boldsymbol{h}}_j$$

即 $\sum_{i=0}^{k}\boldsymbol{A}_1^i\boldsymbol{Q}_1(\boldsymbol{A}_1^{\mathrm{T}})^i$ 单调递增。又根据引理 6-18，$\sum_{i=0}^{\infty}\boldsymbol{A}_1^i\boldsymbol{Q}_1(\boldsymbol{A}_1^{\mathrm{T}})^i$ 的极限存在，因此：

$$\max\left\{\tilde{\boldsymbol{h}}_j^{\mathrm{T}}\left[\sum_{i=0}^{k}\boldsymbol{A}_1^i\boldsymbol{Q}_1(\boldsymbol{A}_1^{\mathrm{T}})^i\right]\tilde{\boldsymbol{h}}_j\right\}=\tilde{\boldsymbol{h}}_j^{\mathrm{T}}\left[\sum_{i=0}^{\infty}\boldsymbol{A}_1^i\boldsymbol{Q}_1(\boldsymbol{A}_1^{\mathrm{T}})^i\right]\tilde{\boldsymbol{h}}_j$$

令 $\boldsymbol{V}_\infty=\sum_{i=0}^{\infty}\boldsymbol{A}_1^i\boldsymbol{Q}_1(\boldsymbol{A}_1^{\mathrm{T}})^i$，再根据引理 6-18，知 $\boldsymbol{V}_\infty$ 满足下列矩阵方程：

$$\boldsymbol{V}_\infty-\boldsymbol{A}_1\boldsymbol{V}_\infty\boldsymbol{A}_1^{\mathrm{T}}=\boldsymbol{Q}_1$$

所以，$\max\left\{\tilde{\boldsymbol{h}}_j^{\mathrm{T}}\left[\sum_{i=0}^{k}\boldsymbol{A}_1^i\boldsymbol{Q}_1(\boldsymbol{A}_1^{\mathrm{T}})^i\right]\tilde{\boldsymbol{h}}_j\right\}=\tilde{\boldsymbol{h}}_j^{\mathrm{T}}\boldsymbol{V}_\infty\tilde{\boldsymbol{h}}_j$。再结合式 (6-286) 和式 (6-287) 可知：

$$\mathbb{E}\left[\tilde{\boldsymbol{h}}_j^{\mathrm{T}}\boldsymbol{x}_1(k)\right]^2\leqslant\tilde{\boldsymbol{h}}_j^{\mathrm{T}}\boldsymbol{x}_1(0)\boldsymbol{x}_1^{\mathrm{T}}(0)\tilde{\boldsymbol{h}}_j+\tilde{\boldsymbol{h}}_j^{\mathrm{T}}\boldsymbol{V}_\infty\tilde{\boldsymbol{h}}_j=\tilde{\boldsymbol{h}}_j^{\mathrm{T}}\left(\boldsymbol{x}_1(0)\boldsymbol{x}_1^{\mathrm{T}}(0)+\boldsymbol{V}_\infty\right)\tilde{\boldsymbol{h}}_j$$

综上所述，由于：

$$\frac{K(j,\gamma)}{T}\left\{\mathbb{E}\left[\tilde{\boldsymbol{h}}_j^{\mathrm{T}}\boldsymbol{x}_1(k)\right]^2+[R]_{jj}\right\}\leqslant\frac{K(j,\gamma)}{T}\left[\tilde{\boldsymbol{h}}_j^{\mathrm{T}}\left(\boldsymbol{x}_1(0)\boldsymbol{x}_1^{\mathrm{T}}(0)+\boldsymbol{V}_\infty\right)\tilde{\boldsymbol{h}}_j+[R]_{jj}\right]$$

只要不等式

$$D_{\xi_i} \geqslant \frac{K(j,\gamma)}{T}\left\{\tilde{\boldsymbol{h}}_j^{\mathrm{T}}\left[\boldsymbol{x}_1(0)\boldsymbol{x}_1^{\mathrm{T}}(0)+\boldsymbol{V}_\infty\right]\tilde{\boldsymbol{h}}_j+\left[R\right]_{jj}\right\}$$

成立，不等式 (6-285) 就成立，即 $\mathrm{SNR}\left[y_j^{*\gamma}(k)\right] \leqslant T$ 成立。证毕。

故在情形 6-2 下，根据定理 6-21，当窃听器的滤波能力为 T 时，为了使得人工噪声序列 ξ_i 具有足够的幅值以覆盖所传输的观测值，应使其方差 D_{ξ_i} 高于一个下界值 $\bar{D}_{\xi_i}=\frac{K(j,\gamma)}{T}\left\{\tilde{\boldsymbol{h}}_j^{\mathrm{T}}\left[\boldsymbol{x}_1(0)\boldsymbol{x}_1^{\mathrm{T}}(0)+\boldsymbol{V}_\infty\right]\tilde{\boldsymbol{h}}_j+\left[R\right]_{jj}\right\}$。

6.3.3.3 窃听器潜在的解密方法

关于本节提出的用于远程状态估计的隐私保护编码机制，另一个值得关注的问题是，尽管无法直接获取传感器的测量值，窃听器是否有可能使用某种算法来推测或近似信道上传送的测量值，进而估计出系统的状态，从而在设计和部署此类带编码机制的远程状态估计系统时，尽可能避免此种情形的产生。

（1）问题的描述

假设窃听器拥有智能，即窃听器不仅能被动地接收信息，还能对信息进行存储和运算，并且掌握以下关于其想要窃听的系统的信息：

① 系统状态方程 $\boldsymbol{x}(k+1)=\boldsymbol{A}\boldsymbol{x}(k)+\boldsymbol{w}(k)$ 和状态转移矩阵 $\boldsymbol{A}$；

② 确切的系统状态的初始值 $\boldsymbol{x}(0)$；

③ 传感器测量方程 $y_i(k)=\boldsymbol{h}_i^{\mathrm{T}}x(k)+v_i(k)$，包括每个传感器的测量系数向量 $\boldsymbol{h}_i$；

④ 系统噪声 $\boldsymbol{w}(k)$ 和测量噪声 $\boldsymbol{v}(k)$ 的统计学特性，即：

$$\begin{cases}\mathbb{E}[\boldsymbol{w}(k)\boldsymbol{w}^{\mathrm{T}}(k)]=\boldsymbol{Q}\delta_{kl}\\ \mathbb{E}[\boldsymbol{v}(k)\boldsymbol{v}^{\mathrm{T}}(k)]=R\delta_{kl}\\ \mathbb{E}[\boldsymbol{w}(k)\boldsymbol{v}^{\mathrm{T}}(l)]=0\end{cases}$$

⑤ 算法 6-2 所示的能量优化编码机制 ESEM。

并且，假设信道上传输的数据可以被窃听器无误且无遗漏地获取并存储，即在每一个 k 时刻，向量 $\boldsymbol{Y}_j^*(k)=\left[\boldsymbol{y}_j^*(1),\boldsymbol{y}_j^*(2),\cdots,\boldsymbol{y}_j^*(\mathrm{k})\right]$，

$j=1,2,\cdots,n$ 对窃听器而言是已知的。值得提出的是，这里假设状态的初始值 $\boldsymbol{x}(0)$ 的确切值被窃听器已知，是由于在真实物理世界的应用中，很多系统的初始值是已知的。后面的分析将展示，只要窃听器知道任意一个时刻的系统状态的确切值，近似解密算法就能运行。假设初始值被窃听器已知只是假设了一个常见的情形，并不失一般性。

根据上面的假设，给出本节所提问题的严谨的描述，见问题 6-4。

问题 6-4

对任意正实数 $\epsilon>0$，$\epsilon\in\mathbb{R}$，试确定是否存在一个正整数 Z 和一个解密算法，通过该算法，窃听器可以推测系统的状态，状态的推测值记为 $\hat{\boldsymbol{x}}(k)$，使得对任意 $k>Z$，不等式

$$\lim_{\mathcal{C}}\left\|\hat{\boldsymbol{x}}(k)-\boldsymbol{x}(k)\right\|<\epsilon$$

成立，其中，$\mathcal{C}$ 是解密算法在运行时需满足的条件。如果存在，描述该解密算法及其运行条件 $\mathcal{C}$，以及正整数 Z。

（2）近似解密方法的原理

本部分的目的在于探究问题 6-4 的解：提出一种潜在的方法，通过该方法，窃听器可以对信道上获取的数据进行解密，从而获取系统状态的测量值。算法 6-2 的编码机制依赖于编码矩阵 $\boldsymbol{M}_i$ 对窃听器保密。考虑到窃听器获取的数据是真实的观测值和人工噪声以编码矩阵为权值的线性组合，有关编码矩阵的部分信息面临着暴露给窃听器的风险。以下分析将展示，当人工噪声序列 $\xi_i(k)$ 的幅值足够大时（即方差 D_{ξ_i} 足够大时），在经过特定的运算和变换之后，窃听器可以计算出编码矩阵 $\boldsymbol{M}_i$ 的元素的近似值。为了解释窃听器可以计算编码矩阵元素的近似值的原理，我们首先给出以下定理。

定理 6-22

对于信道上传输的第 i 组传感器经过编码后的向量 $\boldsymbol{y}_{2i-1}^{*}(k)$ 和 $\boldsymbol{y}_{2i}^{*}(k)$，令：

$$\alpha_i=\frac{m_{21}^{i}}{m_{11}^{i}},\ \beta_i=\frac{m_{22}^{i}}{m_{12}^{i}} \tag{6-288}$$

其中，m_{11}^{i}、m_{12}^{i}、m_{21}^{i}和m_{22}^{i}分别为编码矩阵$\boldsymbol{M}_i$对应位置上的元素；并且令：

$$\hat{\alpha}_i=\sqrt{\frac{\mathbb{E}\left[y_{2i}^{*2}(k)\right]^2}{\mathbb{E}\left[y_{2i}^{*1}(k)\right]^2}},\ \hat{\beta}_i=\sqrt{\frac{\mathbb{E}\left[y_{2i-1}^{*2}(k)\right]^2}{\mathbb{E}\left[y_{2i-1}^{*1}(k)\right]^2}} \tag{6-289}$$

则下列极限存在并且等式成立：

$$\lim_{D_{\xi_i}\to\infty}\hat{\alpha}_i=\alpha_i,\ \lim_{D_{\xi_i}\to\infty}\hat{\beta}_i=\beta_i \tag{6-290}$$

证明

将$\hat{\alpha}_i$的表达式展开，由于$\xi_i(k)$与$y_{2i}(k)$无关，因此有：

$$\hat{\alpha}_i=\sqrt{\frac{\mathbb{E}\left[y_{2i}^{*2}(k)\right]^2}{\mathbb{E}\left[y_{2i}^{*1}(k)\right]^2}}=\sqrt{\frac{\mathbb{E}\left[\left(m_{21}^{i}\right)^2\xi_i^2(k)+2m_{21}^{i}m_{22}^{i}\xi_i(k)y_{2i}(k)+\left(m_{22}^{i}\right)^2y_{2i}^2(k)\right]}{\mathbb{E}\left[\left(m_{11}^{i}\right)^2\xi_i^2(k)+2m_{11}^{i}m_{12}^{i}\xi_i(k)y_{2i}(k)+\left(m_{12}^{i}\right)^2y_{2i}^2(k)\right]}}$$

$$=\sqrt{\frac{\mathbb{E}\left[\left(m_{21}^{i}\right)^2\xi_i^2(k)+\left(m_{22}^{i}\right)^2y_{2i}^2(k)\right]}{\mathbb{E}\left[\left(m_{11}^{i}\right)^2\xi_i^2(k)+\left(m_{12}^{i}\right)^2y_{2i}^2(k)\right]}}=\sqrt{\frac{\left(m_{21}^{i}\right)^2D_{\xi_i}+\left(m_{22}^{i}\right)^2\mathbb{E}\left[y_{2i}^2(k)\right]}{\left(m_{11}^{i}\right)^2D_{\xi_i}+\left(m_{12}^{i}\right)^2\mathbb{E}\left[y_{2i}^2(k)\right]}}$$

对上式两边同取极限，由于$E\left[y_{2i}^2(k)\right]$是有界的，可知：

$$\lim_{D_{\xi_i}\to\infty}\hat{\alpha}_i=\lim_{D_{\xi_i}\to\infty}\sqrt{\frac{\left(m_{21}^{i}\right)^2D_{\xi_i}+\left(m_{22}^{i}\right)^2\mathbb{E}\left[y_{2i}^2(k)\right]}{\left(m_{11}^{i}\right)^2D_{\xi_i}+\left(m_{12}^{i}\right)^2\mathbb{E}\left[y_{2i}^2(k)\right]}}=\sqrt{\frac{\left(m_{21}^{i}\right)^2D_{\xi_i}}{\left(m_{11}^{i}\right)^2D_{\xi_i}}}=\alpha_i$$

同理，对于$\boldsymbol{y}_{2i-1}^{*}(k)$，有：

$$\lim_{D_{\xi_i}\to\infty}\hat{\beta}_i=\lim_{D_{\xi_i}\to\infty}\sqrt{\frac{\left(m_{22}^{i}\right)^2D_{\xi_i}+\left(m_{21}^{i}\right)^2\mathbb{E}\left[y_{2i-1}^2(k)\right]}{\left(m_{12}^{i}\right)^2D_{\xi_i}+\left(m_{11}^{i}\right)^2\mathbb{E}\left[y_{2i-1}^2(k)\right]}}=\sqrt{\frac{\left(m_{22}^{i}\right)^2D_{\xi_i}}{\left(m_{12}^{i}\right)^2D_{\xi_i}}}=\beta_i$$

证毕。

定理 6-22 表明，当人工噪声序列的方差 D_{ξ_i} 远大于 $\mathbb{E}\left[y_{2i}^2(k)\right]$ 和 $\mathbb{E}\left[y_{2i-1}^2(k)\right]$ 时，可认为 $\hat{\alpha}_i \approx \alpha_i$ 和 $\hat{\beta}_i \approx \beta_i$ 在特定的精度等级下成立。为了评估这种近似的精确度，定义近似误差如下：

$$\tilde{\alpha}_i = \left|\hat{\alpha}_i - \alpha_i\right|, \ \tilde{\beta}_i = \left|\hat{\beta}_i - \beta_i\right| \tag{6-291}$$

为了使得分析过程更加直观，将编码矩阵 $\boldsymbol{M}_i$ 写成以下形式：

$$\boldsymbol{M}_i = \begin{bmatrix} m_{11}^i & m_{12}^i \\ m_{21}^i & m_{22}^i \end{bmatrix} = \begin{bmatrix} \mu_i & \lambda_i \\ \alpha_i\mu_i & \beta_i\lambda_i \end{bmatrix} \tag{6-292}$$

则根据式 (6-288) 和式 (6-292)，近似误差 $\tilde{\alpha}_i$ 的上界可由下式推导：

$$\begin{aligned}
\tilde{\alpha}_i = \left|\hat{\alpha}_i - \alpha_i\right| &= \left|\sqrt{\frac{\left(m_{21}^i\right)^2 D_{\xi_i} + \left(m_{22}^i\right)^2 \mathbb{E}\left[y_{2i}^2(k)\right]}{\left(m_{11}^i\right)^2 D_{\xi_i} + \left(m_{12}^i\right)^2 \mathbb{E}\left[y_{2i}^2(k)\right]}} - \sqrt{\frac{\left(m_{21}^i\right)^2 D_{\xi_i}}{\left(m_{11}^i\right)^2 D_{\xi_i}}}\right| \\
&\leqslant \sqrt{\frac{\left|\left(m_{11}^i\right)^2\left(m_{22}^i\right)^2 - \left(m_{12}^i\right)^2\left(m_{21}^i\right)^2\right| \mathbb{E}\left[y_{2i}^2(k)\right]}{\left(m_{11}^i\right)^2\left[\left(m_{11}^i\right)^2 D_{\xi_i} + \left(m_{12}^i\right)^2 \mathbb{E}\left[y_{2i}^2(k)\right]\right]}} \\
&= \sqrt{\frac{\left|\left(m_{11}^i\right)^2\left(m_{22}^i\right)^2 - \left(m_{12}^i\right)^2\left(m_{21}^i\right)^2\right|}{\left(m_{11}^i\right)^2\left[\left(m_{11}^i\right)^2 D_{\xi_i} \Big/ \mathbb{E}\left[y_{2i}^2(k)\right] + \left(m_{12}^i\right)^2\right]}} \\
&= \sqrt{\left|\beta_i^2 - \alpha_i^2\right| \left(\frac{\mu_i^2}{\lambda_i^2} \frac{D_{\xi_i}}{\mathbb{E}\left[y_{2i}^2(k)\right]} + 1\right)^{-1}}
\end{aligned} \tag{6-293}$$

上式不等号成立的原因是，可将 $\hat{\alpha}_i$ 看作直角三角形的斜边，将 α_i 看作直角三角形的一条直角边，由于斜边与直角边之差必定小于另一条直角边，再根据勾股定理，可得到不等号右边另一条直角边的表达式。同理，对于 $\tilde{\beta}_i$，有：

$$\tilde{\beta}_i = \left|\hat{\beta}_i - \beta_i\right| \leqslant \sqrt{\left|\alpha_i^2 - \beta_i^2\right| \left(\frac{\lambda_i^2}{\mu_i^2} \times \frac{D_{\xi_i}}{\mathbb{E}\left[y_{2i-1}^2(k) \right]} + 1 \right)^{-1}} \tag{6-294}$$

式 (6-293) 和式 (6-294) 以及定理 6-22 说明了近似误差 $\tilde{\alpha}_i$ 和 $\tilde{\beta}_i$ 的上限，并且随着 D_{ξ_i} 增大，$\tilde{\alpha}_i$ 和 $\tilde{\beta}_i$ 的上限会减小。因此，当 $D_{\xi_i} \gg \mathbb{E}\left[y_{2i}^2(k) \right]$ 且 $D_{\xi_i} \gg \mathbb{E}\left[y_{2i-1}^2(k) \right]$ 时，$\tilde{\alpha}_i$ 和 $\tilde{\beta}_i$ 会变得相当小，即 $\tilde{\alpha}_i$ 非常接近于 α_i，$\tilde{\beta}_i$ 非常接近于 β_i。由于 α_i 和 β_i 是编码矩阵元素之间的比值，而 $\tilde{\alpha}_i$ 和 $\tilde{\beta}_i$ 又可以通过计算 $\boldsymbol{y}_{2i-1}^*(k)$ 的均值和 $\boldsymbol{y}_{2i}^*(k)$ 的均值来获得，根据前文中的假设，窃听器可以获取并存储 $\boldsymbol{y}_{2i-1}^*(k)$ 和 $\boldsymbol{y}_{2i}^*(k)$ 的当前值和历史值。因此，窃听器可以在人工噪声序列方差 D_{ξ_i} 足够大的条件下近似地计算 α_i 和 β_i，也就是编码矩阵 $\boldsymbol{M}_i$ 的元素之间的比值。

（3）近似解密方法的过程

首先，为了计算 $\tilde{\alpha}_i$ 和 $\tilde{\beta}_i$，窃听器需要确定 $\left[y_j^{*\gamma}(k) \right]^2$ 的均值 $\mathbb{E}\left[y_j^{*\gamma}(k) \right]^2$，其中 $\gamma \in \{1,2\}$，$j \in \{2i-1, 2i\}$。当 D_{ξ_i} 远大于 $\mathbb{E}\left[y_j^2(k) \right]$ 时，高斯白噪声 $\xi_i(k)$ 在信道传输的数据中占主要成分。因此，$y_j^{*\gamma}(k)$ 可被视为平稳随机过程。由于平稳随机过程的数学期望可以计算为时间平均值（此处时间以离散步数 k 计），$\mathbb{E}\left[y_j^{*\gamma}(k) \right]^2$ 可以计算为：

$$\mathbb{E}\left[y_j^{*\gamma}(k) \right]^2 = \lim_{n \to \infty} \frac{1}{n} \sum_{k=0}^{n} \left[y_j^{*\gamma}(k) \right]^2 \tag{6-295}$$

其中，$\gamma \in \{1,2\}$，$j \in \{2i-1, 2i\}$。再根据式 (6-289) 计算编码矩阵元素比值的近似值 $\tilde{\alpha}_i$ 和 $\tilde{\beta}_i$。分别用 $\hat{\mu}_i$ 和 $\hat{\lambda}_i$ 表示 μ_i 和 λ_i 的近似值，联立式 (6-266)、式 (6-267) 和式 (6-289) 可得：

$$\hat{\mu}_i = \frac{y_{2i-1}^{*2}(k) - \hat{\beta}_i y_{2i-1}^{*1}(k)}{\left(\hat{\alpha}_i - \hat{\beta}_i\right) y_{2i-1}(k)} \tag{6-296}$$

$$\hat{\lambda}_i = \frac{y_{2i}^{*2}(k) - \hat{\alpha}_i y_{2i}^{*1}(k)}{\left(\hat{\beta}_i - \hat{\alpha}_i\right) y_{2i}(k)} \tag{6-297}$$

观察式 (6-296) 和式 (6-297) 发现，对 μ_i 和 λ_i 的推测需要至少一个时刻的观测值，结合前文中的假设，系统初始状态及其观测方程都是已知的，因此该条件是可以满足的。

经过上述过程，窃听器可以计算出每个传感器分组的编码矩阵的近似值。至此，可以总结出窃听器推测系统状态的步骤，如图 6-15 所示。

算法 6-3 近似解密算法

输入：每一时刻的编码后的观测值数据包

输出：系统状态观测值的近似值 $\hat{y}_{2i-1}(k)$ 和 $\hat{y}_{2i}(k)$

for $\gamma \in \{1,2\}, j \in \{2i-1,2i\}$ do

$\hat{y}_j(0) = \boldsymbol{h}_j^{\mathrm{T}} \boldsymbol{x}(0)$;

$E_{\gamma,j}(0) = 0$;

k=1;

while k do

packet.update(k) ;

for $\gamma \in \{1,2\}, j \in \{2i-1,2i\}$ do

$y_j^{*\gamma}(k) = \text{packet.extract}(\gamma, j)$;

$E_{\gamma,j}(k) = \frac{1}{k}\left\{(k-1)E_{\gamma,j}(k-1) + \left[y_j^{*\gamma}(k)\right]^2\right\}$;

// 给定滑动窗口尺寸 N 和精度等级 ε

$M_{\gamma,j} = \frac{1}{N}\sum_{i=k-N}^{k} E_{\gamma,j}(i)$;

$D_{\gamma,j} = \frac{1}{N}\sum_{i=k-N}^{k}\left[E_{\gamma,j}(i) - M_{\gamma,j}\right]^2$;

if $D_{\gamma,j} \leqslant \varepsilon$ for all γ, j then

break;

k=k+1;

$\hat{\alpha}_i = \sqrt{E_{2,2i}(k)/E_{1,2i}(k)}$;

$\hat{\beta}_i = \sqrt{E_{2,2i-1}(k)/E_{1,2i-1}(k)}$;

$\hat{\mu}_i = \left[y_{2i-1}^{*2}(0) - \hat{\beta}_i y_{2i-1}^{*1}(0)\right] / \left[\left(\hat{\alpha}_i - \hat{\beta}_i\right)\hat{y}_{2i-1}(0)\right]$;

$\hat{\lambda}_i = \left[y_{2i}^{*2}(0) - \hat{\alpha}_i y_{2i}^{*1}(0)\right] / \left[\left(\hat{\beta}_i - \hat{\alpha}_i\right)\hat{y}_{2i}(0)\right]$;

$\hat{M}_i = \left[\hat{\mu}_i, \hat{\lambda}_i; \hat{\alpha}_i\hat{\mu}_i, \hat{\beta}_i\hat{\lambda}_i\right]$;

$\hat{y}_{2i-1}(k) = \boldsymbol{e}_1^{\mathrm{T}} \hat{\boldsymbol{M}}_i^{-1} \boldsymbol{y}_{2i-1}^{*}(k)$;

$\hat{y}_{2i}(k) = \boldsymbol{e}_2^{\mathrm{T}} \hat{\boldsymbol{M}}_i^{-1} \boldsymbol{y}_{2i}^{*}(k)$;

图 6-15　近似解密算法

通过运行算法 6-3，窃听器可以从信道上传输的编码后的数据中提取传感器的观测值的近似值 $\hat{y}_{2i-1}(k)$ 和 $\hat{y}_{2i}(k)$。值得注意的是，$\mathbb{E}\left[y_j^{*\gamma}(k)\right]^2$ 是根据无穷步的 $\left[y_j^{*\gamma}(k)\right]^2$ 计算出来的平均值，而算法 6-3 中的 $E_{\gamma,j}(k)$ 是从有限步的数据中计算出的。在给定的滑动窗口尺寸为 N 时计算 N+1 步的 $E_{\gamma,j}(k)$ 的方差，当所计算的方差小于精度等级 ε 时，即认为 $E_{\gamma,j}(k)$ 不再变化，此时 $E_{\gamma,j}(k)$ 达到 $\mathbb{E}\left[y_j^{*\gamma}(k)\right]^2$。

需要指出的是，算法 6-3 并不保证所有情形下的 $\hat{y}_{2i-1}(k)$ 和 $\hat{y}_{2i}(k)$ 的精确度。式 (6-293) 和式 (6-294) 表明 $\hat{\alpha}_i$ 和 $\hat{\beta}_i$ 的精确度依赖于 $\xi_i(k)$ 的方差，当 D_{ξ_i} 不够大时，除了 $\hat{\alpha}_i$ 和 $\hat{\beta}_i$ 会计算不准确，还可能因为 $E_{\gamma,j}(k)$ 的值波动较大，其方差无法满足精度等级 ε，使得算法不能进入计算 $\hat{\boldsymbol{M}}_i$ 的阶段；此外 $\hat{y}_{2i-1}(0)$ 和 $\hat{y}_{2i}(0)$ 的精确度也会对 $\hat{\mu}_i$ 和 $\hat{\lambda}_i$ 的精确度产生影响。尽管如此，算法 6-3 还是提供了一种潜在的近似解密算法。

当 D_{ξ_i} 趋向于零时，针对定理 6-22 的机制，存在一种类似的估计 α_i 和 β_i 的方法，如下：

$$\alpha_i = \lim_{D_{\xi_i}\to 0}\sqrt{\frac{\mathbb{E}\left[y_{2i-1}^{*2}(k)\right]^2}{\mathbb{E}\left[y_{2i-1}^{*1}(k)\right]^2}},\ \beta_i = \lim_{D_{\xi_i}\to 0}\sqrt{\frac{\mathbb{E}\left[y_{2i}^{*2}(k)\right]^2}{\mathbb{E}\left[y_{2i}^{*1}(k)\right]^2}}$$

注意到，这与式 (6-289) 是不同的，计算 $\hat{\alpha}_i$ 和 $\hat{\beta}_i$ 的算式恰好对换了。因此，如果条件 $D_{\xi_i}\to 0$ 被用于对系统的观测值进行解密，对应的算法与算法 6-3 类似，但需要做出相应的调整。此外，已经在问题 6-3 中讨论过，人工噪声的方差 D_{ξ_i} 应当大于一个门限值 $\bar{D}_{\xi_i}$ 以满足特定的SNR约束，因此，对于一个设计良好的带 ESEM 的远程状态估计系统，条件 $D_{\xi_i}\to 0$ 不能被满足。这也是本节主要考虑 D_{ξ_i} 取较大值的原因。

窃听器对每个传感器分组传输信道的数据都运行算法 6-3，从而对所有的 i 获取 $\hat{y}_{2i-1}(k)$ 和 $\hat{y}_{2i}(k)$。注意到，根据算法 6-2，可能存在最多一个传感器未被包括进入任何分组。如果传感器总数为 n=2m−1，则传感器 S_{2m-1} 无法被分组。此时，即使条件满足，窃听器也无法提取 S_{2m-1} 的测量值的近似值，因为 $\hat{\alpha}_m$ 无法被计算。换言之，为了计算 $\hat{\alpha}_m$，根据定理 6-22，需要提供传感器 S_{2m} 的经过编码的向量 $\boldsymbol{y}_{2m}^*$，然而信道上的

数据包中并不存在 $\boldsymbol{y}_{2m}^*$，因为传感器 S_{2m} 不存在。

假设窃听器集成了一个卡尔曼滤波器，借助测量值的近似值 $\hat{y}_j(k)$，对系统的状态进行估计。尽管可能会存在一个传感器的测量值无法被窃听器获取，由于卡尔曼滤波器对测量值的维数并无要求，即使系统是不可观的，滤波算法也能运行。记 $\hat{\boldsymbol{y}}(k)=\left[\hat{y}_1(k),\hat{y}_2(k),\cdots,\hat{y}_l(k)\right]^{\mathrm{T}}$，相应的观测矩阵记为 $\hat{\boldsymbol{H}}$。可以很容易地看出，当传感器的数量 n 为偶数时，由于所有的传感器都被分组，所有的测量值都能被窃听器准确估计，此时 $l=n$，$\hat{\boldsymbol{H}}=\boldsymbol{H}$；当传感器的数量 n 为奇数时，存在一个测量值无法被窃听器准确估计，此时 $l=n-1$，$\hat{\boldsymbol{H}}$ 为 $\boldsymbol{H}$ 移除最后一行后所得到的矩阵。窃听器对系统状态的近似估计为：

$$\hat{\boldsymbol{x}}_E(k)=\boldsymbol{A}\hat{\boldsymbol{x}}_E(k-1)+\hat{\boldsymbol{K}}(k)\left[\hat{\boldsymbol{y}}(k)-\hat{\boldsymbol{H}}\boldsymbol{A}\hat{\boldsymbol{x}}_E(k-1)\right] \tag{6-298}$$

上式并非最优状态估计，因为：

$$\hat{\boldsymbol{y}}(k)=\hat{\boldsymbol{H}}\boldsymbol{x}(k)+\hat{\boldsymbol{v}}(k)+\Delta\boldsymbol{y}(k)$$

其中，$\Delta\boldsymbol{y}(k)$ 是解密算法的近似误差。由于 $\Delta\boldsymbol{y}(k)$ 的分布是未知的，而非传统的卡尔曼滤波中的高斯白噪声，因此式 (6-298) 不是最优估计器。然而，可由式 (6-293) 和式 (6-294) 推出，当所加入的人工噪声的方差足够大时，$\Delta\boldsymbol{y}(k)$ 可以变得相当小，式 (6-298) 将接近原本的信宿端估计器的卡尔曼滤波效果。

至此可以给出对问题 6-4 的解答：潜在的解密算法由算法 6-3 及式 (6-298) 给出，条件 C 为 $D_{\xi_i}\to\infty$，正整数 Z 为算法 6-3 的“break”语句触发时的 k 的值。因此，只要设置人工噪声序列的方差 D_{ξ_i} 略大于定理 6-21 中的 $\bar{D}_{\xi_i}$，则条件 $D_{\xi_i}\to\infty$ 被破坏，窃听器就无法利用算法 6-3 对本节的编码 - 解码进行破解。

6.3.4 一种带隐私保护的分布式网络一致化协议

上一节研究了远程状态估计系统的隐私保护问题，本节关注分布式网络一致化过程的隐私保护。对于一个运行传统平均一致性协议的分布式网络，节点将自身的状态不加处理地直接发送到其邻居节点，假如网络中存在恶意节点，通过监视一致化的迭代过程，可获取其他节点的初始状态信息。如果要求初始状态为隐私信息，则传统的一致化过程面临隐私泄露的风险。为了解决这一问题，本节提出一种改进的一致性协议，使网络的一致化迭代过程中节点的状态初值不被其邻居节点获知。

6.3.4.1 问题描述

给定一个具有 n 个节点的分布式网络 $G=\{V,E,\psi\}$，其邻接矩阵为 $\boldsymbol{A}$，网络中的每个节点 v_i 具有初始状态 $x_i(0)$，按照一致性协议迭代网络的状态值，k 时刻的状态值记为 $x_i(k)$，所有状态记为向量 $\boldsymbol{x}(k)=\left[x_1(k),x_2(k),\cdots,x_n(k)\right]^{\mathrm{T}}$。当网络完全连通，且关联函数 ψ 的设置使得其权值矩阵 $\boldsymbol{W}$ 为双随机矩阵时，由一致性协议的性质可知网络的所有节点的最终状态将收敛于所有初始状态的平均值，即 $\lim\limits_{k\to\infty}\boldsymbol{x}(k)=\dfrac{\mathbf{1}\mathbf{1}^{\mathrm{T}}}{n}\boldsymbol{x}(0)$。为方便表述，记 $\boldsymbol{x}(k)$ 的终值为 $\boldsymbol{x}(\infty)$。

考虑无向图一致性协议的迭代式：

$$x_i(k+1)=x_i(k)+\sum_{j\in N_i}w_{ji}\left[x_j(k)-x_i(k)\right] \tag{6-299}$$

写成矩阵形式即为：

$$\boldsymbol{x}(k+1)=\boldsymbol{W}\boldsymbol{x}(k) \tag{6-300}$$

其中，如果 $i\neq j$，$\left[\boldsymbol{W}\right]_{ij}=w_{ij}$；否则 $\left[\boldsymbol{W}\right]_{ii}=1-\sum\limits_{j\in N_i}w_{ij}$。

从一对相邻的节点 v_i 和 v_j 及其之间的连边 e_{ij} 的视角考虑，要使得式 (6-299) 能够运行，节点 v_i 需要通过 e_{ij} 获取 v_j 的状态 $x_j(k)$，且 v_j 也要获取 $x_j(k)$。假设网络中的节点 v_n 试图尽可能多地获取其余节点的状态初值信息，记 v_n 的邻居集为 $N(n)=\left\{v_{j_1},v_{j_2},\cdots,v_{j_m}\right\}$，并记 v_n 的观测矩阵 $\boldsymbol{C}=\left[\boldsymbol{e}_{j_1},\boldsymbol{e}_{j_2},\cdots,\boldsymbol{e}_{j_m},\boldsymbol{e}_n\right]^{\mathrm{T}}\in\mathbb{R}^{(m+1)\times n}$，其中 $\boldsymbol{e}_i$ 表示第 i 行元素为 1、其余元素为 0 的列向量。在 k 时刻，节点 v_n 观测到的信息为：

$$\boldsymbol{y}(k)=\boldsymbol{C}\boldsymbol{x}(k) \tag{6-301}$$

根据式 (6-300)，节点 v_n 在当前时刻和所有历史时刻的所有观测信息为：

$$y(0)=Cx(0),\ y(1)=CWx(0),\cdots,\ y(k)=CW^{k}x(0)$$

为了保证上述方程的个数不小于 n，令 $k=n-1$，有：

$$\begin{bmatrix} y(0) \\ y(1) \\ \vdots \\ y(n-1) \end{bmatrix}=\begin{bmatrix} C \\ CW \\ \vdots \\ CW^{n-1} \end{bmatrix}x(0) \tag{6-302}$$

记上式右边的系数矩阵为 $\boldsymbol{\Gamma}$，对于一个拓扑结构固定的网络而言，$\boldsymbol{C}$ 和 $\boldsymbol{W}$ 是不变的，因此 $\boldsymbol{\Gamma}$ 对节点 v_n 而言是已知的。根据线性方程组的解的特性，只要矩阵 $\boldsymbol{\Gamma}$ 的秩为 n，即可根据方程组式 (6-302) 解出 $\boldsymbol{x}(0)$。当 $\boldsymbol{\Gamma}$ 的秩小于 n 时，方程组式 (6-302) 的解可表示为：

$$\boldsymbol{x}(0)=\boldsymbol{\eta}+\gamma \tag{6-303}$$

其中，$\boldsymbol{\eta}\in K$，$K=\{z|\boldsymbol{\Gamma}z=\boldsymbol{0}\}$ 表示矩阵 $\boldsymbol{\Gamma}$ 的零空间；γ 表示方程组式 (6-302) 的一个特解。因此，对于任意向量 $\boldsymbol{\zeta}\in K^{\perp}$，即 $\boldsymbol{\zeta}\perp K$，有：

$$\boldsymbol{\zeta}^{\mathrm{T}}\boldsymbol{x}(0)=\boldsymbol{\zeta}^{\mathrm{T}}\boldsymbol{\eta}+\boldsymbol{\zeta}^{\mathrm{T}}\gamma=0+\boldsymbol{\zeta}^{\mathrm{T}}\gamma=\boldsymbol{\zeta}^{\mathrm{T}}\gamma \tag{6-304}$$

由于对任意两个特解 γ_1 和 γ_2，有 $\gamma_1-\gamma_2\in K$，根据正交的性质有：

$$\boldsymbol{\zeta}^{\mathrm{T}}\gamma_1-\boldsymbol{\zeta}^{\mathrm{T}}\gamma_2=\boldsymbol{\zeta}^{\mathrm{T}}(\gamma_1-\gamma_2)=0$$

即 $\boldsymbol{\zeta}^{\mathrm{T}}\gamma_1=\boldsymbol{\zeta}^{\mathrm{T}}\gamma_2$。结合式 (6-304) 可知，对方程式 (6-302) 中的任意两个特解 γ_1 和 γ_2，有：

$$\boldsymbol{\zeta}^{\mathrm{T}}\boldsymbol{x}(0)=\boldsymbol{\zeta}^{\mathrm{T}}\gamma_1=\boldsymbol{\zeta}^{\mathrm{T}}\gamma_2$$

这表明，给定任意 $\boldsymbol{\zeta}\in K^{\perp}$，只要计算方程式 (6-302) 的一个特解，$\boldsymbol{\zeta}^{\mathrm{T}}\boldsymbol{x}(0)$ 即可被计算。

上面的分析表明，恶意节点可以获知的其余节点的状态初值信息比预想的更多。如果方程式 (6-302) 的系数矩阵 $\boldsymbol{\Gamma}$ 的秩为 n，则网络中全部节点的初值都能被恶意节点获取；如果矩阵 $\boldsymbol{\Gamma}$ 的秩小于 n，则恶意节点可以计算初始状态的线性组合 $\boldsymbol{\zeta}^{\mathrm{T}}\boldsymbol{x}(0)$，其中 $\boldsymbol{\zeta}\in K^{\perp}$。特别地，当 $\boldsymbol{e}_i\in K^{\perp}$ 时，有 $\boldsymbol{e}_i^{\mathrm{T}}\boldsymbol{x}(0)=x_i(0)$，即部分节点的初始状态可以被恶意节点获取。因此，应当提出一种改进的分布式一致性协议，使得网络中节点状态的终值能够收敛到平均值的同时，保证其初始状态不被恶意节点获取。

6.3.4.2 边集分割：一种具有隐私保护效果的一致性协议

（1）应用于平均一致性协议的密码系统的性质

对于一致性系统而言，应用密码学进行隐私保护的难点在于网络中可能没有特定的、与整个网络相对应的恶意节点，即每一个节点都遵循一致性协议更新自己的状态值，但无法知晓某个节点是否在运行一致性协议之外的算法，比如将其邻居的初始值发送到未获授权的第三方。在无法区分的情形下，应当考虑每一个节点都是同质（Homogeneous）的。针对同质的网络，所设计的新的一致性算法应当符合以下条件：

① 每个节点不直接将其状态值传输给邻居，而是传输其对应的密文；

② 密文空间与明文空间在一致性算法下应当是同态的，即密文达到一致，当且仅当明文达到一致；

③ 每个节点应当将与密钥有关的信息以某种方式分享到网络，其邻居节点根据此信息不能破解节点的初始值，但网络全局可借此信息还原节点初值的平均值。

为满足上述条件，应当构建这样的密码系统：

① 保密性：对网络状态空间中每个节点的状态初值 $x_i(0)\in\mathbb{R}$，为其分配一个初始密钥（假设密钥是 l 维的）$\boldsymbol{s}_i(0)\in\mathbb{R}^l$，存在函数 $f_e: X\times S\to Y$，其中 X 表示明文空间，S 表示密钥空间，Y 表示密文空间，f_e 是加密函数，使得 $y_i(0)=f_e\left(x_i(0),\boldsymbol{s}_i(0)\right)$。并对任意节点 $v_j\in N_i$，在节点 v_j 不知道 $\boldsymbol{s}_i(0)$ 的情况下，节点 v_j 无法利用关于 v_i 的历史观测值 $\boldsymbol{Y}_i(t)=\left[y_i(0),y_i(1),\cdots,y_i(t)\right]$ 推出 $x_i(0)$。

② 同态收敛性：如果密文空间与明文空间是同态的，则当密文和密钥达到一致收敛时，相应的明文也能达到平均一致收敛。即 $\lim\limits_{k\to\infty}x_i(k)=\dfrac{1}{n}\sum\limits_{j=1}^{n}x_j(0)$，当且仅当：

$$\lim_{k\to\infty}y_i(k)=h\left\{y_1(0),y_2(0),\cdots,y_n(0)\right\} \tag{6-305}$$

$$\lim_{k\to\infty}\boldsymbol{s}_i(k)=g\left\{\boldsymbol{s}_1(0),\boldsymbol{s}_2(0),\cdots,\boldsymbol{s}_n(0)\right\} \tag{6-306}$$

其中，$h(\cdot)$ 和 $g(\cdot)$ 是确定的函数。

③ 可获得性：应当存在一种一致性算法，使得密文 $y_i(k)$ 收敛，并

且各个节点在未获知其余节点的密钥 $\boldsymbol{s}_i(k)$ 的取值的情形下，达到所有密钥的一个确定的函数 $g\{\boldsymbol{s}_i(0),\boldsymbol{s}_i(0),\cdots,\boldsymbol{s}_i(0)\}$，即式 (6-306)。并且存在解密函数 f_d，使得：

$$\lim_{k\to\infty} f_d\left[y_i(k),\boldsymbol{s}_i(k)\right]=\frac{1}{n}\sum_{i=1}^{n}x_i(0) \tag{6-307}$$

（2）边集分割隐私一致性协议

为了满足上面描述的新的一致性协议的要求和性质，本部分给出新的一致性算法的描述。该算法可理解为将网络的边集划分为互不相交的子集，每个边子集与网络的节点构成一个新的连通图。在其中一个图上运行求取密文的收敛值的分布式算法，在另一个图上运行求取密钥收敛值的分布式算法。再根据两个收敛值和解密函数反解出最终的网络状态的平均值。在给出算法描述之前，首先需要给出如下定理。

定理 6-23

满足上述同态收敛性和可获得性的一个充分条件为：

$$f_e\left[x_i(0),s_i(0)\right]=x_i(0)+s_i(0)$$

$$f_d\left[y_i(k),s_i(k)\right]=y_i(k)-s_i(k)$$

$$h\left(y_1,y_2,\cdots,y_n\right)=\frac{1}{n}\sum_{j=1}^{n}y_i$$

$$g\left(s_1,s_2,\cdots,s_n\right)=\frac{1}{n}\sum_{j=1}^{n}s_i$$

其中，s_i 均为标量。

证明

由定理中的表述，可知下列边界条件成立：

$$y_i(0)=f_e\left[x_i(0),s_i(0)\right]=x_i(0)+s_i(0)$$

$$y_i(\infty)=h\left[y_1(0),y_2(0),\cdots,y_n(0)\right]=\frac{1}{n}\sum_{j=1}^{n}x_i(0)+\frac{1}{n}\sum_{j=1}^{n}s_i(0)$$

$$s_i(\infty)=g\left[s_1(0),s_2(0),\cdots,s_n(0)\right]=\frac{1}{n}\sum_{j=1}^{n}s_i(0)$$

当 $y_i(k)$ 趋向于 $y_i(\infty)$，且 $s_i(k)$ 趋向于 $s_i(\infty)$ 时，可认为它们的值不再改变，因此 $x_i(k)$ 也不再改变，即满足同态收敛性。根据定理中的表述，有：

$$x_i(\infty) = f_d\left[y_i(\infty), s_i(\infty)\right] = y_i(\infty) - s_i(\infty) = \frac{1}{n}\sum_{j=1}^{n} x_i(0)$$

此即满足可获得性，证毕。

定理 6-23 提供了一种用于给网络中节点的初始状态加密的方案，应用该加密方案的关键在于找到一种分布式算法用于计算 $h\left[y_1(0), y_2(0), \cdots, y_n(0)\right]$ 和 $g\left[s_1(0), s_2(0), \cdots, s_n(0)\right]$。如果在网络全局运行式 (6-299) 的平均一致性协议以计算这两个函数，则对于相邻的两个节点 v_i 和 v_j, v_i 需要将 $y_i(0)$ 和 $s_i(0)$ 发送给 v_j，如果 v_j 是恶意节点，则很容易计算出 $x_i(0) = y_i(0) - s_i(0)$，显然这不满足节点 v_i 的隐私保护要求。因此，一种考虑是，如果节点 v_i 向其邻居 v_j 发送了其密文的一致化迭代值 $y_i(k)$，就不能再向 v_j 发送其密钥的迭代值 $s_i(k)$；反之亦然。换言之，节点 v_i 将其邻居集 N_i 分成了两部分，即 N_i^1 和 N_i^2，且有 $N_i^1 \cap N_i^2 = \varnothing$，$N_i^1 \cup N_i^2 = N_i$，如果 $v_j \in N_i^1$，则 v_i 向 v_j 发送密文的迭代值 $y_i(k)$；如果 $v_j \in N_i^2$，则 v_i 向 v_j 发送密钥的迭代值 $s_i(k)$。由于需要达到节点初始状态的平均值，应当保证用于传输密钥的网络和用于传输密文的网络都是连通的。对于一个无向图而言，这相当于将一个网络的边集划分成互不相交的两部分，每一部分与网络中的节点都能构成连通图。因此，任意节点能且只能获取其邻居的密文迭代值和密钥迭代值中的一个，从而无法运行解密函数得到明文的迭代值。直观上而言，这种做法使得网络中节点的初始状态值隐私受到了保护。

根据上述分析，对于具有 n 个节点的无向网络 $G=(V, E)$，提出边集分割平均一致性协议的算法步骤。

算法 6-4

边集分割平均一致性协议。

① 对网络中的所有节点 v_i，$i = 1, 2, \cdots, n$，其初始状态为 $x_i(0)$，自身生

成一个随机的密钥 $s_i(0)\in\mathbb{R}$，并各自计算自身的初始密文 $y_i(0)=x_i(0)+s_i(0)$。

② 将边集 E 切割为两个互补的子集 E_1 和 E_2，即 $E_1\cap E_2=\varnothing$，$E_1\cup E_2=E$，并使得子图 $G_1=(V, E_1)$ 和子图 $G_2=(V, E_2)$ 均为连通图。

③ 在图 G_1 上，运行一致性算法，即：

$$y_i(k+1)=y_i(k)+\sum_{j\in N_i 且 e_{ij}\in E_1} w_{ji}\left[y_j(k)-y_i(k)\right] \tag{6-308}$$

在图 G_2 上，运行一致性算法，即：

$$s_i(k+1)=s_i(k)+\sum_{j\in N_i 且 e_{ij}\in E_2} w_{ji}\left[s_j(k)-s_i(k)\right] \tag{6-309}$$

④ 每个节点 v_i, $i=1,2,\cdots,n$ 在 k 时刻输出其解密出的状态 $x_i(k)$：

$$x_i(k)=y_i(k)-s_i(k) \tag{6-310}$$

按照算法的步骤②，如图 6-16 所示，网络 $G=(V, E)$ 的边集 E 被划分为两个子集 E_1 和 E_2（分别用黑色线条和蓝色线条标出），其中 E_1 与 V 构成图 G_1，E_2 与 V 构成图 G_2。在图 G_1 上应用平均一致性协议迭代更新密文 $y_i(k)$，在图 G_2 上应用平均一致性协议迭代更新密钥 $s_i(k)$。由于 G_1 和 G_2 都是连通图，只要边的权值设置合适，$y_i(k)$ 和 $s_i(k)$ 都能收敛到各自初始值的平均值。

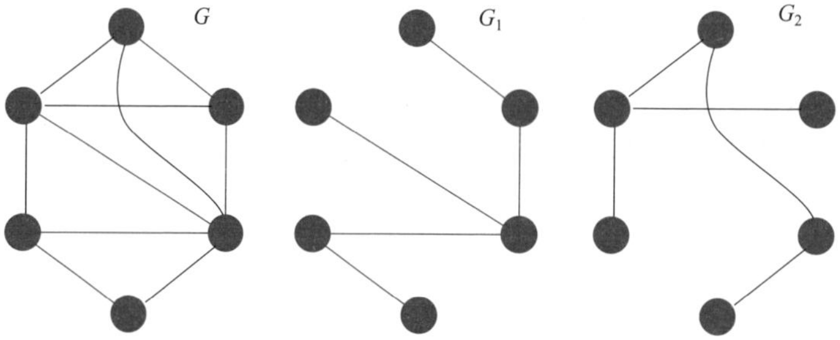

图 6-16 边集分割示意图

（3）边集分割一致性协议的收敛性能

根据算法 6-4 提出的边集分割一致性协议，本部分讨论该协议的收敛性能。首先有如下引理和定理。

引理 6-19

具有 n 个节点的连通图的带权拉普拉斯矩阵的秩为 $n-1$。

定理 6-24

对于一个具有 n 个节点的无向连通网络 $G=(V, E, \Psi)$，其中 $V=\{v_1, v_2,\cdots,v_n\}$，$E=\left\{e_{ij} \mid \psi(e_{ij})=(v_i,v_j)\right\}$，$\Psi$ 是关联函数，并且具有权值映射 $\phi(e_{ij})=w_{ij}>0$，每个节点 v_i 具有初始状态 $x_i(0)$。将边集 E 划分为子集 E_1 和 E_2，$E_1 \cap E_2=\varnothing$，$E_1 \cup E_2=E$，且划分得到的图 $G_1=(V, E_1, \Psi)$ 和 $G_2=(V, E_2, \Psi)$ 都是连通图。如果在图 G 上运行式 (6-299) 来迭代节点的状态值 $x_i(k)$ 能够使得极限 $\lim\limits_{k\to\infty} x_i(k)=\dfrac{1}{n}\sum\limits_{i=1}^{n} x_i(0)$ 对所有 $i=1,2,\cdots,n$ 成立，则在图 G_1 上运行

$$x_i(k+1)=x_i(k)+\sum_{j\in N_i 且 e_{ij}\in E} w_{ji}\left[x_j(k)-x_i(k)\right] \tag{6-311}$$

或者在图 G_2 上运行

$$x_i(k+1)=x_i(k)+\sum_{j\in N_i 且 e_{ij}\in E_2} w_{ji}\left[x_j(k)-x_i(k)\right] \tag{6-312}$$

都能使得极限 $\lim\limits_{k\to\infty} x_i(k)=\dfrac{1}{n}\sum\limits_{i=1}^{n} x_i(0)$ 对所有 $i=1,2,\cdots,n$ 成立。

证明

令 $\boldsymbol{x}(k)=\left[x_1(k),x_2(k),\cdots,x_n(k)\right]^{\mathrm{T}}$，对图 G 而言，设其根据式 (6-299) 迭代的状态转移矩阵为 $\boldsymbol{W}$；其中，如果 $i\neq j$，则 $[\boldsymbol{W}]_{ij}=w_{ij}$，否则 $[\boldsymbol{W}]_{ii}=1-\sum\limits_{j\neq i} w_{ij}$。$G$ 是无向图，$w_{ij}=w_{ji}$，因此 $\boldsymbol{W}$ 是对称矩阵，且：

$$\boldsymbol{x}(k+1)=\boldsymbol{W}\boldsymbol{x}(k)$$

由于 $\lim\limits_{k\to\infty} x_i(k)=\dfrac{1}{n}\sum\limits_{i=1}^{n} x_i(0)$，即 $\lim\limits_{k\to\infty} \boldsymbol{x}(k)=\dfrac{\mathbf{1}\mathbf{1}^{\mathrm{T}}}{n}\boldsymbol{x}(0)$，因此 $\lim\limits_{k\to\infty} \boldsymbol{W}^k=\dfrac{\mathbf{1}\mathbf{1}^{\mathrm{T}}}{n}$。因此，有 $\boldsymbol{W}\mathbf{1}=\mathbf{1}$，$\mathbf{1}^{\mathrm{T}}\boldsymbol{W}=\mathbf{1}^{\mathrm{T}}$，即 $\boldsymbol{W}$ 的行和与列和均为 1，又因为 $w_{ij}>0$，因此有 $0<w_{ij}<1$，$0<1-\sum\limits_{j\neq i} w_{ij}<1$。

设节点 v_i 的邻居集 $N_i=\{v_1,\cdots,v_s,\cdots,v_t\}$，$i\notin\{1,\cdots,s,\cdots,t\}$，则与节点 v_i 相关联的边的集合为 $R_i=\{e_{i1},\cdots,e_{is},\cdots,e_{it}\}$，并设 $\{e_{i1},\cdots,e_{is}\}\subseteq E_1$，$\left\{e_{i(s+1)},\cdots,e_{it}\right\}\subseteq E_2$，由于 G_1 和 G_2 都是连通图，有 $\{e_{i1},\cdots,e_{is}\}\neq\varnothing$，$\left\{e_{i(s+1)},\cdots,e_{it}\right\}\neq\varnothing$。记图 G_1 上运行式 (6-311) 所对应的状态转移矩阵为 $\boldsymbol{W}_1$，记图 G_2 上运行式 (6-312) 所对应的状态转移矩阵为 $\boldsymbol{W}_2$。易知当 $j\in\{1,2,\cdots,s\}$ 时，$[\boldsymbol{W}_1]_{ij}=w_{ij}$，否则 $[\boldsymbol{W}_1]_{ij}=0$，$[\boldsymbol{W}_1]_{ii}=1-\sum\limits_{j=1}^{s}w_{ij}$；当 $j\in\{s+1,s+2,\cdots,t\}$ 时，$[\boldsymbol{W}_2]_{ij}=w_{ij}$，否则 $[\boldsymbol{W}_2]_{ij}=0$，$[\boldsymbol{W}_2]_{ii}=1-\sum\limits_{j=s+1}^{t}w_{ij}$。由于 $w_{ij}>0$ 且 $\boldsymbol{W}\mathbf{1}=\mathbf{1}$，$\mathbf{1}^{\mathrm{T}}\boldsymbol{W}=\mathbf{1}^{\mathrm{T}}$，知 $0<[\boldsymbol{W}]_{ij}=w_{ij}<1$，$0<[\boldsymbol{W}]_{ii}=1-\sum\limits_{j\neq i}w_{ij}<1$。因此 $0<1-\sum\limits_{j\neq i}w_{ij}=1-\left(\sum\limits_{j=1}^{s}w_{ij}+\sum\limits_{j=s+1}^{t}w_{ij}\right)<1$，故 $0<\sum\limits_{j=1}^{s}w_{ij}<1$，$0<\sum\limits_{j=s+1}^{t}w_{ij}<1$，从而 $0<[\boldsymbol{W}_1]_{ii}<1$，$0<[\boldsymbol{W}_2]_{ii}<1$，即 $\boldsymbol{W}_1$ 和 $\boldsymbol{W}_2$ 的元素都是小于 1 的非负值。设 G_1 和 G_2 的带权拉普拉斯矩阵分别为 $\boldsymbol{L}_1$ 和 $\boldsymbol{L}_2$，易知 $\boldsymbol{W}_1=\boldsymbol{I}-\boldsymbol{L}_1$，$\boldsymbol{W}_2=\boldsymbol{I}-\boldsymbol{L}_2$。进行正交分解有 $\boldsymbol{W}_1=\boldsymbol{I}-\boldsymbol{L}_1=\boldsymbol{I}-\boldsymbol{Q}_1^{\mathrm{T}}\boldsymbol{\Lambda}_1\boldsymbol{Q}_1=\boldsymbol{Q}_1^{\mathrm{T}}(\boldsymbol{I}-\boldsymbol{\Lambda}_1)\boldsymbol{Q}_1$，$\boldsymbol{W}_2=\boldsymbol{Q}_2^{\mathrm{T}}(\boldsymbol{I}-\boldsymbol{\Lambda}_2)\boldsymbol{Q}_2$，由于 G_1 和 G_2 都是连通图，根据引理 6-19，$\boldsymbol{\Lambda}_1$ 和 $\boldsymbol{\Lambda}_2$ 均为特征值构成的对角阵，有且只有一个对角元素为 0，故知 1 是 $\boldsymbol{W}_1$ 和 $\boldsymbol{W}_2$ 的单重特征值，再根据 Perron-Frobenius 定理知 $\boldsymbol{W}_1$ 和 $\boldsymbol{W}_2$ 的其余特征值严格小于 1。综上知 $\boldsymbol{W}_1$ 和 $\boldsymbol{W}_2$ 满足定理 6-24 中的充要条件，即 $\lim\limits_{k\to\infty}\boldsymbol{W}_1^k=\dfrac{\mathbf{1}\mathbf{1}^{\mathrm{T}}}{n}$，$\lim\limits_{k\to\infty}\boldsymbol{W}_2^k=\dfrac{\mathbf{1}\mathbf{1}^{\mathrm{T}}}{n}$，证毕。

由定理 6-24 可以推出，算法 6-4 中的步骤③，即式 (6-308) 和式 (6-309) 的终值为 $y_i(\infty)=\dfrac{1}{n}\sum\limits_{i=1}^{n}y_i(0)$，$s_i(\infty)=\dfrac{1}{n}\sum\limits_{i=1}^{n}s_i(0)$。根据步骤④有：

$$\begin{aligned}x_i(\infty)=y_i(\infty)-s_i(\infty)&=\frac{1}{n}\sum_{i=1}^{n}y_i(0)-\frac{1}{n}\sum_{i=1}^{n}s_i(0)\\&=\frac{1}{n}\sum_{i=1}^{n}[y_i(0)-s_i(0)]=\frac{1}{n}\sum_{i=1}^{n}x_i(0)\end{aligned}$$

因此，算法 6-4 能够使节点的状态达到各节点初始值的平均值，即满足平均一致收敛。

（4）边集分割一致性协议的隐私保护性能

本部分考察算法 6-4 提出的边集分割一致性协议的隐私保护性能。假设整个网络 $G=(V, E)$ 经过边集分割后得到子网络 $G_1=(V, E_1)$ 和 $G_2=(V, E_2)$，且 $E_1 \cap E_2 = \varnothing$，$E_1 \cup E_2 = E$，$G_1$ 和 G_2 都是连通图，网络中的每个节点 v_i 具有初始状态 $x_i(0)$，$i \in \{1,2,\cdots,n\}$，并已经生成初始密钥 $s_i(0)$，且已计算出初始密文 $y_i(0) = x_i(0) + s_i(0)$，按照式 (6-308) 在 G_1 上迭代密文 $y_i(k)$，按照式 (6-309) 在 G_2 上迭代密钥 $s_i(k)$，节点 v_n 掌握网络 G 的各连边的权值 w_{ij}，并试图获得网络中其余节点的初值 $x_i(0)$。节点 v_n 的邻居集为 $N_n = \left\{v_{j_1}, v_{j_2}, \cdots, v_{j_s}, v_{j_{s+1}}, \cdots, v_{j_t}\right\}$，$s \geqslant 1, t \geqslant s+1$，对应地，与节点 v_n 关联的边集为 $R_n = \left\{e_{nj_1}, e_{nj_2}, \cdots, e_{nj_s}, e_{nj_{s+1}}, \cdots, e_{nj_t}\right\}$，并且有 $\left\{e_{nj_1}, e_{nj_2}, \cdots, e_{nj_s}\right\} \in E_1$，$\left\{e_{nj_{s+1}}, \cdots, e_{nj_t}\right\} \in E_2$。

所有节点的密文构成的向量记为 $\boldsymbol{y}(k) = \left[y_1(k), y_2(k), \cdots, y_n(k)\right]^{\mathrm{T}}$，所有节点的密钥构成的向量记为 $\boldsymbol{s}(k) = \left[s_1(k), s_2(k), \cdots, s_n(k)\right]^{\mathrm{T}}$，对应的状态转移矩阵分别为 $\boldsymbol{W}_1$ 和 $\boldsymbol{W}_2$。令矩阵 $\boldsymbol{C}_1 = \left[\boldsymbol{e}_{j_1}, \boldsymbol{e}_{j_2}, \cdots, \boldsymbol{e}_{j_s}, \boldsymbol{e}_n\right]^{\mathrm{T}}$，矩阵 $\boldsymbol{C}_2 = \left[\boldsymbol{e}_{j_{s+1}}, \boldsymbol{e}_{j_{s+2}}, \cdots, \boldsymbol{e}_{j_t}, \boldsymbol{e}_n\right]^{\mathrm{T}}$，其中 $\boldsymbol{e}_j$ 表示 n 维向量，第 j 个元素的值为 1，其余元素值为 0。节点 v_n 在 k 时刻在图 G_1 和 G_2 上观测到的信息分别记为 $\boldsymbol{\alpha}(k)$ 和 $\boldsymbol{\beta}(k)$，有：

$$\boldsymbol{\alpha}(k) = \boldsymbol{C}_1 \boldsymbol{y}(k) \tag{6-313}$$

$$\boldsymbol{\beta}(k) = \boldsymbol{C}_2 \boldsymbol{s}(k) \tag{6-314}$$

按照时间序列将 k 逐个代入上面二式，得到：

$$\boldsymbol{\alpha}(0) = \boldsymbol{C}_1 \boldsymbol{y}(0)$$

$$\boldsymbol{\alpha}(1) = \boldsymbol{C}_1 \boldsymbol{W}_1 \boldsymbol{y}(0)$$

$$\vdots$$

$$\boldsymbol{\alpha}(n-1) = \boldsymbol{C}_1 \boldsymbol{W}_1^{n-1} \boldsymbol{y}(0)$$

以及：

$$\boldsymbol{\beta}(0)=\boldsymbol{C}_2\boldsymbol{s}(0)$$

$$\boldsymbol{\beta}(1)=\boldsymbol{C}_2\boldsymbol{W}_2\boldsymbol{s}(0)$$

$$\vdots$$

$$\boldsymbol{\beta}(n-1)=\boldsymbol{C}_2\boldsymbol{W}_2^{n-1}\boldsymbol{s}(0)$$

写成矩阵形式，有：

$$\boldsymbol{A}_{n-1}=\boldsymbol{\Gamma}_1\boldsymbol{y}(0) \tag{6-315}$$

$$\boldsymbol{B}_{n-1}=\boldsymbol{\Gamma}_2\boldsymbol{s}(0) \tag{6-316}$$

其中：

$$\boldsymbol{A}_{n-1}=\left[\boldsymbol{\alpha}^{\mathrm{T}}(0),\boldsymbol{\alpha}^{\mathrm{T}}(1),\cdots,\boldsymbol{\alpha}^{\mathrm{T}}(n-1)\right]^{\mathrm{T}},\ \boldsymbol{\Gamma}_1=\left[\boldsymbol{C}_1^{\mathrm{T}},\boldsymbol{W}_1^{\mathrm{T}}\boldsymbol{C}_1^{\mathrm{T}},\cdots,(\boldsymbol{W}_1^{\mathrm{T}})^{n-1}\boldsymbol{C}_1^{\mathrm{T}}\right]^{\mathrm{T}}$$

$$\boldsymbol{B}_{n-1}=\left[\boldsymbol{\beta}^{\mathrm{T}}(0),\boldsymbol{\beta}^{\mathrm{T}}(1),\cdots,\boldsymbol{\beta}^{\mathrm{T}}(n-1)\right]^{\mathrm{T}},\ \boldsymbol{\Gamma}_2=\left[\boldsymbol{C}_2^{\mathrm{T}},\boldsymbol{W}_2^{\mathrm{T}}\boldsymbol{C}_2^{\mathrm{T}},\cdots,(\boldsymbol{W}_2^{\mathrm{T}})^{n-1}\boldsymbol{C}_2^{\mathrm{T}}\right]^{\mathrm{T}}$$

由于节点 v_n 需要获取节点 v_i 的初始值 $x_i(0)$，应当有节点 v_n 能够获取密钥 $s_i(0)$ 和密文 $y_i(0)$。即 v_n 能根据方程式 (6-315) 计算出 $y_i(0)$，并且能根据方程式(6-316)计算出 $s_i(0)$。首先考察方程式(6-315)，如果 $\mathrm{rank}(\boldsymbol{\Gamma}_1)=n$，则方程有唯一确定的解，即可求解出 $y_i(0)$；如果 $\mathrm{rank}(\boldsymbol{\Gamma}_1)<n$，根据之前的分析可知，只要 $\boldsymbol{e}_i\in K^{\perp}(\boldsymbol{\Gamma}_1)$，则 $\boldsymbol{e}_i^{\mathrm{T}}\boldsymbol{y}(0)=\boldsymbol{e}_i^{\mathrm{T}}\boldsymbol{y}^*$，其中，$K^{\perp}(\boldsymbol{\Gamma}_1)$ 表示与 $\boldsymbol{\Gamma}_1$ 的零空间 $K(\boldsymbol{\Gamma}_1)$ 相正交的空间，$\boldsymbol{e}_i$ 表示第 j 个元素为 1 其余元素为 0 的 n 维向量，$\boldsymbol{y}^*$ 表示方程式 (6-315) 的任意一个特解。显然，$K^{\perp}(\boldsymbol{\Gamma}_1)=\mathrm{span}\left\{\boldsymbol{\gamma}_1,\boldsymbol{\gamma}_2,\cdots,\boldsymbol{\gamma}_{n(s+1)}\right\}$，其中 $\boldsymbol{\gamma}_j$ 表示矩阵 $\boldsymbol{\Gamma}_1$ 的行向量。$\boldsymbol{e}_i\in K^{\perp}(\boldsymbol{\Gamma}_1)$ 意味着存在 $\theta_1,\theta_2,\cdots,\theta_{n(s+1)}\in\mathbb{R}$，使得

$$\theta_1\boldsymbol{\gamma}_1+\theta_2\boldsymbol{\gamma}_2+\cdots+\theta_{n(s+1)}\boldsymbol{\gamma}_{n(s+1)}=\boldsymbol{e}_i \tag{6-317}$$

成立。因此，判断能否由方程式 (6-315) 求解出 $y_i(0)$，只需判断方程式 (6-317) 是否有解。写成矩阵形式，即方程

$$\boldsymbol{\Gamma}_1^{\mathrm{T}}\boldsymbol{\theta}=\boldsymbol{e}_i \tag{6-318}$$

有解，其中 $\boldsymbol{\theta}=\left[\theta_1,\theta_2,\cdots,\theta_{n(s+1)}\right]^{\mathrm{T}}$。利用高斯消去法将矩阵 $\left[\boldsymbol{\Gamma}_1^{\mathrm{T}}\mid\boldsymbol{e}_i\right]$ 化为

行阶梯形式，只要不出现形如

$$[0 \ \cdots \ 0 \ \cdots \ 0 \ \cdots \ 0 \ | \ *]$$

的行，其中 * 表示非零元素，方程式 (6-318) 就是有解的，此时节点 v_n 能够由方程式 (6-315) 解出 $y_i(0)$。当由方程式 (6-318) 解出 $\boldsymbol{\theta}$，对方程式 (6-315) 两边同时左乘 $\boldsymbol{\theta}^{\mathrm{T}}$，有：

$$\boldsymbol{\theta}^{\mathrm{T}}\boldsymbol{\Gamma}_1\boldsymbol{y}(0)=\boldsymbol{\theta}^{\mathrm{T}}\boldsymbol{A}_{n-1}$$

即：

$$\boldsymbol{\theta}^{\mathrm{T}}\boldsymbol{\Gamma}_1 y(0)=\boldsymbol{e}_i^{\mathrm{T}}y(0)=y_i(0)=\boldsymbol{\theta}^{\mathrm{T}}\boldsymbol{A}_{n-1} \tag{6-319}$$

上式右侧的 $\boldsymbol{\theta}^{\mathrm{T}}\boldsymbol{A}_{n-1}$ 即为节点 v_n 求解 $y_i(0)$ 的方法。值得指出的是，假设 $\boldsymbol{y}^*$ 是方程式 (6-315) 的任意一个特解，则有 $\boldsymbol{A}_{n-1}=\boldsymbol{\Gamma}_1\boldsymbol{y}^*$，代入式 (6-319) 可得 $y_i(0)=\boldsymbol{\theta}^{\mathrm{T}}\boldsymbol{\Gamma}_1\boldsymbol{y}^*=\boldsymbol{e}_i^{\mathrm{T}}\boldsymbol{y}^*$。这与分析式 (6-304) 是一致的，也是求解 $y_i(0)$ 的另一种方法。

同样地，如果节点 v_n 想求解密钥 $s_i(0)$，在满足 $\boldsymbol{e}_i\in K^{\perp}(\boldsymbol{\Gamma}_2)$ 的情况下，需要首先求解方程：

$$\boldsymbol{\Gamma}_2^{\mathrm{T}}\mu=\boldsymbol{e}_i \tag{6-320}$$

再由 $s_i(0)=\boldsymbol{\mu}^{\mathrm{T}}\boldsymbol{B}_{n-1}$ 来计算密钥 $s_i(0)$。当 v_n 分别求出 $s_i(0)$ 和 $y_i(0)$ 时，即可计算出：

$$x_i(0)=y_i(0)-s_i(0)$$

由上面的分析可知，节点 v_n 需要分别计算出 $s_i(0)$ 和 $y_i(0)$ 才可求解出 $x_i(0)$，需要满足的条件为 $\boldsymbol{e}_i\in K^{\perp}(\boldsymbol{\Gamma}_1)$ 且 $\boldsymbol{e}_i\in K^{\perp}(\boldsymbol{\Gamma}_2)$，即 $\boldsymbol{e}_i\in K^{\perp}(\boldsymbol{\Gamma}_1)\cap K^{\perp}(\boldsymbol{\Gamma}_2)$。相较于方程式 (6-302)，欲计算 $x_i(0)$，需要满足 $\boldsymbol{e}_i\in K^{\perp}(\boldsymbol{\Gamma})$ 而言，经过边集分割之后的条件更为严苛。如图 6-17 所示，左侧展示的是应用了算法 6-4 后，向量 $\boldsymbol{e}_2$ 必须处在两平面 $K^{\perp}(\boldsymbol{\Gamma}_1)$ 和 $K^{\perp}(\boldsymbol{\Gamma}_2)$ 相交的直线上，恶意节点才能求解出 $x_2(0)$；而在右侧未使用算法 6-4 的情形中，只要向量 $\boldsymbol{e}_2$ 处在平面 $K^{\perp}(\boldsymbol{\Gamma})$，即可被恶意节点求解出 $x_2(0)$。此外，在未使用算法 6-4 的情形中，恶意节点的邻居节点的状态值必定暴露给恶意节点；而使用了算法 6-4 之后，由于边子集不相交，一个节点不可能同时在图 G_1 和 G_2 中都是恶意节点的邻居，不会因为相邻而暴露自身的

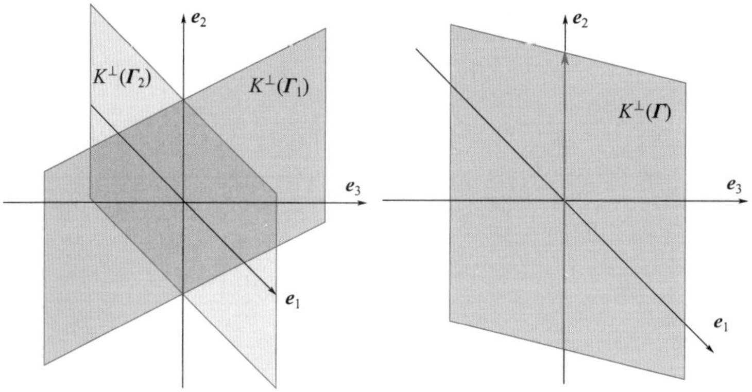

图 6-17 能够求解 $x_i(0)$ 的几何解释

初始状态。上述两点即为边集分割一致性协议加强了网络的隐私保护的原因。

6.3.4.3 获得边集分割的算法

根据前文所提出的边集分割一致性协议，需要将边集划分为两个互补的子集，并使得划分得到的子图均为连通图。本节从两个方面探讨对边集的划分，首先讨论一个网络是否存在满足算法 6-4 所需的边集分割，再探究获得这样的边集分割的算法。

（1）边集分割的存在性

并非任意一个网络都存在满足边子集互不相交且各边子集连接网络中所有节点的分割。一个简单的情形是，如果一个具有 n 个节点的无向连通图的边数小于 $2(n-1)$，则该图必不能按边集分割为两个边不相交的连通子图。这是因为任意一个连通图必定包含一棵生成树，而 n 个节点的生成树的边数为 $n-1$，则包含两个边不相交连通子图意味着存在两棵边不重合生成树，所具有的边数应至少为 $2(n-1)$。然而，即使一个图的边数大于等于 $2(n-1)$，也并不意味着该图存在这样的边集分割。如图 6-18 所示，具有 7 个节点的网络拥有 13 条边，边数大于 $2\times(7-1)=12$ 条。在虚线框内的局部 4 个节点，需要将它们之间的连边划分到两个边不相交的子图，假如这两个子图的边分别描为虚线和实线，则无论如何划分，得到的子图至少有一个是不连通的。在图 6-18 右侧矩形虚线框内展示的

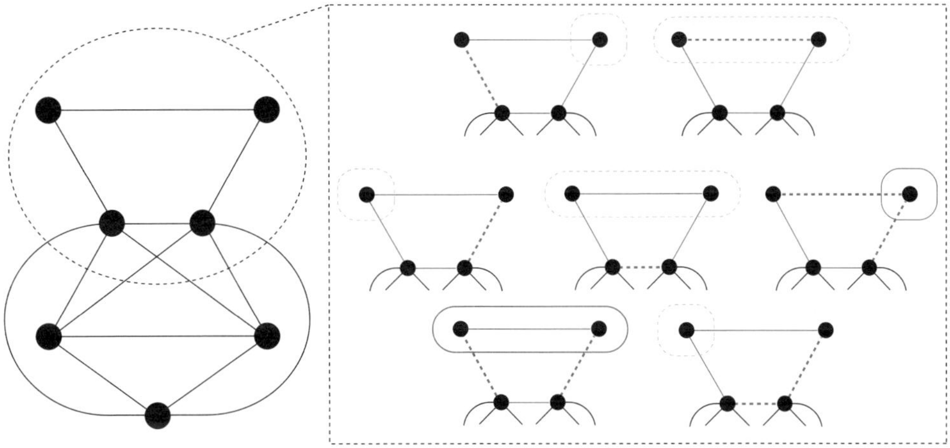

图 6-18　边数大于 2(n−1) 却无法获得符合条件的边集分割示例

各种划分中，用虚线圆角矩形框住的部分表示孤立于虚线子图的局部网络，用实线圆角矩形框住的部分表示孤立于实线子图的局部网络。

为了说明何种网络存在符合要求的边集划分，即其充要条件，先介绍以下两条引理。

引理 6-20

具有 n 个节点的树的边数为 $n-1$。

引理 6-21

一个连通图必然包含一棵生成树。

根据引理 6-21 可以推出，如果一个图的边集可以划分为不相交的部分，所得的子图也为连通图，则此图必定包含两棵边集互不重合的生成树。反之，如果一个图包含两棵边集互不重合的生成树，则该图包含两个连接所有节点的边集互不重合的连通子图。一个网络是否具有符合条件的边集划分问题与一个网络是否存在两棵边不重合生成树问题是等价的。

接下来探讨一个连通图具有两棵边不重合生成树的等价条件。对于图 $G=(V, E)$，若节点集 $V=V_1\cup V_2\cup\cdots\cup V_t$ 且 $V_1\cap V_2\cap\cdots\cap V_t=\varnothing$，$t$ 是正整数，则 $\left\{V_1,V_2,\cdots,V_t\right\}$ 是 V 的一个划分。定义 $E_G\left\{V_1,V_2,\cdots,V_t\right\}=\left\{e_{ij}\in V(G)\,|\,v_i\in V_x,v_j\in V_y,x\neq y\right\}$，其中 $x,y=1,2,\cdots,t$，即 $E_G\left\{V_1,V_2,\cdots,V_t\right\}$

表示两端处在不同节点子集的图 G 的连边的集合，有如下定理。

定理 6-25

$G=(V, E)$ 是一个连通图，k 是一个正整数，则 G 至少有 k 棵边集互不重合的生成树，当且仅当对 G 的顶点集的任意划分 $(V_1,V_2,\cdots,V_t)$ 有 $\left|E\{V_1,V_2,\cdots,V_t\}\right|\geqslant k(t-1)$。

推论 6-6

如果 G 是一个连通图且 G 存在两个边不重合生成树，则将 G 的节点任意分成 t 个部分，连接这些部分的连边至少有 $2(t-1)$ 条。

如果遍历图 G 的节点集合的划分，每种划分都满足推论 6-6 中的条件，则 G 可以划分成两个边不相交子网络，以便于边集分割一致性协议的运行。这对于节点数较少的网络是可行的。

（2）划分算法描述

Tarjan 提出了一种用于寻找有向图相交的边最少的两棵生成树的算法，并证明了相交的边为“由根节点出发，到达某节点必须经过的”边。本节根据 Tarjan 的算法提出一种用于寻找无向图的两棵边不重合生成树的算法。

算法 6-5

无向图两棵边不重合生成树的寻找。

① 在图 G 中寻找一棵生成树 T_1；

② 在图 $G-E(T_1)$ 中寻找一棵树 T_2，使得 T_2 连通尽可能多的节点；

③ 当 T_2 不是 G 的生成树时，循环下面步骤：

a. 在 T_1 中寻找一条边 (v,w)，使得 $v\in T_2$， $w\notin T_2$，在 T_1 中删去 (v,w)，即 $T_1=T_1-\{(v,w)\}$；

b. 在 $G-E(T_2)-E(T_1)-\{(v,w)\}$ 中寻找一条边 (x,y)，使得 $T_1+\{(x,y)\}$ 为一棵生成树；

c. 在图 $G-E(T_1)$ 中寻找一棵树 T_2，使得 T_2 连通尽可能多的节点。直到 T_2 是 G 的生成树。

定理 6-26

如果无向图 G 上存在两棵边不重合生成树 T_1 与 T_2，则算法 6-5 能够找出 T_1 与 T_2。

证明

假设 $G=(V(G), E(G))$ 由 n 个节点组成并且存在两棵边不重合生成树 T_1 和 T_2，如果 $|E(G)|=2(n-1)$，算法 6-5 能在 G 上找到两棵边集互不重合的生成树，则当 $|E(G)|\geqslant 2(n-1)$ 时，算法 6-5 必定也能在 G 上找到两棵边集互不重合的生成树。因此只需要证明 $|E(G)|=2(n-1)$ 的情形即可。显然，步骤①和②能够顺利运行，步骤③的步骤 a 移除 (v,w) 会使 T_1 变得不连通，算法的关键在于是否存在边 $(x,y)\in G-E(T_2)-E(T_1)-\{(v,w)\}$，使得 $T_1+\{(x,y)\}$ 重新连通。假设在运行步骤③的步骤 a 后，T_1 被分为两个连通分量 C_1 和 C_2，则根据推论 6-6，在图 G 中节点集 $V(C_1)$ 和 $V(C_2)$ 之间至少有两条连边，即：

$$\left|\left\{e_{ij} \mid v_i \in V(C_1), v_j \in V(C_2)\right\}\right| \geqslant 2\times(2-1)=2$$

易知 $(v,w)\in\left\{e_{ij}\in E(G) \mid v_i \in V(C_1), v_j \in V(C_2)\right\}$，那么至少还存在一条连边 (x,y)，使得 $\{(x,y)\}+C_1+C_2$ 为连通图。

现在应证明存在 $(x,y)\notin E(T_2)$ 且 $(x,y)\in\{e_{ij}\in E(G) \mid v_i \in V(C_1), v_j \in V(C_2)\}$。由于 $T_1=C_1+C_2+\{(v,w)\}$，因此 $|E(C_1)|+|E(C_2)|=E(T_1)-1=n-2$，不妨设算法已经运行到最后一步，$T_2$ 已经是一个连通图，在上一步运行 $T_1=\{(x,y)\}+C_1+C_2$ 时，考察边 (x,y)。有 $|E(G)|-|E(C_1)|-|E(C_2)|-|E(T_2)|=2n-2-(n-2)-n-1=1$，因此有 $(x,y)\notin E\{T_2\}$。假设 $(x,y)\notin\left\{e_{ij}\in E(G) \mid v_i \in V(C_1), v_j \in V(C_2)\right\}$，即 $(x,y)\in E(C_1)$ 或者 $(x,y)\in E(C_2)$，意味着 C_1 或者 C_2 存在回路，然而这与 C_1 和 C_2 都是树矛盾，因此有 $(x,y)\in\left\{e_{ij}\in E(G) \mid v_i \in V(C_1), v_j \in V(C_2)\right\}$。证毕。

如图 6-19 所示，运行算法 6-5 之后，在图中的网络上会找到两棵边集互不重合的生成树 T_1 和 T_2，其中黑色线段表示未被并入 T_1 或 T_2 的连边，虚线线段表示被并入 T_1 的连边，深蓝色线段表示被并入 T_2 的连边。

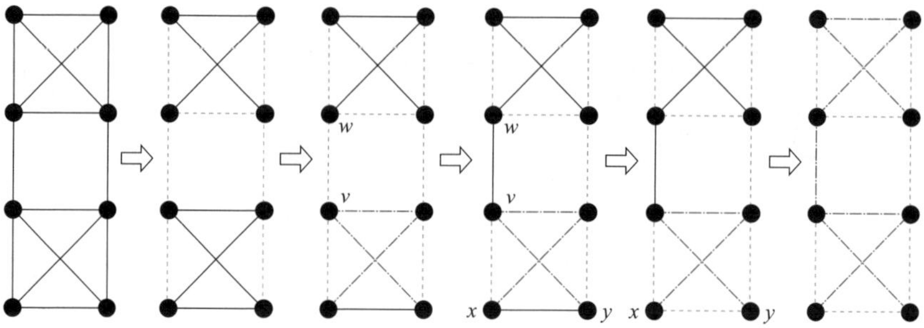

图 6-19　寻找边不重合生成树运行实例

Digital Wave
Advanced Technology of Industrial Internet

Information Fusion and Security of Industrial Network

工业互联网信息融合与安全

第7章

工业互联网边缘计算技术

随着5G、物联网时代的到来以及云计算应用的逐渐增加，传统的云计算技术已经无法满足终端侧“大连接、低时延、大带宽”的需求，边缘计算应运而生。边缘计算可有效减小计算系统的延迟，减少数据传输带宽，缓解云计算中心压力，保护数据安全与隐私。

7.1
边缘计算概念

目前业界对边缘计算（Edge Computing, EG）的定义有很多种。ISO/IEC JTCl/SC38对边缘计算的定义：边缘计算是将主要处理和数据存储放在网络的边缘节点的分布式计算形式。欧洲电信标准协会（ETSI）的定义：在移动网络边缘提供IT服务环境和计算能力，强调靠近移动用户，以减少网络操作和服务交付的时延，提高用户体验。边缘计算产业联盟（ECC）的定义：在靠近物或数据源头的网路边缘侧，满足行业数字化在敏捷连接、实施业务、数据优化、应用智能、安全与隐私保护等方面的关键需求。

对边缘计算的定义虽然表述上各有差异，但可以达成共识：在更靠近终端的网络边缘上提供服务。

工业互联网是新一代信息通信技术与现代工业技术深度融合的产物，是制造业数字化、网络化、智能化的重要载体。边缘技术在工业互联网平台中的位置如图7-1所示。

工业互联网平台由边缘层、Iaas层、平台层和应用层组成。边缘计算技术涵盖设备接入、协议转换和边缘数据处理，极大地拓展了工业互联网平台收集和管理数据的范围和能力。

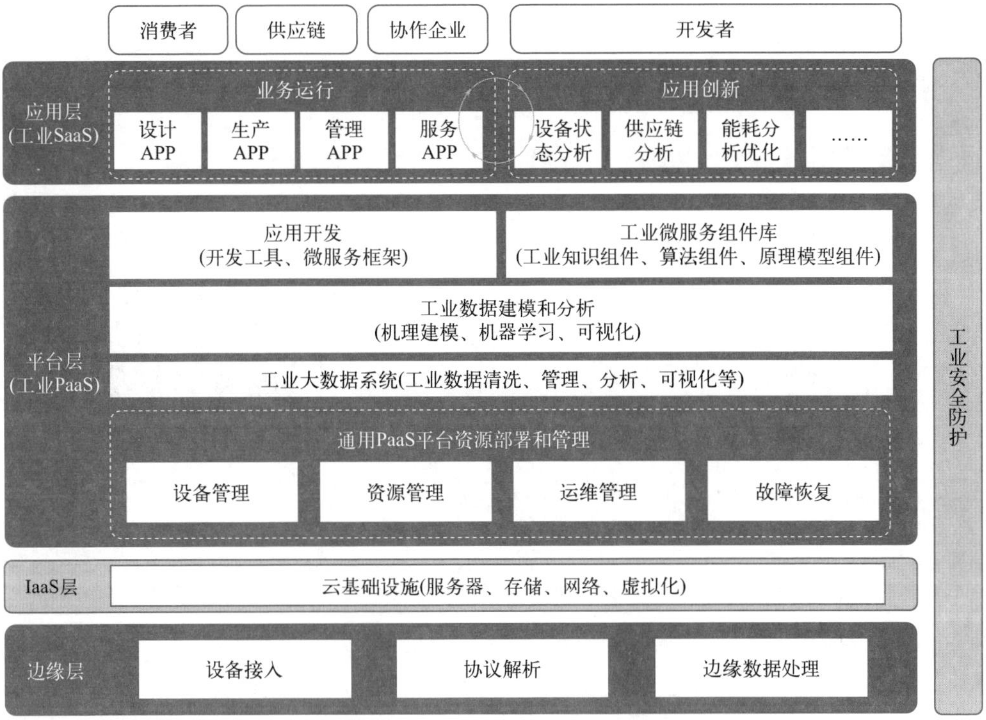

图 7-1　工业互联网平台架构图

7.2 边缘计算发展历程

从近 5 年的谷歌趋势可看出，边缘计算的关注度持续走高，表明边缘计算在当前信息科技发展中的重要性愈加凸显。从图 7-2 中也可以看出，2016 年之前，边缘计算处于原始技术积累阶段，从 2017 年开始，边缘计算开始被熟知，进入快速发展期。

边缘计算的发展与面向数据的计算模型的发展密不可分。为解决面向数据传输、计算和存储过程中的计算负载和带宽问题，在边缘计算产生前，研究者进行了数据边缘处理和计算任务迁移的研究，主要包括分

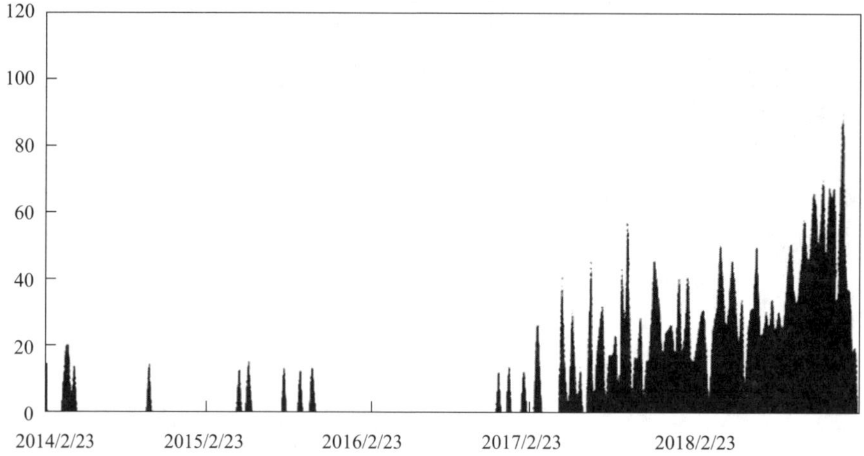

图 7-2　谷歌趋势中边缘计算关注度趋势图

（图中纵轴代表相对于图标中最高点的搜索热度，例如，热度最高得 100 分）

布式数据库模型、对等网络、内容分发网络等。分布式数据库主要包括 SQL、NoSQL 以及 NewSQL 分布式数据库等，主要用于实现大数据的分布式存储和共享，较少关注设备端的异构计算和存储能力，且所需空间较大，数据隐私性较低。P2P 计算技术与边缘计算模式具有很大程度的相似性，但边缘计算将 P2P 的概念扩展到网络边缘设备，涵盖 P2P 计算和云计算的融合。内容分发网络（Content Delivery Network, CDN）是 Akamai 公司提出的一种基于互联网的缓存网络。20 世纪 90 年代，Akamai 公司为解决网络带宽小、用户访问量大且不均匀等问题，提出了内容分发网络技术。CDN 通过增加缓存服务器来实现内容服务，将边缘服务器设置在靠近用户的网络边缘。用户的请求会被定向到离用户最近且负载低的节点上，提高了用户访问的响应速度，尤其是在视频、音频等流媒体服务上有效保证了服务质量。CDN 边缘服务器面向的是内容转发，而边缘计算节点面向的是数据处理。随着技术的发展，边缘计算远超 CDN 范畴，不局限于边缘节点且更强调计算功能。

随着数据的爆发性增长，研究者开始探索万物互联服务功能的上行，具有代表性的是 Cloudlet、移动边缘计算（MEC）、雾计算和海云计算。

7.2.1 Cloudlet

2009 年，Satyanarayanan 等人提出了基于 Cloudlet 的体系架构。Cloudnet 是一种受信任、资源丰富的计算机集群，分散并广泛分布，其计算和存储资源可以被附近的移动计算机所使用。将云服务器的计算迁移到靠近用户的 Cloudlet 上，通过移动终端与 Cludnet 的近距离交互来降低网络时延并提高服务质量。

7.2.2 移动边缘计算

移动边缘计算技术出现于 2013 年，是在接近移动用户的无线接入网范围内，提供信息技术服务和云计算能力的一种新的网络结构，并已成为一种标准化、规范化的技术。2014 年，ETSI 提出移动边缘计算术语的标准化并指出：移动边缘计算提供一种新的生态系统和价值链。利用移动边缘计算可将密集型移动计算任务迁移到附近的网络边缘服务器。移动边缘计算同时也是发展 5G 的关键技术之一，有助于从延时、可编程性、扩展性等方面满足 5G 的高标准要求。

移动边缘计算模型强调在云计算中心与边缘设备之间建立边缘服务器，在边缘服务器上完成终端数据的计算任务，但移动终端设备基本被认为不具有计算能力。相比而言，边缘计算模型中的终端设备具有较强的计算能力，因此，移动边缘计算类似一种边缘计算服务器的架构和层次，作为边缘计算模型的一部分。

7.2.3 雾计算

雾计算于 2012 年由思科（Cisco）提出，并被定义为迁移云计算中心任务到网络边缘设备执行的一种高度虚拟化的计算平台。雾计算通过在云与移动设备之间引入中间层，扩展基于云的网络结构，而中间层实质上是由部署在网络边缘的雾服务器组成的“雾层”。通过雾计算服务器，可以显著减少主干链路的带宽负载和能耗。此外，雾计算服务器可以与云计算中心互联，并使用云计算中心强大的计算能力、丰富的应用和服务。

边缘计算和雾计算概念具有很强的相似性，在很多场合表示同一个意思。二者的区别主要体现在处理能力的位置：雾计算的处理能力在 IoT 设备的 LAN 中，网络内的 IoT 网关（雾节点）用于数据收集、处理和存储，处理后的数据发送回需要该数据的设备；而边缘计算进一步推进了雾计算 LAN 内处理的理念，在网络内的各设备中实施处理，处理能力更靠近数据源。

7.2.4 海云计算

在万物互联背景下，待处理数据量将达到 ZB 级，信息系统的感知、传输、存储和处理的能力需相应提高。针对这一挑战，中国科学院于 2012 年启动了下一代信息与通信技术倡议（NICT 倡议）。倡议的主旨是要开展“海云计算系统项目”的研究，其核心是通过“云计算”系统与“海计算”系统的协同和集成，增强传统云计算能力，其中，“海”端是指由人类本身、物理世界的设备和子系统组成的终端（客户端）。

与边缘计算相比，海云计算关注“海”的终端设备，而边缘计算关注从“海”到“云”数据路径之间的任意计算、存储和网络资源，海云计算是边缘计算的一个非常好的子集实例。

7.2.5 边缘计算的发展现状

边缘计算因为其突出的优点，满足未来万物互联的需求，引起国内外的密切关注。在学术界，2016 年 5 月，施巍松教授第一次给出了边缘计算的正式定义：边缘计算是指在网络边缘进行计算的技术，边缘定义为数据源和云数据中心之间的任一计算和网络资源节点。理论上，边缘计算应该在数据源附近进行计算分析和处理。

在国外，2015 年，思科、ARM、戴尔、英特尔、微软和普林斯顿大学联合成立了 Openfog 联盟。欧洲电信标准化协会（ETSI）于 2017 年 3 月将移动边缘计算行业规范工作组正式更名为多接入边缘计算，致力于更好地满足边缘计算（包括 IoT）的应用需求。全球性产业组织工业互联网联盟 ICC 在 2017 年成立 Edge Computing TG，致力于定义边缘计算参考架构。美国联邦政府（包括国家科学基金会和美国国家标准局）在2016年分别将边缘计算列入项目申请指南。目前，多所大学和企业展开关于边缘计算的研究，边缘计算领域的相关国际会议已经开始兴起，ACM和IEEE从2016年开始联合举办边缘计算的顶级年会IEEE/ACM SEC, ICDCS、INFOCOM Middle Ware等重要国际会议也都开始增加边缘计算的分会或专题研讨会。在标准化方面，2017年，IEC发布了VEI白皮书，介绍了边缘计算对于制造业等垂直行业的重要价值。ISO/IEC JTCl SC41成立了边缘计算研究小组，以推动边缘计算标准化工作。2018年1月，首本边缘计算专业书籍《边缘计算》正式出版，其从边缘计算的需求与意义、边缘计算基础、边缘计算典型应用、边缘计算系统平台、边缘计算的挑战、边缘计算系统实例以及边缘计算安全与隐私保护等多个方面对边缘计算进行了阐述。

在国内，边缘计算同样发展迅速。2016年11月，华为技术有限公司、中国科学院沈阳自动化研究所、中国信息通信研究院、英特尔、ARM等在北京成立了边缘计算产业联盟（Edge Computing Consortium, ECC），旨在搭建边缘计算产业合作平台，推动运行技术（OT）和信息与通信技术（ICT）产业开放协作，引领边缘计算产业蓬勃发展，深化行业数字化转型；2018年9月，在上海召开的世界人工智能大会上，举办了以"边缘计算，智能未来"为主题的边缘智能主题论坛；2019年2月，在世界移动通信大会（MWC2019）上，边缘计算成为热门话题，中国移动联合中国电信、中国联通及产业链合作伙伴发布了OTII边缘定制服务器，推动建设移动边缘计算MEC。

7.3 边缘计算架构

7.3.1 基本架构

边缘服务器是计算架构的核心，物联网、AI技术的应用使数据处理的复杂程度直线上升，因此要求边缘服务器要能完成高密度计算、数据存储、联网等功能，还要考虑能耗、成本等问题。高密度组件的使用能克服边缘服务器工作空间较小的缺点，所以边缘服务器一般采用多核 CPU 作为处理器，同时搭载大容量固态存储器、主流网络模块（如 Wi-Fi）、ECC 内存等。异构计算同样在计算架构中占有重要地位，通过将不同指令集的计算单元进行协同，异构计算可以有针对性地采用相关计算单元完成对结构化、非结构化数据的处理。虚拟机和容器的主要作用是整合、管理计算架构中的各项服务。虚拟机可以提供更强的安全隔离；容器则具备轻量化、高性能的特点，更节省资源；实际应用时使用虚拟机还是使用容器可根据架构的不同需求进行选择。

7.3.2 工业互联网边缘计算架构

为了能够充分整合云计算、边缘计算架构模式的优势，本节结合工业互联网的技术构成与应用特点，给出了一种边云协同的联合式架构系统（以下简称工业互联网边缘计算系统）。工业互联网边缘计算系统通过在现场终端与云服务器之间部署具有计算、存储能力的边缘节点，将云服务应用拓展到工业网络边缘。边云协同的架构通常包括 3 层，即现场终端层、边缘层、云层。各层可以进行层间与层内通信，具体功能分析如下。

（1）现场终端层

现场终端层由各种不同类型的物联网终端（如工业传感器、NFC 感应装置、智能卡、摄像头、智能车辆等）组成。这些智能终端通过有线连接（如工业以太网、现场总线和光导纤维等）或无线连接（如 4G、5G、蓝牙、Wi-Fi、RFID 和 NB-IoT 等）的方式与边缘层中的边缘控制器、网关相连，主要完成原始数据的采集与上传任务，实现现场终端层与边缘层的信息、数据互通。在现场终端层中，为了延长设备的使用寿命，通常不考虑它们的计算能力。

（2）边缘层

边缘层是边云协同架构的核心，由大量的边缘节点（如边缘网关、边缘控制器、路由器和基站等）组成。它既接收来自现场终端层发送的数据信息，进行计算与存储任务，又与云层进行任务、数据、管理、安全协同。边缘层通常由 3 部分组成：基础设施即服务（Infrastructure as a Service,IaaS）、平台即服务（Platform as a Service,PaaS）和软件即服务（Software as a Service,SaaS）。IaaS 层提供系统运行所必需的基础设施资源，如计算、存储与网络资源等，通过容器化与虚拟化技术为系统提供硬件层面优化。PaaS 平台层提供系统程序的运行环境，可以完成分布式推理，运行人工智能（AI）算法、数据可视化、大数据平台构建等任务。SaaS 应用层屏蔽底层技术细节，对外提供平台管理、创新型应用、工业预测性维护、自动化控制等功能服务。企业可以结合自身需求定制、开发相应的创新型软件与平台。

（3）云层

在边云协同的架构模式下，云层仍然是最强大的数据计算与处理中心，通常由若干高性能服务器集群部署组成。边缘层难以处理的计算任务（如大数据分析、深度学习模型融合训练和历史数据管理等）和存储任务（如镜像仓库等），将仍由云层完成。云层不仅提供数字化、信息化和智能化的应用服务，还支持与边缘 IaaS 层、PaaS 层和 SaaS 层协同，以实现网络资源与安全协同智能化管理，通过边缘层接收工业现场数据、向现场终端层发送控制指令信息，在全局范围内进行资源调度和生产工艺优化，满足现场终端层多样性的业务需求。

7.4 边缘计算关键技术

7.4.1 网络

边缘计算架构需要借助通信网络进行相关业务的传输，所选网络要满足传输时间确定性和数据完整性的要求，为业务的灵活配置提供保障。同时，边缘计算将计算推至靠近数据源的位置，甚至于将整个计算部署于从数据源到云计算中心的传输路径上的节点，因此对现有的网络结构提出了新的要求。

目前边缘计算的主要搭载网络是5G移动网和部分固网。5G通信技术是下一代移动通信发展新时代的核心技术，3个典型技术场景为增强移动宽带、海量机器类通信和超可靠低时延通信。边缘设备通过处理部分或全部计算任务，过滤无用信息和敏感信息后，仍需将中间或最终数据上传到云中心，因此5G技术将是移动边缘终端设备降低数据传输延时的必要解决方案。

一些迅速发展的网络技术也逐步应用到边缘计算中来，最热门的软件定义网络（SDN）就是其中之一，此外还有NFV、VMDq、SR-IOV等。SDN由网络基础设施层、控制层、应用层构成，采用网络控制平面和转发平面分离的架构简化网络复杂度，获得更好的扩展性，提高效率，降低成本。利用集中控制替代原有分布式控制，并通过开放和可编程接口实现“软件定义”，可以很好地支持计算服务和数据的迁移。国际标准组织IEEE制定了TSN（Time-Sensitive Networking）系列标准，针对实时优先级、时钟等关键服务定义了统一的技术标准，是工业以太连接未来的发展方向。NFV即网络功能虚拟化，是通过软件在通用处理器上实现原本搭载在专用硬件设备上的网络功能，可以灵活配置资源，降低专用网络设备成本。VMDq和SR-IOV技术都是为实现I/O设备的虚拟化而诞生的，VMDq技术使用网络适配器进行数据包分类，降低CPU占用率，提高访问性能。SR-IOV技术可以实现虚拟机之间PCIe协议的高效共享，获得接近物理宿主机的性能。

7.4.2 计算

异构计算是边缘侧关键的计算硬件架构，旨在协同和发挥各种计算单元的独特优势，目标是整合同一个平台上分立的处理单元，使之成为紧密协同的整体来协同处理不同类型的计算负荷。同时，通过开放统一的编程接口实现软件跨多种平台。异构计算架构的关键技术包括：内存处理优化、任务调度优化和集成工具链等。同时，以深度学习为代表的新一代AI在边缘侧的应用也需进一步优化。优化方向包括自顶向下的优化，即将训练完的深度学习模型进行压缩来降低推理阶段的计算负载；或自底向上的优化，即重新定义一套面向边缘侧嵌入系统环境的算法架构。

7.4.3 存储

边缘计算在数据存储和处理方面具有较强的实时性要求，相比嵌入式存储系统而言，边缘计算存储系统具有低延迟、大容量、高可靠性等特点。高效存储和访问连续不间断的实时数据是存储需要重点关注的问题。

边缘存储的实质是分布式存储，在这种存储架构下，数据不再传输到中心服务器，而是直接存储在边缘计算节点中。边缘存储具有时延较低、占用带宽较小等优点，由于边缘节点是独立的，对数据进行操作不会影响其他网络，也能将数据合并传送，减少网络中的冗余数据；而且当边缘设备在不同网络中移动时，数据的同步和完整性不会受到影响。边缘存储的介质主要有机械硬盘和固态硬盘两类。常见机械硬盘有 SATA 和 SAS，由于机械硬盘使用磁头寻址，因此性能相比固态硬盘而言较差。固态硬盘由 Flash/DRAM+ 控制器构成，常见的有 SATASSD、SASSSD 和 NVMeSSD 等。对于需要进行高级分析的非持久性数据，一般使用 DRAM 进行存储；对于持久性数据，则根据不同需求选取不同介质。

新一代时序数据库 TSDB 是存放时序数据的数据库，采用分布式存储、分级存储和基于分片的查询优化。TSDB 支持时序数据的快速写入、持久化、多纬度的聚合查询等基本功能，但依然面临成本敏感等挑战。

7.4.4 安全

边缘计算设备通常处于靠近用户侧或者传输路径上，具有更高的潜在可能被攻击者入侵，因此边缘计算节点自身安全性是一个不可忽略的问题。边缘计算节点的分布式和异构型也导致一系列新的安全问题和隐私泄露问题，同时，也普遍存在共性安全问题，包括应用安全、网络安全、信息安全和系统安全等。

目前常采用传统安全方案来进行防护，如通过基于密码学的方法进行信息安全保护、通过访问控制策略来对越权访问进行防护等。可信执行环境包括 Intel 软件防护扩展、Intel 管理引擎、X86 系统管理模式、AMD 内存加密技术、AMD 平台安全处理器和 ARM TrustZone 技术。通过将应用运行于可信执行环境中并且对外部存储进行加解密，可以在边缘计算节点被攻破时，仍然保证应用及数据的安全性。

7.5 工业互联网边缘计算的应用

7.5.1 行业需求分析

工业互联网应用场景相对孤立，不同行业的数字化和智能化水平不同，对边缘计算的需求也存在较大差别。以机械制造行业为例对行业需求进行分析。

机械制造业在国家行业中处于基础性地位，同时也是一个国家的支柱型产业。通过企业现场调研，查阅资料、文献等方式对机械制造行业边缘计算现状和需求进行分析，机械制造行业整体基础设施建设水平不一，建设质量参差不齐，普遍面临如下问题：

（1）数据开放性差且工业协议标准不统一

目前在机械制造行业领域，设备基本具有数据接口，但设备和系统的数据开放性不够，缺乏数据开放接口及文档说明。存在 RS232、RJ45、PROFIBUS、MTCOnnect、MODBUS/TCP、PROFINET 等多种工业协议标准，各个自动化设备生产及集成商还会自己开发各种私有的工业协议，各种协议标准不统一、互不兼容，导致协议适配、协议解析和数据互联互通困难。

（2）数据采集种类有限

机械制造行业车间内的设备多数已有数据采集功能，但是采集的种类有限，如数控机床多数能采集电压、电流等信号，但是振动信号等多需要外置传感器的方式进行采集，部分机床还没有部署此功能。

（3）工业数据采集实时性要求难以保证

生产线的高速运转、精密生产和运动控制等场景则对数据采集的实时性要求不断提高，传统数据采集技术对于高精度、低时延的工业场景难以保证重要的信息能够被实时采集和上传，无法满足生产过程的实时监控需求。

（4）全车间统一网络尚未实现

机械制造行业基础设施建设水平不一，车间内设备联网水平也参差不齐。部分设备已经实现联网，但尚未形成全车间统一网络。

（5）工业数据采集存在数据安全隐患

工业数据采集会涉及大量重要工业数据和用户隐私信息，在传输和存储时都会存在一定的数据安全隐患，也存在黑客窃取数据、攻击企业生产系统的风险。

7.5.2 解决方案建议

基于边缘计算发展现状和关键技术，针对典型行业的实际需求，依据工业互联网平台体系中的边缘层架构，从设备接入、协议转换和边缘数据处理三个方面提出建议方案。

（1）设备接入

针对典型行业不同企业开发专用的数据采集联网设备，为非企业自主所有的外国设备装上“中国脑”，彻底改造国外的自动化控制系统；为专用设备配置数据采集端口，采用即插即用的方式，安全地从工业现场设备中实时获取数据并进行传输，解决不同设备制造商之间设备的互联互通，实现设备的泛在连接。

（2）协议转换

基于 OPC UA 设计工业网关设备，将现场各种工业设备、装置采用的标准或私有通信协议转化成标准 OPC UA 通信协议。针对异构现场总线及以太网总线的不同报文结构的数据，通过标配数据接入模块，进行标准化报文拆解。工业网关应支持多种网络接口、总线协议与网络拓扑。

（3）边缘数据处理

部署边缘端设备实现边缘计算与云计算协同。基于边缘端设备，根据典型行业数据接入特点，基于流式数据分析对数据即来即处理，快速响应事件和不断变化的业务条件与需求。通过分布式边缘计算节点进行数据和知识的交换，支持计算、存储资源的横向弹性扩展，完成本地的实施决策和优化操作，同时将非实时数据聚合后送到云端处理，实现与云计算协同。

7.5.3 边缘计算应用举例

工业互联网作为一种工业制造与互联网的融合技术与产业，在全球获得关注并成为各国科研与产业发展的焦点之一。在工业生产制造中，工业互联网的网络连接目前主要还是有线连接，无线连接（包括 Wi-Fi、蓝牙、LTE 等）只占很小的一部分，主要还是受限于无线连接的可靠性、车间电磁干扰等。5G 的大带宽、大连接、低时延高可靠特性为工业互联网的无线化、网联化发展提供巨大的技术驱动，而 5G 不仅仅只是无线技术的升级，还包括边缘计算、网络切片的引入与 NFV（Network Function Virtualization）化网络技术变革，其中边缘计算技术的引入尤其符合工业企业的工业数据安全治理（数据不出厂等）、低时延高可靠的数据处理等要求。

5G+ 边缘计算为工业互联网特别是核心的工业生产制造提供了强大的云网一体化使能服务，本节将详细讨论边缘计算在工业互联网领域的几个应用场景，如离散制造业、智能交通、智慧工厂、消防监控等。

（1）离散制造业

离散制造业的生产过程通常由多个生产工序完成，如汽车制造、航空零部件制造等。近年来，随着信息化步伐的加快，全球离散制造业正在积极向网络化、智能化方向转型。然而制约离散制造业转型的瓶颈仍有很多，如工业设备间协议的多样异构、数据类型的异构异质、工业现场的“信息与数据孤岛”、设备之间互联不通、数据收集与处理缺乏实时性等，这些因素都给离散制造业的转型升级造成了巨大的困难。当下，基于边缘计算的工业互联网体系架构将在离散制造业的智能化转型升级中发挥不可替代的作用。工业互联网边缘计算系统具有强大的设备管理能力，不仅支持传统协议和接口，保证了原先互联的设备不会因为边缘层的介入而丧失连接性，而且可以使原先不能互联的设备在边缘计算平台的帮助下实现信息互通，有效解决了设备之间的连接性问题。此外，基于数据流的数据处理方式可以有效应对海量实时数据，为系统提供强大的数据支撑。

目前边缘计算系统正在向数据源头加速部署，实现数据就地处理，在网络边缘进行数据筛选与数据集成，组装结构化数据，加速异构数据融合，缓解云服务器的压力。

（2）智能交通

随着计算机视觉、5G通信、物联网技术的迅猛发展，交通工具的功能不再局限于传统的出行与运输，而是逐渐演化为一个智能的、互联互通的系统，智能车联网将会是未来工业互联网领域的重要应用之一。车联网系统包含大量智能终端设备（如车辆、交通信号灯、感知路况的传感器等），在面对时变复杂的路况和突发的紧急事件时，传统的云计算架构试图将计算密集型任务卸载至云服务器中，以缓解终端设备计算能力的不足。然而，由于云计算中心业务的集中式部署，通常难以实现车辆与云服务器之间毫秒级甚至微秒级的响应。

目前，自动驾驶、交通分析与预测、交通信号控制是边缘计算在智能交通领域的主要应用。以自动驾驶为例，基于边缘计算的智能车联网系统通过多样传感器和车载应用感知路面信息和车辆行为，将收集到的实时路况信息传输至车辆周边的边缘服务器中进行分析与处理，使数据与应用处理程序更加靠近车辆本身，显著降低了数据在车云之间往返的传输时延，车辆驾驶员可以提前做出决策来应对紧急情况，提升车辆行驶安全性，减轻交通堵塞状况。云服务平台则负责从边缘服务器中获取车辆行驶和路面交通数据，服务于车辆跨区域调度、车载地图更新等任务。

（3）智慧工厂

智慧工厂是工业互联网领域的典型应用之一。随着计算机技术的发展和工业互联程度的提高，大量异构的物联网设备开始在智能工厂中应用。传统的工业云平台已经难以满足低时延、大带宽的需求。为了实现从传统工厂到智慧工厂的转变，越来越多的工厂倾向于使用工业机器人代替人工从事工业生产。其中，自动导引车（Automated Guided Vehicle, AGV）凭借其准确率高、灵活性强的特点，被广泛应用于工业生产过程中。据了解，一台AGV小车一天的工作量相当于多个人加上一台运输车，且可以24小时连续不间断地工作，若能大量普及使用，可以显著降低雇佣人工的成本，提升生产效率。AGV小车具有自动引导装置，可以沿着指定的路线行驶，现阶段工厂操作AGV小车普遍采用云控小车的方式，当系统中小车数量过多时，云服务器压力会陡增。与此同时，由于工厂内部的强电磁干扰，无线网络连接会存在不稳定因素，AGV小车调度控制的实时性难以保障。边缘计算技术可以就近完成数据处理任务，在网络边缘侧规划AGV小车的行车路径，并提供车辆导航服务；云计算层则负责数据的整合，提供工业预测性维护等功能。

（4）消防监控

随着工业城市化进程的不断加快，城市建筑群发展呈现面积扩大化、结构复杂化、建筑多样化的特点，使得火灾致灾因子增加，火灾事故频繁发生，造成了巨大的财产损失和大量人员伤亡。据人民网不完全统计，2019年全年共接报火灾23.3万起，亡1335人，伤837人，直接财产损失高达36.12亿元。研发和应用智能高效的智能消防监控系统，对智慧城市建设具有重要意义。最初，人们只能通过人工巡查的方式来对火灾进行监控。近年来，深度学习在图像处理领域取得了重大突破，使得计算机具备强大的学习和数据处理能力，并被逐渐应用于消防监控领域。城市火灾具有突发性强、随机性高等特征，在传统的云监控模式下，需要将事故现场图像与视频内容传输至云端进行分析、处理。然而由于火灾现场环境混乱，基础设施破坏严重，带宽资源通常难以保证，传输视频内容需要较长的时间，难以保证监控的实时性。此外，监控区域多为居民住宅或私人活动场所，视频信息通常具有高度隐私性与机密性，这大大增加了隐私信息被窃取与篡改的风险。近年来，边缘计算技术在火灾预防与监控领域发挥了至关重要的作用，通过在边缘网络中整合人工智能技术，应用AI算法，实现智能化监控和火灾事故预防等。

7.5.4 边缘计算的未来展望

（1）标准化

现如今的 5G 产业规划，无论是在技术研发上，还是在系统操作上，或者是在基础设施建设方面，都能够按部就班地开展，不仅创造了较高的经济效益，同时在社会效益的巩固上取得了非常好的成果。5G 边缘计算技术在未来的操作模式上，需进一步地朝着标准化的模式来完善。

例如，5G 边缘计算技术的应用，必须严格按照国家的相关规范、行业标准来操作，虽然其能够提供多元化的功能，但是必须有条不紊地开展，如果在应用的过程中特别放松，不仅会造成技术权限混乱的情况，同时难以在各项产业的协调性方面更好地提升，会造成缺失和漏洞。标准化的技术发展，能够在多方面的问题处置上更好地调整、创新。

（2）业务协同

通过对 5G 边缘计算技术进行有效的应用，很多地方的产业发展、社会建设得到了较多的支持与肯定，在整体上取得的发展空间是非常大的。业务协同是 5G 边缘计算技术当中的重要组成部分，由于新技术的服务范围非常广阔，因此在技术的具体利用方式、方法上，要考虑到各类业务同时部署的需求，站在不同的角度来探究，促使未来工作的进行能够拥有较多的支持与肯定。另外，在 5G 边缘计算技术的业务协同模式中，还要掌握好各类业务能够创造的价值，在优先级方面合理地控制。

（3）开放产业生态

产业生态的开放，能够使 5G 边缘计算技术的应用与运营商、政府机构、开放平台等更好地融合，不仅可以在技术的功能塑造上合理地优化，还可以在信息工程的建设上更好地调整。5G 边缘计算技术的产业生态在开放的模式下，一定要按照循序渐进的方法来操作，充分掌握好产业的特点，同时在开放的过程中，要坚持更好地增加技术的保障措施，在未来的价值创造上得到优良的成果。

Digital Wave
Advanced Technology of
Industrial Internet

Information Fusion and Security of
Industrial Network

工业互联网信息融合与安全

第8章

案例

8.1
企业应用案例

背景：针对中小企业的数据显示，在50人以下的小微企业中，高达39.8%的企业没有任何信息安全投入，50～100人的企业中，31.9%的企业没有任何信息安全投入。所以在中小企业中安全风险更加巨大。

现象：国内某个家具制造企业出现控制设备无法使用导致停产，该工厂投资1.2亿元，拥有2.5万平方米数字化定制工厂，致力于德国品质板式家具的研发和生产。

时间：2019年3～7月。

地点：国内家具制造企业。

企业网络环境：该企业网络结构简单，分为办公室和厂区车间，共30多台主机。无对外服务系统，订单通过淘宝、京东等电商网站的系统获取。无ERP、MES系统。车间包含生产控制主机、工控程序、板材加工设备。主机使用的多为win7、win8操作系统。

具体过程：3月1日办公主机突然出现蓝屏，无法恢复，重装系统。5月27日，车间板材所有加工主机出现CPU使用率达100%现象，占用CPU最高的进程为powershell.exe；重启设备后，出现BHC500板材加工主机（图8-1）、MAG512多功能木板加工中心（图8-2）、ABL220板件打孔机等控制主机的工控软件程序运行不起来的现象。通知工控设备厂家，重装系统后，恢复正常，但不过10多天又再次出现该现象。

图8-1　BHC500板材加工主机

图8-2　MAG512多功能木板加工中心

事件分析：2019 年 3 月 1 日 7:00 某主机 Bluetooths 任务触发，且无限期每间隔 50min 重复一次。病毒在 3 月爆发，且会重复感染，感染后无病毒实体文件在主机保存。发现病毒为 DTLMine 挖矿病毒。经分析发现，2018 年 12 月安装主机硬件驱动，未从正规网站下载驱动，而是从第三方网站下载，软件包含病毒。病毒利用驱动软件的升级模块，在 2019 年 2、3 月进行了更新，增加数字签名和弱口令攻击，攻击面进一步增大，随着时间推移，病毒不断更新，利用 Powershell 技术达到无文件落地攻击，导致未第一时间发现病毒，从而病毒一直存在，未能及时处理，不停中毒。

整个厂区的网络结构简单，车间控制主机和办公网主机网络可达，且均能上外网，网络未进行访问控制，未进行分区分域规划，无基本安全防护设备。另外，车间的主机密码相似、未满足密码复杂度的要求。

8.2 工业云应用案例

现象：国内某个钢铁生产基地遭受蠕虫攻击，导致某个工艺生产线全线停产，损失很大。

时间：2020 年 7 ～ 9 月。

地点：国内某个大型钢铁生产基地。

企业工业互联网环境：该大型钢铁生产企业完成两化融合。OT 与 IT 打通，可以通过企业营销系统和 ERP 下发生产指令，通过 MES 系统下发具体生产任务到 OPC 服务器及上位机，OPC 服务器和上位机将具体生产参数和命令发送到 PLC 执行。PLC 执行生产操作酸轧工艺生产，完成最终产品。

具体过程：2020 年 7 月 17 日下午 4 点，酸轧产线一台 WIN Server2008 R2 主机出现蓝屏和重启，WIN Server2003、XP 主机未发生类似现象。下午 6 点 52 分，下游 4 台服务器出现重启，当时并未引起重视。现场操作员恢复了生产应用程序，保证生产持续性。9 月 10 日，生产线突然出现大量蓝屏和重启现象，严重影响生产。工厂紧急使用各种方法进行手动设置，但蓝屏未得到解决。生产线停止运行，正在生产的钢材，因工艺中断报废，损失很大。

事件分析：网络中的交换机未进行基本安全配置，网络未划分VLAN，各条生产线互联互通，无明显边界和基本隔离。生产线为了远程维护方便，分别开通 3 个运营商共用账号，控制网络中的主机在无安全措施下访问外网，控制网中提供网线接入，工程师可随意使用自己的便携机器接入网络，单位电脑 U 盘随意使用，无制度及管控措施。IT、OT 的职责权限划分不请，OT 的安全制度缺失。检测发现多个设备存在系统漏洞。

事件复盘：通过事后分析，进行模拟测试。入侵者从互联网中扫描到外网提供服务 OA 服务器，利用任意命令执行漏洞，使用一种渗透测试软件渗透到公司内网。通过扫描发现 MES 生产管理服务器，发现“永恒之蓝”漏洞，使用一种安全漏洞检测工具通过 MES 服务器渗透入控制网。入侵者使用 PLC 扫描设备进行扫描，发现多个西门子 s300 设备，利用西门子明文，访问不限制的漏洞发送攻击报文，导致设备重启。

参考文献

[1] Gunes V, Peter S, Givargi T, et al. A survey on concepts, applications, and challenges in cyber-physical systems[J]. KSII Transactions on Internet and Information Systems (TIIS), 2014, 8(12): 4242-4268.

[2] Ma Z, FU X, Yu Z. Object-oriented Petri nets based formal modeling for high-confidence cyber-physical systems[C]//2012 8th International Conference on Wireless Communications, Networking and Mobile Computing. Shanghai, China: IEEE, 2012: 1-4.

[3] Mitchell R, Chen R. Effect of intrusion detection and response on reliability of cyber-physical systems[J]. IEEE Transactions on Reliability, 2013, 62(1): 199-210.

[4] Yang Y, Zhou X. Cyber-physical systems modeling based on extended hybrid automata[C]//2013 5th International Conference on Computational and Information Sciences (ICCIS), Shiyang, China: IEEE, 2013: 1871-1874.

[5] Banerjee A, Gupta S. Spatio-temporal hybrid automata for safe cyber-physical systems: a medical case study[C]//Proceedings of the ACM/IEEE 4th International Conference on Cyber-Physical Systems (ICCPS). Philadelphia, Pennsylvania: ACM, 2013: 71-80.

[6] Zhu Y, Dong Y, Ma C, et al. A methodology of model-based testing for AADL flow latency in CPS[C]//2011 5th International Conference on Secure Software Integration & Reliability Improvement Companion (SSIRI-C). Jeju, South Korea: IEEE, 2011: 99-105.

[7] Sun Z, Zhou X. Extending and recompiling AADL for CPS modeling[C]//2013 IEEE International Conference on and IEEE Cyber, Physical and Social Computing. Beijing, China: IEEE, 2013: 1225-1230.

[8] Zhang L. Specifying and modeling automotive cyber-physical systems[C]//2013 IEEE 16th International Conference on Computational Science and Engineering. Sydney, Australia: IEEE, 2013: 603-610.

[9] Zhang L. An integration approach to specify and model automotive cyber-physical systems[C]//2013 International Conference on Connected Vehicles and Expo (ICCVE). Las Vegas, USA: IEEE, 2013: 568-573.

[10] Zhang Z, Emeka E, Gabor K, et al. Co-simulation framework for design of time-triggered cyber-physical systems[C]//2013 ACM/IEEE International Conference on Cyber-Physical Systems (ICCPS). Philadelphia, Pennsylvania: ACM, c2013:119-128.

[11] Moreno J, Damm M, Haase J, et al. Unified and comprehensive electronic system level, network and physics simulation for wirelessly networked cyber-physical systems[C]// Proceedings of the 2012 Forum on Specification and Design Languages (FDL). Vienna, Austria: IEEE, 2012: 68-74.

[12] Mueller W, Becker M, Elfeky A, et al. Virtual prototyping of cyber-physical systems[C]//17th Asia and South Pacific Design Automation Conference (ASP-DAC). Sydney, Australia: IEEE, 2012: 219-226.

[13] 彭勇，江常青，谢丰，等. 工业控制系统信息安全研究进展 [J]. 清华大学学报（自然科学版），2012，52(10)：1396-1408.

[14] Brian C, Jay B, Foster J C. Snort 2.0 Intrusion Detection Syngress[M]. Waltham, MA: Syngress, 2003, 2012: 06-18.

[15] Roosta T, Nilsson D, Lindqvist U, et al. An intrusion detection system for wireless process control systems[C]//2018 5th IEEE International Conference on Mobile Ad Hoc and Sensor Systems. Atlanta, GA, USA: IEEE, 2008: 866-872.

[16] Zhu B, Joseph A, Sastry S. A taxonomy of cyber attacks on SCADA systems[C]//2011 International Conference on Internet of Things and the 4th International Conference on Cyber, Physical and Social Computing (ITHINGSCPSCOM’11). Dalian, China: IEEE, 2011: 380-388.

[17] Rostami M, Juels A, Koushanfar F. Heart-to-heart (H2H) authentication for implanted medical devices[C]//Proceedings of the 2013 ACM SIGSAC conference on Computer & communications security. Berlin: ACM, 2013: 1099-1112.

[18] Sailer S, Jaeger T, Zhang X, et al. Attestation-based Policy Enforcement for Remote Access[C]//Proceedings of the 11th ACM conference on Computer and communications security. Washington DC, USA: ACM, 2004: 308-317.

[19] Michael K, Elisa B. Physically restricted authentication and encryption for cyber-physical systems[J]. STC’09 Proceedings of the 2009 ACM Workshop on Scalable Trusted Computing, 2009, 8(12): 55-60.

[20] Yang D. FAC incentive mechanisms for *k*-anonymity location privacy[C]//2013 Proceedings IEEE INFOCOM. Turin, Italia: IEEE, 2013: 2994-3002.

[21] Gentry C. Fully homomorphic encryption using ideal lattices[C]//Proceedings of the forty-first annual ACM symposium on Theory of computing. Bethesda, MD, USA: IEEE, 2009: 169-178.

[22] Atallah M, Li J. Secure outsourcing of sequence comparisons[J]. International Journal of Information Security, 2005, 4(4): 277-287.

[23] Fan Z, Kalogridis G, Efthymiou C, et al. The new frontier of communications research: smart grid and smart metering[C]//Proceedings of the 1st International Conference on Energy-Efficient Computing and Networking. Passau Germany: IEEE, 2010: 115-118.

[24] Cavoukian A, Polonetsky J, Wolf C. Smart privacy for the smart grid: embedding privacy into the design of electricity conservation[J]. Identity in the Information Society, 2010, 3(2): 275-294.

[25] Atallah M, Du W. Secure multi-party computational geometry[C]//Workshop on Algorithms

and Data Structures. Berlin, Heidelberg: Springer, 2001: 165-179.

[26] Su H, Chen M, Lam J, et al. Semi-global leader-following consensus of linear multi-agent systems with input saturation via low gain feedback[J]. Circuits and Systems I: Regular Papers, IEEE Transactions on, 2013, 60(7):1881-1889.

[27] Sussmann H, Sontag E, Yang Y. A general result on the stabilization of linear-systems using bounded controls[J]. IEEE Transactions on Automatic Control, 1994, 39(12):2411-2425.

[28] Heinzelman W B, Chandrakasan A P, Balakrishnan H. An application-specific protocol architecture for wireless microsensor networks[J]. IEEE Transactions on wireless communications, 2002, 1(4): 660-670.

[29] Lindsey S, Raghavendra C S. PEGASIS: power-efficient gathering in sensor information systems[C]//IEEE aerospace conference. Big Sky, MT, USA: IEEE, 2002, 3: 3.

[30] Servetto S D. Sensing Lena-massively distributed compression of sensor images[C]// Proceedings 2003 International Conference on Image Processing (Cat. No. 03CH37429). Barcelona, Spain: IEEE, 2003, 1:1-613.

[31] Sweldens W. The lifting scheme: a construction of second generation wavelets[J]. SIAM journal on mathematical analysis, 1998, 29(2): 511-546.

[32] Wagner R S, Baraniuk R G, Du S, et al. An architecture for distributed wavelet analysis and processing in sensor networks[C]//Proceedings of the 5th international conference on Information processing in sensor networks. Nashville, Tennessee, USA: ACM, 2006: 243-250.

[33] Wiener N, Wiener N, Mathematician C, et al. Extrapolation, interpolation, and smoothing of stationary time series: with engineering applications[M]. Cambridge, MA: MIT press, 1949.

[34] Kalman R E. Contributions to the theory of optimal control[J]. Boletin dela Sociedad Matematica Mexicana, 1960, 5: 102-119.

[35] Meier L, Peschon J, Dressler R. Optimal control of measurement subsystems[J]. IEEE Transactions on Automatic Control, 1967, 12(5): 528-536.

[36] Mehra R. Optimization of measurement schedules and sensor designs for linear dynamic systems[J]. IEEE Transactions on Automatic Control, 1976, 21(1): 55-64.

[37] Baras J S, Bensoussan A. Sensor scheduling problems[C]//Proc. of the 27th IEEE Conference on Decision and Control (CDC). Austin, Texas USA: IEEE, 1988: 2342-2345.

[38] Savage C O, La Scala B F. Optimal scheduling of scalar Gauss-Markov systems with a terminal cost function[J]. IEEE Transactions on Automatic Control, 2009, 54(5): 1100-1105.

[39] Yang C, Wu J, Zhang W, et al. Schedule communication for decentralized state estimation[J]. IEEE Transactions on Signal Processing, 2013, 61(10): 2525-2535.

[40] Hovareshti P, Gupta V, Baras J S. Sensor scheduling using smart sensors[C]// 2007 46th IEEE conference on decision and control. New Orleans, USA: IEEE, 2007: 494-499.

[41] Ren Z, Cheng P, Chen J, et al. Dynamic sensor transmission power scheduling for remote

state estimation[J]. Automatica, 2014, 50(4): 1235-1242.
[42] Shi L, Johansson K H, Qiu L. Time and event-based sensor scheduling for networks with limited communication resources[J]. IFAC Proceedings Volumes, Roman, Italy, 2011, 44(1): 13263-13268.
[43] Wu J, Yuan Y, Zhang H, et al. How can online schedules improve communication and estimation tradeoff?[J]. IEEE Transactions on Signal Processing, 2013, 61(7): 1625-1631.
[44] Gupta V, Chung T H, Hassibi B, et al. On a stochastic sensor selection algorithm with applications in sensor scheduling and sensor coverage[J]. Automatica, 2006, 42(2): 251-260.
[45] Mo Y, Garone E, Casavola A, et al. Stochastic sensor scheduling for energy constrained estimation in multi-hop wireless sensor networks[J]. IEEE Transactions on Automatic Control, 2011, 56(10): 2489-2495.
[46] Joshi S, Boyd S. Sensor selection via convex optimization[J]. IEEE Transactions on Signal Processing, 2008, 57(2): 451-462.
[47] Huber M F. Optimal pruning for multi-step sensor scheduling[J]. IEEE Transactions on Automatic Control, 2011, 57(5): 1338-1343.
[48] Zhao L, Zhang W, Hu J, et al. On the optimal solutions of the infinite-horizon linear sensor scheduling problem[J]. IEEE Transactions on Automatic Control, 2014, 59(10): 2825-2830.
[49] Shi L, Cheng P, Chen J. Optimal periodic sensor scheduling with limited resources[J]. IEEE Transactions on Automatic Control, 2011, 56(9): 2190-2195.
[50] Krishnamurthy V. Algorithms for optimal scheduling and management of hidden Markov model sensors[J]. IEEE Transactions on Signal Processing, 2002, 50(6): 1382-1397.
[51] Xu Y, Hespanha J P. Optimal communication logics in networked control systems[C]//2004 43rd IEEE Conference on Decision and Control (CDC). Nassau, Bahamas: IEEE, 2004, 4: 3527-3532.
[52] Shi L, Zhang H. Scheduling two Gauss-Markov systems: an optimal solution for remote state estimation under bandwidth constraint[J]. IEEE Transactions on Signal Processing, 2012, 60(4): 2038-2042.
[53] Yang C, Wu J, Ren X, et al. Deterministic sensor selection for centralized state estimation under limited communication resource[J]. IEEE transactions on signal processing, 2015, 63(9): 2336-2348.
[54] Liu X, Goldsmith A. Kalman filtering with partial observation losses[C]//2004 43rd IEEE Conference on Decision and Control (CDC). Nassau, Bahamas: IEEE, 2004, 4: 4180-4186.
[55] Rong B, Shi L, Qiu L. State estimation over packet-dropping channels[D]. Hong Kong, China: Hong Kong University of Science and Technology, 2012.
[56] Zheng J, Qiu L. On the existence of a mean-square stabilizing solution to a modified algebraic Riccati equation[J]. IFAC Proceedings Volumes, Cape Town, South Africa, 2014, 47(3): 6988-6993.

[57] Wood A D, Stankovic J A, Zhou G. DEEJAM: defeating energy-efficient jamming in IEEE 802.15. 4-based wireless networks[C]//2007 4th Annual IEEE Communications Society Conference on Sensor, Mesh and Ad Hoc Communications and Networks. San Diego, CA, USA: IEEE, 2007: 60-69.

[58] Soreanu P, Volkovich Z, Barzily Z. Energy-efficient predictive jamming holes detection protocol for wireless sensor networks[C]//2008 Second International Conference on Sensor Technologies and Applications (sensorcomm 2008). Cap Esterel, France: IEEE, 2008: 306-311.

[59] Raymond D R, Midkiff S F. Clustered adaptive rate limiting: defeating denial-of-sleep attacks in wireless sensor networks[C]//MILCOM 2007-IEEE military communications conference. Orlando, FL, USA: IEEE, 2007: 1-7.

[60] Chen C, Hui L, Pei Q, et al. An effective scheme for defending denial-of-sleep attack in wireless sensor networks[C]//2009 Fifth International Conference on Information Assurance and Security. Xi' an, China: IEEE, 2009, 2: 446-449.

[61] Deng J, Han R, Mishra S. Defending against path-based DoS attacks in wireless sensor networks[C]//Proceedings of the 3rd ACM workshop on Security of ad hoc and sensor networks. New York, NY, USA: Association for Computing Machinery, 2005: 89-96.

[62] Luo X, Zhang Y Y, Yang W C, et al. Prevention of DoS attacks based on light weight dynamic key mechanism in hierarchical wireless sensor networks[C]//2008 Second International Conference on Future Generation Communication and Networking. Hainan, China: IEEE, 2008, 1: 309-312.

[63] Enzmann M, Krauß C, Eckert C. PDoS-resilient push protocols for sensor networks[C]//2009 Third International Conference on Sensor Technologies and Applications. Athens, Greece: IEEE, 2009: 455-461.

[64] Chan H, Gligor V D, Perrig A, et al. On the distribution and revocation of cryptographic keys in sensor networks[J]. IEEE Transactions on dependable and secure computing, 2005, 2(3): 233-247.

[65] Hamid M A, Rashid M O, Hong C S. Routing security in sensor network: hello flood attack and defense[J]. IEEE ICNEWS, 2006, 2: 2-4.

[66] Krauß C, Schneider M, Eckert C. Defending against false-endorsement-based DoS attacks in wireless sensor networks[C]//Proceedings of the first ACM conference on Wireless network security. Association for Computing Machinery, NY, USA: New York, 2008: 13-23.

[67] Krauß C, Schneider M, Eckert C. An enhanced scheme to defend against false-endorsement-based DoS attacks in WSNs[C]//2008 IEEE International Conference on Wireless and Mobile Computing, Networking and Communications. Avignon, France: IEEE, 2008: 586-591.

[68] Marti S, Giuli T J, Lai K, et al. Mitigating routing misbehavior in mobile ad hoc networks[C]// Proceedings of the 6th annual international conference on Mobile computing and networking. Association for Computing Machinery, New York, NY, USA, 2000: 255-265.

[69] Agah A, Das S K. Preventing DoS attacks in wireless sensor networks: a repeated game theory approach[J]. Int. J. Netw. Secur., 2007, 5(2): 145-153.
[70] Amin S, Cárdenas A A, Sastry S S. Safe and secure networked control systems under denial-of-service attacks[C]//Hybrid Systems: Computation and Control: 12th International Conference, Berlin, Heidelberg: Springer, 2009: 31-45.
[71] Yuan Y, Sun F. Data fusion-based resilient control system under DoS attacks: a game theoretic approach[J]. International Journal of Control, Automation and Systems, 2015, 13: 513-520.
[72] Yuan Y, Sun F, Liu H. Resilient control of cyber-physical systems against intelligent attacker: a hierarchal stackelberg game approach[J]. International Journal of Systems Science, 2016, 47(9): 2067-2077.
[73] Zhu M, Martinez S. Stackelberg-game analysis of correlated attacks in cyber-physical systems[C]//Proceedings of the 2011 American Control Conference. San Francisco, CA, USA: IEEE, 2011: 4063-4068.
[74] Vicente L N, Calamai P H. Bilevel and multilevel programming: a bibliography review[J]. Journal of Global optimization, 1994, 5(3): 291-306.
[75] Ye J J. Optimal strategies for bilevel dynamic problems[J]. SIAM journal on control and optimization, 1997, 35(2): 512-531.
[76] Başar T, Olsder G J. Dynamic noncooperative game theory[M]. USA: Society for Industrial and Applied Mathematics, 1998.
[77] Jungers M, Trélat E, Abou-Kandil H. Min-max and min-min Stackelberg strategies with closed-loop information structure[J]. Journal of dynamical and control systems, 2011, 17(3): 387.
[78] Başar T, Bernhard P. H-infinity optimal control and related minimax design problems: a dynamic game approach[M]. Berlin: Springer Science & Business Media, 2008.
[79] Teixeira A, Shames I, Sandberg H, et al. A secure control framework for resource-limited adversaries[J]. Automatica, 2015, 51(C): 135-148.
[80] Guo Z, Shi D, Johansson K H, et al. Optimal linear cyber-attack on remote state estimation[J]. IEEE Transactions on Control of Network Systems, 2017, 4(1): 4-13.
[81] Guo Z, Shi D, Johansson K H, et al. Optimal Linear Cyber-Attack on Remote State Estimation[J]. IEEE Transactions on Control of Network Systems, 2017, 4(1): 4-13.
[82] Bai C Z, Pasqualetti F, Gupta V. Data-injection attacks in stochastic control systems: Detectability and performance tradeoffs[J]. Automatica, 2017, 82: 251-260.
[83] Yang W, Chen G, Wang X, et al. Stochastic sensor activation for distributed state estimation over a sensor network[J]. Automatica, 2014, 50(8): 2070-2076.
[84] Yang W, Zhang Y, Chen G, et al. Distributed filtering under false data injection attacks[J]. Automatica, 2019, 102: 34-44.

[85] Zhai M, Fu S, Gu S M, et al. Defect detection in aluminum foil by measurement-residualbased chi-square detector[J]. The International Journal of Advanced Manufacturing Technology, 2011, 53(5-8): 661-667.

[86] Guo Z Y, Shi D W, Johansson K H, et al. Optimal linear cyber-attack on remote state estimation[J]. IEEE Transactions on Control of Network Systems, 2016, 4(1): 4-13.

[87] Guo Z, Shi D, Johansson K H, et al. Worst-case innovation-based integrity attacks with side information on remote state estimation[J]. IEEE Transactions on Control of Network Systems, 2018, 6(1):48-59.